普通高等教育"十二五"规划教材

化工过程基础

李素君　主编

化学工业出版社

·北京·

本书以石油化工行业为重点，注重理论与实践的结合，注重培养学生化工工程意识。全书分为四篇：化工单元操作过程、化学反应过程、石油化工生产过程、其他化工产品生产过程，包括流体流动过程及设备、传热过程及设备、传质过程及设备、化学反应过程及反应器、石油炼制、烯烃及其下游产品生产、芳烃及其下游产品生产、高分子化工概述、精细化工产品概述、煤化工生产过程概述、典型无机化工产品生产过程等内容，每章后面附有思考题，便于理解每章的重点内容，可以方便学生自学和复习。为方便教学，本书还配有电子教案。

本书注重理论与实践的结合，层次分明、重点突出，适用于高等工科院校机械、自动化、材料、环境、建筑、建材等专业及与化工行业密切相关的高职院校的化工基础的教学，也可供化工行业生产、营销及企业管理的人员学习和参考。

图书在版编目（CIP）数据

化工过程基础/李素君主编：—北京：化学工业出版社，2013.12（2024.1重印）
普通高等教育“十二五”规划教材
ISBN 978-7-122-18692-8

Ⅰ.①化…　Ⅱ.①李…　Ⅲ.①化工过程-高等学校-教材　Ⅳ.①TQ02

中国版本图书馆CIP数据核字（2013）第245080号

责任编辑：旷英姿　石　磊　　文字编辑：糜家铃
责任校对：徐贞珍　　装帧设计：王晓宇

出版发行：化学工业出版社（北京市东城区青年湖南街13号　邮政编码100011）
印　　装：北京七彩京通数码快印有限公司
787mm×1092mm　1/16　印张16　字数413千字　2024年1月北京第1版第6次印刷

购书咨询：010-64518888　　售后服务：010-64518899
网　　址：http：//www.cip.com.cn
凡购买本书，如有缺损质量问题，本社销售中心负责调换。

定　　价：48.00元

编 写 人 员

主　编　李素君
编写人员　（按姓名笔画为序）

王晓丽　（沈阳工业大学）
李素君　（沈阳工业大学）
吴　伟　（中石油辽阳石化公司）
赵　薇　（沈阳工业大学）
徐铁军　（沈阳工业大学）

前言 FOREWORD

化学工业又称化学加工工业，是指生产过程中以化学方法占主要地位的过程工业，包括基本化学工业、塑料、合成纤维、石油、橡胶、药剂、染料工业等，是国民经济的重要组成部分，它为满足人类生产和生活的需要而快速发展，并随着生产技术的进步推动着其他行业及社会的发展。

人类与化学工业的关系十分密切，在现代生活中，几乎随时随地都离不开化工产品，从衣、食、住、行等物质生活到文化艺术、娱乐等精神生活，都需要化工产品为之服务。化工产品的种类多、用途广泛，在工农业、交通运输、国防军事、航空航天、信息技术等领域提供各类基础材料、功能材料、能源及必需品，促进了各行各业的发展。

化学工业属于知识和资金密集型的行业。随着科学技术的发展，它由最初只生产纯碱、硫酸等少数几种无机产品和主要从植物中提取茜素制成染料的有机产品，逐步发展为一个多行业、多品种的生产过程，出现了一大批综合利用资源和规模大型化的化工企业，近几十年的石油化工的发展迅猛，精细化工、生物化工、煤化工也显示出强大生命力。

化学工业在国民经济中的作用随着科学技术的发展会越来越大，因此，掌握化工知识不仅是对化工专业人员的要求，非化工类的从业人员也需要熟悉、掌握基本的化工知识，以利于在不同领域的发展。基于此，我们编写了《化工过程基础》教材。

本书注重理论与实践的结合，层次分明、重点突出，分为四篇，化工单元操作过程、化学反应过程、石油化工生产过程、其他化工产品生产过程。包括流体流动过程及设备、传热过程及设备、传质过程及设备、化学反应过程及反应器、石油炼制、烯烃及其下游产品生产、芳烃及其下游产品生产、高分子化工概述、精细化工产品概述、煤化工生产过程概述、典型无机化工产品生产过程等内容，每章后面附有思考题，便于理解每章的重点内容，可以方便学生自学和复习。为方便教学，本书还配有电子课件。

本书由沈阳工业大学李素君主编并负责全书统稿，沈阳工业大学徐铁军、王晓丽、赵薇，中石油辽阳石化分公司吴伟参加编写。其中李素君编写绪论、第 5 章、第 9 章，赵薇编写第 1 章、第 4 章，王晓丽编写第 2 章、第 3 章，徐铁军编写第 6 章、第 10 章～第 12 章，徐铁军、李素君及吴伟共同编写第 7 章、第 8 章。

由于编者的水平有限，不妥之处在所难免，恳请各方面批评、指正。

编者

2013 年 8 月

CONTENTS

目录

绪论 Page 001

第1篇 化工单元操作过程

第1章 流体流动过程及设备 Page 008

第11章 煤化工概述 Page 216

第12章 典型无机化工产品的生产过程 Page 233

参考文献 Page 246

绪　论

0.1　化学工业概述

0.1.1　化学工业在国民经济中的作用与地位

化学工业是以自然矿物质或以化学物质为原料生产化工产品的产业，是典型的技术密集型、资金密集型、人才密集型产业。应该说，一个国家的化工技术水平完全可以代表该国的经济发展水平。目前，世界范围内化学工业共有7万～8万种产品，中国大约有4万多种。化工涉及的相关领域广、依存度高、带动性强，在国民经济中具有举足轻重的作用。

经过近百年的发展，化工行业已成为拉动经济增长的中坚力量。上到载人航天，下到百姓生活，从食物到衣着、从汽车到房屋、从化肥到建材、从原料到燃料、从潜海到航空、从民生到国防，化学工业与经济社会发展及人类衣食住行息息相关。

在农业领域，我国用仅占世界9%的耕地养活了占世界21%的人口，其中化肥的作用功不可没，对我国粮食增产的贡献率超过40%。此外，化工产业提供的大量农用塑料薄膜，加上农药的合理使用以及大量农业机械所需的各类燃料，使其成为支援农业的主力军。

在交通领域，代步工具的现代化（汽车、轮船、飞机）也给人们出行带来了极大的便利。这些交通工具的制造和行驶，应用了许许多多的石油和化工产品，在其中起着举足轻重的作用。以中国重要支柱产业的汽车为例：化工为汽车工业提供油品；为汽车轻质化提供塑料，如保险杠、油箱、仪表盘、方向盘、坐垫、顶篷及内装饰件、车灯罩及各种零配件等；为汽车提供包括轮胎、胶管、胶带密封件、减震件、雨刷胶条等橡胶；为汽车防腐、耐候及美观要求提供涂料；为汽车提供装饰用的胶黏剂、密封胶、织物等。汽车的发展离不开化学工业的推动。

在建筑领域，建材是化工产品的重要应用领域，如塑料管材、门窗、涂料等化学建材应用广泛。

在轻工领域，相关新材料、新工艺、新产品的开发与推广，无不有化工产品的身影，需要精细化工技术为其提供支持。

在人们日常生活方面，化工产品在服装、医药、食品等领域有广泛应用，包括化纤、塑料、橡胶等三大合成材料，大量高性能新材料，有些产品的性能已超过天然材料，是老百姓衣、食、住、行、用的重要保障。

总之，化学工业在国民经济和人民生活领域占有十分重要的地位和作用，由于化学工业能综合利用资源和能源，生产过程中容易实现连续化和自动化，劳动生产率高，因此经济效益显著，它是国民经济的支柱产品之一。近20年来，中国化学工业的发展速度远远超过了发达国家。20世纪90年代后，石油化工、精细化工和农用化学品是中国化工发展的重点。21世纪，新型合成材料、精细化工、生物化工、微电子化工、纳米材料、橡胶加工业、化工环保业将成为化学工业的主要增长点。

0.1.2　化学工业的分类

化学工业按产品可分为无机化工、基本有机化工、高分子化工、精细化工及生物化工；

按原料来源可分为石油化工、煤化工、天然气化工和油页岩化工；按中国工业统计方法分，有合成氨及肥料工业、硫酸工业、制碱工业、无机物工业（包括无机盐和单质）、基本有机原料工业、染料及中间体工业、产业用炸药工业、化学农药工业、医药药品工业、合成树脂与塑料工业、合成纤维工业、合成橡胶工业、橡胶制品工业、涂料及颜料工业、信息记录材料工业（包括感光材料、磁记录材料）、化学试剂工业、军用化学品工业、化学矿开采工业和化工机械制造工业。

0.1.3 化学工业的特点

（1）产品种类繁多，工艺复杂

化工产品品种繁多，每一种产品的生产不仅需要一种至几种特定的技术，而且原料来源多种多样，工艺流程也各不相同。生产同一种化工产品，也有多种原料来源和多种工艺流程，也可以用同一原料制造许多不同产品。一个产品有不同的用途，而不同的产品有时却有同一用途。一种产品往往又是生产其他产品的原料、辅助材料或中间体。由于化工生产技术的多样性和复杂性，任何一个大型化工企业的生产过程要能正常进行，就需要有多种技术的综合运用。

（2）装置、经济规模大型化

化工生产的主要设备大多是塔、釜、罐、器及管道，大致上讲，其生产能力与容积成正比，而其制造费用却与包围该容积的容器表面积成正比。因此，装置的投资费用与其生产能力的 2/3 次方成正比（所谓的 0.6 次方法则），即装置规模愈大，单位生产能力的投资愈省，成本愈低，这便是化工装置的规模经济性。化学工业大型化还可大大提高劳动生产率，有利于开展副产品和能源的综合利用。当然装置大型化也有一个上限，当生产能力增加到某个程度时，不利因素将会发生作用，例如，生产能力的扩大会导致生产过度集中，原料供应和市场销售的半径势必延伸，原料和成品运输成本自然增加。不同产品的最优经济规模取决于产品的市场供求关系、原料的供应能力以及技术和管理的发展水平。

（3）技术和资金密集性

由于化学工业的工艺复杂性及生产装置的大型化，使得化学工业是一个技术、资金密集化的生产部门。在这个部门集中了多种专业的技术专家和受过良好教育及训练有素的管理人员和技术人员，包括新产品、新技术研发、生产，装置运行，科技信息工作，销售等各项工作。装置一次性投资很大，例如，一个年产值 30 万吨合成氨、45 万吨尿素的化肥厂，投资达到 40 亿～50 亿元。由于化工技术更新速度快，化工厂设备的寿命一般不超过 15 年。化学工业技术密集表现在生产工艺流程长，从原料到产品，涉及化工、机械、电子、仪表等诸多科学领域，具有高的知识密集度和很强的技术综合型。很少有几个工业部门像化学工业这样如此多地依靠科学技术。

（4）易污染、重污染

化学工业产品多数是易燃、易爆、有毒的化学物质，在生产、储存、运输、使用等过程中，如果发生泄漏，就会严重危害人的生命健康、污染环境。化学工业生产过程中会产生废气、废水和废渣，若不适当处理，会给大气、水、土壤及环境带来危害。例如 1984 年，美国联合碳化公司在印度博帕尔市的农药厂，操作不当致使地下储罐内剧毒的甲基异氰酸酯因压力升高而爆炸外泄。产生的毒气致 2 万人死亡，20 多万人受害，5 万人失明，孕妇流产或产下死婴，受害面积 40 平方公里，数千头牲畜被毒死。1999 年比利时等国相继发生的二噁英污染事件，导致畜禽类产品及乳制品严重污染，造成全世界大恐慌。因而，现代化化工企业非常注意环境保护，除制定相关的管理制度外，还要投入巨资来保护环境。近年来，传统的先污染后治理的理念已逐渐被“绿色化学”和“友好化学”的理念所取代。

(5) 能量消耗大

化学工业伴随着化学反应，化学反应又伴随着吸热和放热，同时装置的运行也需要煤、石油、天然气等能源作为生产原料，因而化学工业是一个能耗大的工业，在我国化学工业能源的消耗占9%。但同时也是节能潜力很大的工业，现代化学工业非常重视能量的充分利用，通过技术改造与革新、能量的循环利用可减低能耗，这是化学工业多年的努力方向。在换热器的设计上，过去强调较少传热面积以减少投资的理念逐渐被有效利用能源、尽可能提高能量利用率的新理论所代替。因而管道纵横、反应器连换热器、加热管与冷却管并行，已成为现代化企业的标志性特征。

0.2 化学工业的发展简史

0.2.1 古代化学加工

化学加工形成工业之前的历史可以追溯到远古时期，从那时起人类就能运用化学加工方法制作一些生活必需品，如制陶、酿造、染色、冶炼、制漆、造纸以及制造医药、火药和肥皂等等。产生于3世纪的欧洲炼金术到了15世纪才转为制药，在制药研究过程中，实验室制得了一些化学药品，如硫酸、硝酸、盐酸和有机酸。这些为18世纪中叶化学工业的形成奠定了基础。

0.2.2 早期化学工业

从18世纪中叶至20世纪初是化学工业发展的初级阶段，在这个阶段无机化工已初具规模，有机化工正在形成，高分子化工处于萌芽阶段。

第一个典型的化工厂是在18世纪40年代建立在英国的铅室法硫酸厂，它先以硫磺为原料，后以硫铁矿为原料，产品主要用于制硝酸、盐酸及药物。1775年N. 吕布兰提出了以食盐为原料，用硫酸处理得芒硝（Na_2SO_4）及盐酸，芒硝再与石灰石、煤粉配合入炉煅烧生成纯碱的方法，并在1791建成第一个吕布兰法碱厂，带动硫酸（原料之一）工业的发展。1890年在德国建成了第一个制氯工厂，1893年在美国建成了第一个电解食盐水溶液制氯和氢氧化钠的工厂。至此，整个化学工业的基础——酸、碱的生产已初具规模，无机化工基本形成。

随着纺织业的迅速发展，天然染料已不能满足需求，1856年英国人W. H. 珀金由苯胺合成了苯胺紫染料。后经剖析，天然茜素的结构为二羟基蒽醌，便以煤焦油中的蒽为原料，经氯化、取代、水解、重排等反应仿制了与天然茜素完全相同的产物。同时，制药工业、香料工业也相继合成了与天然产物相同的许多化学品。1867年，瑞典人A. B. 诺贝尔发明了迈特炸药，大量用于采掘和军工。1895年建立了以煤和石灰为原料，用电热法生产电石的第一个工厂，电石经水解生成乙炔，以此为起点生产乙醛、乙酸等一系列基本有机原料。有机化工逐渐形成。

1839年美国人C. 固特异用硫酸及橡胶助剂加热天然橡胶，使其交联成弹性体，应用于轮胎及其他橡胶制品，用途甚广。1869年美国人J·W·海厄特用樟脑增塑硝酸纤维制成赛璐珞塑料。1891年H. B. 夏尔多内在法国贝松桑建成了第一个硝酸纤维人造丝厂。1909年美国人L. H. 贝克兰制成了酚醛树脂，俗称电木，为第一个热固性树脂，广泛用于电气绝缘材料。人类开创了高分子的化工时代。

0.2.3 近代化学工业

从20世纪初到20世纪60～70年代是化学工业真正成为大规模生产的阶段。在这个阶段，合成氨和石油化工得到了发展，高分子化工进行了开发，精细化工、生物化工逐渐兴起。在这个时期，英国人G. E. 戴维斯和美国人A. D. 利特尔等人提出了单元操作的概念，这些为化学工程建立奠定了基础。

20世纪初，F. 哈伯利用物理化学的平衡理论，提出了用氨气和氢气直接合成氨的催化方法，以及原料其余产品分离后再循环使用的设想，C. 博施进一步解决了设备问题，因战争的需要，1912年，在德国奥堡建成了第一座日产30t的合成氨厂。合成氨主要用焦炭为原料，到了20世纪50年代，改为石油和天然气为主要原料，从而使化学工业和石油工业更加密切联系起来。一般认为，合成氨是现代化肥工业的开端，也标志着现代化学工业的伊始。

1920年，美国用丙烯生产异丙醇，这是大规模发展石油化工的开端。1939年，美国标准油公司开发了临氢催化重整过程，这成为芳烃的重要来源。1941年，美国建成了第一套以炼厂气为原料用管式炉裂解乙烯的装置，开创了乙烯工业新时代（由于基本有机原料和高分子材料的单体主要以乙烯为原料，人们以乙烯的产量作为衡量有机化工的标志）。1951年，以天然气为原料，用水蒸气转化法得到一氧化碳及氢，使“碳一化学”受到重视，目前主要用于生产氨、甲醇和汽油。在第二次世界大战以后，由于化工产品市场不断扩大，石油可提供大量廉价有机化工原料，同时由于化工生产技术的发展，逐步形成石油化工。甚至不产石油的地区，如西欧、日本等也以原油为原料发展石油化工。20世纪80年代，90％以上的有机化工产品来自石油化工，石油化工得到了全面发展。

1937年，德国法本公司开发丁苯橡胶获得成功，以后各国又陆续开发了顺丁、丁基、丁腈、异戊、乙丙等多种合成橡胶。1937年，美国人W. H. 卡罗瑟斯成功合成尼龙66，以后涤纶、维尼纶和腈纶等陆续投产，使其逐渐占据了天然纤维和人造纤维的大部分市场。继酚醛树脂之后，又出现了脲醛树脂、醇酸树脂等热固性树脂。20世纪30年代后，热塑性树脂品种不断出现，如聚氯乙烯、聚苯乙烯、聚乙烯等。在这个时期还出现了耐腐蚀的材料，如有机硅树脂、氟树脂，其中聚四氟乙烯有“塑料之王”的称号。高分子化工得到了开发利用。

在染料方面，发明了活性染料，使染料和纤维以化学键结合。在农药方面，20世纪40年代，瑞士人P. H. 米勒发明了第一个有机氯农药TTD，后又相继制成了系列有机氯、有机磷杀虫剂。到了20世纪60年代，杀菌剂、除草剂发展极快，出现了吡啶类除草剂和咪唑杀菌剂等品种。在医药方面，1910年，法国人P. 埃尔利希制成了606砷制剂，随后又制成了914（新胂凡纳明）。20世纪30年代对磺胺类化合物和甾族化合物进行了结构的改进，使其发挥了特效作用。1928年，英国人A. 弗莱明发现了青霉素，开辟了抗菌药物新领域。在涂料方面，摆脱了天然油漆的传统，改用合成树脂，如醇酸树脂、环氧树脂和丙烯酸树脂等。精细化工逐渐兴起。

0.2.4 现代化学工业

20世纪70年代以来，化学工业进入了现代阶段。在这个时期，化学工业各企业间竞争激烈，一方面由于对反应过程的深入了解，可以使一些传统的基本化工产品的生产装置日趋大型化，以降低成本。与此同时，由于新技术革命的兴起，对化学工业提出了新的要求，推动了化学工业的技术进步，发展了精细化工、超纯物质、新型结构材料和功能材料。规模大型化、信息技术化、高性能合成材料、能源材料和节能材料、专用化学品是现代化学工业的特点。合成氨单系列生产能力已发展到日产 1800～2700t，其吨氨总能量消耗大幅度下降。乙烯装置最大生产能力达年产 680kt，提高了烯烃收率，降低了能耗。其他化工生产装置如硫酸、烧碱、基本有机原料、合成材料等均向大型化发展。这样，减少了对环境的污染，提高了长期运行的可靠性，促进了安全、环保的预测和防护技术的迅速发展。

0.3 化工生产过程分析

化学工业产品种类繁多，生产流程千差万别，但是化工厂的生产过程有着共同之处。从原料经过化学反应获得产品的任一化工生产过程都可概括为原料预处理、化学反应和产物的分离精制三部分。第一部分为依据化学反应的要求对原料进行处理，多为物理过程，包括原料破碎、磨细和筛分，加热原料以达到反应要求温度，原料提纯等。由于化学反应的不完全以及某些反应物的过量，又因为副反应的存在，化工生产过程的反应物实际为未反应物、副产品和产品的混合物。要得到符合要求的产品，需要对产物进行分离和精制。这一步主要也是物理过程，例如，蒸馏、吸收、萃取、结晶等。在化工生产中，原料预处理和产物的分离，缺一不可，在化工生产中占的比例非常大，一个现代化、设备林立的化工厂，化学反应的设备为数不多，绝大多数装备都在进行着各种原料预处理和产物分离的过程。然而，化学反应是整个化工生产过程的核心，起着主导作用，它的要求和结果界定着原料预处理的程度和产物分离的任务，直接影响到其他两部分的设备投资和操作费用。

综上分析，化工生产过程可分为物理和化学两类过程。物理过程按其操作目的可分为物料的增（减）压、输送、混合与分散、加热与冷却以及混合物的分离等几种。考虑到被加工物料的不同相态、过程原理和采用方法的差异，还可将物理过程进一步细分为一系列的遵循不同物理规律，具有某种用途的基本操作过程，称之为单元操作，如表 0-1 所示。

表 0-1　单元操作

类别	单元操作	目　的	原　理
动量传递	流体输送	物料以一定的流量输送	输入机械能
	沉降	从气体或液体中分离悬浮的颗粒或液滴	密度差引起的沉降运动
	过滤	从气体或液体中分离悬浮的颗粒	尺度不同的截留
	混合	使液体与其他物质均相混合	输入机械能
热量传递	加热、冷却	使物料升温、降温或改变相态	利用温度差传入或移出热量
	蒸发	使溶剂汽化与不挥发性物质混合	供热以汽化溶剂
质量传递	吸收	用液体吸收剂分离气体混合物	组分溶解度不同
	蒸馏	通过汽化和冷凝分离液体混合物	组分挥发能力差异
	萃取	用液体萃取剂分离液体混合物	组分溶解度的差异
	吸附	用固体吸附剂分离气体或液体混合物	组分在吸附剂上的吸附能力差异

从单元操作概念出发，化工生产过程实际上是由若干个单元操作和化学反应过程构成的一个整体。单元操作中所涉及的原理虽然表面上各异，但是它们所遵循的物理规律，从本质上看又可归纳为动量传递、热量传递和质量传递三种传递过程。传递过程是联系化学工业中单元操作的一条线索，成为化工学科研究的主要对象之一。本书第 1 章～第 4 章将对典型的单元操作进行讨论。

化学反应亦可类似于单元操作，按其反应的特点寻求共性，提炼出诸多单元作业。例如，氧化、氯化、硝化、磺化等。然而这种划分仅着重于化学方面，并未深入到工业生产规模下化学反应过程的特征。工业规模下的化学反应过程具有设备大型化、生产连续化、处理物料量大的特点，在此条件下化学反应进行的同时，伴随着反应物料的混合、反应组分的传递和大量反应热的吸入与放出等物理过程。这些过程影响反应物系的浓度和温度，且与反应器的尺寸和形状有关。从工业反应装置的实际出发，研究工业规模下化学反应的动力学规律——宏观动力学，形成了化工学科研究的一个重要方面。本书的第5章将讨论工业规模下的反应过程。

对化工生产过程中物理过程和工业规模化学反应过程进行分析，剖析过程实际，找出共同点，抽提出统一的研究对象加以研究，是发展化工生产的需要，也促进了化工学科的发展。三种传递过程和反应工程，所谓的“三传一反”构成了贯穿于化学工程学科研究的一条主线。

化工生产既不是化学实验的简单再现，也不是化学反应的直接放大。化学实验研究成果，只能说明所研究的过程在理论上的可能性，而要开发于工业规模生产，形成工艺流程，除要考虑实验室无法考虑的各种工程技术问题外，还需对过程进行经济评价，使化工生产过程技术上可行、经济上合理。此外，还必须适应现代化学工业的新要求，强调安全生产，合理利用能量、积极采用节能技术，重视环境保护、合理开发和利用自然资源，生产环境友好的产品，创建清洁生产环境，大力发展绿色化工，是化学工业赖以持续发展的关键之一。

0.4 本课程的性质、任务、主要内容和学习方法

化工过程基础教材适用于工科院校非化工类专业化工基础教学，同时也适用于高职学校化工类专业使用，亦可作为其他高等院校与化学相关专业的教学参考书。

本课程的主要任务是以石油化工及其相关行业作为择业目标的非化工类学生的共性为基点，介绍化工生产基本单元、典型产品生产及应用的基础知识，为学生搭建一个更加深入接触和了解化工行业专业知识，并能够在化工行业及其相关领域驾驭其本职工作的平台。

本书注重理论与实践的结合，层次分明、重点突出，讲述化工基础知识。分为四篇，化工单元操作过程、化学反应过程、石油化工生产过程、其他化工产品生产过程。包括流体流动过程及设备、传热过程及设备、传质过程及设备、化学反应过程及反应器、石油炼制、烯烃及其下游产品生产、芳烃及其下游产品生产、高分子化工概述、精细化工产品概述、煤化工生产过程概述、典型无机化工产品生产过程等内容。

学习时应注意理论与实际相结合。通过讲解、作业、课堂讨论、实习、参观等多种方式，加深对化工生产及典型化工产品的了解和应用。

思考题

0-1 何为化学工业？简述化学工业在国民经济中的地位和作用。

0-2 试述化学工业的特点、分类及特点。

0-3 本课程的主要学习内容有哪些？

0-4 非化工工艺类专业学生学习本门课程有何意义和作用？

0-5 试述化工生产过程的组成及现代化工生产过程的新要求。

第 1 篇

化工单元操作过程

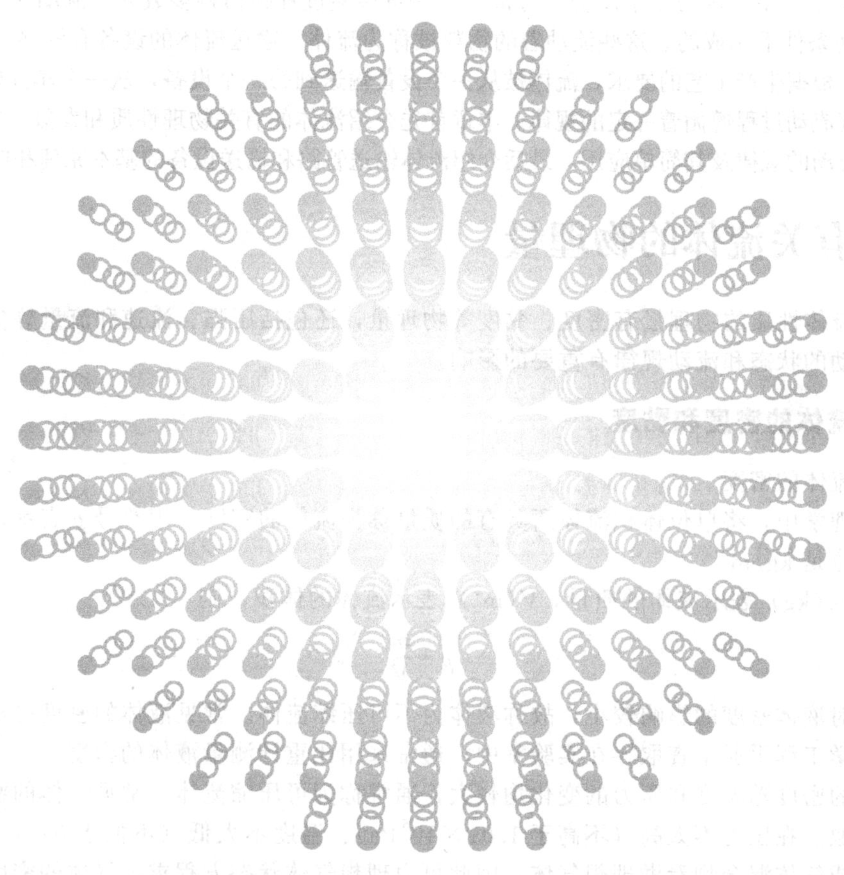

第1章 流体流动过程及设备

Chapter 1

1.1 概述

在化工生产中，参与化学反应、分离以及热量传递过程的物料多数处于流动状态，各个过程是在流动条件下完成的。这些流动着的物料被称为流体。输送流体的设备有管路、泵、风机、压缩机等。根据生产工艺的要求，流体被从一个设备输送到另一个设备，从一个车间输送到另一个车间，其流动过程遵循着一定的规律。本章首先介绍流体的有关物理性质和参数，在此基础上介绍流体流动的规律及其简单应用，最后介绍流体输送管路和输送设备的基本原理和应用。

1.2 有关流体的物理量

描述流体性质的物理量有密度、黏度等物理量，还包括压强、流速和流量等参数，它们对流体流动的状态和流动规律有重要的影响。

1.2.1 流体的密度和黏度

(1) 流体的密度

在物理学中，将单位体积流体所具有的质量称为流体的密度，用符号 ρ 表示，其国际单位制的单位是 kg/m^3。

若用 m(kg) 表示流体的质量，V(m^3) 表示流体的体积，则

$$\rho=\frac{m}{V} \tag{1-1}$$

压力对液体密度的影响较小，故称液体为不可压缩流体。常见液体的密度可从物理化学手册或化学工程手册中查取，在实验室中，通常采用比重计测量液体的密度。

气体的密度随温度和压力的变化均较大，通常称为可压缩流体。常见气体的密度也可从手册中查取。在压力不太高（不高于 1.01×10^5 Pa)、温度不太低（不低于 0℃）的条件下，可将气体或气体混合物看做理想气体，因此可由理想气体状态方程求得气体的密度为

$$\rho=\frac{pM}{RT} \tag{1-2}$$

式中 ρ——气体在热力学温度 T、压强 p 条件下的密度，kg/m^3；

M——气体的摩尔质量，kg/kmol；

R——通用气体常数，为 8.314kJ/(kmol·K)。

理想气体密度还可由标准状况下的密度换算得到，即

$$\rho=\rho_0\frac{pT_0}{p_0T} \tag{1-3}$$

其中，下标“0”表示标准状况下，即温度为 273.15K、压力为 101.325kPa 的状态。由于 1kmol 理想气体在标准状况下的密度为 22.4m^3，理想气体在标准状况下的密度还可通过下式计算

$$\rho_0=\frac{M}{22.4} \tag{1-4}$$

(2) 流体的黏度

流体流动时，其内部的分子间会产生相对运动，因此会产生影响流体流动的阻力，称为内摩擦力，这个概念将在后面的章节中详细讲述。流体流动时产生上述内摩擦力的性质称为黏性，而表示黏性大小的物理量称为流体的黏度，用符号 μ 表示，其国际单位制的单位为 Pa·s。

流体的黏度可由实验测定，还可从手册中查取。如表 1-1 列出了几种流体在不同温度下的黏度值。

表 1-1　流体在不同温度下的黏度（10^5 Pa·s）

流　体	热力学温度/K			
	273.15	283.15	293.15	303.15
水	179.21	130.77	100.50	80.07
苯	73.70	75.20	65.10	55.50
空气	1.72	1.77	1.81	1.86
氮气	1.70	1.68	1.72	1.78

从表 1-1 可见，流体的黏度是很小的数值，为了表示方便，定义了一个物理单位制的黏度单位为 P（读作“泊”），将 1Pa·s 作为 10P，而 1P＝100cP，即

$$1\text{Pa}\cdot\text{s}=10\text{P}=1000\text{cP}=1000\text{mPa}\cdot\text{s}$$

从表 1-1 还可看出，液体的黏度随温度的升高而减小，气体的黏度随温度的升高而增大，其原因与黏度的物理本质有关。从微观角度来说，黏度是由于流体分子之间的碰撞产生的，对于液体，随着温度的升高，分子之间的距离增大，其间的碰撞减弱，因此黏度减小；而对于气体，温度的升高虽然也会使其分子间距离增大，但气体分子间的距离原本就很大，其碰撞概率的减小不是很明显，而由于热运动的加剧造成的相互碰撞加强了，因此气体黏度增大。

1.2.2　流体的静压强

流体垂直作用在单位面积上的压力，称为流体的静压强，工程上也称为压力。国际单位制的压强单位是 N/m^2，或 Pa，此外，还有一些常用的压强单位，如 mmHg、mH_2O 等。在国际单位制中，压力的单位是 N/m^2，以 Pa（称为帕斯卡）表示。但长期以来采用的单位为 atm（标准大气压）、某流体柱高度或 kgf/cm^2 等，这些单位的换算关系如下：

$$1\text{atm}=1.013\times10^5\text{Pa}=1.033\text{kgf/cm}^2=10.33\text{mH}_2\text{O}=760\text{mmHg}$$

流体的真实压强是指其相对于绝对真空的压强，称为绝对压强，在生产中，流体的压强通常用测量仪表测定，如果绝对压强大于大气压强，则用压力表［见图 1-1(a)］测量，其中压力表的读数表示绝对压强高于大气压强的数值，称为表压强，简称表压；如果绝对压强小于大气压强，则用真空表［见图 1-1(b)］测量，而真空表读数表示绝对压强低于大气压强的数值，称为真空度。由此可见，表压强和真空度都是以大气压强为基准的。绝对压强、表压强、真空度及大气压强的关系如图 1-2 所示。

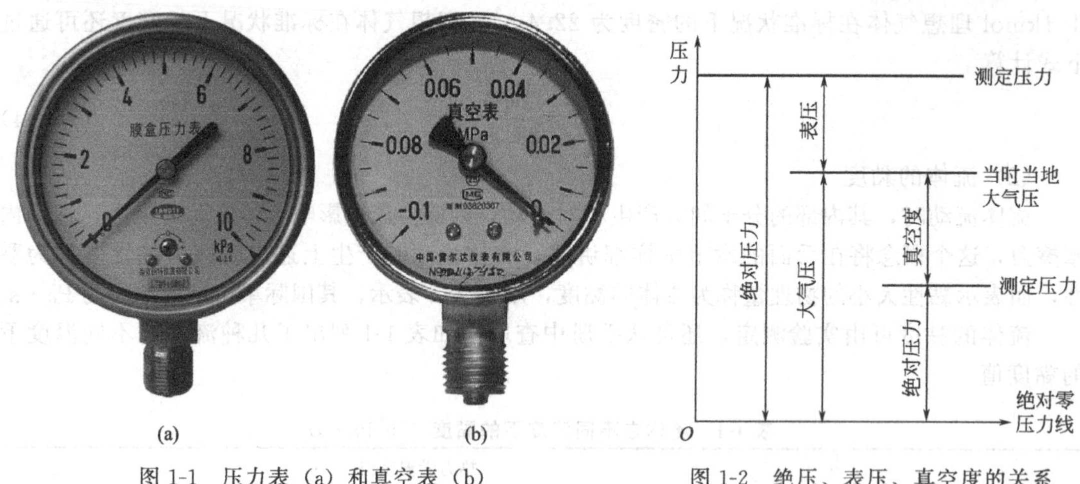

图 1-1 压力表（a）和真空表（b）　　图 1-2 绝压、表压、真空度的关系

【例 1-1】 某离心泵进口真空表读数为 88kPa，出口压力表读数为 220kPa，试求离心泵进出口间压强差。

解 离心泵进口表压强为－88kPa，则两表间压差为 220kPa－(－88)kPa＝308kPa

求取压差时，相减的两压强基准必须统一，同为绝对压强或表压。

除了需要测定压强，有时还需要测定设备或管路中两部分的压强差，根据静力学的原理，可用液柱压差计进行测定。

图 1-3 所示的是一种 U 形管压差计，在 U 形的透明管中装有密度为 ρ_0（大于被测流体密度且不与被测流体发生反应）的指示剂，将 U 形管的两端分别与测压点 1、2 相连，当 $p_1 > p_2$ 时，出现指示剂在 U 形管两端的高度差 R，R 值越大，两点的压差越大。

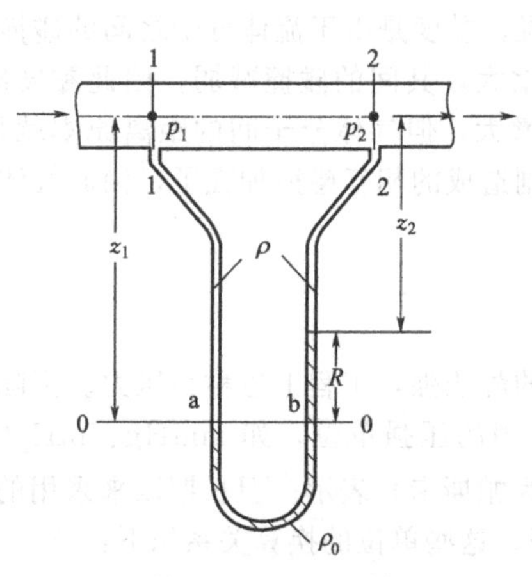

图 1-3 U 形管压差计

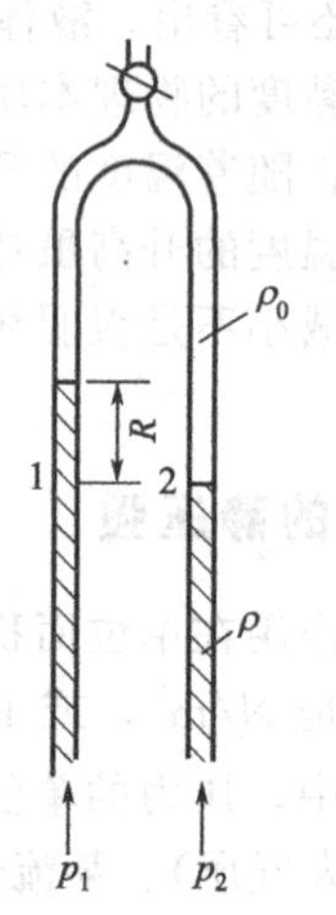

图 1-4 倒 U 形管压差计

取 a—b 为等压面，根据静力学原理，$p_a = p_b$，其中

$$p_a = p_1 + \rho g z_1$$

$$p_b = p_2 + \rho g z_2 + R\rho_0 g$$

而

$$z_1 = z_2 + R$$

则

$$p_1 - p_2 = R(\rho_0 - \rho) g \tag{1-5}$$

为了使 R 值便于读取，指示剂通常选用汞。如果所测压强差的值较小，通常将 U 形管倒置，上端与空气相通，以流体本身作为指示剂，如图 1-4 所示，此时压差计所测的压差表示为

$$p_1 - p_2 = R(\rho - \rho_0)g \tag{1-6}$$

1.2.3 流体的流量和流速

衡量流体流动快慢的量有流量和流速。流量是指单位时间内所流过的流体的量，若这个量用体积表示，叫做体积流量，用符号 q_V 表示，国际单位制的单位是 m^3/s，若以质量表示，叫做质量流量，用符号 q_m 表示，单位是 kg/s。质量流量与体积流量的关系是

$$q_m = \rho q_V \tag{1-7}$$

单位面积上的流量叫做流速，流体在内径为 d 的圆形管路中流过时的流速为

$$q_V = u\frac{\pi}{4}d^2 \tag{1-8}$$

或

$$q_m = \rho u \frac{\pi}{4}d^2$$

1.2.4 流量的测量

流量可用流量计测量，常用的流量计有孔板流量计、文丘里流量计、转子流量计等。

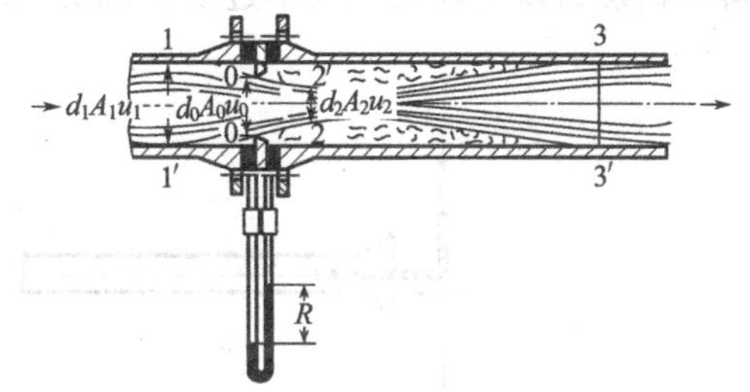

图 1-5　孔板流量计

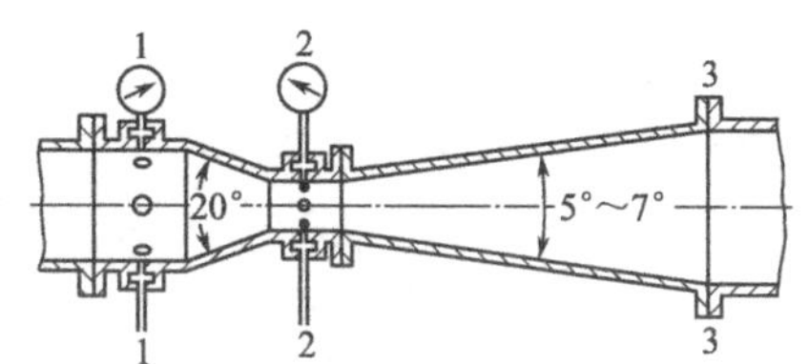

图 1-6　文丘里流量计

(1) 孔板流量计

在管路中连接一片带有特定尺寸同心圆孔的金属板，如图 1-5 所示，就构成了孔板流量计，带孔的金属板称为孔板。当流体流过孔板时，流通面积突然减小，动能增加，静压能下降，由此孔板两侧产生压强差，此压差随着流体流量的改变而改变，因此可以通过测量压差而得到流量。

孔板流量计结构简单，造价低廉，缺点是流体在流经孔板时会产生较大的局部阻力损失。此外，安装孔板时，要在孔板前后留有大于 50 倍管径的稳定段，以保证测量的准确性。

(2) 文丘里流量计

用文丘里管代替孔板测量流体流量显然能减少流体的局部阻力损失，如图 1-6 所示的流量计称为文丘里流量计，其原理与孔板流量计相同。

(3) 转子流量计

转子流量计由一个倾角 4°的玻璃管和管内的锥形转

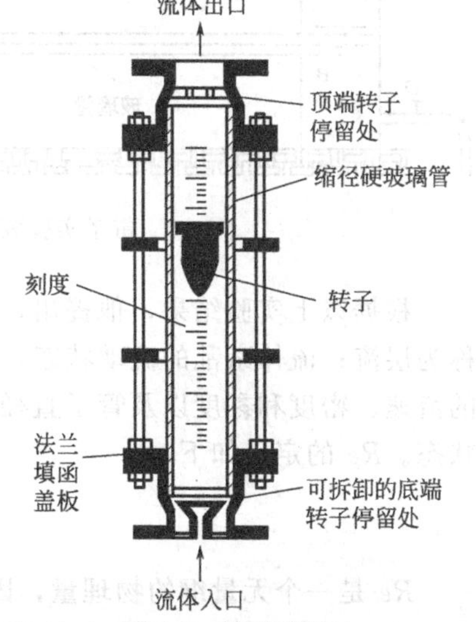

图 1-7　转子流量计

子组成，如图 1-7 所示。当流体自下而上流过流量计时，转子的上下产生的压力差使转子上浮，当转子上浮到一定高度时，由于管径扩大造成的压力差减小刚好等于转子所受重力和浮力的差值，转子停留在此高度，其上表面所对应的刻度值即为此时流体的流量。

转子流量计必须安装在垂直的管段上，其测量的流体压力不大于 5atm。转子流量计的刻度使用 20℃清水或 20℃空气标定，当测量条件变化或用于其他流体时，需重新标定或进行校正。

1.3 流体的流动阻力

1.3.1 雷诺实验和流体流动类型

1883 年，英国物理学家雷诺（O. Reynolds）做了如下实验，通过调节如图 1-8 所示装置中的阀门 D 不断改变管路 AB 中流体的流速，观察管中红墨水的状态。他发现，当阀门开度较小时，管中心的墨水呈一条直线流过管子［见图 1-9(a)］，这说明管子中的流体呈均匀的流动状态；随着阀门开度增加到某个值，红色的直线开始发生抖动［见图 1-9(b)］，并随流速的增加而逐渐剧烈，当继续开大阀门使流速增大到另一个值时，有色墨线突然消失，代之以整个管子充满红色墨迹［见图 1-9(c)］。这表明管子里的流体流动状态非常紊乱。随后，他又分别改变管子的直径、流体的密度和黏度，同样观察到以上现象，只不过发生流动状态变化的速度不同。

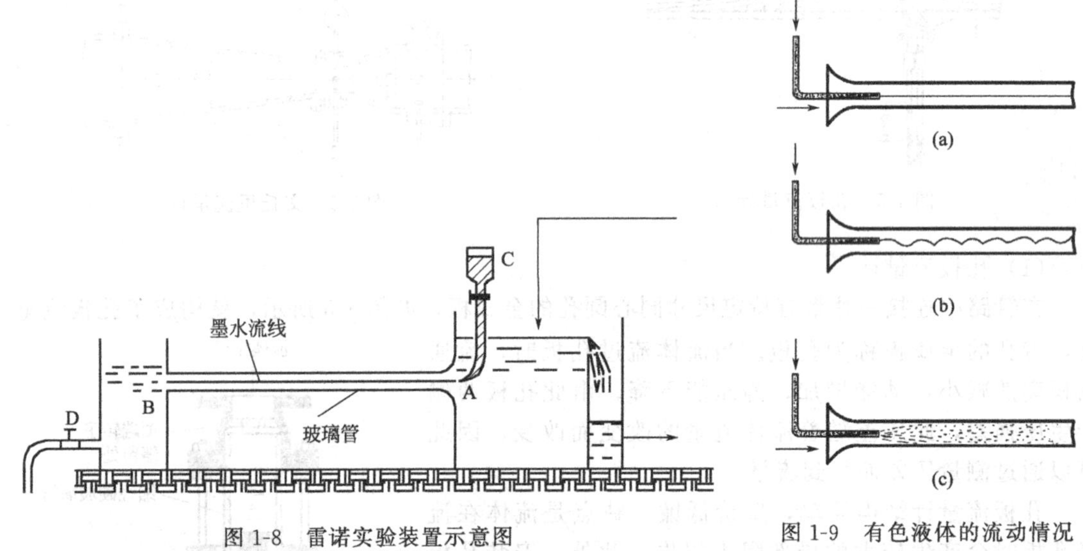

图 1-8　雷诺实验装置示意图

图 1-9　有色液体的流动情况

根据以上实验结果，他提出，流体在管路中的流动状态有两种：流体均匀的流动状态，称为层流；流体紊乱的流动状态，称为湍流。进而通过对实验数据的处理得出，可以用流体的流速、密度和黏度以及管子直径四个因素组成的数群，即雷诺准数 Re 来判断流体的流动状态。Re 的定义如下

$$Re=\frac{du\rho}{\mu} \tag{1-9}$$

Re 是一个无量纲的物理量，因此称为雷诺准数。当 $Re\leqslant 2000$ 时，流体总是保持层流；当 $Re\geqslant 4000$ 时，流体为稳定的湍流；当 $2000<Re<4000$ 时，流体不能保持稳定的层流或

者湍流，通常称为过渡流。

需要说明的是，即使流体处于湍流状态，在壁面附近的区域内，也会有一层流体处于层流流动状态，这层流体的厚度随着雷诺准数的增大而减小，但其对流体传热和传质的影响是不可忽略的。

【例 1-2】 密度为 $1000kg/m^3$ 的水在直径为 $\phi108mm\times4mm$ 的管路中流动，水的流量为 $30m^3/h$，水的黏度为 1.005mPa·s。求水的流速和质量流量，并判断流体的流动类型。

解　水的流速为

$$u=\frac{q_V}{\frac{\pi}{4}d^2}=\frac{30}{3600\times\frac{\pi}{4}\times0.1^2}m/s=1.061m/s$$

质量流量　　$q_m=\rho q_V=1000kg/m^3\times30m^3/h=3\times10^4kg/h$

$$Re=\frac{du\rho}{\mu}=\frac{0.1\times1.061\times1000}{1.005\times10^{-3}}=1.0\times10^5>4000，为湍流流动。$$

1.3.2　流体流动阻力产生的原因

在 1.2.1 节我们提到，流体黏度的存在使得流体流动时其内部的分子间会产生相对运动，从而产生摩擦力，这个流体内部的摩擦力称为内摩擦力。它区别于摩擦力的关键在于它存在于流体的内部，而管壁表面的流体由于黏附在壁面上，与管壁的摩擦力为零！

内摩擦概念是由牛顿（I. Newton）首先提出的，他在《自然哲学的数学原理》（1687 年）中提出："流体中两部分由于缺乏润滑而引起的阻力，同这两部分彼此分开的速度成正比"，这就是牛顿黏性定律。但他并没有用实验去证明这一点，因此这一规律也称为牛顿黏性假说。直到 1874 年，才由库仑通过一个简单的实验证明了这一规律。

1.3.3　流动阻力的计算

流体流动阻力可分为流体流过直管而产生的阻力，称为直管阻力以及流体流过管件、阀门等产生的阻力，称为局部阻力，如图 1-10 所示。

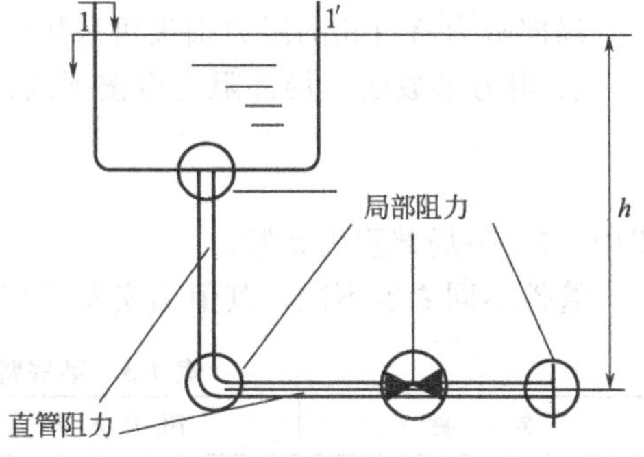

图 1-10　流体流动的直管阻力和局部阻力

(1) 直管阻力

直管阻力可用范宁公式［见式(1-10)］计算。

$$\sum R=\lambda\frac{l}{d}\frac{u^2}{2} \tag{1-10}$$

式中，λ 叫做摩擦系数，当流体作层流流动时，$\lambda=\frac{64}{Re}$；流体作湍流流动时的摩擦阻力不仅与 Re 有关，还取决于管壁的粗糙度。管壁粗糙面凸出部分的平均高度，称为绝对粗糙度，以 ε 表示。绝对粗糙度 ε 与管内径 d 之比 $\frac{\varepsilon}{d}$ 称为相对粗糙度。表 1-2 列出了某些工业管道的绝对粗糙度。那么，当流体作湍流流动时，摩擦系数 $\lambda=f\left(Re,\frac{\varepsilon}{d}\right)$。摩擦系数与 Re 及 $\frac{\varepsilon}{d}$ 的关系由实验确定。

下面给出了几个计算摩擦系数的经验公式。

表 1-2　某些工业管道的绝对粗糙度

金属管	粗糙度 ε/mm	非金属管	粗糙度 ε/mm
无缝黄铜管、铜管及铅管	0.01～0.05	干净玻璃管	0.0015～0.01
钢管、锻铁管	0.046	橡皮软管	0.01～0.03
新无缝钢管、镀锌铁管	0.1～0.2	木管道	0.25～1.25
新铸铁管	0.3	陶土排水管	0.45～6.0
具有轻度腐蚀的无缝钢管	0.2～0.3	很好整平的水泥管	0.33
具有显著腐蚀的无缝钢管	0.5 以上	石棉水泥管	0.03～0.8
旧铸铁管	0.85 以上		
铆钢	0.9～9		

① 伯拉修斯（Blasius）公式

$$\lambda=\frac{0.3164}{Re^{0.25}} \tag{1-11}$$

此式适用于 $2.5\times10^3<Re<10^5$ 的光滑管。

② 考莱布鲁克（Colebrook）公式

$$\frac{1}{\sqrt{\lambda}}=1.74-2\lg\left(\frac{2\varepsilon}{d}+\frac{18.7}{Re\sqrt{\lambda}}\right) \tag{1-12}$$

此式适用于湍流区的光滑管与粗糙管直至完全湍流区。在完全湍流区 Re 对 λ 的影响很小，式中含 Re 的项可以忽略。

③ 尼古拉兹（Nikuradse）与卡门（Karman）公式

$$\frac{1}{\sqrt{\lambda}}=2\lg\frac{d}{\varepsilon}+1.14 \tag{1-13}$$

此式适用于$\frac{d/\varepsilon}{Re\sqrt{\lambda}}>0.005$。

需要说明的是，每一个经验公式都有各自的应用条件，选用时要注意。除此之外，λ 的计算式还有很多，还可以查图获得，读者可参考有关资料。

(2) 局部阻力

局部阻力所引起的阻力损失可采用经验法计算，包括局部阻力系数法和当量长度法。

① 阻力系数法　局部阻力可按下式计算

$$\sum R=\xi\frac{u^2}{2} \tag{1-14}$$

式中　ξ——局部阻力系数。

管件不同 ξ 也不同，其值由实验测定，表 1-3 给出了某些管件和阀门的局部阻力系数。

表 1-3　某些管道和阀门的局部阻力系数

名称	阻力系数	名称	阻力系数
弯头，45°	0.35	三通	1
弯头，90°	0.75	标准截止阀(球阀)，全开	6.0
回弯头	1.5	标准截止阀，半开	9.5
管接头	0.04	角阀，全开	2.0
活接头	0.04	止逆阀，球式	70.0
闸阀，全开	0.17	止逆阀，摇板式	2.0
闸阀，半开	4.5	止逆阀，水表式	7.0

除了管件和阀门会产生局部阻力外，流体流过突然扩大和突然缩小的管截面（如图 1-11

所示）也会产生局部阻力。

突然扩大和突然缩小的局部阻力系数可按下式计算

突然扩大时，$\xi=\left(1-\dfrac{A_1}{A_2}\right)^2$ (1-15)

突然缩小时，$\xi=0.5\left(1-\dfrac{A_2}{A_1}\right)^2$ (1-16)

当流体从管道中流入截面较大的容器或气体从管道排放到大气中，$\dfrac{A_1}{A_2}\approx 0$，$\xi=1$；当流体自容器进入管的入口，相当于自很大的截面突然缩小到很小的截面，$\dfrac{A_2}{A_1}\approx 0$，$\xi=0.5$。

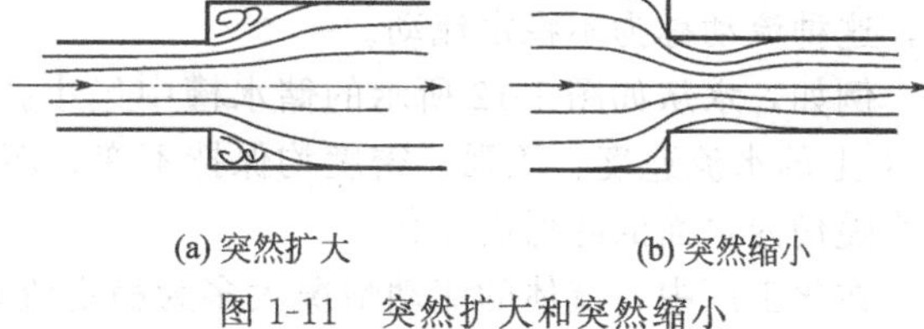

图 1-11　突然扩大和突然缩小

注意：计算突然扩大或突然缩小的局部阻力损失时，流速 u 均为小管中的流速。

② 当量长度法　此法是将流体流过管件或阀门所产生的局部阻力损失，折合成流体流过长度为 l_e 的直管的阻力损失。l_e 称为管件、阀门的当量长度，由实验测定，可从管路手册中查取。可用下式计算局部阻力损失

$$\sum R=\lambda\frac{l_e}{d}\frac{u^2}{2} \tag{1-17}$$

（3）总阻力

管路系统中的总阻力或总能量损失为直管阻力和局部阻力之和，对于一段直径为 d 的直管，总阻力损失计算式为

$$\sum R=\left(\lambda\frac{l+\sum l_e}{d}\right)\frac{u^2}{2} \tag{1-18}$$

式中　$\sum l_e$——管路中全部管件和阀门的当量长度之和，m。

如果还有部分局部阻力用阻力系数来表示，则总阻力计算式为

$$\sum R=\left[\lambda\left(\frac{l+\sum l_e}{d}\right)+\sum\xi\right]\frac{u^2}{2} \tag{1-19}$$

式中　$\sum l_e$——管路中部分管件和阀门的当量长度之和，m；

$\sum\xi$——管路中部分管件和阀门的局部阻力系数之和。

如果管路中串联的管子直径不同，局部阻力要分段计算再相加。

【例 1-3】 利用离心泵将水池中的常温水送至高位槽中，要求送水量达到 $70m^3/h$，水池和高位槽间的直管长 80m，管子采用 ϕ114mm×4mm 的钢管，管路上有共 3 个 $\xi_1=0.75$ 的 90°弯头、1 个 $\xi_2=0.17$ 的全开闸阀、1 个 $\xi_3=8$ 的底阀，摩擦系数为 $\lambda=0.03$。求：管路的总阻力损失为多少（J/kg）？

解　$u=\dfrac{q_V}{\frac{\pi}{4}d^2}=\dfrac{70}{3600\times\frac{\pi}{4}\times 0.106^2}$ m/s$=2.2$m/s

$$\sum R=\left(\lambda\frac{l+\sum l_e}{d}+\sum\xi\right)\frac{u^2}{2}$$

$$=\left(0.03\times\frac{80}{0.106}+3\times 0.75+0.17+8\right)\times\frac{2.2^2}{2}\text{J/kg}$$

$$=80.01\text{J/kg}$$

1.4 流体流动的基本规律及其应用

1.4.1 稳定流动与不稳定流动

流体在管道中流动时，在任一点上的流速、压力等有关物理参数都不随时间而改变，这种流动称为稳定流动。若流动的流体中，任一点上的物理参数，有部分或全部随时间而改变，这种流动称为不稳定流动。

例如，水从如图 1-12 所示的储水槽中经小孔流出，开启阀门 1 以保持水位不变，截面 1—1′上的水流速度、压强、密度均保持不变；而当阀门 1 关闭时，截面 1—1′上的上述各参数均随槽内水面的降低而变化。

在化工厂中，流体的流动情况大多为稳定流动。故除非有特别指明者外，本书中所讨论的均系稳定流动问题。

1.4.2 连续方程

设流体在如图 1-13 所示的管道中作连续稳定流动，从截面 1—1（截面积为 A_1）流入，从截面 2—2（截面积为 A_2）流出。若在管道两截面之间无流体漏损，根据质量守恒定律，从截面 1—1 进入的流体质量流量 q_{m_1} 应等于从截面 2—2 流出的流体质量流量 q_{m_2}，即

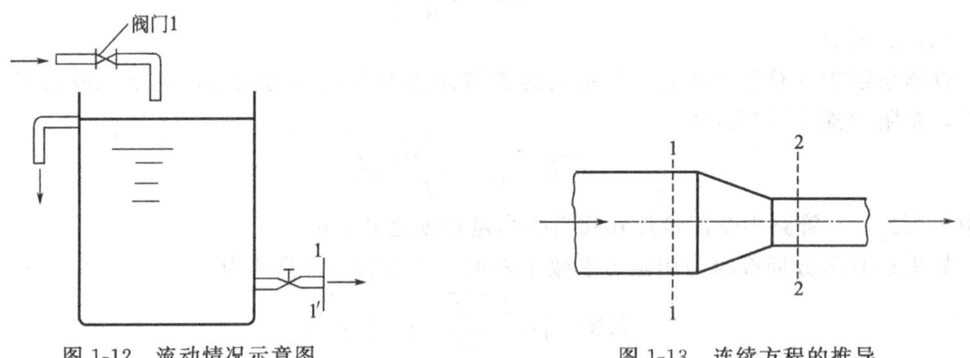

图 1-12 流动情况示意图　　图 1-13 连续方程的推导

$$q_{m_1}=q_{m_2} \tag{1-20}$$

或

$$\rho_1 A_1 u_1=\rho_2 A_2 u_2$$

此关系可推广到管道的任一截面，即

$$\rho A u=\text{常数} \tag{1-21}$$

上式称为连续方程。若液体不可压缩，$\rho=$常数，则上式可简化为

$$Au=\text{常数} \tag{1-22}$$

由此可知，在连续稳定的不可压缩流体的流动中，流体流速与管道的截面积成反比。截面积愈大之处流速愈小，反之亦然。

对于圆形管道，式(1-22) 可写成

$$\frac{\pi}{4}d_1^2 u_1=\frac{\pi}{4}d_2^2 u_2$$

或

$$\frac{u_1}{u_2}=\left(\frac{d_2}{d_1}\right)^2 \tag{1-23}$$

式中，d_1 及 d_2 分别为管道上截面 1 和截面 2 处的管内径。上式说明不可压缩流体在管

道中的流速与管道内径的平方成反比。当流体在均匀管中流动时，流速不变，与管路安排以及管件阀门和输送设备无关。

1.4.3　伯努利方程

(1) 伯努利方程

流动着的流体具有一定的机械能，具体表现为动能、位能和静压能。流体以一定速度流动所具有的能量称为动能，单位质量流体所具有的动能用 $u^2/2$ 表示，实际流体由于有黏性，管截面上液体质点的速度分布是不均匀的，因此，管内流体的流速取管截面上的平均流速；在重力作用下的流体位置高于基准水平面而具有的能量称为位能，单位质量液体所具有的位能用 gz 表示；由于静压力的存在推动流体运动而具有的能量称为静压能，单位质量液体所具有的静压能用 p/ρ 表示。三者之和称为总机械能，这三种形式的能量可以相互转换，但总能量保持不变，故有

$$gz+\frac{p}{\rho}+\frac{u^2}{2}=\text{常数}$$

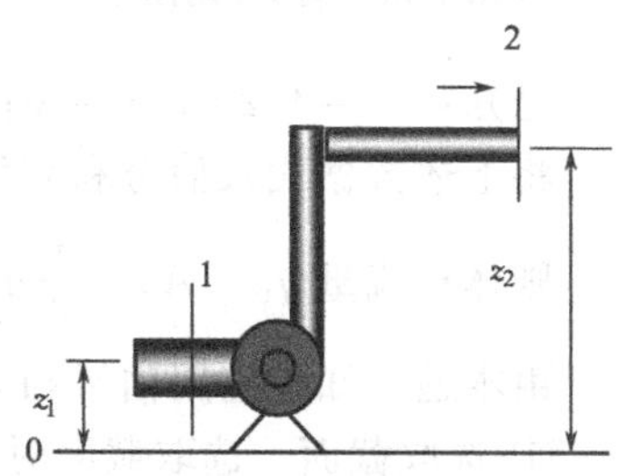

图 1-14　管路系统示意图

如图 1-14 所示，流体从 1 截面流至 2 截面时，由于内摩擦力的作用，不可避免要消耗一部分机械能，由此引起机械能的损失，称为能量损失或压头损失、阻力损失。因此必须在机械能量衡算时加入能量损失项，即

$$z_1g+\frac{p_1}{\rho}+\frac{u_1^2}{2}=z_2g+\frac{p_2}{\rho}+\frac{u_2^2}{2}+\sum R \tag{1-24}$$

式中　$\sum R$——单位质量流体的能量损失，也称为阻力损失，J/kg。

由此可知，只有当 1—1 截面处总能量大于 2—2 截面处总能量时，流体才能克服阻力流至 2—2 截面。但在化工生产中，常常需要将流体从总能量较小的地方输送到较大的地方。这种过程是不能自动进行的，需要从外界向流体输入机械功 W_e，以补偿管路两截面处的总能量之差以及流体流动的能量损失，即

$$z_1g+\frac{p_1}{\rho}+\frac{u_1^2}{2}+W_e=z_1g+\frac{p_2}{\rho}+\frac{u_2^2}{2}+\sum R \tag{1-25}$$

式中　W_e——外加能量，J/kg。

上式亦可写成如下形式

$$z_1+\frac{p_1}{\rho g}+\frac{u_1^2}{2g}+H=z_1+\frac{p_2}{\rho g}+\frac{u_2^2}{2g}+\sum H_f \tag{1-26}$$

式中　$\sum H_f=\frac{\sum R}{g}$——单位流体的能量损失，又称为压头损失，m；

$H=\frac{W_e}{g}$——单位流体的外加能量，也称为有效压头，m。

式(1-25) 和式(1-26) 均称为实际流体机械能衡算式，习惯上也称它们为伯努利方程。

(2) 伯努利方程的应用

伯努利方程是流体流动的基本方程式，它的应用范围很广，就化工生产过程来说，该方程常用来确定高位槽供液系统的液面高度，确定系统中指定位置的压强，求取做功设备的功率，确定系统流量等。下面举例说明伯努利方程的应用。

【例 1-4】 如图 1-15 所示，水从高位槽通过出口管流出。高位槽液面上的压力为大气

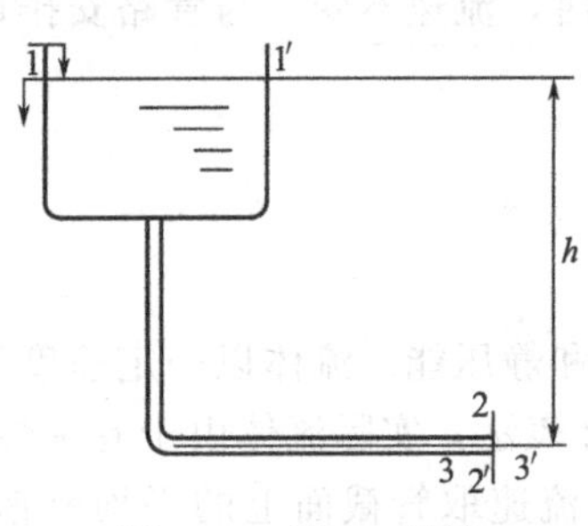

图 1-15 例 1-4 附图

压。高位槽液面与出口管中心线间的垂直高度为 4.2m，管子规格为 ϕ114mm×4mm 的无缝钢管，设水在管内能量损失为 39.2J/kg（不包括出口能量损失），试求管路中水的体积流量为多少（m^3/h）？

解 根据题意，选取高位槽液面为截面 1—1′，管出口截面为 2—2′（内侧），取出口管中心线为基准水平面。

在两截面间列伯努利方程，即

$$gz_1+\frac{p_1}{\rho}+\frac{u_1^2}{2}+W_e=gz_2+\frac{p_2}{\rho}+\frac{u_2^2}{2}+\sum R$$

已知：$z_1=4.2\text{m}$，$z_2=0$；$p_1=p_2=0$（表）；$W_e=0$；$u_1=0$；$\sum R=39.2\text{J/kg}$

将上述数据代入伯努利方程式解得：$u_2=2\text{m/s}$

则体积流量 $q_V=Au=\frac{\pi}{4}d^2u=\frac{\pi}{4}\times0.106^2\times2\times3600\text{m}^3/\text{h}=63.54\text{m}^3/\text{h}$

由本题可知，应用伯努利方程解题时，需要注意下列事项。

① 选取截面 选取截面时应考虑到伯努利方程式是流体输送系统在连续、稳定的范围内。在本例中，2—2′截面一定要选在管内侧，这样才可以求出流速，并与阻力损失的大小相对应。

需要说明的是，只要在连续稳定的范围内，任意两个截面均可选用。不过，为了计算方便，截面常取在输送系统的起点和终点的相应截面，因为起点和终点的已知条件多。另外，两截面均应与流动方向相垂直，如例 1-4 附图所示的输送系统，下游截面应选 2—2′，而不能选 3—3′截面。

② 确定基准面 基准面是用以衡量位能大小的基准。为了简化计算，通常取相应于所选定的截面之中较低的一个水平面为基准，如例 1-4 的 2—2′截面为基准面比较合适。这样，例 1-4 中 z_2 为零，z_1 值等于两截面之间的垂直距离，由于所选的 2—2′截面与基准水平面不平行，则 z_2 值应取 2—2 截面中心点到基准水平面之间的垂直距离。

③ 压力 伯努利方程式中的压力 p_1 与 p_2 只能同时使用表压或绝对压力，不能混合使用。

1.5 化工管路

化工管路是指化工生产中所涉及的各种管路形式的总称，它将化工设备连接在一起，保证流体从一个设备流到另一个设备，或从一个工段输送到另一个工段。

1.5.1 化工管路的材料和规格

根据材质的不同，管子主要分为金属管和非金属管两类，其中金属管有铸铁管、碳素钢管、不锈钢管、有色金属管等；有色金属管又可分为紫钢管、黄铜管、铅管及铝管等。碳素钢管又有有缝与无缝之分，有缝钢管多用低碳钢制成；无缝钢管的材料有普通碳钢、优质碳钢以及不锈钢等。不锈钢管价格昂贵，但适于输送强腐蚀性的流体，如稀硝酸用管、混酸用管等。铸铁管常用于埋在地下的给水总管、煤气管及污水管等。输送浓硝酸、稀硫酸则应分别使用铝管及铅管。非金属管有塑料管、玻璃管、水泥管、陶瓷管等。各种材质的管子规格标准也不相同。

管子的规格常用以下两种方法表示：

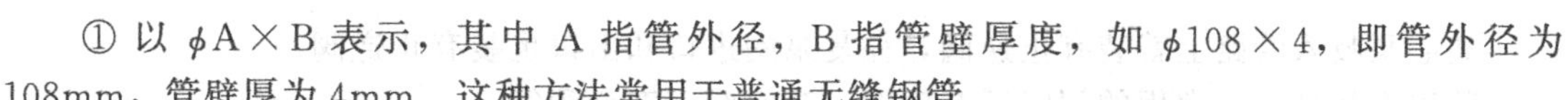

① 以 $\phi A\times B$ 表示，其中 A 指管外径，B 指管壁厚度，如 $\phi 108\times 4$，即管外径为 108mm，管壁厚为 4mm。这种方法常用于普通无缝钢管。

② 以公称直径表示，常用于承插式铸铁管、输水管及燃气输送管路。如 800mm 管子，1/8in 管，800 和 1/8 并不等于内径或外径。

1.5.2　管件和阀门

管件为管与管的连接部件，它主要是用来改变管道方向、连接支管、改变管径及堵塞管道等，常用的管件有三通、弯头、活管接、大小头等。图 1-16 所示为管路中常用的几种管件。

(a) 45°弯头　(b) 90°弯头　(c) 90°方弯头　(d) 三通　(e) 活管接

图 1-16　常用管件

阀门装于管道中用以调节流量。常用的阀门有以下几种。

(1) 截止阀

截止阀构造如图 1-17 所示，它是依靠阀盘的上升或下降，以改变阀盘与阀座的距离，以达到调节流量的目的。

截止阀构造比较复杂，在阀体部分流体流动方向经数次改变，流动阻力较大。但这种阀门严密可靠，而且可较精确地调节流量，所以常用于蒸汽、压缩空气及液体输送管道。若流体中含有悬浮颗粒时应避免使用。

(2) 闸阀

闸阀又称为闸板阀。如图 1-18 所示，闸阀是利用闸板的上升或下降，以调节管路中流体的流量。

闸阀构造简单，液体阻力小，且不易为悬浮物所堵塞，故常用于大直径管道。其缺点是闸阀阀体高，制造、检修比较困难。

(3) 止逆阀

止逆阀又称为单向阀。其用途在于只允许流体沿单方向流动。如遇到有反向流动时，阀自动关闭，如图 1-19 所示。止逆阀只能在单向开关的特殊情况下使用。

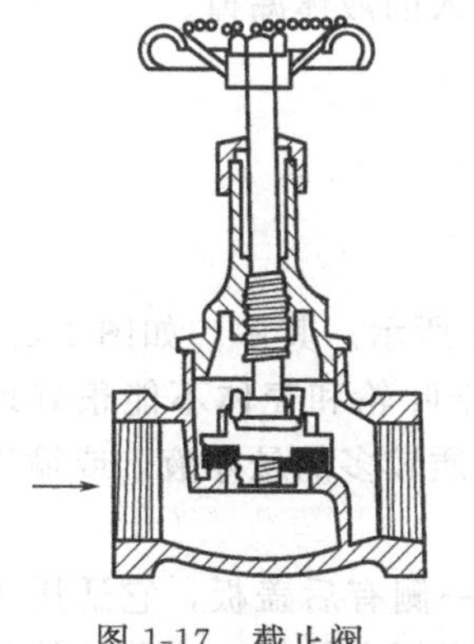

图 1-17　截止阀

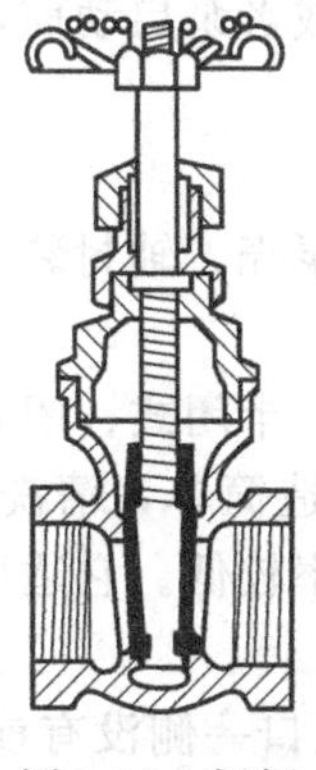

图 1-18　闸阀

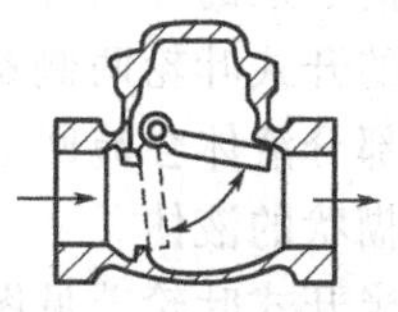

图 1-19　止逆阀

离心泵吸入管路上就装有止逆阀，往复泵的进口和出口也装有止逆阀。

除以上几种外，常用的阀门还有球阀、疏水阀、安全阀等。

1.6 离心泵

在化工生产中，根据工艺的要求，需要将流体物料在车间和设备间连续输送，或将物料从低处输送到高处，这些任务通常是由流体输送机械来完成，用于输送液体的机械，叫做泵。根据泵的工作原理不同，可将泵分为离心式、往复式、旋转式和流体作用式。在这四类泵中，离心泵应用广泛，约占化工用泵的80%。它结构简单，流量均匀，易于调节和控制，适合用于输出压头不高，流量较大的场合。

1.6.1 离心泵的结构和工作原理

离心泵是利用高速旋转的叶轮产生的离心力工作的，图1-20是离心泵的装置简图。离心泵的主要部件是一个蜗壳形的泵壳和一个固定在泵轴上的叶轮。叶轮上有6～12片向后弯曲的叶片。泵壳中央是吸入口，与吸入管相连；泵壳旁侧切线方向的出口为压出口，与排出管相连。

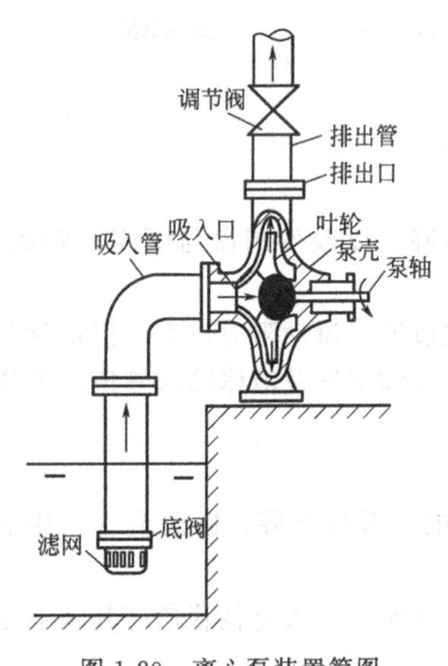

图1-20 离心泵装置简图

离心泵是由通过联轴器与泵相连的电机带动的，在启动前，必须在泵壳内灌满被输送的液体，当叶轮高速旋转时，由于离心力的作用，叶片间的液体被从叶轮的中心甩向外缘，其流速可增大至15～25m/s，动能增大。随着液体进入泵壳，由于蜗壳形泵壳中的流道逐渐扩大，液体的动能减小，一部分动能转化成静压能，当液体从排出管中流出时，具有了较大的压强。当液体从叶轮中心被甩到外缘，叶轮中心处的液体压强降低，形成了一定的真空，液体在液面上压强的作用下被压入泵中，再经过上面的过程排出，由此，叶轮不断旋转，液体不断地吸入和排出。

离心泵运转时，若泵内没有充满被输送的液体，或者在运转过程中气体进入泵内，或者由于泵的旋转速度不够而不能产生足够的真空，液体就不能被吸入，泵就不能输送液体，这种现象称为离心泵的气缚现象。为了避免气缚现象发生，一定要在离心泵启动前灌满被输送的液体，图1-20中底阀的作用就是避免灌入的液体流出，或者泵启动前，将前一次灌入的液体漏掉。

1.6.2 离心泵的主要部件

离心泵有三个主要部件：叶轮、泵壳、轴封装置。

(1) 叶轮

离心泵的叶轮有三种类型：开式、半闭式、闭式，如图1-21所示。其中，如图1-21(a)所示的开式叶轮两侧都没有盖板，制造简单，清洗方便。但由于叶轮和壳体不能很好地密合，部分液体会流回吸液侧，因而效率较低。它适用于输送含杂质较多的悬浮液，或输送浆状、糊状的液体。

半开式叶轮［见图1-21(b)］吸入口一侧没有前盖板，而另一侧有后盖板，它适用于输送含固体颗粒和杂质的液体。闭式叶轮［见图1-21(c)］叶片两侧都有盖板，这种叶轮效率

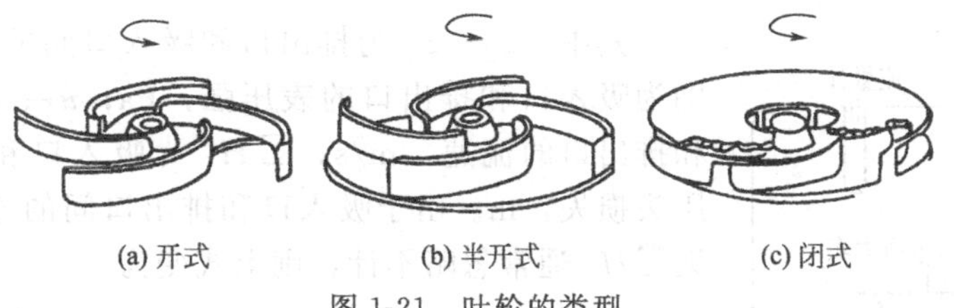

图 1-21　叶轮的类型

较高，应用最广，但只适用于输送清洁液体。一般离心泵大多采用闭式叶轮。根据吸液方式，还可分为单吸式和双吸式，如图 1-22 所示。

(2) 泵壳

离心泵的外壳多做成蜗壳形，其内有一个截面逐渐扩大的蜗形通道。泵壳的主要作用是将叶轮封闭在一定的空间中，汇集叶轮甩出的液体，并将其导向排除管路，同时，蜗壳形的泵壳还将叶轮提供的部分动能逐渐转化为静压能。

为了减小液体从叶轮外缘进入泵壳时产生的能量损失，有的泵壳内还装有导轮，如图 1-23 所示。前弯形的导轮使液体流动均匀缓和，使得能量损失减小到最低程度。

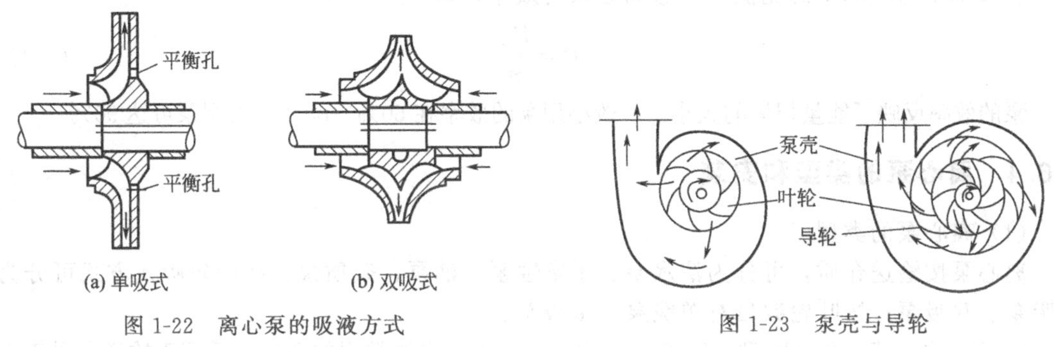

图 1-22　离心泵的吸液方式

图 1-23　泵壳与导轮

(3) 轴封装置

轴封装置的作用：避免泵内高压液体沿间隙漏出，或防止外界空气从相反方向进入泵内。离心泵的轴封装置有填料密封和机械密封。机械密封的效果好于填料密封。

1.6.3　离心泵的主要性能

在泵的样本和铭牌上，标注了离心泵的主要性能，包括流量、压头、效率和轴功率。

(1) 流量 Q

流量指泵单位时间内所输送的液体体积，单位为 m^3/s 或 m^3/h。离心泵的流量与叶轮尺寸、转速、管路特性有关。离心泵的实际流量可以在一定范围内调节，铭牌上的流量指的是泵的最大流量，称为设计流量或者额定流量。

(2) 扬程 H

扬程也称压头，指单位重量液体流经泵后所获得的能量，单位为 m。扬程取决于叶轮尺寸、转速，还与流量有关，流量越大，扬程越小。铭牌上的扬程是设计流量下的值。

在一定转速下，扬程与流量关系可通过实验来测定。实验装置如图 1-24 所示。在泵吸入口和排出口附近分别安装真空表和压力表，管路上安装一个孔板流量计或文丘里流量计。

列出泵吸入口和排出口间的伯努利方程

$$H=(z_2-z_1)+\frac{p_2-p_1}{\rho g}+\frac{u_2^2-u_1^2}{2g}+\sum H_f$$

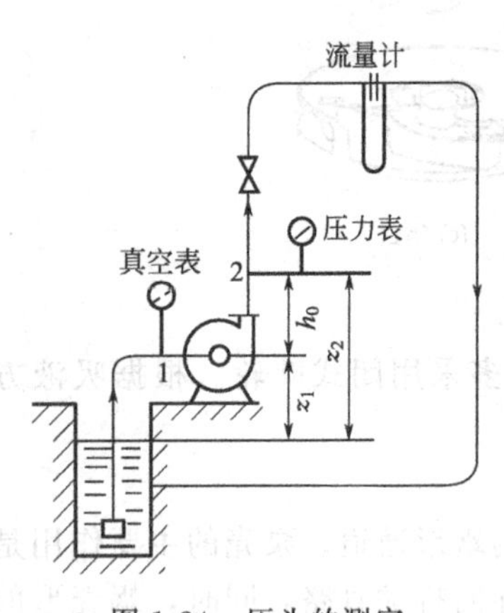

图 1-24 压头的测定

其中，z_2-z_1 为排出口和吸入口间的位差；p_1、p_2 分别为吸入口和排出口的表压强，Pa；u_1、u_2 分别为吸入口和排出口的流速，m/s；$\sum H_f$ 为吸入口和排出口间的流体压头损失，m。由于吸入口和排出口间的管路很短，压头损失$\sum H_f$ 通常忽略不计，则上式变为

$$H=(z_2-z_1)+\frac{p_2-p_1}{\rho g}+\frac{u_2^2-u_1^2}{2g}$$

(3) 轴功率 P 和效率 η

泵运转时从电机所获得的功率，称为轴功率，单位为 kW。轴功率通过泵和电机间的一个功率表测定。

液体经泵所获得的功率称为有效功率，用 P_e 表示，单位为 kW。

$$P_e=\frac{q_V H\rho g}{1000} \tag{1-27}$$

有效功率与轴功率的比值，叫做离心泵的效率，即

$$P=\frac{P_e}{\eta} \tag{1-28}$$

泵的效率反映了能量损失的大小，一般小型泵的效率在 60%～85%，大型泵可达 90%。

1.6.4 离心泵的类型和安装

(1) 离心泵的类型

离心泵按输送介质，可分为清水泵、耐腐蚀泵、油泵、杂质泵；按叶轮吸入方式可分为单吸泵、双吸泵；按叶轮数目有单级泵、多级泵。

① 清水泵 清水泵（IS 型、D 型、Sh 型）是化工生产最常用的泵型，适用于输送各种工业用水以及物理、化学性质类似于水的其他液体，其中以 IS 型泵最为先进，该类型泵是我国按国际标准（ISO）设计、研制的第一个新产品。它具有结构可靠、振动小、噪声低等特点。

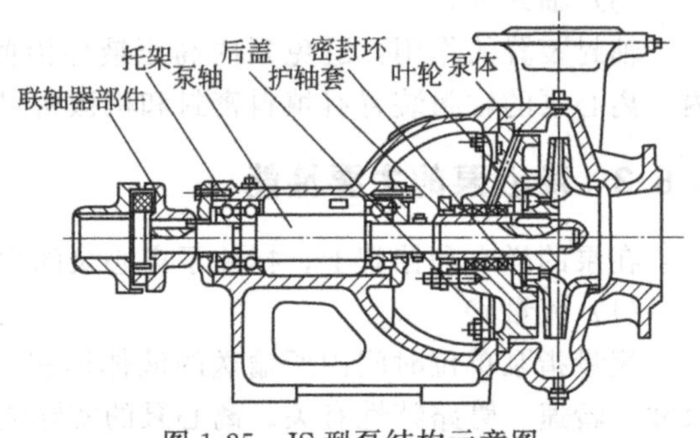

图 1-25 IS 型泵结构示意图

IS 型泵的结构如图 1-25 所示，它只有一个叶轮，从泵的一侧吸液，叶轮装在伸出轴承外的轴端处，如同伸出的手臂一样，故称为单级单吸悬臂式离心水泵。IS 型泵的型号以字母加数字所组成的代号表示。例如 IS50-32-200 型泵，IS 表示泵的型式；50 代表吸入口径；32 代表排出口径；200 为叶轮的直径。以上数字均以 mm 为单位。IS 型泵的全系列扬程范围为 8～98m，流量范围为 4.5～360m^3/h。

若要求的扬程较高而流量并不太大时，可采用多级泵，如图 1-26 所示。这种泵在同一泵壳内有多只叶轮，液体串联通过各叶轮。以 D12-25×3 型泵为例，其中 D 为型号；12 表示公称流量（公称流量是指最高效率时流量的整数值），m^3/h；25 表示该泵在效率最高时的单级扬程，m；3 表示级数，即该泵在效率最高时的总扬程为 75m。

若泵送液体的流量较大而所需扬程并不高时，则可采用双吸泵，如图 1-27 所示。国产双吸泵的系列代号为 Sh，全系列扬程范围为 9～140m，流量范围为 120～12500m^3/h。

Sh 型泵的代号编制原则与上述表示方法略有不同，如 100S90 型泵，100 表示吸入口直径，mm；S 表示泵的类型为双吸式离心泵；90 表示最高效率时的扬程，m。

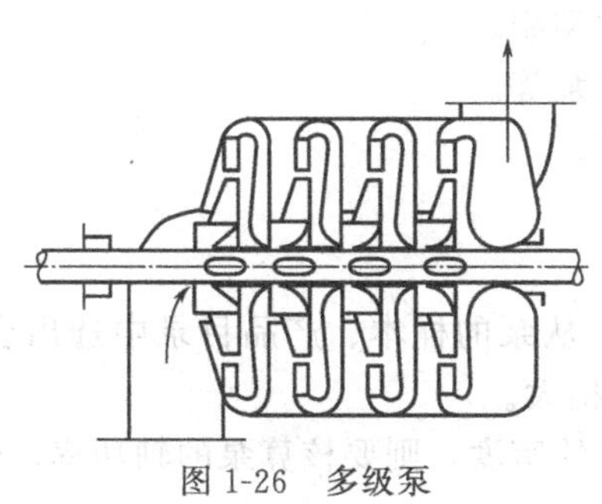

图 1-26　多级泵

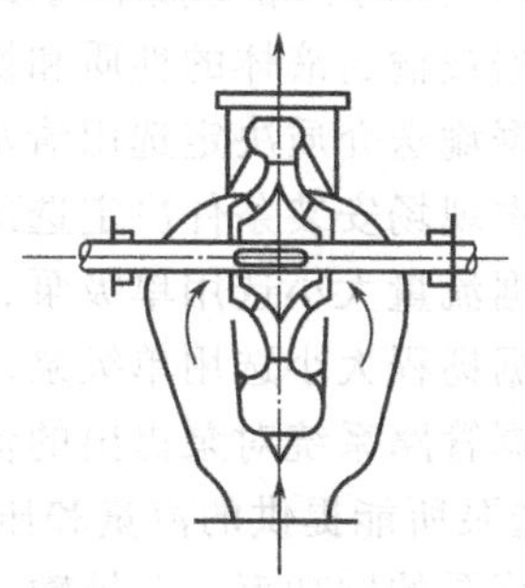

图 1-27　Sh 型泵示意图

② 耐腐蚀泵　当输送酸、碱及浓氨水等腐蚀性液体时应采用耐腐蚀泵。该类泵中所有与腐蚀性液体接触的部件都用抗腐蚀材料制造，其系列代号为 F。F 型泵多采用机械密封装置，以保证高度密封要求。F 泵全系列扬程范围为 15～105m，流量范围为 2～400m^3/h。

耐腐蚀型泵可采用多种耐腐蚀材料制造，在 F 后面再加一个字母表示材料代号，例如：FH 表示由灰口铸铁制造，用于输送浓硫酸。

耐腐蚀型泵的型号表示方法以 25FB－16A 型泵为例：25 代表吸入口的直径，mm；F 代表耐腐蚀泵；B 代表所用材料为 1Cr18Ni9 的不锈钢；16 代表泵在最高效率时的扬程，m；A 为叶轮切割序号，表示该泵装配的比标准直径小一号的叶轮。

③ 油泵　输送石油产品的泵称为油泵（Y 型泵）。因为油品易燃易爆，因此要求油泵必须有良好的密封性能，当输送高温油品（200℃以上）时，需采用具有冷却措施的高温泵，其轴承和轴封装置均需借助冷却水夹套进行冷却。

国产油泵的系列代号为 Y，有单吸和双吸、单级和多级（2～6 级）之分。全系列的扬程范围为 60～603m，流量范围为 6.25～500m^3/h。

油泵的型号表示方法以 50Y60A 为例：50 代表吸入口的直径，mm；Y 表示离心式油泵；60 表示公称扬程（公称扬程是指最高效率时扬程的整数值），m；A 为叶轮切割序号，表示该泵装配的是比标准直径小一号的叶轮。

④ 液下泵　液下泵（又称潜液泵），如图 1-28 所示，也是化工生产中广为采用的离心泵。它的泵体通常置于储槽液面以下，实际上是一种将泵轴伸长并竖直安置的离心泵。由于泵体浸在液体之内，因此对轴封的要求不高，适用于输送化工生产过程中各种腐蚀性液体，既节省了空间又改善了操作环境。其缺点是效率不高。

⑤ 杂质泵　杂质泵用于输送悬浮液及稠厚的浆液，其系列代号为 P。根据其用途又可细分为污水泵 PW、砂泵 PS、泥浆泵 PN 等。对这类泵的要求是：不易被杂质堵塞、耐磨、容易拆洗。所以该泵的特点是叶轮流道宽，叶片数目少，常采用半闭式或开式叶轮，泵的效率低。

⑥ 磁力泵　磁力泵是高效节能的特种离心泵，系列代号为 C，其结构特点是采用一对永磁性联轴器将电机力矩透过隔板和气隙传递给一个密封容器带动叶轮旋转。由于采用永磁联轴驱动，无轴封，消除液体渗漏，使用极为安全，在泵运转时无摩擦，故高效节能。该泵与液体接触的部分可用耐腐蚀、高强度的刚玉陶瓷、工程塑料、不锈钢等材料制造，因而具有良好的耐腐蚀性，主要用于输送不含固体颗粒的酸、碱、盐溶液和挥发性、剧毒性液体等，特别适用于输送易燃易爆液体。

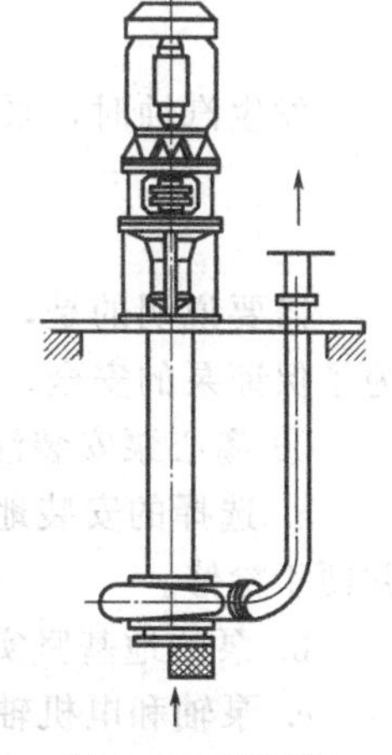

图 1-28　液下泵

(2) 离心泵的选用原则

离心泵的选用通常可按下列步骤进行。

① 根据被输送液体的性质和操作条件，确定泵的类型。

② 根据输送介质决定选用清水泵、油泵、耐腐蚀泵等。

③ 根据现场安装条件决定选用卧式泵、立式泵等。

④ 根据流量大小选用单吸泵、双吸泵等。

⑤ 根据扬程大小选用单级泵、多级泵等。

⑥ 根据管路系统对泵提出的流量和压头的要求，从泵的样本、产品目录中选出合适的型号。所选泵所能提供的流量和压头比管路要求值要稍大。

⑦ 核算泵的轴功率。若被输送液体的密度大于水的密度，则要核算泵的轴功率。

(3) 离心泵的安装高度

① 离心泵的汽蚀现象和最大安装高度　当泵入口处的压力等于或低于输送温度下液体的饱和蒸气压时，液体将在该处汽化，产生气泡。含气泡的液体进入叶轮高压区后，气泡将急剧凝结或破裂。因气泡的消失产生局部真空，此时周围的液体以极高的速度流向原气泡占据的空间，产生了极大的局部冲击压力。在这种巨大冲击力的反复作用下，导致泵壳和叶轮被损坏，这种现象称为汽蚀现象。为了避免汽蚀的发生，泵的安装高度不能太高，通常采用汽蚀余量和允许吸上真空度两个抗汽蚀性能指标来限定泵吸入口附近的最低压力。

a. 汽蚀余量 Δh　液体经吸入管到达泵入口处所具有的压头$\frac{p_1}{\rho g}+\frac{u_1^2}{2g}$与液体在工作温度下的饱和蒸气压$\frac{p_s}{\rho g}$的差值称为汽蚀余量 Δh，单位为 m（液柱），表达式为

$$\Delta h=\left(\frac{p_1}{\rho g}+\frac{u_1^2}{2g}\right)-\frac{p_s}{\rho g} \tag{1-29}$$

发生汽蚀时，离心泵的允许安装高度为

$$H_g=\frac{p_0}{\rho g}-\frac{p_s}{\rho g}-\Delta h-\sum H_f \tag{1-30}$$

b. 离心泵的允许吸上真空度 H_s'　若大气压为 p_a，泵入口处允许的最低压力为 p_1，泵入口处的最高真空度为（p_a-p_1），以输送液体的液柱高度来表示，称为允许吸上真空度，以 H_s'来表示，单位为 m 液柱，即

$$H_s'=\frac{p_a-p_1}{\rho g} \tag{1-31}$$

发生汽蚀时，泵的允许安装高度可表示为

$$H_g=H_s'-\frac{u_1^2}{2g}-\sum H_f \tag{1-32}$$

需要说明的是，Δh 和 H_s'是在 98.1kPa（$10mH_2O$）大气压下，用 20℃清水实验测得，为了保证泵的安全，实际安装高度应在计算值的基础上减去 0.5～1m。

② 离心泵安装注意事项　为了避免汽蚀，离心泵在安装时需要注意以下问题：

a. 选择的安装地点要靠近液源，以减小吸入管路上的阻力损失，同时场地应明亮干燥，并便于检修。

b. 泵的地基坚实，用地脚螺栓将泵稳固固定。

c. 泵轴和电机轴要严格水平。

d. 尽量减少吸入管路上的弯头、阀门，吸入管直径不应小于排出管直径。

1.7　其他类型泵

为满足液体的不同输送要求，在生产过程中还会用到其他类型的化工用泵，如往复泵、计量泵、齿轮泵、螺杆泵、旋涡泵等。下面就上述的各种类型泵的结构、工作原理、操作特性等作简要介绍。

1.7.1　往复泵

(1) 往复泵的结构和工作原理

往复泵在化工生产过程中应用较为广泛，主要适用于小流量、高扬程的场合。它是依靠活塞的往复运动，依次开启吸入阀和排出阀，从而吸入和排出液体。

如图 1-29 所示，往复泵的主要部件有泵缸、活塞、活塞杆、吸入阀和排出阀。吸入阀和排出阀均为单向阀。当活塞在外力的作用下从左侧向右侧运动时，泵缸内的工作容积增大而形成低压，排出阀在压出管内液体的压力作用下关闭，吸入阀则被泵外液体的压力推开，将液体吸入泵缸内。当活塞移到右端，工作室的容积最大，吸入行程结束。随后，活塞便自右向左移动，泵缸内液体受到挤压，压力增大，使吸入阀关闭而排出阀打开，并将液体排出。活塞移至左端时，排液结束，完成了一个工作循环。活塞在泵缸内两端间移动的距离，称为冲程（行程）。

往复泵具有自吸能力，启动前不用灌泵，但实际操作中，仍希望在启动时泵缸内有液体，这样不仅可以立即吸、排液体，而且可避免活塞在泵缸内干摩擦，以减少磨损。往复泵的转速（即往复频率）对泵的自吸能力有影响。若转速太大，流体流动阻力增大，当泵缸内压力低于液体饱和蒸气压时，会造成泵的抽空，而失去吸液能力。因此，往复泵转速不能太高，一般控制在 80～200r/min，吸入高度（安装高度）为 4～5m。

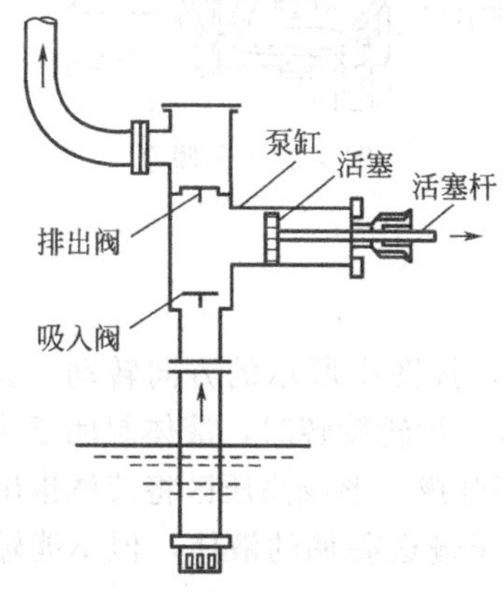

图 1-29　往复泵装置简图

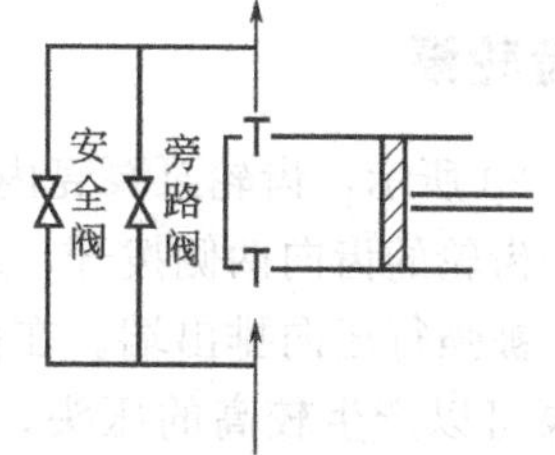

图 1-30　往复泵流量调节示意图

(2) 往复泵的流量调节

与离心泵不同，往复泵不能采用出口阀门来调节流量。这主要是因为往复泵的流量与管路特性曲线无关，即无论扬程多大，只要往复一次，就能排出一定体积的液体，所以出口阀门完全关闭时，会使泵缸内压力急剧上升，使泵缸或电动机等损坏。通常往复泵采用下列方法调节流量。

① 旁路调节　如图 1-30 所示，改变旁路阀门的开度，以增减泵出口回流到进口处的流量，来调节进入管路系统的流量。当泵出口的压力超过规定值时，旁路管线上的安全阀会被

高压液体顶开，液体流回进口处，使泵出口处减压，以保护泵和电机。这种调节操作简便，但增加功率消耗。

② 改变转速和活塞行程 改变原动机的转速以调节活塞的往复频率或改变活塞的行程，均可以改变往复泵的流量。

1.7.2 计量泵

在连续或半连续的生产过程中，往往需要按照工艺流程的要求来精确地输送定量的液体，有时还需要将若干种液体按比例地输送，计量泵就是为了满足这些要求而设计制造的。

计量泵是往复泵的一种，操作原理与往复泵相同。计量泵有两种基本形式：柱塞式和隔膜式，其结构如图 1-31 和图 1-32 所示。它们都是通过偏心轮把电机的旋转运动变成柱塞的往复运动。隔膜式与柱塞式的区别在于隔膜式使用金属薄片或耐腐蚀橡皮制成的隔膜将柱塞与被输送液体隔开，这样便于输送腐蚀性液体或悬浮液体。由于偏心轮的偏心距离可以调整，使柱塞的冲程随之改变。若单位时间内柱塞的往复次数不变，则泵的流量与柱塞的冲程成正比，所以可通过调节冲程而达到比较严格的控制和调节流量的目的。若用一台电机带动几台计量泵，可使每台泵的液体按一定比例输出，故这种泵又称为比例泵。

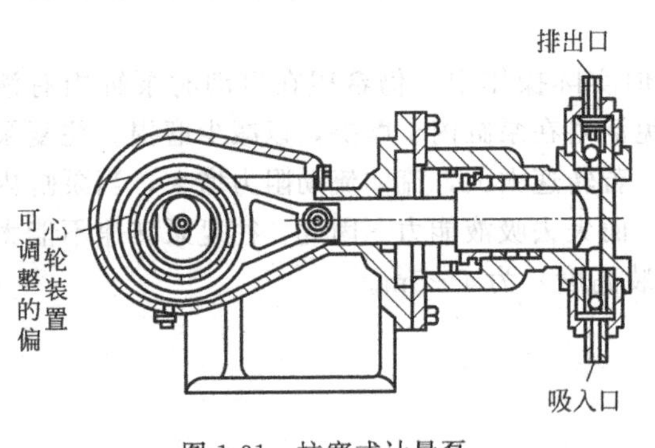

图 1-31 柱塞式计量泵

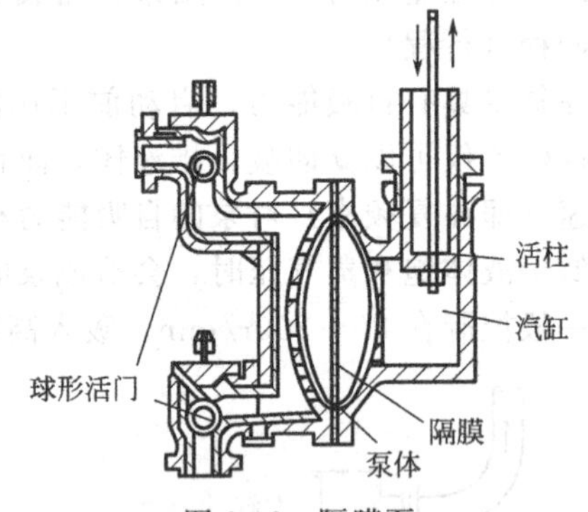

图 1-32 隔膜泵

1.7.3 齿轮泵

如图 1-33 所示，齿轮泵泵壳内的两个齿轮相互啮合，按图中所示的方向转动。在泵的吸入口，两个齿轮的齿向两侧拨开，形成低压区，液体吸入。齿轮旋转时，液体封闭于齿穴和泵壳体之间，被强行压向排出端。在排出端两齿轮的齿互相合拢，形成高压区将液体排出。

齿轮泵可以产生较高的压头，但流量较小。它适用于输送黏稠的液体，但不能输送含颗粒的悬浮液。

1.7.4 螺杆泵

螺杆泵分单螺杆泵、双螺杆泵、三螺杆泵、五螺杆泵等，其工作原理与齿轮泵十分相似，图 1-34 所示的是一个双螺杆泵，利用两根相互啮合的螺杆来输送液体。螺杆在具有内螺纹的泵壳中偏心转动，将液体沿轴向推进，最终由排出口排出。

螺杆泵的压头高、效率高、噪声低，适用于在高压下输送黏稠性液体。

齿轮泵和螺杆泵的作用原理和往复泵的区别在于：往复泵（包括柱塞泵和隔膜泵）是靠活塞的往复运动所造成的容积变化来吸液和排液的，而齿轮泵和螺杆泵则是靠泵体内转子的旋转运动造成的容积变化而吸液和排液的。所以，螺杆泵和齿轮泵又可称为旋转泵，其流量调节也需采用旁路调节。

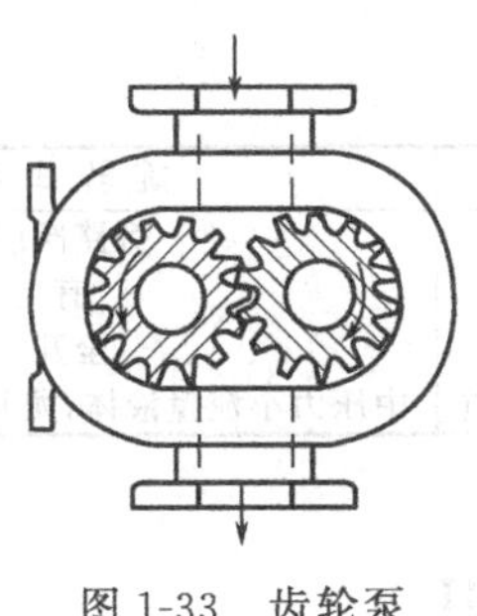

图 1-33　齿轮泵

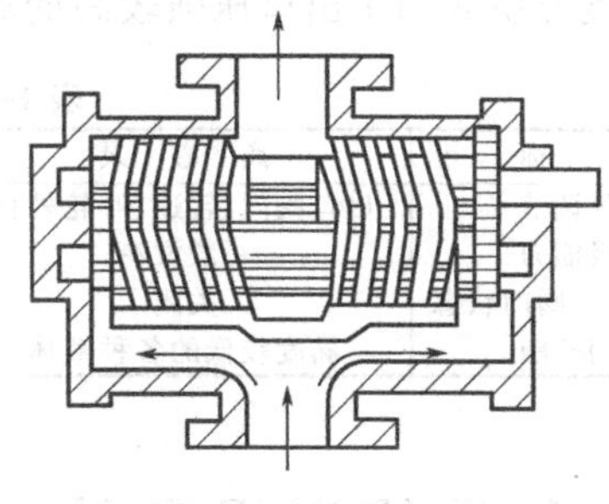

图 1-34　双螺杆泵

1.7.5　旋涡泵

旋涡泵是一种特殊类型的离心泵，其结构如图 1-35 所示。旋涡泵的内壁为圆形，吸入口与排出口均在泵壳的顶部，两者由间壁隔开。间壁与叶轮的间隙非常小，以减少液体由排出口漏回吸入口。在圆盘形叶轮两侧的边缘处，沿半径方向铣有许多长条形凹槽，构成叶片，以辐射状排列。叶轮两侧平面紧靠泵壳，间隙很小。而叶轮上的叶片周围，与泵壳之间有一定的空隙，形成了液体流道。

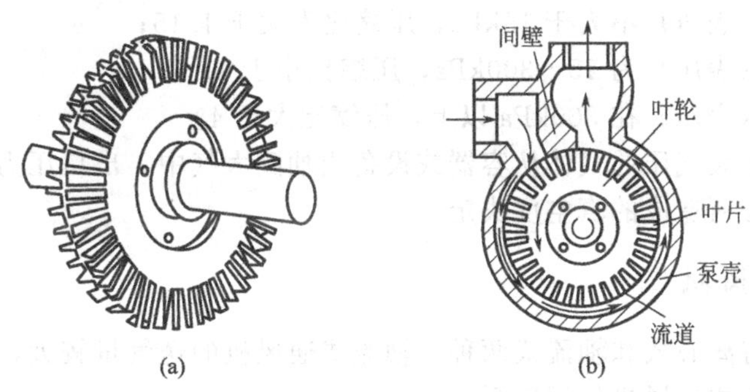

图 1-35　旋涡泵的结构示意图

泵壳内充满液体后，当叶轮旋转时，叶片推着液体向前运动的同时，叶片槽中的液体在离心力的作用下，甩向流道，流道内的液体压力增大，导致流道与叶片槽之间形成旋涡流。叶片带着液体从吸入口流到排出口的过程中，经过许多次的旋涡流作用，液体压力逐渐增大，最后达到出口压力而排出。流量较小时，旋涡流作用次数较多，压头和功率均较大。当流量增大时，压头急剧降低，故一般适用于小流量液体的输送。因为流量小时功率大，所以旋涡泵在启动时，不要关闭出口阀，并且应采用旁路调节流量。

旋涡泵的结构简单，可以用耐腐蚀材料制造，适用于高压头、小流量的场合，不宜输送黏度大或含固体颗粒的液体。

1.7.6　各种类型化工用泵的比较

表 1-4 从泵的流量调节、是否有自吸能力、启动注意事项以及适用场合等几个方面对各种化工用泵进行了简单比较，可见，在各种化工用泵中，依靠离心力工作的离心泵一般没有自吸能力，启动时要关闭出口阀门，适用于输送黏度较低的各种液体，其流量一般通过改变

出口阀门开度来调节，长期调节时可改变叶轮的转速和直径。容积式泵与离心泵相反，都有自吸能力，因此启动时全开出口阀门，利用旁路阀调节流量，由于出口扬程较大，适用于输送高黏度介质或用于出口压强较高的场合。

表 1-4 各种化工用泵的比较

指　标	离 心 泵	往 复 式 泵	旋 转 式 泵
流量调节	出口阀门、转速、叶轮外径	旁路阀门、转速、冲程	旁路阀门
自吸能力	一般没有	有	有
启动时出口阀门状态	关闭	全开	全开
适用范围	黏度较低的各种液体	高压力小流量的清洁介质	中压力小流量液体，尤其是高黏度介质

1.8 气体输送设备的工作原理和应用

在化工生产中，常会涉及原料、半成品或成品以气体状态存在的过程。对此类过程，也需要通过输送机械赋予一定的外加能量，从而将其从一个地方送到另一个地方。同时，由于化工生产往往是在一定的浓度、温度和压力条件下进行的，这就需要通过特定的机械来创造必要的压力条件。因此，生产中除大量使用液体输送机械之外，还广泛使用气体输送机械。

气体输送机械有许多与液体输送相似之处，但是气体具有压缩性，当压力变化时，其体积和温度将随之发生变化。气体输送机械通常根据终压（出口表压）或出口压力与进口压力之比（称为压缩比）来进行分类。

通风机：终压（表压）不大于 15kPa，压缩比不大于 1.15；

鼓风机：终压（表压）为 15～300kPa，压缩比小于 4；

压缩机：终压（表压）在 300kPa 以上，压缩比大于 4；

真空泵：将低于大气压的气体从容器或设备内抽到大气中，出口压力为大气压或略高于大气压，压缩比根据所造成的真空度决定。

1.8.1 离心式通风机

常用的通风机有离心式和轴流式两种，轴流式通风机的送气量较大，但风压较低，常用于通风换气，而离心式通风机使用广泛。

离心式通风机的结构如图 1-36 所示，它的机壳也是蜗壳形的，但出口气体流道的断面有方形和圆形两种。一般低、中压通风机的叶片多是平直的，与轴心成辐射状安装。中、高压通风机的叶片则是弯曲的，所以高压通风机的外形、结构与单级离心泵更为相似。

离心式通风机的工作原理和离心泵的相似，高速旋转的叶轮带动壳内气体进行旋转运动，因离心力作用，气体流向叶轮的边缘处，气体的压力和速度均有所增加，气体进入蜗形外壳时，一部分动能转变为静压能，从而使气体具有一定的静压能与动能而排出；同时，中心处产生低压，将气体由吸入口不断吸入机体内。

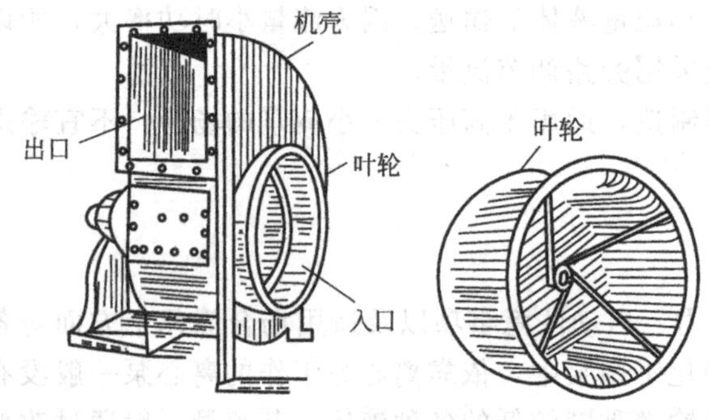

图 1-36 离心式通风机

1.8.2 罗茨鼓风机

罗茨鼓风机系属容积回转鼓风机，如图 1-37 所示，它利用两个叶形转子在汽缸内作相对运动来压缩和输送气体，这种鼓风机靠转子轴端的同步齿轮使两转子保持啮合。转子上每一凹入的曲面部分与汽缸内壁组成工作容积，在转子回转过程中从吸气口带走气体，当移到排气口附近与排气口相连通的瞬间，因有较高压力的气体回流，这时工作容积中的压力突然升高，然后将气体输送到排气通道。两转子依次交替工作。两转子互不接触，它们之间靠严密控制的间隙实现密封，故排出的气体不受润滑油污染。

罗茨鼓风机结构简单、制造方便，适用于低压力场合的气体输送和加压，也可用作真空泵。由于周期性的吸、排气和瞬时等容压缩造成气流速度和压力的脉动，因而会产生较大的气体动力噪声。此外，转子之间和转子与汽缸之间的间隙会造成气体泄漏，从而使效率降低。罗茨鼓风机的排气量为 0.15～150m^3/min，转速为 150～3000r/min。单级压比通常小 1.7，最高可达 2.1，可以多级串联使用。

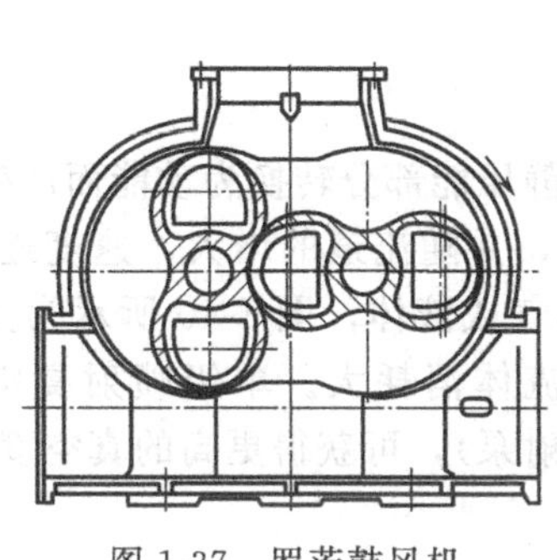

图 1-37　罗茨鼓风机

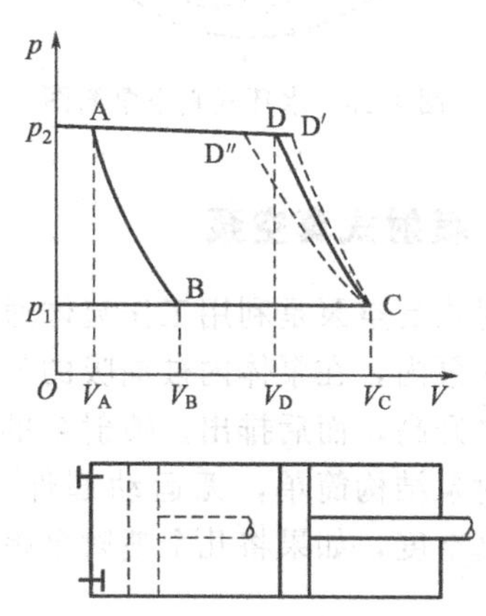

图 1-38　往复式压缩机的工作过程

1.8.3　往复式压缩机

往复式压缩机的基本结构和工作原理与往复泵相似。但因为气体的密度小、可压缩，故压缩机的吸入和排出活门必须更加灵巧精密；为移除压缩放出的热量以降低气体的温度，必须附设冷却装置。

图 1-38 为单作用往复式压缩机的工作过程。当活塞运动至汽缸的最左端（图中 A 点），压出行程结束。但因为机械结构上的原因，虽然活塞已达行程的最左端，但汽缸左侧还有一些容积，称为余隙容积。由于余隙的存在，吸入行程开始阶段为余隙内压强为 p_2 的高压气体膨胀过程，直至气压降至吸入气压 p_1（图中 B 点）吸入活门才开启，压强为 p_1 的气体被吸入缸内。在整个吸气过程中，压强 p_1 基本保持不变，直至活塞移至最右端（图中 C 点），吸入行程结束。当压缩行程开始，吸入活门关闭，缸内气体被压缩。当缸内气体的压强增大至稍高于 p_2（图中 D 点），排出活门开启，气体从缸体排出，直至活塞移至最左端，排出过程结束。

1.8.4　水环式真空泵

水环式真空泵主要由呈圆形的泵壳和带有辐射状叶片的叶轮组成，叶轮偏心安装，如图 1-39 所示。泵内充有一定量的水，当叶轮旋转时，水在离心力作用下形成水环。水环具有密封作用，将叶片间的空隙密封分隔为大小不等的气室，当气室由小变大时，形成真空，在吸入口气体被吸入；当气室由大到小时，气体被压缩，在排气口排出。

水环式真空泵属湿式真空泵，结构简单。由于旋转部分没有机械摩擦，使用寿命长，操作可靠。适用于抽吸夹带有液体的气体，但效率低，一般为 30%～50%，所能造成的真空度还受泵体内水温的限制。

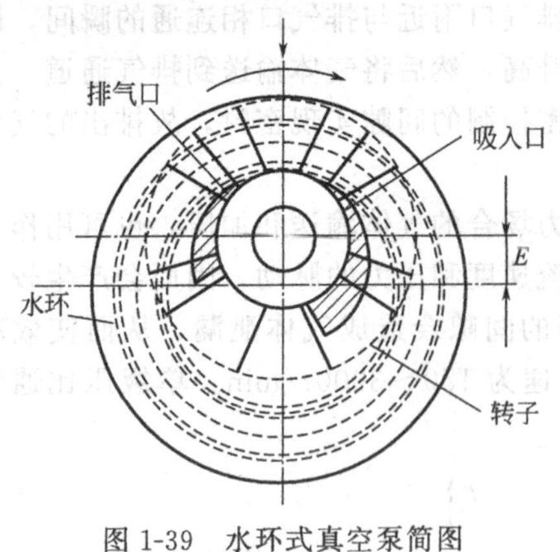

图 1-39 水环式真空泵简图

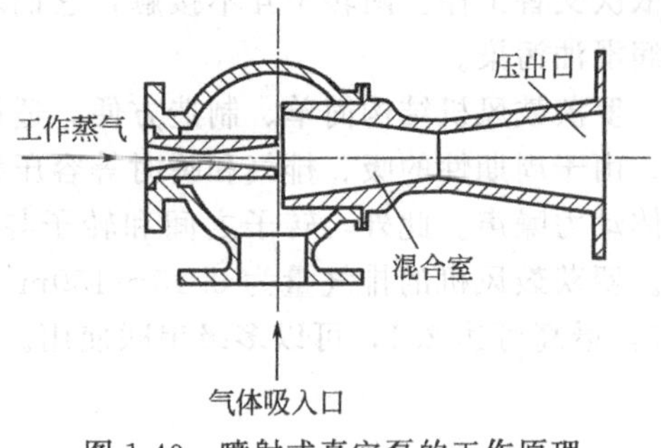

图 1-40 喷射式真空泵的工作原理

1.8.5 喷射式真空泵

喷射式真空泵是利用工作流体通过喷嘴高速射流时静压能部分转换为动能而产生真空将气体吸入泵内，在泵体内被抽吸的气体与工作流体混合，并随流道的增大，速度逐渐降低，压强随之升高，而后排出。喷射泵的工作流体可以是蒸气或液体，图 1-40 所示为蒸气喷射泵。喷射泵结构简单，无运动部件，但效率低，工作流体消耗大。单级喷射真空泵可达 90%的真空度，如果将几个喷射泵串联起来（即多级喷射泵），可获得更高的真空度。

思考题

1-1 什么是不可压缩流体和可压缩流体？

1-2 什么是绝对压力、表压和真空度？它们之间有何关系？

1-3 写出 U 形管压差计计算压差的公式。

1-4 说明流体的体积流量、质量流量、流速（平均流速）及质量流速的定义及相互关系。

1-5 写出连续性方程式的各种形式，说明各自的物理意义及应用条件。

1-6 应用伯努利方程式时，应注意哪些问题？如何选取基准面和截面？

1-7 流体的流动类型有哪几种？如何判断？

1-8 写出流体在直管中流动时流动阻力的计算式。

1-9 计算管路局部阻力的方法有几种？

1-10 比较孔板流量计、文丘里流量计及转子流量计，它们的测量原理、计算方法及应用场合等有何异同？

1-11 简述离心泵的工作原理及主要部件。

1-12 离心泵的叶轮有哪几种类型？离心泵的蜗形外壳有何作用？

1-13 离心泵在启动前为什么要在泵内充满液体？

1-14 离心泵的主要性能参数有哪些？各自的定义和单位是什么？

1-15 气缚现象和汽蚀现象有何区别？

1-16 何谓允许吸上真空度和汽蚀余量？如何确定离心泵安装高度？

1-17 简述离心泵常用的类型。

1-18 简述离心泵、计量泵、齿轮泵、螺杆泵和旋涡泵的工作原理及应用场合。

第2章 传热过程及设备

Chapter 2

2.1 概述

传热即是由于温度差而引起的热量传递过程，也称为热传递。由热力学第二定律可知，热量总是从高温处向低温处传递，温度差是传热过程的推动力，温度差越大，传递的热量也越多。

2.1.1 传热在化工生产中的应用

化学工业与传热的关系尤为密切。因为无论生产中的化学过程（单元反应），还是物理过程（化工单元操作），几乎都伴有热量的传递。传热在化工生产过程中的应用主要有以下方面。

（1）加热或冷却，使物料达到指定的温度

几乎所有的化学反应都需要控制在一定的温度下进行，例如；合成氨的操作温度为470～520℃；氨氧化法制备硝酸过程中氨和氧的反应温度为800℃等。为了达到所要求的温度，反应物在进入反应器前需加热。另外，在反应进行过程中，反应物常需吸收或放出一定的热量，故又要不断地导入或移出热量。

（2）换热，以回收利用热量或冷量

热量与冷量都是能量，在能源短缺的今天，有效回收利用热量与冷量以节约能源是非常重要的，是降低生产成本的重要措施之一。在上述实例中，合成氨的反应气以及氨和氧的反应气温度都很高，有大量的余热需要回收，通常可设置余热锅炉生产蒸汽甚至发电。

（3）保温，以减少热量或冷量的损失

许多设备或管道在高温或低温下操作，若要保证管路中输送的流体能维持一定的温度以及减少热量或冷量的损失，在设备与管路的外表面包上绝热材料的保温层，达到保温的目的。

因此，传热设备在化工厂设备投资中占有很大的比例，有些可达40%左右，所以传热是化工重要的单元操作之一，在化工生产中，具有相当重要的地位。

2.1.2 工业生产中的换热方法

化工生产中的热量交换通常发生在两流体之间。在换热过程中，温度较高放出热量的流体称为热流体；温度较低吸收热量的流体称为冷流体。若换热的目的是为了将冷流体加热，此时热流体称为加热剂，常见的加热剂为水蒸气；若换热的目的是为了将冷流体冷却（或冷凝），此时冷流体称为冷却剂（或冷凝剂），常见的冷却剂（或冷凝剂）为冷却水和空气。

在工业生产中，实现热量交换的设备称为热量交换器，简称为换热器。根据换热器结构不同，换热方法通常分为如下几种类型。

（1）直接接触式换热

直接接触式换热器亦称混合式换热器。在此类换热器中，冷热流体直接接触，相互混合传递热量。如凉水塔、喷洒式冷却塔、混合式冷凝器等，都属于这种类型。该类型换热器结构简单，传热效率高，但只适用于冷热流体允许直接混合的场合，适用范围很小。

（2）间壁式换热

工业生产中冷、热两种流体的热交换，一般情况下不允许两种流体直接接触，要求用固体壁面隔开，这种换热器称为间壁式换热器。套管式换热器是其中的一种，如图 2-1 所示。套管式换热器是由两根同心的管子套在一起组成的，两种流体分别在内管及两根管的环隙中流动，进行热量交换。间壁式换热是化工生产中应用最广泛的换热方法，各种管式和板式结构的换热器均属此类。

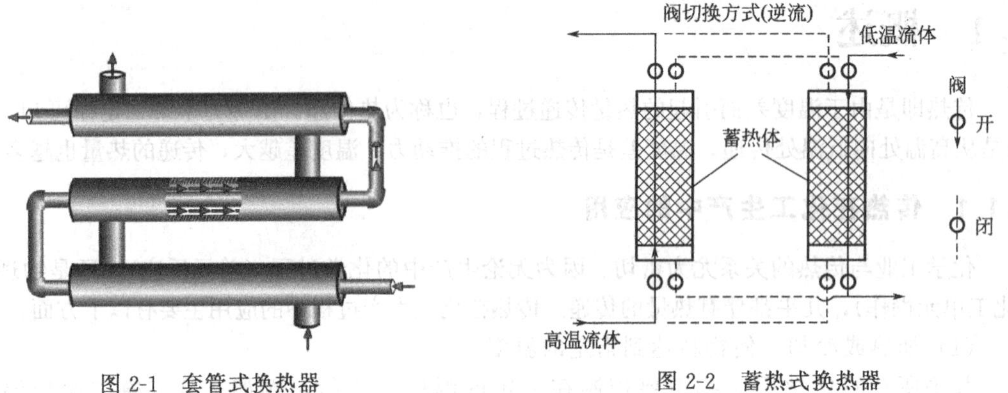

图 2-1 套管式换热器　　图 2-2 蓄热式换热器

（3）蓄热式换热

蓄热式换热器，主要由热容较大的蓄热室构成，室中可充填耐火砖等填料，热流体通过蓄热室时将室内填料加热，然后冷流体通过蓄热室时将热量带走（见图 2-2）。这样冷热流体交替通过同一蓄热室时，蓄热室即可将热量传递给冷流体，达到换热的目的。最典型的例子是石油化工中的蓄热式裂解炉。这类换热器结构较为简单，耐高温，常用于高温气体热量的回收与冷却。其缺点是设备体积庞大，且不能完全避免两种流体的混合。

2.1.3 稳态传热与非稳态传热

在传热过程中物系各点温度不随时间变化的热量传递过程称为稳态传热。连续的化工生产过程大都属于稳态传热。

在传热过程中物系各点温度随时间变化的热量传递过程称为非稳态传热。化工生产中的间歇操作传热过程和连续生产中开、停车或改变操作参数时的传热过程属于非稳态传热。

化工生产过程的传热大都属于稳态传热，因此，本章讨论的内容均属于稳态传热。

2.1.4 传热速率与热流密度

传热速率 Q 是指单位时间内通过传热面的热量，单位为 W，也称热流量。传热速率是传热过程的基本参数，用来表示换热器传热的快慢。

热流密度 q 是指单位时间内通过单位传热面积的热量，即单位传热面积的传热速率，单位为 W/m^2。热流密度又称为热通量。

传热速率与热流密度的关系为

$$q=\frac{Q}{A} \tag{2-1}$$

与其他传递过程类似，传热速率与传热推动力成正比，与传热阻力成反比，即

$$传热速率=\frac{传热温差}{热阻（阻力）}$$

2.2 传热的基本方式

根据传热机理不同，传热的基本方式有三种：热传导、热对流和热辐射。传热可依靠其中一种方式进行，也可以两种或三种方式同时进行。

2.2.1 热传导

热传导简称导热。物体各部分之间不发生相对位移，依靠原子、分子、自由电子等微观粒子的热流运动而引起的热量传递。当物体内部或两个直接接触的物体之间存在温度差异时，物体中温度较高部分的分子因振动而与相邻的分子碰撞，并将能量的一部分传给后者，借此热能就从物体的温度较高部分传到温度较低部分。热传导存在于静止物质内或垂直于热流方向的层流底层中。在金属固体中，依靠自由电子的扩散运动，在不良导体的固体和大部分液体中，依靠原子、分子碰撞而传递热量，在气体中，是由分子的不规则运动而引起的。

(1) 傅里叶定律

1807年，傅里叶通过实验得到了导热的基本规律——傅里叶定律。

$$Q=-\lambda A\frac{dt}{dx} \tag{2-2}$$

式中 Q——传热速率，W；

λ——热导率，W/(m·K) 或 W/(m·℃)；

A——导热面积，垂直于热流方向的截面积，m^2；

$\frac{dt}{dx}$——温度梯度，℃/m。

式中的负号表示热流方向与温度梯度方向相反。

傅里叶定律也可以表示为

$$q=\frac{Q}{A}=-\lambda\frac{dt}{dx} \tag{2-3}$$

式中 q——热流密度，W/m^2。

(2) 热导率

热导率的大小表征物质导热能力的大小，是物质的一个重要的物性参数，其单位为 W/(m·K) 或 W/(m·℃)。热导率的数值和物质的种类（固、液、气）、组成、结构、温度及压力有关。

各种物质的热导率通常用实验的方法测定。各种物质的热导率差别很大，一般金属的热导率最大，非金属次之，液体的较小，而气体的最小。各类物质的热导率的数值大致范围见表2-1。

表2-1 热导率的大致范围

物质种类	热导率 λ/[W/(m·K)]	物质种类	热导率 λ/[W/(m·K)]
纯金属	100～1000	非金属液体	0.5～5
金属合金	50～500	绝热材料	0.05～1
液态金属	30～300	气体	0.005～0.5
非金属固体	0.05～50		

工程中常见物质的热导率可以从有关手册中查得，也可以利用有关专著和手册中的各种

物质的热导率的经验和半经验公式进行计算。

① 固体的热导率　在所有固体中，金属是最好的导热体。纯金属的热导率一般随温度升高而降低。而金属的纯度对热导率影响很大，如含碳为1%的普通碳钢的热导率为45W/(m·K)，不锈钢的热导率仅为16W/(m·K)。非金属建筑材料和绝热材料的热导率与温度、组成及结构的紧密程度有关。

在工程计算中，经常遇到的是固体壁面两侧温度不同，在此情况下，常以壁面两侧温度的算术平均值下的热导率计算。

常用固体材料的热导率见表2-2。

表2-2　常用固体材料的热导率

固体	温度/℃	热导率λ/[W/(m·K)]	固体	温度/℃	热导率λ/[W/(m·K)]
铝	300	230	石棉板	50	0.17
铜	100	377	石棉	0～100	0.15
熟铁	18	61	保温砖	0～100	0.12～0.21
铸铁	53	48	建筑砖	20	0.69
银	100	412	绒毛毯	0～100	0.047
钢(1%C)	18	45	棉毛	30	0.050
不锈钢	20	16	玻璃	30	1.09
石墨	0	151	软木	30	0.043

② 液体的热导率　液体分成金属液体和非金属液体两类，前者热导率较高，后者较低。在非金属液体中，水的热导率最大，除去水和甘油外，绝大多数液体的热导率随温度升高而略有减小。一般来说，溶液的热导率低于纯液体的热导率。

③ 气体的热导率　气体的热导率随温度升高而增大。在通常的压力范围内，其热导率随压力变化很小，只有在压力大于200MPa，或压力小于2.67kPa时，热导率才随压力的增加而增大。故工程计算中常可忽略压力对气体热导率的影响。

气体的热导率很小，故对导热不利，但对保温有利。

(3) 平壁的稳态热传导

① 单层平壁的稳态热传导　图2-3所示为一平壁。壁厚为b，壁面积为A，假定平壁的材质均匀，热导率λ不随温度变化，视为常数，平壁的温度只沿着垂直于壁面的x轴方向变化，故等温面皆为垂直于x轴的平行平面。若平壁侧面的温度t_1及t_2不随时间而变化，则该平壁的热传导为一维稳态的热传导。传热速率Q、传热面积A均为恒定值，傅里叶定律可以表示为

$$Q=\frac{\lambda}{b}A(t_1-t_2) \tag{2-4}$$

或

$$Q=\lambda A\frac{t_1-t_2}{b}=\frac{t_1-t_2}{\dfrac{b}{\lambda A}}=\frac{\Delta t}{R} \tag{2-5}$$

或

$$q=\frac{Q}{A}=\frac{t_1-t_2}{\dfrac{b}{\lambda}}=\frac{\Delta t}{r} \tag{2-6}$$

式中　b——平壁厚度，m；

Δt——温度差，导热的推动力，K；

R——导热的热阻，K/W；

r——单位传热面积的导热的热阻，$(m^2 \cdot K)/W$。

由式(2-5)、式(2-6) 可以看出，导热速率与传热推动力成正比，与热阻成反比。壁厚 b 越厚，传热面积 A 与热导率 λ 越小，则热阻越大。

【例 2-1】 现有一平壁厚度为 400mm，内壁温度为 500℃，外壁温度为 100℃。试求：(1) 通过平壁的导热热量 (W/m^2)；(2) 平壁内距内壁 150mm 处的温度。已知该温度范围内砖壁的平均热导率 $\lambda = 0.6W/(m \cdot ℃)$。

解 (1) 由式(2-6) 得

$$q=\frac{Q}{A}=\frac{t_1-t_2}{\frac{b}{\lambda}}=\frac{500℃-100℃}{\frac{0.4\text{m}}{0.6\text{W}(\text{m}\cdot℃)}}=600\text{W/m}^2$$

(2) 由式(2-6) 得

$$t=t_1-\frac{q}{\lambda}x=500℃-\frac{600\text{W/m}^2}{0.6\text{W/(m}\cdot℃)}\times 0.15\text{m}=350℃$$

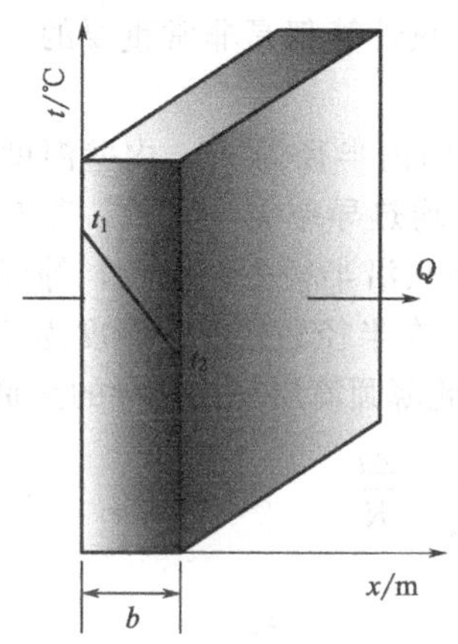

图2-3　单层平壁稳态热传导

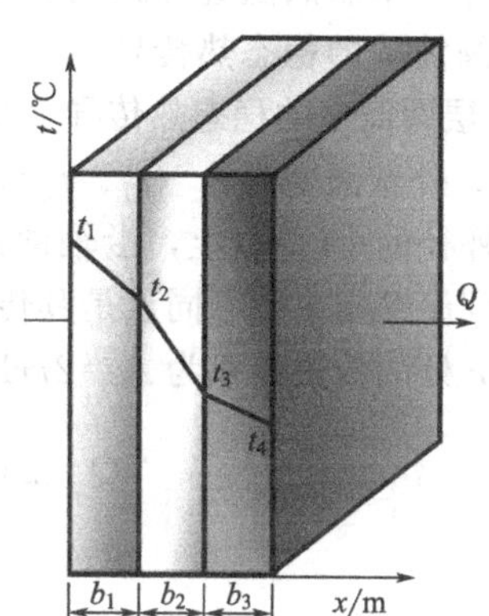

图 2-4　多层平壁稳态热传导

② 多层平壁的稳态热传导　工业上常遇到由多层不同材料组成的平壁，称为多层平壁。如生产工业普通砖用的窑炉，其炉壁通常由耐火砖、保温砖、普通建筑砖组成。以三层平壁为例，讨论多层平壁的稳态热传导问题。如图 2-4 所示，假设各层平壁的厚度分别为 b_1、b_2、b_3，各层材质均匀，热导率分别为 λ_1、λ_2、λ_3，皆可视为常数，层与层之间接触良好，相互接触的表面上温度相等，各等温面亦皆为垂直于 x 轴的平行平面。平壁的面积为 A，在稳态热传导过程中，穿过各层的热量必相等。与单层平壁同样处理，可得下列方程。

第一层
$$Q_1=\lambda_1 A\frac{t_1-t_2}{b_1}=\frac{\Delta t_1}{\frac{b_1}{\lambda_1 A}}$$

第二层
$$Q_2=\frac{\Delta t_2}{\frac{b_2}{\lambda_2 A}}$$

第三层
$$Q_3=\frac{\Delta t_3}{\frac{b_3}{\lambda_3 A}}$$

对于稳态热传导过程：　$Q_1=Q_2=Q_3=Q$

因此
$$Q=\frac{\Delta t_1+\Delta t_2+\Delta t_3}{\frac{b_1}{\lambda_1 A}+\frac{b_2}{\lambda_2 A}+\frac{b_3}{\lambda_3 A}}$$

亦可写成下面形式
$$Q=\frac{\Delta t_1+\Delta t_2+\Delta t_3}{R_1+R_2+R_3}=\frac{t_1-t_4}{R_1+R_2+R_3} \tag{2-7}$$

同理，对具有 n 层的平壁，穿过各层热量的一般公式为
$$Q=\frac{t_1-t_{n+1}}{\sum_{i=1}^{n}\frac{b_i}{\lambda_i A}}=\frac{t_1-t_{n+1}}{\sum R} \tag{2-8}$$

式中　i——n 层平壁的壁层序号。

多层平壁热传导是一种串联的传热过程，由式(2-7) 和式(2-8) 可以看出，串联传热过程的推动力（总温度差）为各分导热过程的温度差之和，串联传热过程的总热阻为各分导热过程的热阻之和，此为串联热阻叠加原则。这与电学中串联电阻的欧姆定律类似。值得指出的是热传导中串联热阻叠加原则，对传热过程的分析及传热计算都是非常重要的。

(4) 圆筒壁的稳态热传导

① 单层圆筒壁的稳态热传导　如图 2-5 所示，设圆筒的内半径为 r_1，内壁温度为 t_1，外半径为 r_2，外壁温度为 t_2 ($t_1>t_2$)，圆筒的长度为 L，平均热导率 λ 为常数。若圆筒壁的长度超过其外径的 10 倍以上，沿轴向散热可忽略不计，温度只沿半径方向变化，等温面为同心圆柱面。圆筒壁与平壁不同点是其传热面积随半径而变化。在半径 r 处取一厚度为 dr 的薄层，则半径为 r 处的传热面积为 $A=2\pi rL$。由傅里叶定律，对此薄圆筒层写出传导的热量为
$$Q=2\pi L\lambda\frac{t_1-t_2}{\ln\frac{r_2}{r_1}}=\frac{t_1-t_2}{\frac{1}{2\pi\lambda L}\ln\frac{r_2}{r_1}}=\frac{\Delta t}{R} \tag{2-9}$$

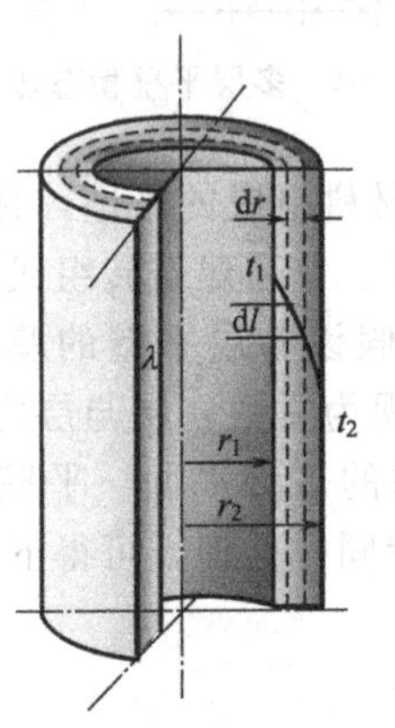

图 2-5　单层圆筒壁稳态热传导

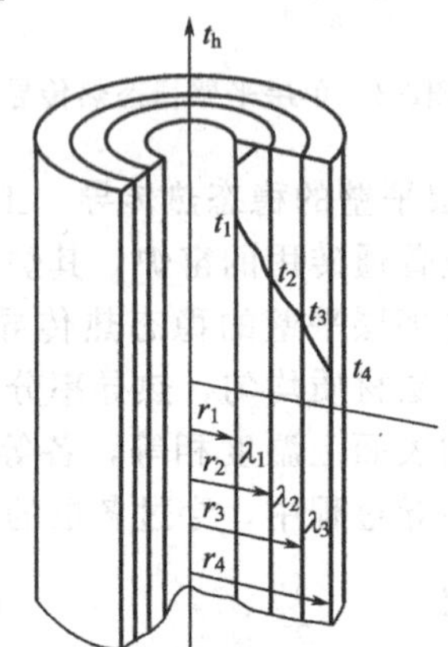

图 2-6　多层圆筒壁稳态热传导

② 多层圆筒壁的稳态热传导　多层圆筒壁在工程上也是经常遇到的，如蒸汽管道的保温。热量由多层圆筒壁的最内壁传导到最外壁，依次经过各层，所以多层圆筒壁的导热过程可视为是各单层圆筒壁串联进行的导热过程。对稳定导热过程，单位时间内由多层壁所传导的热量，亦即经过各单层壁所传导的热量相等。以三层圆筒壁为例。如图 2-6 所示，假定各层壁厚分别为 $b_1=r_2-r_1$，$b_2=r_3-r_2$，$b_3=r_4-r_3$；各层材料的热导率 λ_1、λ_2、λ_3 皆视为常数，层与层之间接触良好，相互接触的表面温度相等，各等温面皆为同心圆柱面。多层

圆筒壁的热传导计算，可参照多层平壁。

第一层
$$Q_1=\frac{2\pi L\lambda_1(t_1-t_2)}{\ln\frac{r_2}{r_1}}$$

第二层
$$Q_2=\frac{2\pi L\lambda_2(t_2-t_3)}{\ln\frac{r_3}{r_2}}$$

第三层
$$Q_3=\frac{2\pi L\lambda_3(t_3-t_4)}{\ln\frac{r_4}{r_3}}$$

稳态热传导
$$Q_1=Q_2=Q_3=Q$$

根据各层温度差之和等于总温度差的原则，整理以上式子可得

$$Q=\frac{2\pi L(t_1-t_4)}{\frac{1}{\lambda_1}\ln\frac{r_2}{r_1}+\frac{1}{\lambda_2}\ln\frac{r_3}{r_2}+\frac{1}{\lambda_3}\ln\frac{r_4}{r_3}} \tag{2-10}$$

同理，对于 n 层圆筒壁，穿过各层热量的一般公式为

$$Q=\frac{2\pi L(t_1-t_{n+1})}{\sum_{i=1}^{n}\frac{1}{\lambda_i}\frac{r_{i+1}}{r_i}} \tag{2-11}$$

式中　i——n 层圆筒壁的壁层序号。

从多层平壁或多层圆筒壁热传导的公式可见，多层壁的总热阻等于串联的各层热阻之和，传热速率正比于总温度差，反比于总热阻，即

$$传热速率=\frac{总温差}{总热阻}$$

【例 2-2】　为了减少热损失，在 ϕ133mm×4mm 的蒸汽管道外层包扎一层厚度为 50mm 的石棉层，其平均热导率 $\lambda=0.2$W/(m·℃)。蒸汽管道内壁温度为 180℃，要求石棉层外侧温度为 50℃，管壁的热导率 $\lambda=45$W/(m·℃)。试求每米管长的热损失及蒸汽管道外壁的温度。

解　此题为多层圆筒壁稳态热传导

$$r_1=\frac{0.133\text{m}-0.004\text{m}\times2}{2}=0.0625\text{m}$$
$$t_1=180℃$$
$$r_2=0.0625\text{m}+0.004\text{m}=0.0665\text{m}$$
$$r_3=0.0665\text{m}+0.05\text{m}=0.1165\text{m}$$
$$t_3=50℃$$

每米管长的热损失

$$\frac{Q}{L}=\frac{t_1-t_3}{\frac{1}{2\pi\lambda_1}\ln\frac{r_2}{r_1}+\frac{1}{2\pi\lambda_2}\ln\frac{r_3}{r_2}}=\frac{2\pi(180℃-50℃)}{\frac{1}{45\text{W/(m·℃)}}\ln\frac{0.0665}{0.0625}+\frac{1}{0.2\text{W/(m·℃)}}\ln\frac{0.1165}{0.0665}}$$
$$=291.07\text{W/m}$$

由于圆筒壁稳态热传导，因此每米管长的热损失相等，即

$$291.07\text{W/m}=\frac{t_1-t_2}{\frac{1}{2\pi\lambda_1}\ln\frac{r_2}{r_1}}=\frac{2\pi(180℃-t_2)}{\frac{1}{45\text{W/(m·℃)}}\ln\frac{0.0665}{0.0625}}$$

解得 $t_2=179.9℃$

2.2.2 热对流

由于流体质点的位移和混合，将热能由一处传至另一处的传递热量的方式称为对流传热。热对流过程中往往伴有热传导。若流体的运动是由于受到外力的作用（如风机、水泵或其他外界压力等）所引起，则称为强制对流；若流体的运动是由于流体内部冷、热部分的密度不同而引起的，则称为自然对流。在流体进行强制对流传热的同时往往伴随着自然对流。工程中通常将流体和固体壁面之间的传热称为对流传热。

（1）牛顿冷却定律

对流传热是一个相当复杂的传热过程，影响因素很多。牛顿根据对流传热的速率与传热面积成正比、与流体和壁面间的温差成正比的事实，提出用牛顿冷却定律计算对流传热的速率，即

$$Q=\alpha_h A(t_h-t_{h,w})=\alpha_h A\Delta t \tag{2-12}$$

或

$$Q=\frac{(t_h-t_{h,w})}{\dfrac{1}{\alpha_h A}}=\frac{\Delta t}{\dfrac{1}{\alpha_h A}} \tag{2-13}$$

式中 Q——对流传热速率，W；

A——传热面积，m^2；

Δt——对流传热温度差，$\Delta t=t_h-t_{h,w}$ 或 $\Delta t=t_{c,w}-t_c$，℃；

t_h——热流体平均温度，℃；

$t_{h,w}$——与热流体接触的壁面温度，℃；

t_c——冷流体的平均温度，℃；

$t_{c,w}$——与冷流体接触的壁面温度，℃；

α_h——热流体侧的对流传热系数，$W/(m^2\cdot K)$ 或 $W/(m^2\cdot ℃)$。

牛顿冷却定律并非理论推导的结果，而是一种推论，即假设单位面积传热量与温度差 Δt 成正比。该公式的形式虽然简单，但它并未提示对传热过程的本质，并未减少计算的困难，只不过将所有的复杂的因素都转移到对流传热系数 α 中。所以如何确定在各种具体条件下的对流传热系数的计算公式，是对流传热的中心问题。

（2）对流传热系数

① 对流传热系数的主要影响因素　理论分析和实验表明，影响对流传热系数 α 的因素有以下几个方面。

a. 流体的种类和状态　液体、气体、蒸汽及在传热过程中是否有相变化，对 α 均有影响。有相变化时对流传热系数比无相变化时大得多。

b. 流体的物理性质　影响对流传热系数 α 的物性有密度 ρ、比热容 c_p、热导率 λ、黏度 μ 等。

c. 流体的流动状态　流体的流动状态取决于 Re 值的大小，分为层流和湍流。Re 越大流体的湍动程度越大，层流底层的厚度越薄，α 值越大；反之，则越小。

d. 流体的对流状况　对流分为自然对流和强制对流，流动的原因不同，其对流传热规律也各不相同，所以在对流传热问题中首先要区分强制对流传热与自然对流传热两类不同的问题。

e. 传热表面的形状、位置及大小　传热面的形状可以是多种多样的，如管、板、管束、管径、管长、管子排列方式、垂直放置或水平放置等都将影响对流传热系数。通常对于一种类型的传热面用一个特征尺寸 L（对流体流动和传热有决定性影响的尺寸）来表征其大小。

② 对流传热系数的关联式　由于影响对流传热的因素很多，故对流传热系数的确定是一个极为复杂的问题。目前，常采用此分析法。

对于一定的传热面，流体无相变的对流传热系数的影响因素有流速 u、传热面的特性尺寸 L、流体的黏度 μ、定压比热容 c_p、流体的密度 ρ、流体的热导率 λ、单位质量流体的浮升力 $\beta g\Delta t$，写成函数形式为

$$\alpha=f(u,L,\mu,\lambda,\rho,c_p,\beta g\Delta t) \tag{2-14}$$

采用无因次化的方法可以将式(2-14) 转化成无因次形式

$$\frac{\alpha L}{\lambda}=f\left(\frac{Lu\rho}{\mu},\frac{c_p\mu}{\lambda},\frac{L^3\rho^2\beta g\Delta t}{\mu^2}\right) \tag{2-15}$$

式(2-15)表示无相变条件下，对于一定类型的传热面，对流传热系数无因次准数关联式。式中准数的名称、符号、意义见表 2-3。

式(2-15)可以表示成

$$Nu=KRe^aPr^fGr^h \tag{2-16}$$

或

$$Nu=f(Re,Pr,Gr) \tag{2-17}$$

表 2-3　准数的名称、符号和意义

准　数	准数名称	符　号	意　义
$\frac{\alpha L}{\lambda}$	努塞尔(Nusselt)准数	Nu	表示对流传热系数的准数
$\frac{Lu\rho}{\mu}$	雷诺(Reynolds)准数	Re	表示流动状态影响的准数
$\frac{c_p\mu}{\lambda}$	普朗特(Prandtl)准数	Pr	表示流体物性影响的准数
$\frac{L^3\rho^2\beta g}{\mu^2}$	格拉斯霍夫(Grashof)准数	Gr	表示自然对流影响的准数

具体的函数关系式由实验确定，所得到的准数关联式是一种半经验的公式，在使用时应注意：

a. 适用范围　各个关联式都规定了准数的适用范围，这是根据实验数据确定的，使用时不能超过规定 Re、Pr、Gr 的范围。

b. 特性尺寸　在建立准数关联式时，通常选用对流体流动和传热产生主要影响的尺寸，作为准数中的特性尺寸 L。如圆管内对流传热时选用管内径；非圆管对流传热时选用当量直径。

c. 定性温度　流体在对流传热过程中，从进口到出口温度是变化的，确定准数中流体的物性参数（μ，λ，ρ，c_p）的温度称为定性温度。不同的关联式有不同的确定方法，一般有以下 3 种方法。

取流体的平均温度　$t_m=(t_1+t_2)/2$

取壁面的平均温度　$t_m=t_w$

取流体与壁面的平均温度（膜温）　$t_m=(t_w+t)/2$

每一种类型的对流传热的具体条件各不相同，因此，对流传热的特征数关联式数量很多，如有需要，可参阅相关书籍。

(3) 流体有相变时的对流传热

有相变时的对流传热可分为蒸气冷凝和液体沸腾两种情况，由于流体与壁面间的传热过程中同时又发生相的变化，因此要比无相变时的传热更为复杂。相变流体放出或吸收大量的潜热，但流体的温度不发生变化，对流传热系数要比无相变时大得多。下面分别讨论蒸气冷凝和液体沸腾。

① 蒸气冷凝　当饱和蒸气与低于饱和温度的壁面接触时，将冷凝成液滴并释放出汽化潜热，这就是蒸气冷凝传热。这种传热方式在工业生产中广泛应用。

蒸气冷凝有两种方式，即膜状冷凝和滴状冷凝（见图 2-7 和图 2-8）。

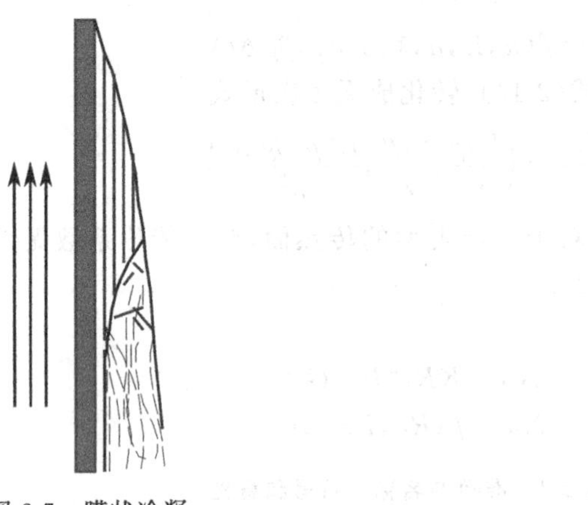

图 2-7　膜状冷凝　　　　图 2-8　滴状冷凝

a. 膜状冷凝　冷凝液能够润湿壁面，在壁面上形成一层完整的液膜，壁面被冷凝液所覆盖，蒸气冷凝只能在液膜表面进行，即蒸气冷凝放出的潜热只有通过液膜后才能传给壁面。由于蒸气冷凝产生相变化，热阻较小，这层液膜往往成为冷凝传热的主要热阻。如果壁面竖直放置，液膜在重力的作用下，沿壁面向下流动，逐渐增厚，最后在壁面的底部滴下。水平放置较粗的管子，液膜较厚，使得平均对流传热系数下降。

b. 滴状冷凝　冷凝液不能够润湿壁面，在壁面上形成许多的小液滴，液滴长大到一定程度后，在重力作用下落下，滴状冷凝时，由于形成液滴，大部分壁面与蒸气直接接触，蒸气可以直接在壁面上冷凝，没有液膜引起的附加热阻。因此滴状冷凝的对流传热系数比膜状冷凝要高出几倍到十几倍。但是，到目前为止，在工业冷凝器中即使采用了促进滴状冷凝的措施，液滴也不能持久。所以，工业冷凝器的设计都按膜状冷凝考虑。

② 液体沸腾　液体加热时，在液体内部伴有由液相变成气相产生气泡的过程，称为液体沸腾。因在加热面上有气泡不断生成、长大和脱离，故造成对流体的强烈扰动，沸腾传热的对流传热系数远远大于单相传热的对流传热系数。

a. 液体沸腾的分类

ⓐ 大容器沸腾　大容器沸腾是指加热面被沉浸在无强制对流的液体内部而引起的沸腾传热过程。液体在壁面附近加热，产生气泡，气泡逐渐长大，脱离表面，自由上浮，属于自然对流，同时气泡的运动导致液体扰动，两者加和是一种很强的对流传热过程。

ⓑ 管内沸腾　当液体在压差作用下，以一定的流速流过加热管，在管内发生的沸腾称为管内沸腾，也称为强制对流沸腾。这种情况下管壁所产生的气泡不能自由上浮，而是被迫与液体一起流动，与大容器沸腾相比，其机理更为复杂。

ⓒ 饱和沸腾　如果液体的主体温度达到饱和温度，从加热面上产生的气泡不再重新凝结的沸腾称为饱和沸腾。

b. 沸腾产生的条件　在一定压力下，若液体饱和温度为 t_s，液体主体温度为 t_1，则 $\Delta t=t_1-t_s$ 称为液体的过热度。过热度是液体中气泡存在和成长的条件，也是气泡形成的条件。过热度越大，则越容易生成气泡，生成的气泡数量多。在壁面过热度最大，若壁面温度为 t_w，则过热度 $\Delta t=t_w-t_s$。除了要有过热度外，还要有汽化核心的存在。加热壁面有许多粗糙不平的小坑和划痕等，这些地方有微量气体，当被加热时，就会膨胀生成气泡，成为汽化核心。

(4) 对流传热系数关联式的选用

对流传热是一个复杂的传热过程，不同类型的对流传热系数的计算，是本节的重点内容。α 的计算大致分为两类：一类是用因次分析法确定准数之间的关系，通过实验确定关系式中的系数和指数，属于半经验公式；另一类是纯经验式。在选用上要注意以下几点：

① 针对所要解决的传热问题的类型，选择适当的关联式。

② 要注意关联式的适用范围、特性尺寸和定性温度要求。

③ 要注意正确使用各物理量的单位，各准数的因次应为一。对于纯经验公式，必须使用公式所要求的单位。α 值的大致范围如表 2-4 所示。

表 2-4　α 值的大致范围

传热类型	α/[W/(m^2·K)]	传热类型	α/[W/(m^2·K)]
空气自然对流	5～25	水蒸气冷凝	5000～15000
空气强制对流	30～300	有机蒸气冷凝	500～3000
水自然对流	200～1000	水沸腾	1500～30000
水强制对流	1000～8000	有机物沸腾	500～15000
有机液体强制对流	500～1500		

2.2.3　热辐射

(1) 基本概念

物体由于热的原因而产生的电磁波在空间的传递称为热辐射。辐射传热是物体间相互辐射和吸收能量的总结果，热辐射与光辐射的本质完全相同，区别只是波长不同。热辐射的波长范围理论上是从零到无穷大，有实际意义的波长范围为 0.38～100μm。随着温度的升高，辐射传热的作用将变得更加重要。

热辐射线和可见光一样，具有相同的传播规律，服从反射、折射定律。在真空和大多数气体（惰性气体和对称双原子气体）中热射线可以完全透过，但对液体和大多数的固体则不能。因此，只有互相能“照见”的物体间才能进行热辐射。

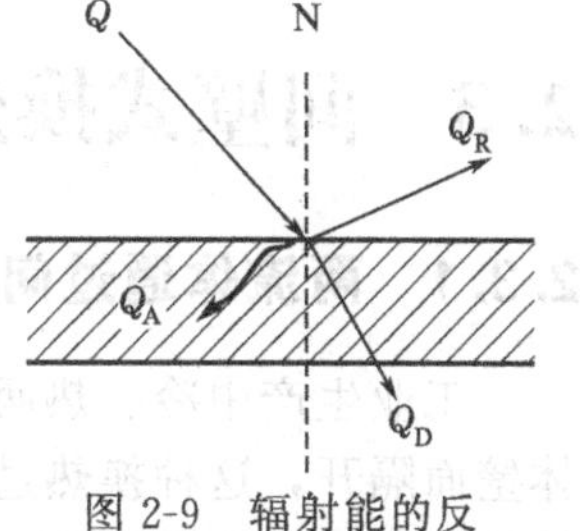

图 2-9　辐射能的反射、吸收和透过

设投射到某物体上辐射能 Q，物体吸收 Q_A，反射 Q_R，透过 Q_D，如图 2-9 所示。

$$Q=Q_A+Q_R+Q_D \tag{2-18}$$

或

$$\frac{Q_A}{Q}+\frac{Q_R}{Q}+\frac{Q_D}{Q}=1 \tag{2-19}$$

令 $A=Q_A/Q$，$R=Q_R/Q$，$D=Q_D/Q$，分别称为该物体的吸收率、反射率、透过率，于是得到

$$A+R+D=1 \tag{2-20}$$

若 $A=1$，则表示物体能吸收全部的辐射能，这种物体称为绝对黑体或简称黑体。如无

光泽的黑煤，吸收率可达 0.98。

若 $R=1$，则表示物体能反射全部的辐射能，这种物体称为绝对白体或简称白体。如磨光的铜镜，反射率可达 0.97。

若 $D=1$，则表示物体能透过全部的辐射能，这种物体称为透热体。如单原子和对称的双原子气体可视为透热体。

物体的 A、R、D 取决于物体的性质、表面状况、温度及射线的波长。

(2) 物体的辐射能力

物体在一定温度下，单位面积、单位时间内所发射的全部波长的总能量，称为该物体在该温度下的辐射能力，以 E 表示，单位为 W/m^2。

① 黑体的辐射能力　理论证明，黑体的辐射能力 E_b 与其表面的热力学温度 T 的四次方成正比，即

$$E_b=C_0\left(\frac{T}{100}\right)^4 \tag{2-21}$$

式中　C_0——黑体的辐射系数，$C_0=5.67W/(m^2\cdot K^4)$。

式(2-21) 表示了黑体的辐射能力与其表面温度 T 的关系，即 E_b 与热力学温度的 4 次方成正比。

② 实际物体的辐射能力　在同一温度下，实际物体的辐射能力 E 恒小于黑体的辐射能力 E_b。不同物体的辐射能力有很大差别，通常以黑体的辐射能力为基准，引进黑度的概念。实际物体的辐射能力 E 与同温度下黑体的辐射能力 E_b 之比，称为该物体的黑度，用 ε 表示，表示为

$$\varepsilon=\frac{E}{E_b} \tag{2-22}$$

黑度表示物体的辐射能力接近黑体的程度，表示实际物体辐射能力的大小。ε 与物体的性质、表面温度、表面粗糙度和氧化程度有关，由实验测定其值，范围为 0～1。实际物体的辐射能力可表示为

$$E=\varepsilon E_b=\varepsilon C_0\left(\frac{T}{100}\right)^4 \tag{2-23}$$

2.3 间壁式换热过程

2.3.1 两流体通过间壁的换热过程

工业生产中冷、热两种流体的热交换，一般情况下不允许两种流体直接接触，要求用固体壁面隔开，这种换热过程称为间壁式换热过程。间壁换热在工业生产中十分普遍，研究其传热速率、影响因素等对选择和使用换热器十分重要。

两流体通过间壁的传热过程由对流、导热、对流三个过程串联组成，如图 2-10 所示。

① 热流体以对流方式将热量传递到间壁的左侧 Q_1；

② 热量从间壁的左侧以热传导的方式传递到右侧 Q_2；

③ 最后以对流方式将热量从间壁的右侧传递给冷流体 Q_3。

热流体沿流动方向温度不断下降，而冷流体温度不断上升，即在不同的空间位置温度是不相等的，但对于某一固定位置温度不随时间而变，属于稳态传热过程。

$$Q_1=Q_2=Q_3 \tag{2-24}$$

流体与固体壁面之间的传热以对流为主，并伴有分子热运动引起的热传导，通常把流体与固体壁面之间的传热称为对流传热。研究间壁式换热器内热流体与冷流体之间如何换热，

受哪些因素影响，怎样提高传热速率，是本章的重点问题。

2.3.2　传热速率方程式

传热过程的推动力是两流体的温度差，沿传热管长度不同位置的温差不同，故使用平均温度差，以 Δt_m 表示。在稳态传热中，传热速率与温度差、传热面积成正比，即得传热速率方程式为

$$Q=KA\Delta t_m \tag{2-25}$$

式中　K——比例系数，称为总传热系数，$W/(m^2 \cdot K)$ [或 $W/(m^2 \cdot ℃)$]；

Q——传热速率，J/s（或 W）；

A——传热面积，m^2；

Δt_m——两流体的平均温度差，K（或℃）。

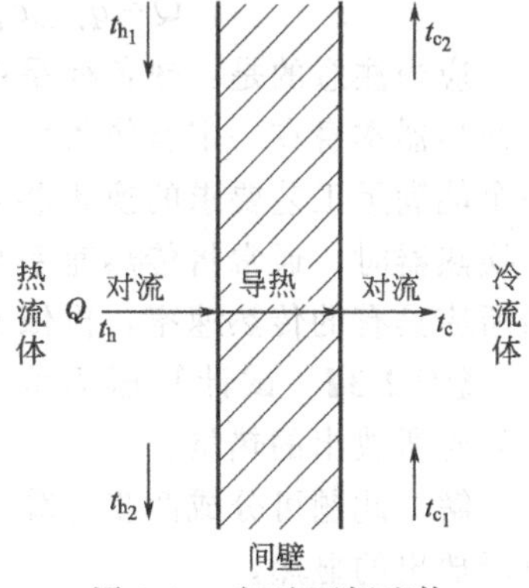

图 2-10　间壁两侧流体的传热过程

$Q=KA\Delta t_m$ 称为传热速率方程式或传热基本方程式，它是换热器设计最重要的方程式。当所要求的传热速率 Q、温度差 Δt_m 及总传热系数 K 已知时，可用传热速率方程式计算所需要的传热面积 A。

（1）热量衡算

热量衡算式和传热速率方程是传热计算的两个重要的方程式。热量衡算可以确定热负荷，或流体进出口温度。

在传热计算中首先要确定换热器的热负荷。所谓热负荷是指生产上要求流体温度变化而吸收或放出的热量。

如图 2-11 的换热器中冷、热两流体进行热交换，若忽略热损失，则根据能量守恒原理，单位时间内热流体放出的热量 Q_h 等于冷流体吸收的热量 Q_c：$Q_h=Q_c$，称此为热量衡算式。

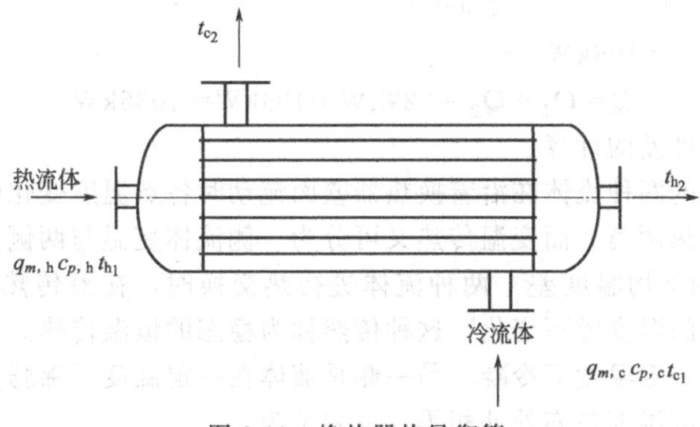

图 2-11　换热器热量衡算

① 无相变的传热过程

$$Q=q_{m,h}c_{p,h}(t_{h_1}-t_{h_2})=q_{m,c}c_{p,c}(t_{c_2}-t_{c_1}) \tag{2-26}$$

式中　Q——热负荷，W；

$q_{m,h}$，$q_{m,c}$——热、冷流体的质量流量，kg/s；

$c_{p,h}$，$c_{p,c}$——热、冷流体的平均定压比热，$kJ/(kg \cdot K)$（或 $kJ/(kg \cdot ℃)$）；

t_{h_1}，t_{h_2}——热流体的进、出口温度，℃；

t_{c_1}，t_{c_2}——冷流体的进、出口温度，℃。

② 有相变的传热过程　冷热流体在换热过程中，其中一侧流体发生相变化，如饱和蒸

气冷凝，其热量衡算式可表示为

$$Q=q_{m,c}c_{p,c}(t_{c_2}-t_{c_1})=q_{m,h}r \tag{2-27}$$

式中 r——冷凝潜热，kJ/kg。

若冷凝液出口温度 t_{h_2} 低于饱和温度 t_s（深冷）时，则

$$Q=q_{m,c}c_{p,c}(t_{c_2}-t_{c_1})=q_{m,h}r+q_{m,h}c_{p,h}(t_s-t_{h_2}) \tag{2-28}$$

应当注意的是：热负荷是由工艺条件决定的，是对换热器换热能力的要求；而传热速率是换热器本身在一定操作条件下的换热能力，是换热器本身的特性，可见两者不同。但对于一个能满足工艺要求的换热器而言，其传热速率值必须等于或略大于热负荷值。而在实际设计换热器时，通常将传热速率与热负荷在数值上视为相等，所以通过热负荷计算可确定换热器所应具有的传热速率，再依此传热速率计算换热器所需的传热面积。

【例 2-3】 试计算压力为 147.1Pa，流量为 1500kg/h 的饱和水蒸气冷凝后并降温至 50℃时所放出的热量。

解 此题可分成两步计算：一是饱和水蒸气冷凝成水，放出潜热；二是水温降至 50℃时所放出的显热。

蒸汽冷凝成水所放出的热量为 Q_1

查水蒸气表得：$p=147.1\text{Pa}$ 下的水的饱和温度 $t_s=110.7℃$；

汽化潜热 $r=2230.1\text{kJ/kg}$

$$Q_1=q_{m,h}r=\frac{1500}{3600}\text{kg/s}\times 2230.1\text{kJ/kg}=929\text{kJ/s}=929\text{kW}$$

水由 110.7℃降温至 50℃时放出的热量 Q_2

平均温度 $t_m=(110.7+50)℃/2=80.4℃$

80.4℃时水的比热容 $c_{p,h}=4.195\text{kJ/(kg·℃)}$

$$Q_2=q_{m,h}c_{p,h}(t_s-t_{h_2})=\frac{1500}{3600}\text{kg/s}\times 4.195\text{kJ/(kg·℃)}\times(110.7-50)℃$$

$$=106\text{kJ/s}=106\text{kW}$$

共放出热量 $Q=Q_1+Q_2=929\text{kW}+106\text{kW}=1035\text{kW}$

(2) 传热平均温度差的计算

按照参与热交换的两种流体在沿着换热器壁面流动时各点温度变化的情况，可将传热分为恒温传热与变温传热两类。而变温传热又可分为一侧流体变温与两侧流体变温两种情况。

① 恒温传热时的平均温度差 两种流体进行热交换时，在沿传热壁面的不同位置上，在任何时间两种流体的温度皆不变化，这种传热称为稳态的恒温传热。如蒸发器中，间壁的一侧是饱和水蒸气在一定温度下冷凝，另一侧是液体在一定温度下沸腾，两侧流体温度沿传热面无变化，两流体的温度差亦处处相等，可表示为

$$\Delta t_m=t_h-t_c$$

式中 t_h——热流体的温度，℃；

t_c——冷流体的温度，℃。

② 变温传热时的平均温度差 在传热过程中，间壁一侧或两侧的流体沿着传热壁面，在不同位置时温度不同，但各点的温度皆不随时间而变化，即为稳态的变温传热过程。

a. 流动型式 按照冷热流体间的相互流动方向而言，可分为不同的流动型式，如图 2-12 所示。换热的两种流体在传热面的两侧分别以相同的方向流动，称为并流；换热的两种流体在传热面的两侧分别以相对的方向流动，称为逆流；换热的两种流体在传热面的两侧彼此呈垂直方向流动，称为错流；换热的两种流体在传热面的两侧，其中一侧流体只沿一

个方向流动，而另一侧的流体则先沿一个方向流动，然后折回以相反方向流动，如此反复地作折流，使两侧流体间有并流与逆流的交替存在，此种情况称为折流。

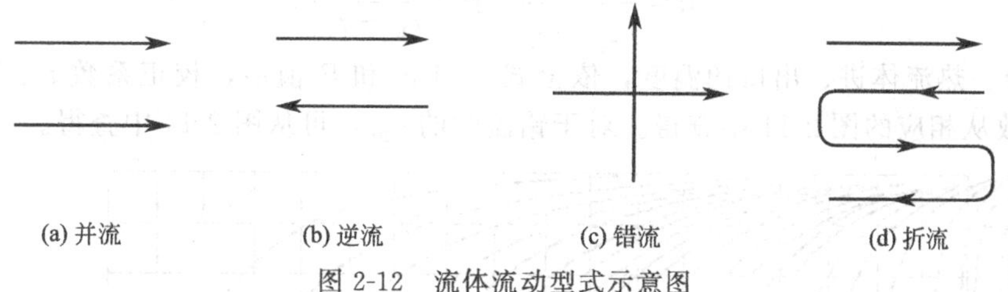
(a) 并流　(b) 逆流　(c) 错流　(d) 折流

图 2-12　流体流动型式示意图

变温传热包括一侧流体变温传热与两侧流体变温传热。一侧流体变温传热，如用蒸汽加热另一侧流体。蒸汽冷凝放出潜热，冷凝温度不变，另一侧流体被加热。又如用热流体来加热另一种在较低温度下进行沸腾的液体，液体的沸腾温度保持在沸点。

b. 并流和逆流时的平均温度差 Δt_m　间壁两侧流体皆发生温度变化，这时参与换热的两种流体沿着传热面两侧流动，其流动方式不同，平均温度差亦不同，即平均温度差与两种流体的流向有关。并流与逆流应用较为普遍，图 2-13 表示逆流、并流时两种流体的温度沿传热面的变化情况，无论是哪一种情况，壁面两侧冷、热流体的温度均沿着传热面而变化，其相应各点的温度差显然也是变化的，故存在着如何求取传热过程平均温度差 Δt_m 的计算式。

由热量衡算和传热基本方程式推导得到变温传热的平均温度差为

$$\Delta t_m=\frac{\Delta t_1-\Delta t_2}{\ln\dfrac{\Delta t_1}{\Delta t_2}} \tag{2-29}$$

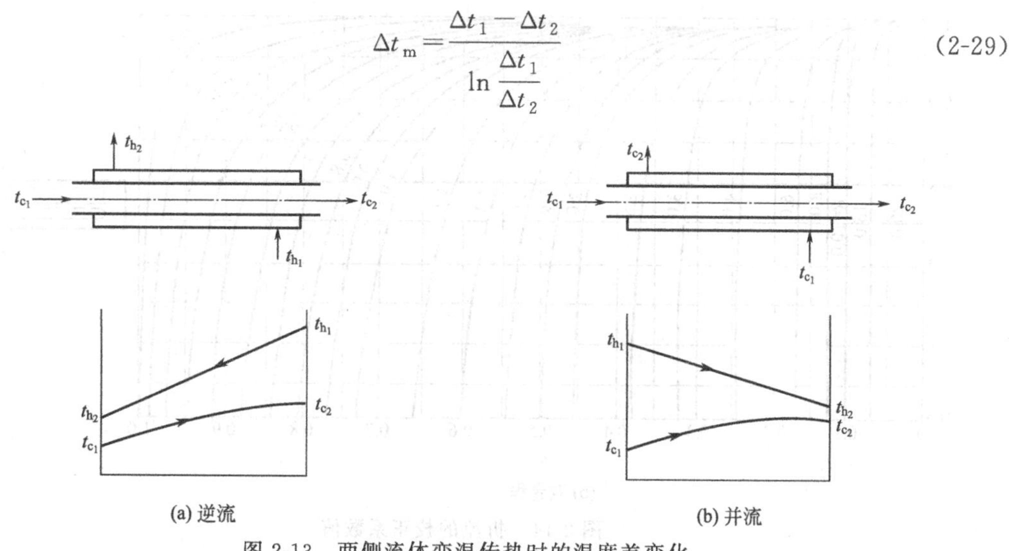

(a) 逆流　(b) 并流

图 2-13　两侧流体变温传热时的温度差变化

上式中的 Δt_m 为换热器进、出口处两种流体温度差的对数平均值，故称为对数平均温度差。当 $\Delta t_1/\Delta t_2<2$ 时，可用算术平均值 $\Delta t_m=(\Delta t_1+\Delta t_2)/2$ 代替对数平均值。

此式对各种变温传热都适用。当一侧流体变温、另一侧流体恒温时，不论并流或逆流，两种情况的平均温度差相等；当两侧流体变温传热时，并流和逆流时的平均温度差则不同。在计算时需注意，常取两端温度差中大者作为 Δt_1，小者作为 Δt_2，以使式中分子与分母都是正数。

c. 错流或折流时的平均温度差　计算错流或折流时的平均温度差，通常采用的方法是先按纯逆流的情况求得其对数平均温度差 $\Delta t_{m逆}$，然后再乘以校正系数 $\varepsilon_{\Delta t}$，即

$$\Delta t_m=\varepsilon_{\Delta t}\Delta t_{m逆} \tag{2-30}$$

校正系数 $\varepsilon_{\Delta t}$ 与冷、热两种流体的温度变化有关，是 R 和 P 的函数，即

$$\varepsilon_{\Delta t}=f(R,P)$$

式中
$$R=\frac{t_{h_1}-t_{h_2}}{t_{c_2}-t_{c_1}}\quad P=\frac{t_{h_1}-t_{h_2}}{t_{h_1}-t_{c_1}}$$

根据冷、热流体进、出口的温度，依上式求出 R 和 P 值后，校正系数 $\varepsilon_{\Delta t}$ 值可根据 R 和 P 两参数从相应的图 2-11 中查得。对于错流时的 $\varepsilon_{\Delta t}$，可从图 2-14 中查得。

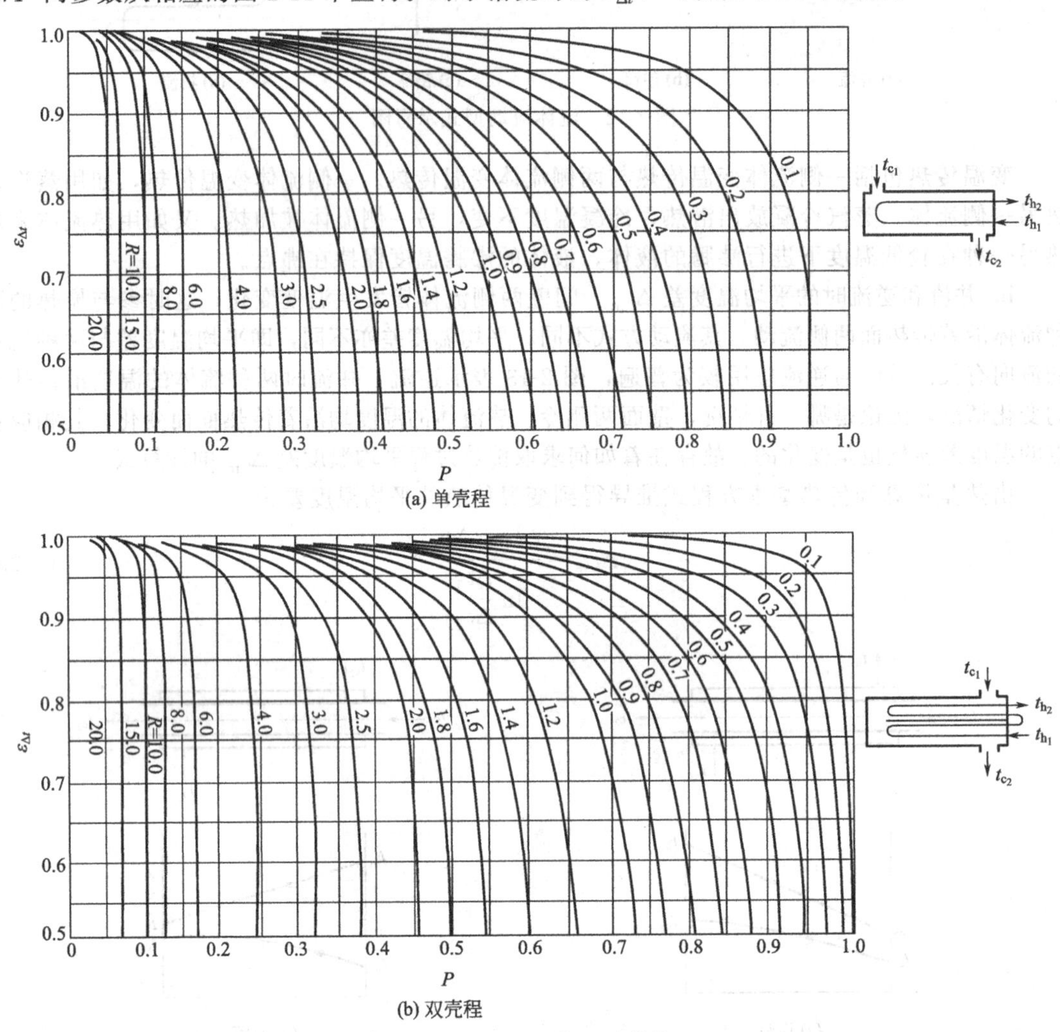

(a) 单壳程

(b) 双壳程

图 2-14 折流的校正系数值

【例 2-4】 现用一列管式换热器加热原油，原油在管外流动，进口温度为 100℃，出口温度为 160℃；某反应物在管内流动，进口温度为 250℃，出口温度为 180℃。试分别计算并流与逆流时的平均温度差。

解 并流：

$$\begin{array}{l}250\rightarrow180\\ \underline{100\rightarrow160}\\ 150\quad\ 20\end{array}\qquad \Delta t_m=\frac{\Delta t_1-\Delta t_2}{\ln\dfrac{\Delta t_1}{\Delta t_2}}=\frac{150℃-20℃}{\ln\dfrac{150}{20}}=65℃$$

逆流：

$$\begin{array}{l}250\rightarrow180\\ \underline{160\rightarrow100}\\ 90\quad\ 80\end{array}\qquad \Delta t_m=\frac{\Delta t_1-\Delta t_2}{\ln\dfrac{\Delta t_1}{\Delta t_2}}=\frac{90℃-80℃}{\ln\dfrac{90}{80}}=84.7℃$$

逆流操作时，因 $\Delta t_1/\Delta t_2=90/80<2$，故可以用算术平均值，即

$$\Delta t_m=(\Delta t_1+\Delta t_2)/2=(90+80)℃/2=85℃$$

（3）总传热系数

在传热基本方程式 $Q=KA\Delta t_m$ 中，传热量 Q 是生产任务所规定的，温度差 Δt_m 由冷、热流体进、出换热器的始、终温度决定，也是由工艺要求给出的条件，则传热面积 A 与总传热系数 K 值密切相关，因此，如何合理地确定 K 值，是设计换热器中的一个重要问题。目前，总传热系数 K 值有三个来源：一是选取经验值，即目前生产设备中所用的经过实践证实并总结出来的生产实践数据，工业生产用列管式换热器中总传热系数值的大致范围见表 2-5；二是实验测定 K 值；三是计算。

表 2-5　列管式换热器中 K 值的大致范围

热　流　体	冷　流　体	传热系数 $K/[W/(m^2\cdot K)]$
水	水	850～1700
轻油	水	340～910
重油	水	60～280
气体	水	17～280
水蒸气冷凝	水	1420～4250
水蒸气冷凝	气体	30～300
低沸点烃类蒸气冷凝（常压）	水	455～1140
高沸点烃类蒸气冷凝（减压）	水	60～170
水蒸气冷凝	水沸腾	2000～4250
水蒸气冷凝	轻油沸腾	455～1020
水蒸气冷凝	重油沸腾	140～425

① 总传热系数的计算　在稳定传热条件下，两侧流体的对流传热速率以及间壁的导热速率都应相等。如图 2-15 所示，两流体通过管壁的传热包括以下过程：

a. 热流体以对流传热的方式将热量传给管壁一侧；

b. 通过管壁的热传导；

c. 由管壁另一侧以对流传热的方式将热量传给冷流体。

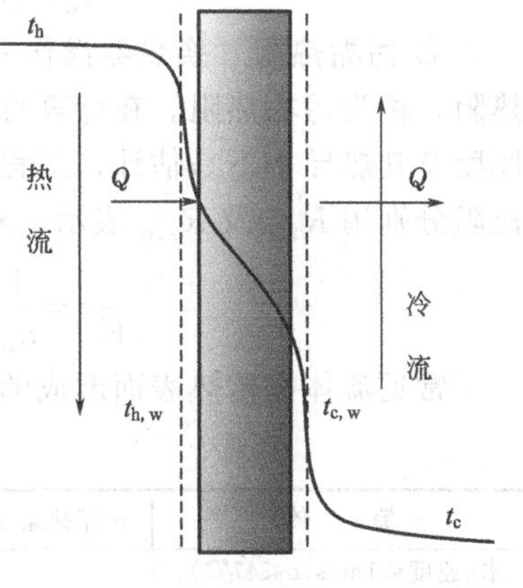

图 2-15　流体通过间壁的换热过程

上述过程可表示如下：

管外壁　$$Q=\alpha_o(t_h-t_{h,w})A_o=\frac{(t_h-t_{h,w})}{\dfrac{1}{\alpha_o A_o}} \tag{2-31}$$

管壁　$$Q=\lambda\ (t_{h,w}-t_{c,w})\ A_m=\frac{(t_{h,w}-t_{c,w})}{\dfrac{b}{\lambda A_m}} \tag{2-32}$$

管内壁　$$Q=\alpha_i(t_{c,w}-t_c)A_i=\frac{(t_{c,w}-t_c)}{\dfrac{1}{\alpha_i A_i}} \tag{2-33}$$

式中　α_o,α_i——分别为管外壁、管内壁流体的对流传热系数，$W/(m^2\cdot ℃)$；

t_h,t_c——分别为热、冷流体的温度，℃；

$t_{h,w},t_{c,w}$——分别为热、冷流体侧的壁面温度，℃；

A_o,A_i——分别为管外壁、管内壁的传热面积，m^2；

A_m——管壁的平均面积，m^2；

λ——管壁的热导率，$W/(m\cdot ℃)$。

整理并相加可得

$$Q=\frac{(t_h-t_{h,w})}{\dfrac{1}{\alpha_o A_o}}+\frac{(t_{h,w}-t_{c,w})}{\dfrac{b}{\lambda A_m}}+\frac{(t_{c,w}-t_c)}{\dfrac{1}{\alpha_i A_i}}=\frac{t_h-t_c}{\dfrac{1}{\alpha_o A_o}+\dfrac{b}{\lambda A_m}+\dfrac{1}{\alpha_i A_i}}=\frac{\sum\Delta t}{\sum R} \tag{2-34}$$

上式与传热基本方程式 $Q=KA\Delta t_m$ 比较得

$$\frac{1}{KA}=\frac{1}{\alpha_o A_o}+\frac{b}{\lambda A_m}+\frac{1}{\alpha_i A_i} \tag{2-35}$$

当传热面为圆筒壁时，$A_o \neq A_i \neq A_m$，这时总传热系数 K 则随所取的传热面不同而异。$A_o=\pi d_o L$，$A_i=\pi d_i L$，$A_m=\pi d_m L$。若传热面 $A=A_o$，则式(2-35) 可写成

$$\frac{1}{K_o}=\frac{1}{\alpha_o}+\frac{b}{\lambda}\times\frac{A_o}{A_m}+\frac{1}{\alpha_i}\times\frac{A_o}{A_i}=\frac{1}{\alpha_o}+\frac{b}{\lambda}\times\frac{d_o}{d_m}+\frac{1}{\alpha_i}\times\frac{d_o}{d_i} \tag{2-36}$$

式中，K_o 称为以传热面 A_o 为基准的总传热系数。

同理，总传热系数亦可以传热面 $A=A_i$ 代替，则可写为

$$\frac{1}{K_i}=\frac{1}{\alpha_i}+\frac{b}{\lambda}\times\frac{d_i}{d_m}+\frac{1}{\alpha_o}\times\frac{d_i}{d_o} \tag{2-37}$$

式中，K_i 称为以传热面 A_i 为基准的总传热系数。

若传热面 $A=A_m$，相应的计算式为

$$\frac{1}{K_m}=\frac{1}{\alpha_i}\times\frac{d_m}{d_i}+\frac{b}{\lambda}+\frac{1}{\alpha_o}\times\frac{d_m}{d_o} \tag{2-38}$$

式中，K_m 称为以传热面 A_m 为基准的总传热系数。

由于取的传热面不同而 K 值亦不同，即 $K_o \neq K_i \neq K_m$，但 $K_o A_o=K_i A_i=K_m A_m$，而

$$Q=K_o A_o \Delta t_m=K_i A_i \Delta t_m=K_m A_m \Delta t_m$$

② 污垢热阻　换热器操作一段时间后，其传热表面常有污垢积存，对传热形成附加的热阻，称为污垢热阻。在计算总传热系数 K 值时，污垢热阻一般不可忽视。由于污垢层的厚度及其热导率不易估计，工程计算时，通常是根据经验选用污垢热阻。如传热面两侧污垢热阻分别用 $R_{s,i}$ 及 $R_{s,o}$ 表示，对传热面为管外壁而言，其总的热阻为

$$\frac{1}{K_o}=\frac{1}{\alpha_o}+R_{s,o}+\frac{b}{\lambda}\times\frac{d_o}{d_m}+\frac{1}{\alpha_i}\times\frac{d_o}{d_i}+R_{s,i}\frac{d_o}{d_i} \tag{2-39}$$

常见流体在传热表面形成的污垢热阻的大致数值可参考表 2-6。

表 2-6　常用流体的污垢热阻

流　体	污垢热阻 $R/(m^2 \cdot K/kW)$	流　体	污垢热阻 $R/(m^2 \cdot K/kW)$
水(速度<1m/s,t<47℃)		溶剂蒸气	0.14
蒸馏水	0.09	水蒸气	
海水	0.09	优质——不含油	0.052
清净的河水	0.21	劣质——不含油	0.09
未处理的凉水塔用水	0.58	往复机排出	0.176
已处理的凉水塔用水	0.26	液体	
已处理的锅炉用水	0.26	处理过的盐水	0.264
硬水、井水	0.58	有机物	0.176
气体		燃料油	1.056
空气	0.26～0.53	焦油	1.76

【例 2-5】　某一套管换热器，内管为 ϕ25mm×2.5mm 钢管，外管为 ϕ38mm×2.5mm 钢管。用冷却水冷却某有机物，冷却水在环隙中流动，进口温度为 15℃，出口温度为 30℃。

有机物在环隙中流动，进口温度为100℃，出口温度为40℃，流量为4000kg/h，平均比热容为1.9kJ/(kg·K)。两流体逆流流动，若已知的水侧和有机物侧的对流传热系数分别为1200W/(m^2·K) 和 500W/(m^2·K)，忽略污垢热阻及管壁热阻。试求换热器的传热面积。

解　换热器的传热面积由传热基本方程式求得，即

$$A_o=\frac{Q}{K_o\Delta t_m}$$

换热器的传热量为 $Q=q_{m,h}c_{p,h}(t_{h_1}-t_{h_2})=\frac{4000}{3600}\text{kg/s}\times1.9\text{kJ/(kg}\cdot\text{K)}\times(100-40)\text{K}=126.7\text{kW}$

对数平均温度差

$$\begin{array}{ll}100\rightarrow40 & \\ \underline{30\leftarrow15} & \\ 70\qquad 25 & \end{array}\qquad \Delta t_m=\frac{70℃-25℃}{\ln\frac{70}{25}}=43.7℃$$

总传热系数　$$K_o=\frac{1}{\frac{1}{\alpha_o}+\frac{d_o}{\alpha_i d_i}}=\frac{1}{\frac{1}{500}+\frac{25}{1200\times20}}\text{W/(m}^2\cdot\text{K)}=328.8\text{W/(m}^2\cdot\text{K)}$$

传热面积　$$A_o=\frac{Q}{K_o\Delta t_m}=\frac{126.7\times10^3}{328.8\times43.7}\text{m}^2=8.82\text{m}^2$$

(4) 强化传热的途径

强化传热，就是设法提高换热器的传热速率。从传热基本方程式可以看出，增大传热面积 A、提高传热平均推动力 Δt_m 及提高总传热系数 K 都可以达到强化传热的目的。

① 增大传热面积 A　增大传热面积，可以提高换热器的传热速率。增大传热面积不能单纯依靠增大换热器的尺寸来实现，因为这样会使设备费增加。实践证明，从改进设备的结构入手，增加单位体积的传热面积，可以使设备更加紧凑，结构更加合理。目前出现的一些新型换热器，如螺旋板式、板式换热器等，其单位体积的传热面积大大超过了列管式换热器。同时，改进传热面结构，使用高效能传热面，如带翅片或异形表面的换热管，是工程上常用的高效能传热管，它们不仅增加了传热面积，而且使流体的湍动程度增大，从而提高了 α，使传热系数显著提高。

② 增大传热平均温度差 Δt_m　增大传热平均温度差，可以提高换热器的传热速率。传热平均温度差的大小取决于两流体的温度大小及流动型式。流体温度是由生产工艺条件所决定，一般不能随意变动，而加热剂或冷却剂可以根据 Δt_m 的需要，选择不同的介质和流量加以改变。但需要注意的是，改变加热剂和冷却剂的温度，必须考虑到技术上的可行性和经济上的合理性。另外采用逆流操作或增加壳程数，均可得到较大的平均温度差。

③ 增大传热系数 K　增大传热系数，可以提高换热器的传热速率。增大传热系数，实际上就是降低换热器的热阻。为分析方便起见，总热阻按平壁考虑，有

$$\frac{1}{K}=\frac{1}{\alpha_i}+R_{s,i}+\frac{b}{\lambda}+R_{s,i}+\frac{1}{\alpha_o}$$

由此可见，要降低总热阻，必须减少各项分热阻。在不同情况下，各分热阻所占比例不同，应设法减少占比例较大的分热阻。一般来说，在金属换热器中，壁面较薄且热导率较大，不会成为主要热阻；污垢热阻是一个可变因素，在换热器刚投入使用时，可不予考虑，但随着使用时间的加长，污垢热阻逐渐增加，便可成为主要热阻，故对换热器必须定期清洗。提高 K 值的具体途径和措施如下。

a. 提高流体的 α 值　如前所述，在管壁及污垢热阻忽略不计时，欲提高 K 值，就要提

高 α 较小流体的对流传热系数值。若 α_i 与 α_o 接近，必须同时提高两侧的 α 值。提高 α 的方法有增大流体流速，改变传热面的形状和增加粗糙度等。

b. 抑制污垢的生成或及时除垢　当壁面两侧的对流传热系数都很大，即两侧的对流传热热阻都很小，而污垢热阻很大时，欲提高 K 值，则必须设法减缓污垢的形成，同时及时清除垢层。减小污垢热阻的措施有提高流体的流速，以减弱垢层的沉积；加强水质处理，采用软化水；加入阻垢剂，防止和减缓垢层形成；定期采用机械或化学的方法清除垢层。

2.4 换热设备简介

换热器是化工、石油、食品等许多工业部门的通用设备，在生产中占有重要地位。由于生产规模、物料的性质、传热的要求等各不相同，故换热器的类型也是多种多样，了解换热器的性能与特点，有利于更好地选择和使用换热器。

2.4.1 换热器的分类

(1) 按用途

① 加热器　用于把流体加热到所需的温度，被加热流体在加热过程中不发生相变。

② 预热器　用于流体的预热，以提高整套工艺装置的效率，实质是特殊目的的加热器。

③ 冷却器　用于冷却流体，使其达到所需温度。

④ 蒸发器　用于加热液体，使其蒸发汽化。

⑤ 再沸器　用于加热已被冷凝的液体，使其再受热汽化，为蒸馏过程专用设备。

⑥ 冷凝器　用于冷凝饱和蒸气，使其放出潜热而凝结液化。

(2) 按热量的传递方式

① 间壁式换热器　间壁式换热器是冷、热流体被固体壁面隔开，互不接触，热量由热流体通过壁面传给冷流体。该类型换热器适用于冷、热流体不允许混合的场合。间壁式换热器应用广泛，形式多样，各种管壳式和板式结构的换热器均属此类。

② 直接接触式换热器　直接接触式换热器亦称混合式换热器。在此类换热器中，冷、热流体直接接触，相互混合传递热量。该类型换热器结构简单，传热效率高，适用于冷、热流体允许直接混合的场合。

③ 蓄热式换热器　蓄热式换热器，主要由热容较大的蓄热室构成，室中可充填耐火砖等填料，热流体通过蓄热室时将室内填料加热，然后冷流体通过蓄热室时将热量带走。这样冷、热流体交替通过同一蓄热室时，蓄热室即可将热量传递给冷流体，达到换热的目的。这类换热器结构较为简单，耐高温，常用于高温气体热量的回收与冷却。其缺点是设备体积庞大，且不能完全避免两种流体的混合。

(3) 按换热器传热面的形状和结构

① 管式换热器　管式换热器通过管子壁面进行传热，按传热管的结构形式可分为列管式换热器、蛇管式换热器、套管式换热器和翅片管式换热器等几种。管式换热器在工业生产中应用最为广泛。

② 板式换热器　板式换热器通过板面进行传热，按传热管的结构不同，可分为平板式换热器、螺旋板式换热器、板翅式换热器和热板式换热器等几种。

③ 特殊形式换热器　根据工艺特殊要求而设计的具有特殊结构的换热器。如回转式、热管、同流式换热器等。

(4) 按所用材料

① 金属材料换热器　由金属材料加工制成的换热器。常用的材料有碳钢、合金钢、铜及铜合金、铝及铝合金、钛及钛合金等。由于金属材料热导率大，故此类换热器的传热效率高，在生产中广泛使用。

② 非金属材料换热器　由非金属材料制成的换热器。常用的材料有石墨、玻璃、塑料、陶瓷等。由于非金属材料热导率较小，故此类换热器的传热效率较低，主要用于具有腐蚀性的物料的换热。

2.4.2 列管式换热器

列管式换热器又称管壳式换热器，是一种通用的标准换热器。它具有结构简单、坚固耐用、造价低廉、用材广泛、清洗方便、适应性强等优点，在化工厂中应用最为广泛。一般由壳体、管板、管束、封头、折流挡板构成。

冷、热流体分别流经管程、壳程，由于温度不同，热膨胀程度有所不同，当温差大于50℃时，导致设备弯曲、变形，甚至破裂，此时应考虑热膨胀因素，并设法加以补偿，根据热补偿的方式不同可分为固定管板式、浮头式、U形管式、釜式。

(1) 固定管板式换热器

固定管板式换热器由壳体、管束、管板、封头、接管和折流挡板等部件组成，两端管板与壳体焊在一起。如图2-16所示，整个换热器分为两部分：换热管内的通道及两端相贯通处称为管程；换热管外的通道及其相贯通处称为壳程。冷热流体分别在管程和壳程中连续流动，若管内流体一次通过管程，称为单管程。当换热器传热面积较大，所需管子数目较多时，为提高流体的流速，可分为多管程，程数可分为2、4、6、8。壳流体一次通过壳程，称为单壳程。为提高壳程流体流速，也可在与管束轴线平行方向放置纵向隔板，使壳程分为多程。

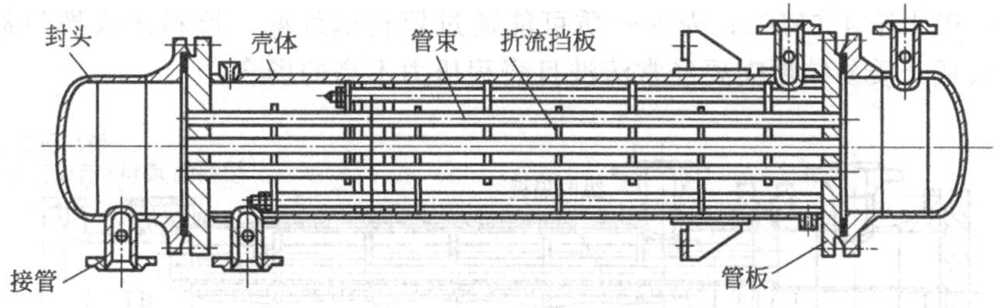

图2-16 固定管板式换热器

固定管板式换热器优点是结构简单、紧凑，管内便于清洗；当管程与壳程流体的温差大于50℃时，可引起很大的内应力，需在壳体上设置膨胀节。此种换热器适用于壳程流体清洁且不易结垢，两流体温差不大的场合。

(2) 浮头式换热器

浮头式换热器的结构如图2-17所示。其结构特点是两端管板之一不与壳体固定连接，可以在壳体内沿轴向自由伸缩，称为浮头。此种换热器的优点是可以消除热应力，管束可以从管内抽出，便于管内和管间的清洗；缺点是结构复杂，造价高。它适用于壳体与管束温差较大或壳程流体容易结垢的场合。

(3) U形管式换热器

U形管式换热器的结构如图2-18所示。每根换热器都弯成U形，进出口分别安装在同一管板的两侧，封头以隔板分成两室，这样，每根管子皆可自由伸缩，而与外壳无关。在结构上U形管式换热器比浮头式简单，但管程不易清洗，只适用于洁净而不易结垢的流体。

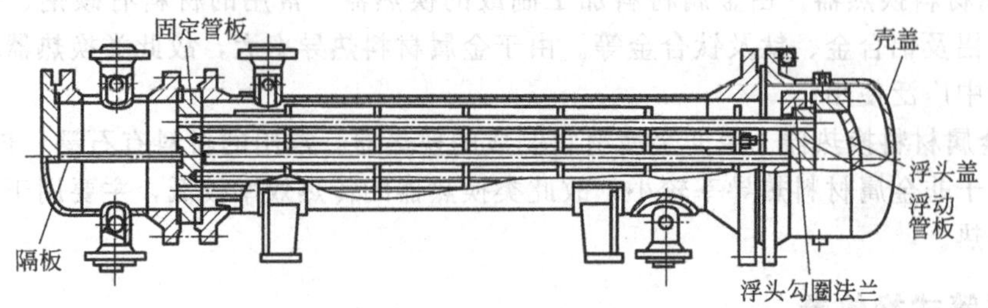

图 2-17 浮头式换热器

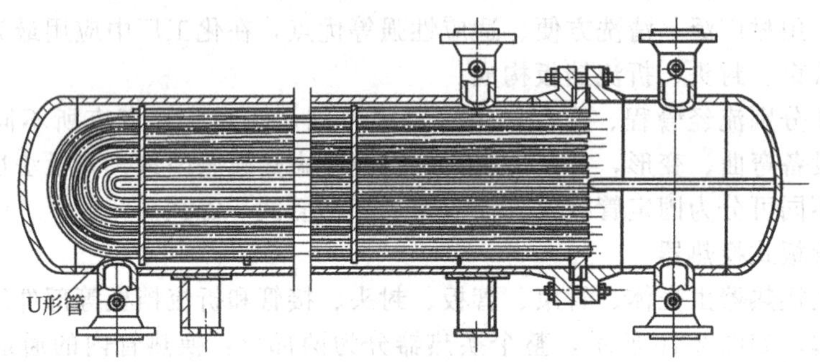

图 2-18 U形管式换热器

(4) 填料函式换热器

填料函式换热器的结构如图 2-19 所示。此种换热器的结构特点是管板只有一端与壳体固定，另一端采用填料函密封。管束可以自由伸缩，不会产生温差应力。该换热器的优点是结构较浮头式简单，造价低，管束可以从壳体内抽出，管、壳程均能清洗。其缺点是填料函耐压不高，一般小于 4.0MPa；壳程介质可能通过填料函外漏。填料函式换热器适用于管、壳程温差较大或介质易结垢需要经常清洗且壳程压力不高的场合。

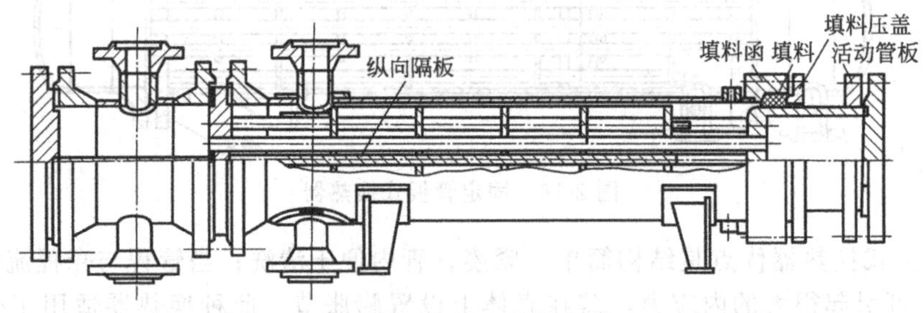

图 2-19 填料函式换热器

(5) 釜式换热器

釜式换热器的结构如图 2-20 所示。其结构特点是壳体上部设置蒸发空间。管束可以为固定管板式、浮头式或 U 形管式。釜式换热器清洗方便，并能承受高压、高温，适用于液体沸腾汽化的场合。

(6) 翅片式换热器

翅片式换热器又称为管翅式换热器，如图 2-21 所示。其结构特点是在换热器的外表面或内表面装有许多翅片，常用的翅片有纵向和横向两类，图 2-21 所示是工业广泛应用的几种翅片形式。一般当两种流体的对流传热系数之比超过 3∶1 时，采用翅片管式换热器在经济上是合理的，翅片管式换热器作为空气冷却器，在工业上应用很广。

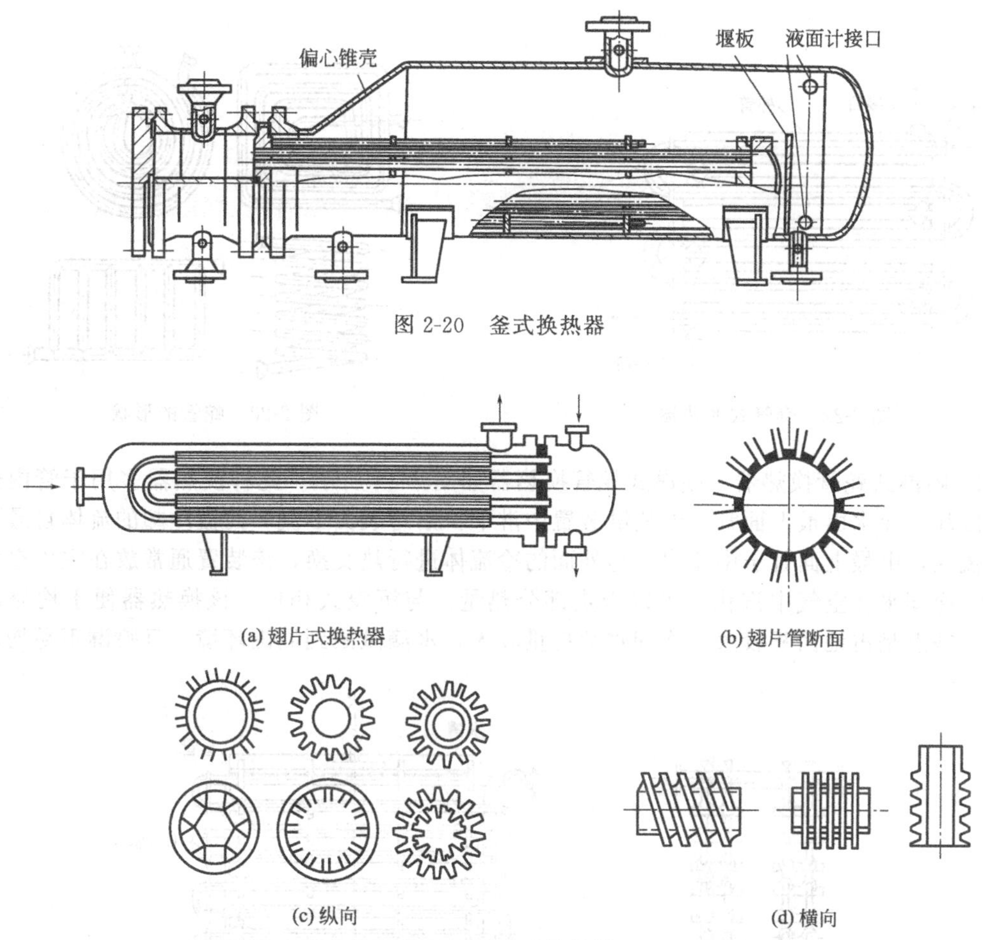

图 2-20　釜式换热器

图 2-21　翅片式换热器

2.4.3　其他换热器

(1) 管式换热器

① 套管式换热器　套管式换热器是将两种直径大小不同的标准管套在一起组成同心套管，其内管用 U 形肘管顺次连接，外管与外管互相连接而成，如图 2-22 所示。每一段套管称为一程，换热器的程数可以按照传热面大小而增减，亦可几排并列，每排与总管相连。换热时一种流体在内管中流动，另一种流体在套管的环隙中流动，两种流体可始终保持逆流流动。

由于两个管径都可以适当选择，以使内管与环隙间的流体呈湍流状态，故一般具有较高的总传热系数，同时也减少垢层的形成。这种换热器的优点是，结构简单、能耐高压、制造方便、应用灵便、传热面易于增减。其缺点是单位传热面积的金属消耗量很大；管子接头多，检修清洗不方便；占地面积较大。故一般适用于流量不大、所需传热面亦不大及高压的场合。

② 蛇管式换热器　蛇管式换热器可分为沉浸式和喷淋式两种。

a. 沉浸式蛇管换热器　沉浸式蛇管换热器中的蛇管多以金属管子弯绕而成，或制成适应容器需要的形状，沉浸在容器中，两种流体分别在管内、外进行换热。此种换热器的主要优点是结构简单、便于制造、便于防腐、且能承受高压。其主要缺点是管外液体的对流传热系数较小，从而总传热系数亦小，如增设搅拌装置，则可提高传热效果。几种常用的蛇管形状如图 2-23 所示。

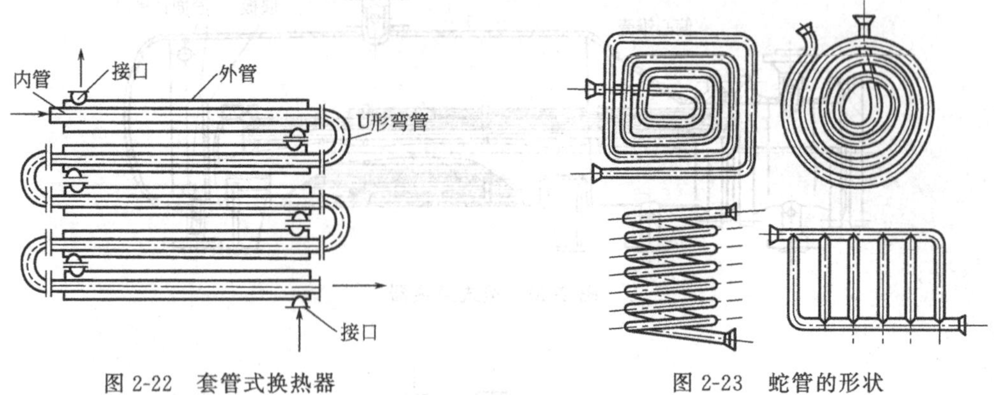

图 2-22 套管式换热器

图 2-23 蛇管的形状

b. 喷淋式蛇管换热器 喷淋式蛇管换热器如图 2-24 所示。此种换热器多用于管内热流体的冷却。冷水由最上面管子的喷淋装置中淋下，沿管表面下流，而被冷却的流体自最下面管子流入，由最上面管子中流出，与外面的冷流体进行热交换，该装置通常放在室外空气流通处，冷却水在空气中汽化，可以带走部分热量。与沉浸式相比，该换热器便于检修和清洗。其缺点是占地面积较大，冷却水消耗量较大，水滴溅洒到周围环境，且喷淋不易均匀。

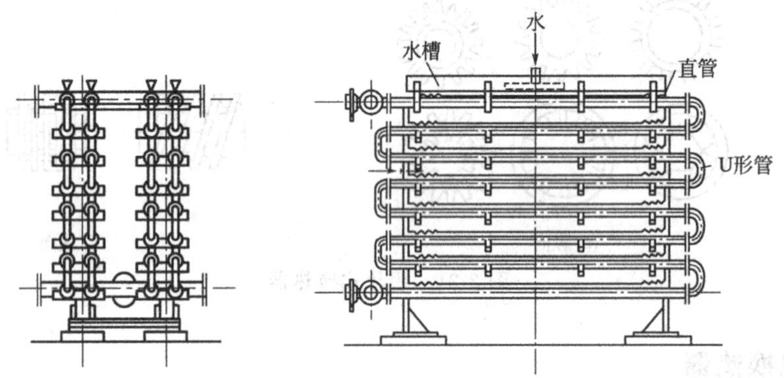

图 2-24 喷淋式蛇管换热器

(2) 板式换热器

① 夹套式换热器 夹套式换热器的结构如图 2-25 所示。它由一个装在容器外部的夹套构成，主要用于反应过程的加热或冷却，器壁是传热面。当用蒸汽进行加热时，蒸汽由上部接管进入夹套，冷凝水由下部接管中排出。冷却时，则冷却水由下部进入，由上部流出。这种换热器结构简单、容易制造，但传热面积有限，传热系数较低。为了提高传热系数，可在釜内安装搅拌器，在夹套中增加螺旋隔板等措施。

② 平板式换热器 平板式换热器简称板式换热器，它是由一组长方形的薄金属板平行排列构成，用框架将板片夹紧组于支架上，两相邻板片的边缘衬以垫片（橡胶或压缩石棉等）压紧，达到密封的目的。板片四角有圆孔，形成流体的通道。冷热流体交替地在板片两侧流过，通过板片进行换热，如图 2-26 所示。板片通常被压制成各种槽形或波纹形的表面，这样既增强了刚性和流体的湍动程度，又增大了传热面积，如图 2-27 所示。板间距通常为 4～6mm，板片材料有不锈钢，亦可用其他耐腐蚀合金材料。板式换热器的优点是：总传热系数大，可达 1500～7000W/(m^2·K)；结构紧凑，单位体积设备提供的传热面积大；装拆方便，操作灵活性大。其缺点是处理量小，允许操作压力较低，操作温度不能太高。

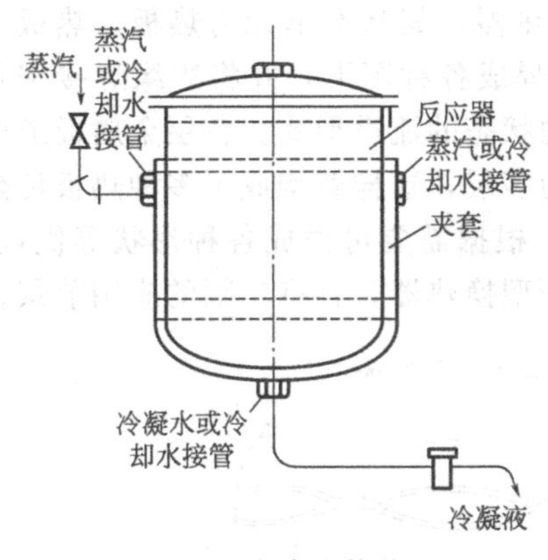

图 2-25 夹套式换热器

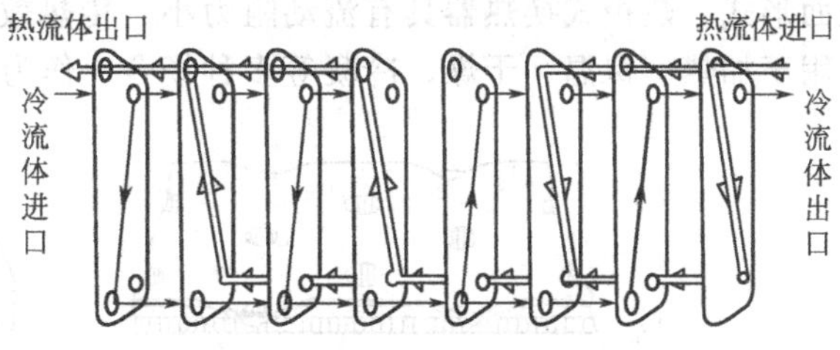

图 2-26 板式换热器流体流向示意图

③ 螺旋板式换热器 螺旋板式换热器的结构如图 2-28 所示。它是由焊在中心隔板上的两块金属薄板卷制而成，两薄板之间形成螺旋形通道，两板之间焊有一定数量的定距撑以维持通道间距，两端用盖板焊死。两流体分别在两通道内流动，隔着薄板进行换热。其中一种流体由外层的一个通道流入，顺着螺旋通道流向中心，最后由中心的接管流出；另一种流体则由中心的另一个通道流入，沿螺旋通道反方向向外流动，最后由外层接管流出。两流体在换热器内作逆流流动。

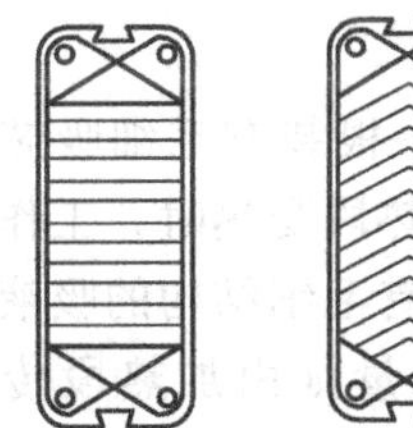
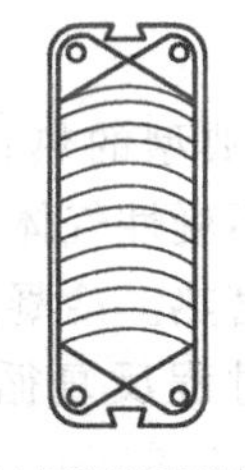

(a) 水平波纹板 (b) 人字形波纹板 (c) 圆弧形波纹板

图 2-27 板式换热器板片示意图

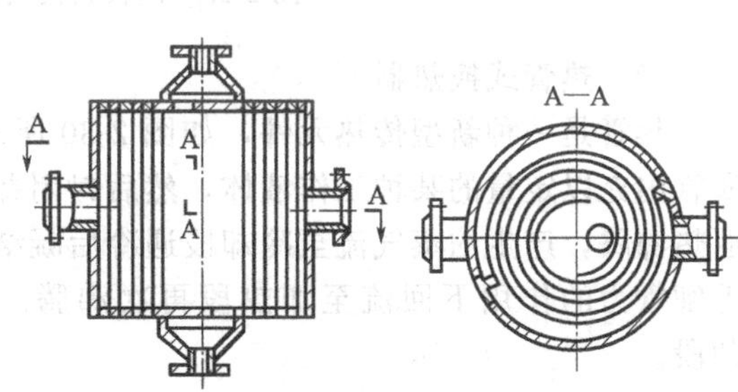

图 2-28 螺旋板式换热器

螺旋板式换热器的优点是结构紧凑；单位体积设备提供的传热面积大，约为列管换热器的 3 倍；流体在换热器内作严格的逆流流动，可在较小的温差下操作，能充分利用低温能源；由于流向不断改变，且允许选用较高流速，故传热系数大，约为列管换热器的 1～2 倍；又由于流速较高，同时有惯性离心力的作用，污垢不易沉积。其缺点是制造和检修比较困难；流动阻力大，在同样物料和流速下，其流动阻力约为直管的 3～4 倍；操作压力和温度不能太高，一般压力在 2MPa 以下，温度则不超过 400℃。

④ 板翅式换热器 板翅式换热器是一种更为高效紧凑的换热器，过去由于制造成本较高，仅用于宇航、电子、原子能等少数部门，现在已逐渐应用于化工和其他工业，取得良好效果。

在两块平行金属薄板之间，夹入波纹状或其他形状的翅片，将两侧面封死，即成为一个换热基本元件。将各基本元件适当排列（两元件之间的隔板是公用的），并用钎焊固定，制成逆流式或错流式板束。将板束放入适当的集流箱（外壳）就成为板翅式换热器。

板翅式换热器的结构高度紧凑，单位容积可提供的传热面积高达 $2500\sim4000\text{m}^2/\text{m}^3$。所用翅片的形状可促进流体的湍动，故其传热系数也很高。因翅片对隔板有支撑作用，板翅式换热器允许操作压强也较高，可达 5MPa。

⑤ 热板式换热器　热板式换热器是一种新型高效换热器，其基本单元为热板，热板结构如图 2-29 所示。它是将两层或多层金属平板点焊或滚焊成各种图形，并将边缘焊接密封成一体。平板之间在高压下充气形成空间，得到最佳流动状态的流道形式。各层金属板道厚度可以相等，也可以不相等，板数可以为双层，也可以为多层，这样就构成了多种热板传热表面形式。热板式换热器具有流动阻力小、传热效率高、根据需要可做成各种形状等优点，可用于加热、保温、干燥、冷凝等多种场合。作为一种新型换热器，具有广阔的应用前景。

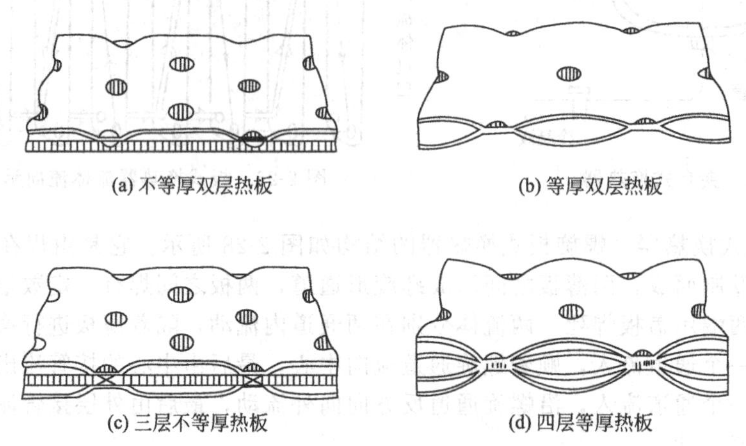

图 2-29　热板式换热器的热板传热表面形式

(3) 热管式换热器

热管是一种新型传热元件，如图 2-30 所示。最典型的热管是在一根装有毛细吸芯的金属管内充以定量的某种工作液体，然后封闭并抽除不凝性气体。当加热段受热时，工作液体遇热沸腾，产生的蒸气流至冷却段遇冷后凝结放出潜热。冷凝液沿具有毛细结构的吸液芯在毛细管力的作用下回流至加热段再次沸腾。如此过程反复循环，热量则由加热段传至冷却段。

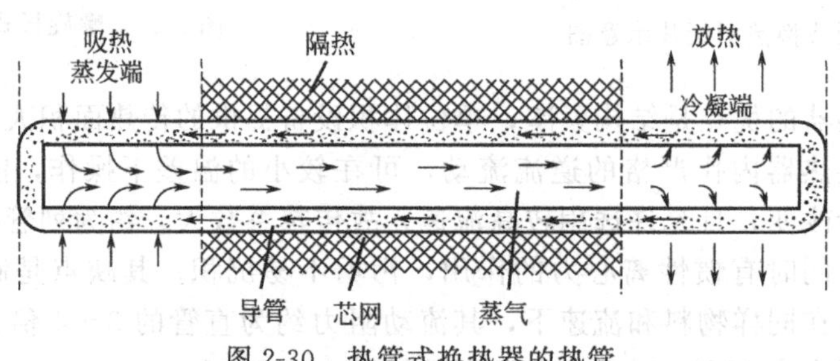

图 2-30　热管式换热器的热管

在传统的管式换热器中，热量是穿过管壁在管内、外表面间传递的。已经谈到，管外可采用翅片化的方法加以强化，而管内虽可安装内插物，但强化程度远不如管外。热管把传统的内、外表面间的传热巧妙地转化为管外表面的传热，使冷热两侧皆可采用加装翅片的方法进行强化。因此，用热管制成的换热器，对冷、热两侧给热系数皆很小的气-气传热过程特别有效。近年来，热管换热器广泛地应用于回收锅炉排出的废热以预热燃烧所需之空气，取得很好的经济效果。

在热管内部，热量的传递是通过沸腾冷凝过程。由于沸腾和冷凝对流传热系数皆很大，蒸气流动的阻力很小，因此管壁温度相当均匀。由热管的传热量和相应的管壁温差折算而得的表观热导率，是最优良金属热体的 $10^2 \sim 10^3$ 倍。因此，热管对于某些等温性要求较高的场合，尤为适用。

此外，热管还具有传热能力大，应用范围广，结构简单，工作可靠等一系列其他优点。

(4) 板壳式换热器

板壳式换热器与列管式换热器的主要区别是以板束代替管束。板束的基本元件是将条状钢板滚压成一定形状然后焊接而成，板束元件可以紧密排列、结构紧凑，单位体积提供的换热面积为列管式的3.5倍以上。为保证板束充满圆形壳体，板束元件的宽度应该与元件在壳体内所占弦长相当。与圆管相比，板束元件的当量直径较小，对流传热系数也较大。

板壳式换热器不仅有各种板式换热器结构紧凑、传热系数高的特点，而且结构坚固，能承受很高的压力和温度，较好地解决了高效紧凑与耐温抗压的矛盾。目前，板壳式换热器最高操作压力可达6.4MPa，最高温度可达800℃。板壳式换热器的缺点是制造工艺复杂，焊接要求高。

2.4.4 列管式换热器的选用

(1) 冷、热流体流动通道的选择

在换热器中，哪一种流体流经管程，哪一种流体流经壳程，下列几点可作为选择的一般原则：

① 不洁净或易结垢的液体宜走管程，因管内清洗方便。

② 腐蚀性流体宜走管程，以免管束和壳体同时受到腐蚀。

③ 有毒易污染的流体宜走管程，使泄漏的机会减少。

④ 压力高的流体宜走管内，以免壳体承受压力。

⑤ 饱和蒸气宜走壳程，因饱和蒸气比较洁净，对流传热系数与流速无关而且冷凝液容易排出。

⑥ 流量小而黏度大（$\mu>1.5\times10^{-3}\sim2.5\times10^{-3}$Pa·s）的流体一般以壳程为宜，因在壳程 $Re>100$ 即可达到湍流，以提高传热系数。

⑦ 若两流体温差较大，对于刚性结构的换热器，宜将对流传热系数大的流体通入壳程，以减小热应力。

⑧ 需要被冷却物料一般选壳程，便于散热。

以上讨论的原则并不是绝对的，对具体的冷热流体而言，上述原则可能是互相矛盾的。因此，在选择流径时，必须根据具体情况，抓住主要矛盾进行确定。

(2) 流体流速的选择

流体在管程或壳程中的流速，直接影响传热系数、流动阻力、污垢热阻及换热器的结构等方面，因此选择适宜的流速是十分重要的。根据经验，表2-7列出一些工业上常用的流速范围，以供参考。

表2-7　列管式换热器内常用的流速范围

流体种类	流体速度 u/(m/s)	
	壳　程	管　程
一般液体	0.2～1.5	0.5～3
易结垢液体	>0.5	>1
气体	3～15	5～30

(3) 冷却介质（或加热介质）进、出口温度的选择

在换热器设计中，进、出换热器物料的温度一般由工艺条件确定，而冷却介质（或加热

介质）进、出口温度则由设计者视具体情况而定。为确保换热器在所有条件下均能满足工艺要求，加热介质的进口温度应按所在地的冬季状况确定，冷却介质的进口温度应按所在地的夏季状况确定。在用冷却水作冷却介质时，进出口温度差一般控制在5～10℃。

（4）换热管的规格

换热管的规格包括管径和管长。换热管直径越小，换热器单位体积的传热面积越大。因此，对于洁净的流体管径可取小些，但对于不洁净或易结垢的流体，管径应取得大些，以免堵塞。目前我国试行的系列标准规定采用ϕ25mm×2.5mm和ϕ19mm×2mm两种规格，对一般流体是适用的。此外，还有ϕ38mm×2.5mm，ϕ57mm×2.5mm的无缝钢管。

我国生产的钢管系列标准中管长有1.5m、2m、3m、4.5m、6m和9m，按选定的管径和流速确定管子数目，再根据所需传热面积，求得管子长，合理截取。同时，管子的长度又应与壳径相适应，一般管长与壳径之比，即L/D约为4～6。

管子的排列方式有等边三角形和正方形两种如图2-31(a)、(b)所示。与正方形相比，等边三角形排列比较紧凑，管外流体湍动程度高，表面传热系数大。正方形排列虽比较松散，传热效果也较差，但管外清洗方便，对易结垢流体更为适用。如将正方形排列的管束斜转45°安装，如图2-31(c)所示，可在一定程度上提高对流传热系数。

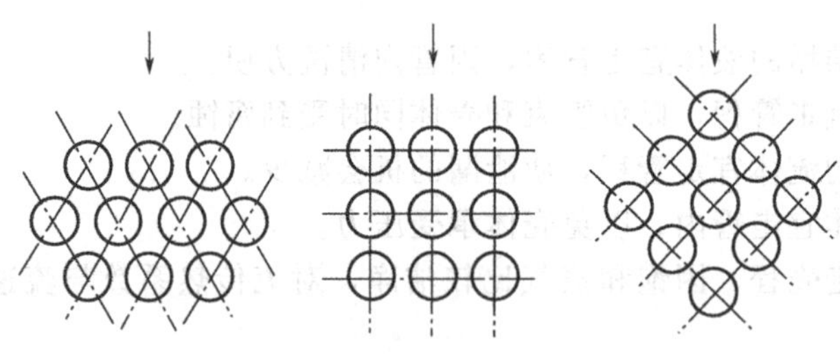

图2-31 管子排列方式示意

（5）折流挡板

安装折流挡板的目的是为提高管外对流传热系数，为取得良好效果，挡板的形状和间距必须适当。对常用的圆缺形挡板，弓形缺口的大小对壳程流体的流动情况有重要影响。由图2-32可以看出，弓形缺口太大或太小都会产生“死区”，既不利于传热，又增加流体阻力。

挡板的间距对壳程的流动亦有重要的影响。间距太大，不能保证流体垂直流过管束，使管外对流传热系数下降；间距太小，不便于制造和检修，阻力损失亦大。一般取挡板间距为壳体内径的0.2～1.0倍。我国系列标准中采用的挡板间距为：固定管板式有100mm、150mm、200mm、300mm、450mm、600mm、700mm 7种；浮头式有100mm、150mm、200mm、250mm、300mm、350mm、450mm（或480mm）、600mm 8种。

（6）列管式换热器的选型设计的一般步骤

① 确定流体在换热器内的流动空间。

② 根据传热任务计算热负荷。

③ 根据传热量确定第二种换热流体的未知量（用量、出口温度等）。

④ 根据两流体的温度差和流体类型，确定换热器的类型。

⑤ 计算定性温度，确定在定性温度下流体物性。

⑥ 先按逆流（单壳程，单管程）计算平均温度差，若$\varepsilon_{\Delta t}<0.8$，应增加壳程数。

⑦ 根据总传热系数的经验值或按生产实际情况，选择总传热系数。

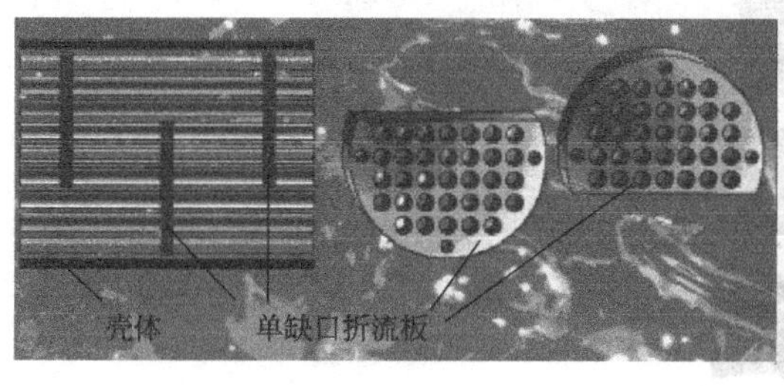

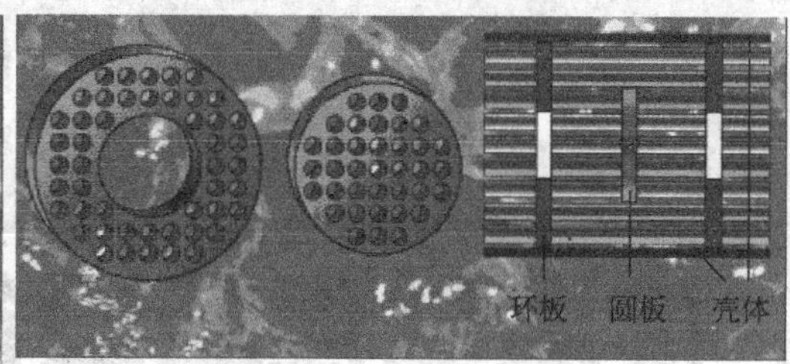

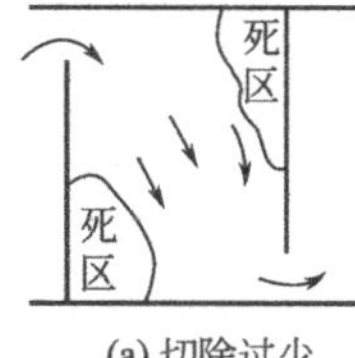

(a) 切除过少

(b) 切除适当

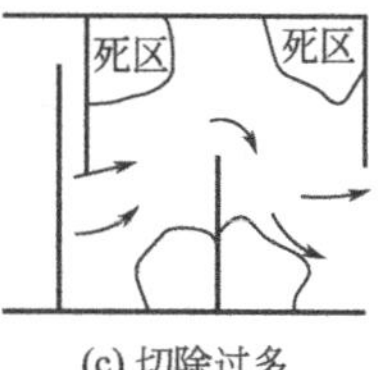

(c) 切除过多

图 2-32 挡板切除对流动的影响

⑧ 由传热基本方程式初算出传热面积 $A_{估}$。

⑨ 由初选的换热器面积 $A_{估}$，从系列标准中选取换热器型号，从而确定初选的换热器的实际换热面积 $A_{实}$。

⑩ 校核总传热系数。计算管、壳程流体的对流传热系数，确定污垢热阻，计算总传热系数 $K_{计}$，由传热基本方程式求出所需传热面积 $A_{需}$，与换热器的实际换热面积 $A_{实}$ 比较，若 $A_{实}$ 比 $A_{需}$ 大 10%～25%，即可认为合理，否则重新选择 $K_{选}$，重复⑦～⑩步骤。

⑪ 校核压力降。根据初选换热器的结构，计算管、壳程压力降，若不符合要求，重新选择其他型号的换热器，直至压力降满足要求。

思考题

2-1 传热的基本方式有几种？

2-2 什么是热传导、对流传热和热辐射？分别举出 2～3 个实例。

2-3 说明傅里叶定律的意义，写出其表达式。

2-4 为什么住宅中采用双层窗能起保温作用？

2-5 简述多层圆筒壁与多层平壁导热之间的异同点。

2-6 对流传热为什么只是对流体而言？

2-7 为什么对流传热中也包含流体的热传导？

2-8 简述影响对流传热的因素。

2-9 什么是无相变对流传热和有相变对流传热，各有何特点？

2-10 简述冷凝传热、沸腾传热的特点。

2-11 两流体间壁换热时其相对流动的方式有几种？写出逆流和并流流动时的温差计算方法；这两种流动中，何时 $\Delta t_{m逆} > \Delta t_{m并}$？何时 $\Delta t_{m逆} = \Delta t_{m并}$？

2-12 总传热系数 K 的意义，它包含了哪几个分热阻？

2-13 简述污垢热阻在传热中的作用。

2-14 简述列管式换热器的结构及其选型。

2-15 简述强化传热的途径。

第3章 传质过程及设备

Chapter 3

3.1 吸收

3.1.1 概述

在化工生产中所处理的原料、中间产物、粗产品等几乎都是混合物，而且大部分是均相混合物。为进一步加工和使用，常需将这些混合物分离为较纯净或几乎纯态的物质。对于均相物系，要想进行组分间的分离，必须要造成一个两相物系，利用原物系中各组分间某种物性的差异，而使其中某个组分（或某些组分）从一相转移到另一相，以达到分离的目的。物质在相间的转移过程称为物质传递过程（简称传质过程）。化学工业中常见的传质过程有蒸馏、吸收、干燥、萃取和吸附等单元操作。

吸收是利用气体混合物在液体中溶解度的差别，用液体吸收剂分离气体混合物的单元操作，也称气体吸收。气体混合物与作为吸收剂的液体充分接触时，溶解度大的一个或几个组分溶解于液体中，溶解度小的组分仍留在气相，从而实现气体混合物的分离，这就是最基本的吸收过程。

所用液体称为吸收剂（或溶剂），以 S 表示；气体中被溶解的组分称为吸收质或溶质，以 A 表示；不被溶解的组分称为惰性气体或载体，以 B 表示。吸收操作得到的溶液称为吸收液，或溶液排出的气体称为吸收尾气或称为废气。

（1）吸收操作在化工生产中的应用

吸收操作的目的包括：分离和净化原料气、分离和吸收气体中的有用组分、制取液体产品和废气的治理。

① 分离和净化原料气　原料气在加工以前，其中无用的或有害的成分都要预先除去。如从合成氨所用的原料气中分离出 CO_2、CO、H_2S 等杂质。

② 分离和吸收气体中的有用组分　如从合成氨厂的放空气中用水回收氨；从焦炉煤气中以洗油回收粗苯（含甲苯、二甲苯等）蒸气和从某些干燥废气中回收有机溶剂蒸气等。

③ 制取液体产品　如用水分别吸收混合气体中的 HCl、SO_3 和 NO_2 制取盐酸、硫酸和硝酸。

④ 废气的治理　生产过程中排放的废气往往含有对人体和环境有害的物质，如 SO_2、H_2S 等。这类环境保护问题已越来越受重视，选择适当的工艺和溶剂进行吸收是废气治理中应用较广的方法。

（2）吸收操作必须解决的问题

吸收操作必须解决的问题包括：选择合适的溶剂、提供气液接触的场所和溶剂的再生。

① 选择合适的溶剂　合适溶剂所应具备的条件：

a. 对被吸收的组分要有较大的溶解度，且有较好的选择性。即对溶质的溶解度要大，而对惰性气体几乎不溶解。

b. 要有较低的蒸气压，以减少吸收过程中溶剂的挥发损失。

c. 要有较好的化学稳定性，以免使用过程中变质。

d. 腐蚀性要小，以减小设备费和维修费。

e. 黏度要低，以利于传质及输送；不易燃，以利于安全生产。

f. 吸收后的溶剂应易于再生。

实际上很难找到一种能满足以上所有要求的溶剂，因此，应对可供选用的溶剂作经济评价后做出合理的选择。

② 提供气液接触的场所（传质设备）　生产中为了提高传质的效果，总是力求让两相接触充分，即尽可能增大两相的接触面积与湍动程度。根据这个原则，吸收设备大致可分成两大类，即板式塔和填料塔。如图 3-1(a) 为板式塔的示意图。塔内部由塔板分成许多层，各层之间有溢流管连通，可以让液体从上层流到下层。板上有许多孔道，气体可以通过它们从下层升入上层。气体在塔板上的液层内分散成许多小气泡增加了两相的接触面积，且提高了液体的湍动程度。液体从塔顶进入，气、液两相逆流流动，在塔板上接触，溶质部分地溶解于溶剂中，故气体每向上经过一块塔板，溶质浓度阶跃式地下降，而液相中溶质的浓度从上至下阶跃式地升高。

如图 3-1(b) 所示为填料塔的示意图。塔内充以诸如瓷环之类的填料层。溶剂从塔顶进入，沿着填料的表面广为散布并逐渐下流。气体通过各个填料的间隙上升，与液体作连续的逆流接触。气相中的溶质不断地被吸收，其浓度从下而上连续降低，液体则相反，其浓度从上而下连续地增高。

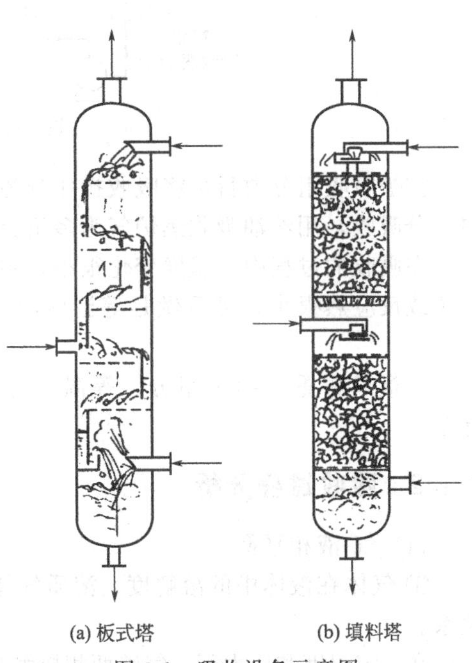

图 3-1　吸收设备示意图

③ 溶剂的再生　在化工生产中有时需要将吸收得到的溶质气体从液体中取出来，这种使溶质从溶液里脱除的过程称为解吸（或脱吸）。解吸过程不仅能得到气相溶质，而且能使溶剂得到再生。所以工业吸收过程通常由吸收和解吸两大部分构成。现以从焦炉气回收粗苯的流程（见图 3-2）为例，对吸收和解吸流程加以说明。在常温下煤气从塔底进入吸收塔，其内含的粗苯被塔顶淋下的洗油吸收，脱苯煤气由塔顶送出。溶有较多粗苯的洗油（或称富油）由吸收塔底排出。为回收富油中的粗苯，并使洗油再生，在另一称为解吸塔的设备中进行解吸操作。解吸的常用方法是使溶液升温，降低溶质的溶解度使溶质逸出。因此，将富油加热至170℃左右从解吸塔顶淋下，塔底通入过热水蒸气。富油中的粗苯在高温下被水蒸气脱出，并从塔顶带走，进入冷凝器，冷凝后的水与粗苯在液体分层器内分离，最终得到粗苯。由塔顶流至塔底的洗油含苯量已经很低，由泵打至冷却器后，再进入吸收塔作为溶剂重新使用。

(3) 吸收操作的分类

在吸收的过程中，如果溶质不与溶剂发生明显的化学反应，所进行的操作称为物理吸收，如用水吸收 CO_2 等。若气体溶解后与溶剂或预先溶于溶剂里的其他物质进行化学反应，则称为化学吸收。如用 NaOH 溶液吸收 CO_2、SO_2 等。

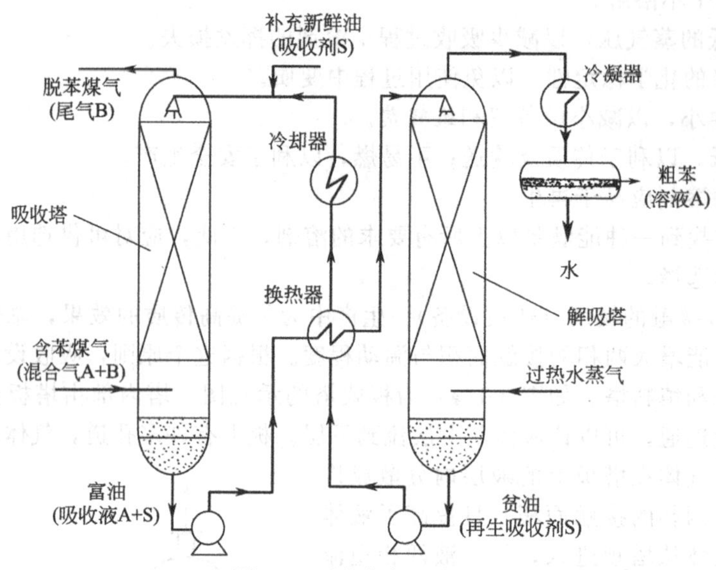

图 3-2 吸收与解吸流程

按被吸收组分数目可将吸收操作分为单组分吸收和多组分吸收。如制取盐酸、硫酸等为单组分吸收，用洗油吸收焦炉气为多组分吸收（苯、甲苯、二甲苯都能溶于洗油中）。

在吸收的过程中，温度变化很小，则为等温吸收（如用大量的溶剂吸收少量的溶质，溶解热或反应热很小，可看做是等温吸收）。若吸收过程中温度发生显著的变化则为非等温吸收。

本章只着重介绍单组分、等温、物理吸收，而非等温、多组分、化学吸收在此不作介绍。

3.1.2 吸收过程分析

（1）气-液相平衡

① 气体在液体中的溶解度　溶质气体在液体中的溶解度表示吸收过程气-液两相的平衡关系。

在一定温度和压力下，气液两相接触时将发生溶质气体向液相转移，使其在液相中的浓度增加，当长期充分接触后，液相中溶质浓度不再增加达到饱和，这时两相达到相平衡。此时，溶质在液相中的浓度称为平衡溶解度，简称为溶解度。溶解度随温度和溶质气体的分压不同而不同，平衡时溶质在气相中的分压称为平衡分压。溶质组分在两相中的组成服从相平衡关系。平衡分压 p_e 与溶解度间的关系如图 3-3～图 3-5 的曲线所示，这些曲线称为溶解度曲线。

不同气体在同一溶剂中的溶解度有很大差异。从图 3-3～图 3-5 中可以看到，在相同温度下，氨在水中的溶解度很大，氧在水中的溶解度极小，而二氧化硫在水中的溶解度则居中。对于同样浓度的溶液，易溶气体在溶液上方的气相平衡分压小，难溶气体在溶液上方的气相平衡分压大。换言之，欲得到一定浓度的溶液，易溶气体所需的分压较低，而难溶气体所需的分压则很高。加压和降温可以提高气体的溶解度，对吸收操作有利，反之，升温和减压对解吸有利。但加压、减压费用太高，一般不采用。

② 亨利定律　1803 年，亨利（Henry）在研究气体于液体中的溶解度时发现，当总压不高（一般小于 500kPa）时，在一定温度下，稀溶液上方气体溶质的平衡分压与该溶质在液相中的组成之间存在如下的关系

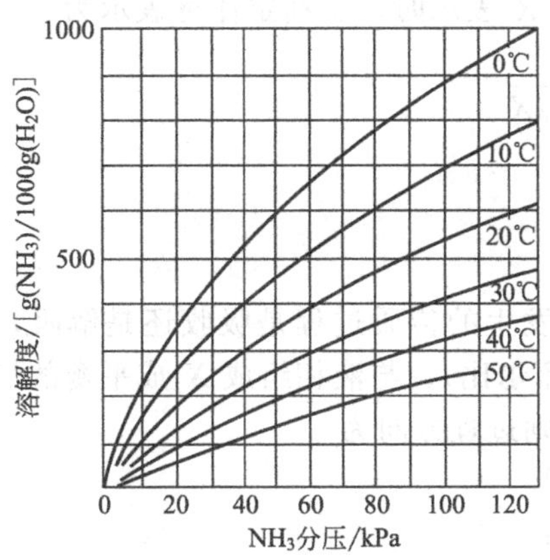

图 3-3 氨在水中的溶解度

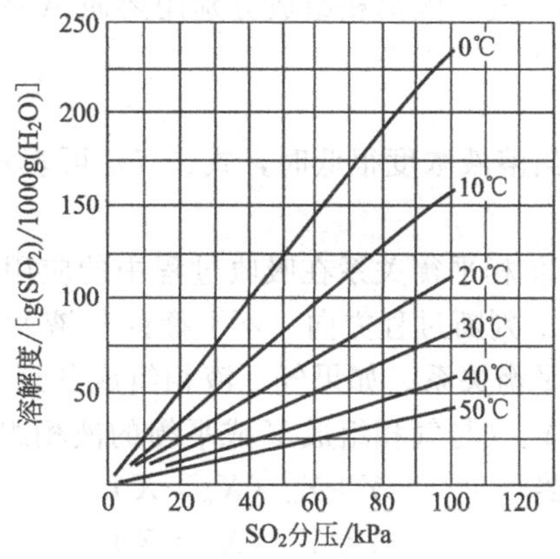

图 3-4 二氧化硫在水中的溶解度

$$p_e = Ex \tag{3-1}$$

式中 p_e——溶质A在气相中的平衡分压，kPa；

x——溶质在液相中的摩尔分数；

E——亨利系数，其数值随物系的特性及温度而异，kPa。

式(3-1) 称为亨利定律。该式表明：稀溶液上方的溶质分压与该溶质在液相中的摩尔分数成正比，其比例系数即为亨利系数。

亨利定律适用于稀溶液，即溶液越稀，溶质越能较好地服从亨利定律。亨利系数 E 值较大，表示溶解度较小。一般 E 值随温度的升高而增大。

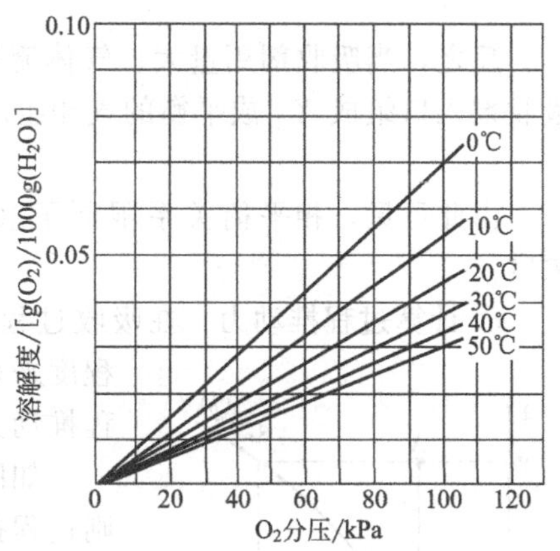

图 3-5 氧在水中的溶解度

亨利定律其他几种表达形式：

a. 气、液两相组成分别用溶质A的摩尔分数 y 与 x 表示，亨利定律可表示为

$$y_e = mx \tag{3-2}$$

式中 y_e——与液相平衡的气相中溶质的摩尔分数；

m——相平衡常数，无因次，m 值越大，表示溶解度越小。

在吸收过程中，常可认为惰性气体不溶于液相，因而在吸收塔的任一截面上惰性气体和溶剂的摩尔流量均不发生变化，故以惰性气体和溶剂的量为基准，分别表示溶质在气、液两相的浓度，以便简化吸收过程的计算。因此，常将组成以摩尔比 X、Y 表示。摩尔比的定义为：

$$X = \frac{\text{液相中溶质的物质的量}}{\text{液相中溶剂的物质的量}} = \frac{x}{1-x} \tag{3-3}$$

$$Y = \frac{\text{气相中溶质的物质的量}}{\text{气相中惰性气体的物质的量}} = \frac{y}{1-y} \tag{3-4}$$

$$x = \frac{X}{1+X} \tag{3-5}$$

$$y = \frac{Y}{1+Y} \tag{3-6}$$

b. 气、液两相组成分别用溶质 A 的摩尔比 Y 与 X 表示时，亨利定律可表示为

$$Y_e=\frac{mX}{1+(1-m)X} \tag{3-7}$$

当溶液浓度很低时，式(3-7) 可表示为

$$Y_e=mX \tag{3-8}$$

③ 相平衡关系在吸收过程中的应用

a. 判断过程方向　不平衡的气液两相接触后所发生的传质过程是吸收还是解吸，取决于相平衡关系。如果气、液相组成分别为 Y 和 X（摩尔比），与液相组成 X 成平衡的气相组成为 Y_e（与气相组成 Y 成平衡的液相组成为 X_e），则过程方向为

当　$Y>Y_e$（$X_e>X$）　　吸收过程

　　$Y=Y_e$（$X_e=X$）　　平衡状态

　　$Y<Y_e$（$X_e<X$）　　解吸过程

b. 指明过程的极限　在一定的操作条件下，当气液两相达到平衡时，过程即行停止，可见平衡是过程的极限。因此在工业生产的逆流填料吸收塔中，即使填料层很高，吸收剂用量很少的情况下，离开吸收塔的吸收液组成 X_1 也不会无限增大，其极限是与进塔气相组成 Y_1 成平衡，即

$$X_{1,\max}=\frac{Y_1}{m}$$

反之，当吸收剂用量大、气体流量小时，即使填料层很高，出塔气体组成也不会低于与吸收剂入口组成 X_2 成平衡的气相组成，即

$$Y_{2,\min}=mX_2$$

由此可见，相平衡关系限制了吸收剂出塔时的最高浓度和气体混合物出塔时的最低浓度。

c. 计算过程推动力　在吸收过程中，通常以实际的气、液相组成与其平衡组成的偏离程度来表示吸收过程推动力。实际组成偏离平衡组成越远，过程推动力越大，过程速度也越快。

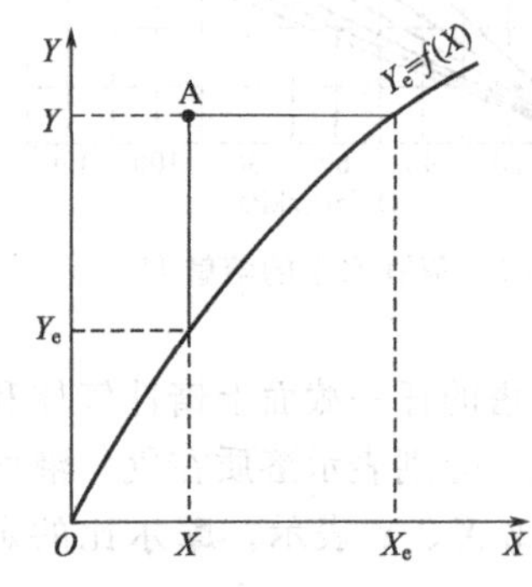

图 3-6　吸收过程推动力表示方法

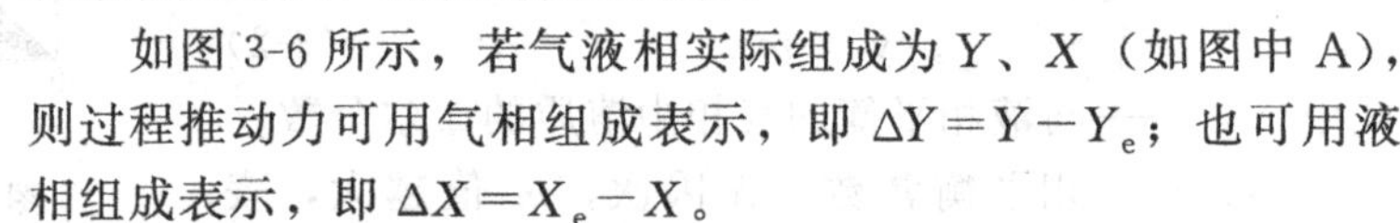
如图 3-6 所示，若气液相实际组成为 Y、X（如图中 A），则过程推动力可用气相组成表示，即 $\Delta Y=Y-Y_e$；也可用液
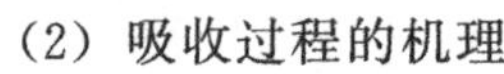
相组成表示，即 $\Delta X=X_e-X$。

(2) 吸收过程的机理

用液体吸收气体中某一组分，是该组分从气相转移到液相的传质过程。

它包括：①该组分从气相主体传递到气、液两相的界面；②在相界面上溶解而进入液相；③从液相一侧界面向液相主体传递。

在相内（气相或液相）传质方式包括分子扩散和湍流扩散。

① 分子扩散　当流体内部某一组分存在浓度差时，因微观的分子热运动使组分从浓度高处传递到较低处，这种现象称为分子扩散。分子扩散的推动力主要是浓度差。

② 湍流扩散　当流体流动或搅拌时，由于流体质点的宏观运动（湍流），使组分从浓度高处向低处移动，这种现象称为湍流扩散。在湍流状态下，流体内部产生旋涡，故又称为涡流扩散。湍流扩散速度主要取决于流体的湍动程度。

气体吸收是溶质先从气相主体扩散到气液界面，再从界面扩散至液相主体中的相际间的

传质过程。关于两相间的物质传递的机理，应用最广泛的是双膜理论，其基本论点是：①相互接触的气液两相流体间存在着稳定的相界面，界面两侧各有一层很薄的层流膜，溶质A以分子扩散的方式通过两层膜，由气相进入液相主体；② 在相界面处，气液两相互成平衡；③在气液两相的主体中，由于流动的强烈湍动，各处浓度均匀一致。

双膜理论把复杂的相际传质过程简化为通过气液两膜层的分子扩散过程。这样整个传质过程的阻力便全部集中在两个虚拟膜层里。在两相主体浓度一定的情况下，两膜的阻力便决定了传质速率的大小。

3.1.3 吸收过程的计算

吸收过程既可以采用板式塔又可采用填料塔。本章中对于吸收操作的分析和讨论将主要结合填料塔进行，而板式塔则放在精馏过程进行分析。

在填料塔内气液两相可作逆流也可作并流流动。在一般情况下多采用逆流操作，与传热过程相似，在对等的条件下，逆流的平均推动力大于并流。同时，逆流时下降至塔底的液体与刚进塔的气体相接触，有利于提高出塔的液体浓度，且减小吸收剂的用量；上升至塔顶的气体与刚进塔的新鲜吸收剂接触，有利于降低出塔气体的浓度，从而提高溶质的回收率。

但是，逆流操作时向下流的液体受到上升气体的作用，又称为曳力，这种曳力过大时会阻碍液体的顺利下流，因而限制了吸收塔所允许的液体和气体流量，但设计、操作恰当，这一缺点则可以克服，故一般吸收操作多采用逆流。

在许多工业吸收中，进塔混合气体中的溶质浓度不高，如小于5%～10%，因被吸收的溶质很小，所以，流经全塔的混合气体量与液体量变化不大。同时，由溶质的溶解热而引起的塔内液体温度升高不显著，故可以认为吸收是在等温下进行的，因而可以不作热量衡算。由于气液两相在塔内的流量变化不大，全塔的流动状态基本相同，传质分系数在全塔为常数。若在操作范围内平衡线斜率变化不大，传质总系数也可认为是常数。这样，就可使低浓度气体吸收计算大为简化。

填料吸收塔计算的内容主要是通过物料衡算及操作线方程，确定吸收剂的用量、出塔溶液组成和塔设备的主要尺寸。

(1) 吸收塔物料衡算

如图3-7所示为一逆流操作吸收塔，现以全塔为衡算范围对溶质进行物料衡算得

$$q_{nG}Y_1+q_{nL}X_2=q_{nG}Y_2+q_{nL}X_1$$

整理后得

$$q_{nG}(Y_1-Y_2)=q_{nL}(X_1-X_2) \tag{3-9}$$

或

$$\frac{q_{nL}}{q_{nG}}=\frac{Y_1-Y_2}{X_1-X_2}$$

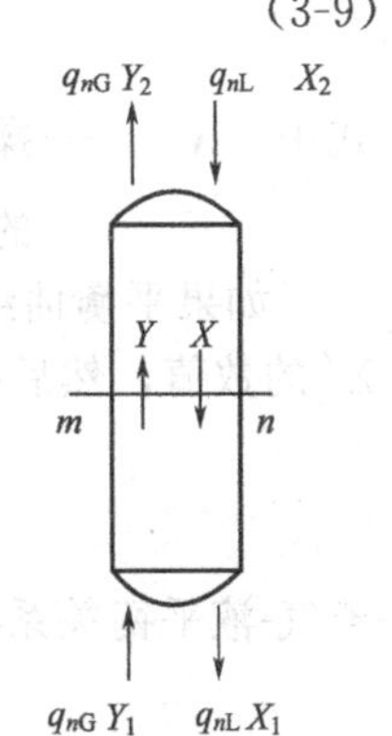

图3-7 逆流吸收塔的物料衡算

式中 q_{nG}——惰性气体的摩尔流量，kmol/h；

q_{nL}——吸收剂的摩尔流量，kmol/h；

Y_1，Y_2——分别为吸收塔的塔底和塔顶的气相中溶质的摩尔比，kmol(A)/kmol(B)；

X_1，X_2——分别为吸收塔的塔底和塔顶的液相中溶质的摩尔比，kmol(A)/kmol(S)。

式(3-9)表明了逆流吸收塔中气液两相流量q_{nG}、q_{nL}和塔底、塔顶两端的气液两相组成Y_1、X_1与Y_2、X_2之间的关系。一般情况下，进塔混合气的组成与流量是由吸收任务规定的，而吸收剂的初始组成和流量往往

根据生产工艺要求确定，故 q_{nG}、Y_1、q_{nL} 及 X_2 均为已知数，如果吸收任务又规定了溶质的回收率（吸收率）φ_A，则气体出塔时的组成 Y_2 为

$$Y_2=Y_1(1-\varphi_A) \tag{3-10}$$

回收率的定义为

$$\varphi_A=\frac{被吸收的溶质量}{进塔气体的溶质量}=\frac{q_{nG}Y_1-q_{nG}Y_2}{q_{nG}Y_1}=\frac{Y_1-Y_2}{Y_1}$$

由此，q_{nG}、Y_1、q_{nL}、X_2 及 Y_2 均为已知，再通过全塔物料衡算式(3-9) 便可以求得出塔溶液的组成 X_1。

$$X_1=X_2+\frac{q_{nG}}{q_{nL}}(Y_1-Y_2) \tag{3-11}$$

（2）吸收剂用量的确定

吸收剂用量是影响吸收操作的重要因素之一，它直接影响设备尺寸和操作费用，但当气体处理量一定时，操作线斜率 q_{nL}/q_{nG} 取决于吸收剂用量的多少。

图 3-8(a) 所示为 TB' 吸收推动力增大，传质速率增加，在单位时间内吸收同量溶质时尺寸可以减小。但溶液浓度变稀，溶剂再生所需设备费和操作费增大。若减小吸收剂用量则情况正相反。当吸收剂用量减小到使操作线由 TB 变为 TB_e，此时传质的推动力为零，所需的相际接触面积为无穷，此时吸收剂用量为最小，用 $q_{nL,\min}$ 表示。

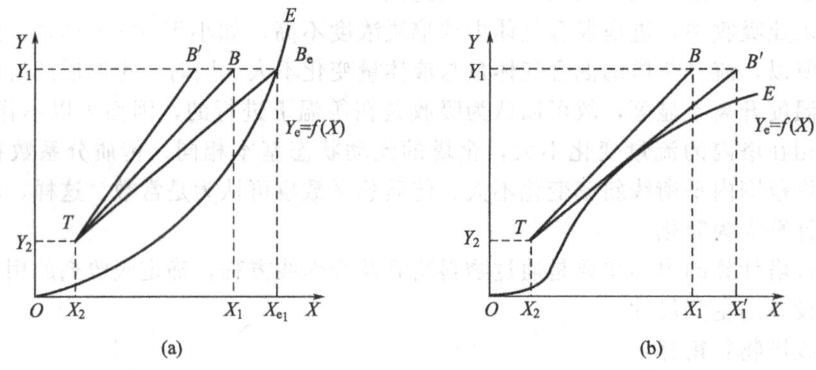

图 3-8 吸收塔的最小液气比

在这里，$q_{nL,\min}$ 时 B_e 点是平衡线与操作线在 $Y=Y_1$ 处的交点。

$$\left(\frac{q_{nL}}{q_{nG}}\right)_{\min}=\frac{Y_1-Y_2}{X_{e_1}-X_2} \tag{3-12}$$

式中 X_{e_1}——操作线与平衡线相交时液相的浓度，可按 $Y_e=f(X)$ 求出 X_{e_1}，或读 B_e 点的横坐标。

如果平衡曲线的形状使操作线与平衡线相切［见图 3-8(b)］，则应读得 B' 点的横坐标 X_1' 的数值，然后按下式计算最小液气比，即

$$\left(\frac{q_{nL}}{q_{nG}}\right)_{\min}=\frac{Y_1-Y_2}{X_1'-X_2} \tag{3-13}$$

若气-液平衡关系符合亨利定律，可用 $Y_e=mX$ 表示，则式(3-12) 可改写为

$$\left(\frac{q_{nL}}{q_{nG}}\right)_{\min}=\frac{Y_1-Y_2}{Y_1/m-X_2} \tag{3-14}$$

最小液气比是操作的一种极限状态，此时塔底的传质推动力为零，实际操作液气比一定

大于该值。液气比的确定是一个过程经济性的优化问题，依据操作费和设备费之和为最小的经济性优化原则，可以确定出适宜的操作液气比，一般为最小液气比的 1.1～2.0 倍，即

$$\frac{q_{nL}}{q_{nG}}=(1.1\sim2.0)\left(\frac{q_{nL}}{q_{nG}}\right)_{\min}$$

(3) 填料层高度的计算

填料吸收塔的高度主要取决于填料层的高度。经推导，填料层高度计算式可写成下列通用表达式

填料层高度＝传质单元高度×传质单元数

即
$$h=H_{OG}N_{OG}=H_{OL}N_{OL}$$

式中，传质单元高度表示完成一个传质单元分离效果所需的塔高，反映了吸收设备效能的高低，其大小与设备的型式、设备的操作条件及物系性质有关。吸收过程的传质阻力越大，填料层有效比表面积越小，则每个传质单元所相当的填料层高度就越大。选用高效填料及适宜的操作条件可使传质单元高度减小。常用吸收设备的传质单元高度为 0.2～1.2m。

传质单元数反映了吸收任务的难易程度，其大小只与物系的相平衡关系及分离任务、液气比有关，而与设备的型式、操作条件等无关。生产任务所要求的塔顶塔底组成变化越大，或操作线离平衡线越近，吸收过程的推动力越小，则吸收过程的难度越大，所需的传质单元数也就越多。

传质单元数的计算根据平衡关系是直线还是曲线有几种不同的解法：图解法、对数平均推动力法、吸收因数法等。

下面以对数平均推动力法说明填料层高度的计算。

该方法应用前提是在吸收过程涉及的浓度范围内平衡关系可以用线性方程 $Y_e=mX+b$（注：b 可以为 0）表示的情况。此法计算传质单元数的计算式为

$$N_{OG}=\frac{Y_1-Y_2}{\Delta Y_m} \tag{3-15}$$

式中　ΔY_m——气相对数平均推动力。

$$\Delta Y_m=\frac{\Delta Y_1-\Delta Y_2}{\ln\dfrac{\Delta Y_1}{\Delta Y_2}}=\frac{(Y_1-Y_{e_1})-(Y_2-Y_{e_2})}{\ln\left(\dfrac{Y_1-Y_{e_1}}{Y_2-Y_{e_2}}\right)} \tag{3-16}$$

同理，液相总传质单元数为

$$N_{OL}=\frac{X_1-X_2}{\Delta X_m} \tag{3-17}$$

液相对数平均推动力
$$\Delta X_m=\frac{\Delta X_1-\Delta X_2}{\ln\dfrac{\Delta X_1}{\Delta X_2}}=\frac{(X_{e_1}-X_1)-(X_{e_2}-X_2)}{\ln\left(\dfrac{X_{e_1}-X_1}{X_{e_2}-X_2}\right)} \tag{3-18}$$

当 $\dfrac{\Delta Y_1}{\Delta Y_2}<2$ 或 $\dfrac{\Delta X_1}{\Delta X_2}<2$ 时，则 ΔY_m 或 ΔX_m 可用算术平均值代替对数平均值。

【例 3-1】 在常压填料吸收塔中，用清水吸收废气中的氨气，废气流量为 2500m³/h（标准状况下），其中氨气浓度为 0.02（摩尔分数），要求回收率不低于 98%，若水用量为 3.6m³/h，操作条件下平衡关系为 $Y_e=1.2X$（式中 X、Y 为摩尔比），气相总传质单元高度为 0.7m，试求：塔底、塔顶推动力，全塔对数平均推动力；气相总传质单元数；填料层高度。

解　$Y_1=\dfrac{y_1}{1-y_1}=\dfrac{0.02}{1-0.02}=0.0204$

$$Y_2=Y_1(1-\varphi_A)=0.0204\times(1-0.98)=0.00041$$

$$q_{nG}-\frac{2500}{22.4}\times(1-y_1)=\frac{2500}{22.4}\text{kmol/h}\times(1-0.02)=109.38\text{kmol/h}$$

$$q_{nL}=\frac{3.6\times1000}{18}\text{kmol/h}=200\text{kmol/h}$$

$$X_1=\frac{q_{nG}}{q_{nL}}(Y_1-Y_2)=\frac{109.38\text{kmol/h}}{200\text{kmol/h}}\times(0.0204-0.00041)=0.0109$$

$$\Delta Y_1=Y_1-mX_1=0.0204-1.2\times0.0109=0.00732 \qquad \Delta Y_2=Y_2-mX_2=Y_2=0.00041$$

$$\Delta Y_m=\frac{\Delta Y_1-\Delta Y_2}{\ln\dfrac{\Delta Y_1}{\Delta Y_2}}=\frac{0.00732-0.00041}{\ln\dfrac{0.00732}{0.00041}}=0.0024$$

$$N_{OG}=\frac{Y_1-Y_2}{\Delta Y_m}=\frac{0.0204-0.00041}{0.0024}=8.33 \qquad H=N_{OG}\times H_{OG}=8.33\times0.7\text{m}=5.83\text{m}$$

3.1.4 吸收设备

目前，工业生产中使用的吸收塔的主要类型有板式塔、填料塔、湍球塔、喷洒塔和喷射式吸收器等，其中以填料塔应用最为广泛。填料塔是化工分离过程的主要设备之一，具有生产能力大、结构简单、压降低、操作弹性大、塔内持液量小等突出特点，因而在化工生产中得到了广泛的应用。特别是近年来，随着性能优良的新型填料不断涌现，大型填料塔目前在工业上已非罕见。本节主要介绍填料塔的结构与性能特点。

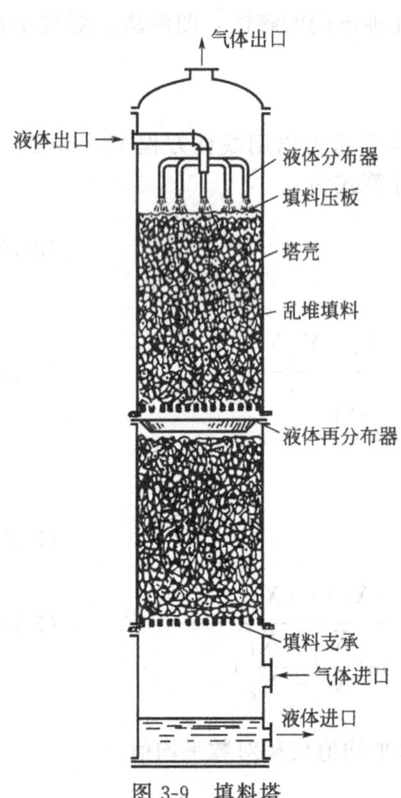

图 3-9 填料塔

(1) 填料塔的结构

填料塔的塔体为一圆形筒体，筒内分层装有一定高度的填料（见图 3-9）。自塔上部进入的液体通过分布器均匀喷洒于塔截面上。在填料层内液体沿填料表面呈膜状流下。各层填料之间设有液体再分布器，将液体重新均匀分布，以避免发生“壁流现象”。气体自塔下部进入，通过填料缝隙中自由空间，从塔上部排除。离开填料层的气体可能夹带少量雾状液滴，因此有时需要在塔顶安装除沫器。气液两相在填料塔内进行逆流接触传质。填料塔生产情况的好坏与是否正确与选用填料有很大关系。

(2) 填料的种类与特性

① 填料的种类　填料按其形状可以分为环形、鞍形、波纹形。环形填料主要有拉西环、鲍尔环、阶梯环。鞍形环主要有矩鞍形、弧鞍形。波纹形主要有板形波纹、网状波纹。这些填料的形状如图 3-10 所示。

a. 拉西环　拉西环是最古老、最典型的一种填料，其几何形状是外径与高相等的圆筒，具有结构简单、加工方便、造价较低等特点。常用的材料有陶瓷、金属、塑料以及石墨等。拉西环的流体力学及传质规律研究完善。目前虽有应用，但阻力大，传质效率差，已逐渐被

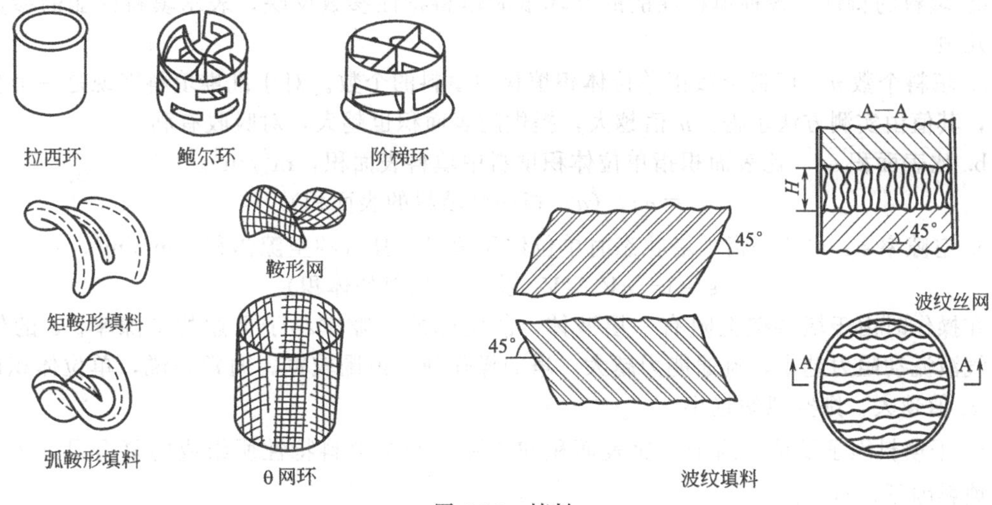

图 3-10　填料

新型填料所代替。

b. 鲍尔环　鲍尔环是在拉西环填料的基础上改进结构而得到的另一种填料。其结构特点是在普通拉西环的壁上开一层（ϕ25mm 以下的环）或两层（ϕ50mm 以上的环）长方形小窗，制造时窗孔的母材并不从环上剪下，而是向中心弯入，在中心处相搭，上下两层窗位置交替。鲍尔环填料的比表面积和空隙率与拉西环基本相当，但由于环壁开孔，大大提高了环内空间及环内表面的利用率，使气体流动阻力降低，液体分布比较均匀。

c. 阶梯环　阶梯环是在鲍尔环的基础上改进开发出的填料。其壁面上与鲍尔环一样开有矩形孔，但其高度减少了一半。由于高径比减小，使得气体绕填料外壁的平均路径大为缩短，减小了气体通过填料层的阻力。阶梯环填料的一端增加了一个锥形翻边，不仅增加了填料的机械强度，而且使填料之间由线接触为主，变成以点接触为主，这样不但增加了填料间的空隙，同时成为液体沿填料表面流动的汇集分散点，可以促进液膜的表面更新，有利于传质。与鲍尔环相比，阶梯环的性能更为优越，是目前所使用的环形填料中最为优良的一种填料。

d. 弧鞍形填料　弧鞍形填料又称为贝尔鞍填料。它的形状如同马鞍，特点是表面全面敞开，结构对称，流体可以在填料两侧表面流动，因而其表面利用率高。另外，其表面流道呈弧线形，故流动阻力小。但是由于其结构对称，易造成填料装填时表面重合，既减少了暴露的表面，又破坏了填料层的均匀性，影响了传质效率，故在工业上应用较少，而逐步被矩鞍形填料所取代。

e. 矩鞍形填料　为克服弧鞍形填料容易套叠的缺点，将弧鞍填料两端的弧形面改为矩形面，且两面大小不等。矩鞍形填料堆积时不会套叠，形成的填料层空隙率均匀，从而具有较好的液体分布性能和传质性能。

金属波纹网填料是 20 世纪 60 年代发展起来的一种新型规整填料。填料由平行丝网波纹片垂直组装而成。网片波纹倾斜方向与塔轴呈一定的倾角（一般为 30°或 45°），相邻两片的波纹倾斜方向相反，使波纹片之间形成一系列相互交叉的三角形流道，相邻两盘呈 90°交叉安放。

填料可用陶瓷、金属、塑料等不同材料制成。填料的装填分为乱堆和整砌两种。乱堆填料作无规则堆积而成，装卸较方便，压降大，适用于直径 50mm 以下的填料。整砌填料常用规整的填料整齐砌成，适用于 50mm 以上的填料，压降小。

② 填料的特性　各种填料性能的好坏依靠填料特性参数反映，表示填料性能的参数有以下几项。

a. 填料个数 n　填料个数指单位体积填料中填料的个数。对于乱堆填料来说是一个统计数字，其值由实测方法求得。n 值越大，提供的表面积也越大，对吸收有利。

b. 比表面积 a_t　比表面积指单位体积填料中填料表面积，m^2/m^3。

$$a_t = na_o \text{。}(a_o \text{ 指一个填料的表面积})$$

c. 空隙率 ε　空隙率指干塔状态时单位体积填料所具有的空隙体积，m^3/m^3。

$$\varepsilon = 1 - nV_o \text{。}(V_o \text{ 指一个填料的体积})$$

在操作时由于填料壁上附有一层液体，故实际的空隙率小于上述的空隙率。ε 的值越大，气液流动阻力越小，流通能力越大，塔的操作弹性范围较宽。通常来说，单位体积内 n 值和 a_t 值越大，则空隙率越小。

d. 干填料因子及填料因子　比表面积和空隙率两个填料特性所组成的复合量 a_t/ε^2 称为干填料因子，m^{-1}。

气体通过干填料层的流动特性往往用干填料因子来关联。在有液体喷淋的填料上，部分空隙被液体所占据，空隙率有所减小，比表面积也会发生变化，因而提出了一个相应的湿填料因子，简称填料因子，用 ϕ 表示，用来关联对填料层内气液两相流动的影响。填料因子需由实验测定。

在选择填料时，一般要求比表面积及空隙率要大，填料的润湿性能好，单位体积填料的质量轻，造价低，并有足够的力学强度。

(3) 填料塔的内件

填料塔的内件主要有支撑装置、液体分布装置、液体收集再分布装置等。合理地选择和设计塔内件，对保证填料塔的正常操作及优良的传质性能十分重要。

① 填料支撑装置　填料支撑装置的作用是支撑塔内填料床层。对填料支撑装置的要求是：a. 具有足够的强度和刚度，能承受填料的质量、填料层的持液量以及操作中附加的压力等；b. 具有大于填料层空隙率的开孔率，防止在此首先发生液泛现象，进而导致整个填料层的液泛；c. 结构合理，有利于气、液两相的均匀分布，阻力要小，便于拆装。

常用的支撑装置为栅板式，它是由竖立的扁钢组成的，如图 3-11(a) 所示。扁钢之间的距离一般为填料外径的 0.6～0.8 倍。

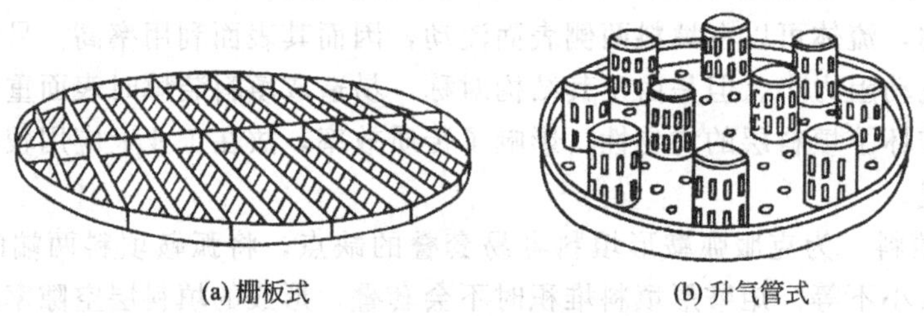

(a) 栅板式　　(b) 升气管式

图 3-11　填料支撑装置

为了克服填料支撑装置的强度与自由截面之间的矛盾，特别是为了适应高空隙率填料的要求，可采用升气管式支撑装置，如图 3-11(b) 所示。气体由升气管上升，通过顶部的孔及侧面的齿缝进入填料层，而液体经底板上的许多小孔流下。

② 液体分布装置　填料塔的传质过程要求塔内任一截面上气、液两相流体能分布均匀，从而实现密切接触、高效传质，其中液体的初始分布至关重要。对液体分布器的要求是：a. 具有与填料相匹配的分液点密度和均匀的分配质量，填料比表面积越大，分离要求越高，则液体

分布器分布点密度应越大；b. 操作弹性大、适应性好；c. 为气体提供尽可能大的自由截面率，实现气体的均匀分布，且阻力要小；d. 结构合理，便于制造、安装、调整和检修。

液体分布器的结构形式较多，常用的有以下几种。

a. 莲蓬式喷洒器 如图 3-12(a) 所示。液体由半球形喷头的小孔喷出，小孔直径为 3～10mm，作同心圈排列，喷洒角≤80°，直径为 (1/5～1/3) D。这种喷洒器的优点是结构简单，缺点是小孔容易堵塞，只适用于直径小于 600mm 的塔中。

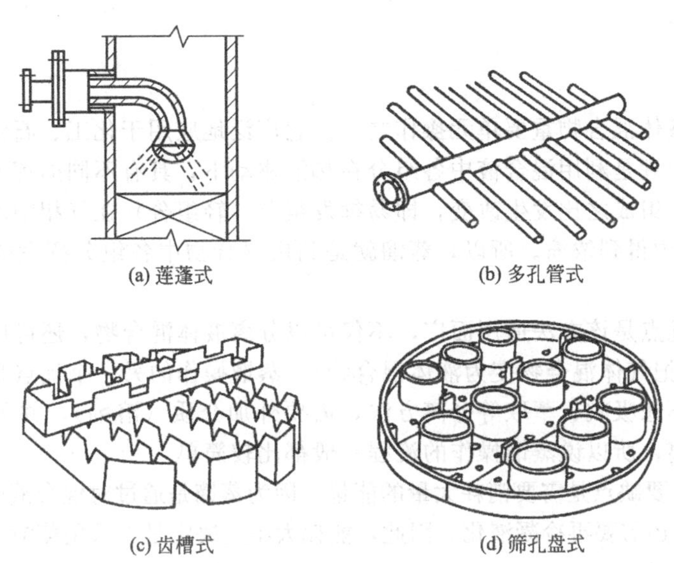
(a) 莲蓬式　(b) 多孔管式　(c) 齿槽式　(d) 筛孔盘式

图 3-12 液体分布装置

b. 多孔管式喷淋器 如图 3-12(b) 所示。多孔管式喷淋器一般在管底部开有 ϕ3～6mm 的小孔。这种喷淋器的优点是结构简单，阻力小；缺点是小孔容易堵塞。多用于中等以下液体负荷的填料塔中。在减压精馏丝网波纹填料塔中，由于液体负荷较小故常用之。

c. 齿槽式分布器 如图 3-12(c) 所示。槽式分布器具有较大的操作弹性和极好的抗污堵性，特别适合于大气液相负荷及含有固体悬浮物、黏度大的液体分离。但安装要求水平，以保证液体均匀地流出齿槽。

d. 筛孔盘式分布器 如图 3-12(d) 所示。液体加至分布盘上，再由盘上的筛孔流下，盘式分布器适用于直径 800mm 以上的塔中。这种筛孔盘式分布器的优点是结构紧凑，操作弹性大，且阻力较小；缺点是加工较复杂。

③ 液体收集及再分布装置 液体沿填料层向下流动时，有偏向塔壁流动的现象，这种现象称为壁流。壁流将导致填料层内气液分布不均，使传质效率下降。为减小壁流现象，可间隔一定高度在填料层内设置液体再分布器。

最简单的液体再分布装置为截锥式再分布器。截锥式再分布器的特点是结构简单，安装方便，但它只能起到将塔壁处的流体再导至塔的中央的作用，无液体再分布的功能，一般适用于直径 0.6～0.8m 以下的塔。

在通常的情况下，一般将液体收集及液体分布器同时使用，构成液体收集及再分布装置。液体收集器的作用是将上层填料流下的液体收集，然后送至液体分布器进行再分布。常用的液体收集器为斜板式液体收集器。

填料塔的优点是结构简单，易用耐腐蚀材料制作，操作稳定，阻力小；主要缺点是吸收效率较低，塔笨重，检修麻烦。随着新型高效填料的不断出现，填料塔的缺点已得到克服，效率在不断提高。

各种新型规模填料的迅速开发，促使填料塔向着大型化发展，一些直径为 13m 的填料塔已投入运行。很多精馏和其他传质过程也选用大型填料塔。有些现代精馏技术的研发，就是利用大型填料塔完成的。

3.2 蒸馏

3.2.1 概述

蒸馏是分离液体混合物重要单元操作之一。它广泛地应用于化工、石油、医药、冶金及环保等领域。其原理是利用混合液中各组分在热能驱动下，具有不同的挥发能力，使得各组分在气液两相中的组成之比发生改变，即易挥发组分（轻组分）在气相中增浓，难挥发组分（重组分）在液相中得到浓缩。所以，蒸馏就是利用混合物中各组分挥发能力的差异分离混合物的单元过程。

蒸馏操作的优点是该方法适用面广，不仅可以分离液体混合物，还可以分离气体混合物（通过加压的方法把气体混合物变为液体混合物）。蒸馏操作的另一个优点是它可以直接得到要获得的产品，不像吸收、萃取等分离方法，需要外加介质（溶剂），并需进一步将所提取的物质与介质分离，所以说蒸馏操作的流程一般都比较简单。

蒸馏操作的主要缺点是需要消耗大量的能量。因为蒸馏是通过对混合液的加热建立起气液两相体系的，气相还需要再冷凝液化。因此，能耗大小是决定是否采用蒸馏方法的主要因素。

(1) 相对挥发度

蒸馏的依据是混合液中各组分挥发度的不同。在一定条件下纯组分的挥发度由该组分在给定条件下的蒸气压表示。混合溶液中一组分的蒸气压受另一组分的影响，所以比纯组分低，故其挥发度用它在气相中的分压与其平衡液相中的摩尔分数的比表示，即

$$v_A=\frac{p_A}{x_A},\ v_A=\frac{p_B}{x_B} \tag{3-19}$$

对于理想溶液
$$v_A=\frac{p_A}{x_A}=\frac{p_A^\circ x_A}{x_A}=p_A^\circ,\ v_B=p_B^\circ$$

显然，溶液中组分的挥发度随温度而变，在使用上不太方便，故引出相对挥发度的概念。习惯上将易挥发组分的挥发度与难挥发组分的挥发度之比称为相对挥发度，以 α 表示，即

$$\alpha=\frac{v_A}{v_B}=\frac{p_A/x_A}{p_B/x_B} \tag{3-20}$$

如果气相服从道尔顿分压定律
$$\alpha=\frac{py_A/x_A}{py_B/x_B}=\frac{y_A/x_A}{y_B/x_B} \tag{3-21}$$

对于理想溶液
$$\alpha=\frac{p_A^\circ}{p_B^\circ} \tag{3-22}$$

对于双组分溶液，$x_B=1-x_A$，$y_B=1-y_A$，如果略去下标，将其带入式(3-21) 得到用相对挥发度 α 表示的气-液相平衡方程式为：

$$y=\frac{\alpha x}{1+(\alpha-1)\ x} \tag{3-23}$$

在一定温度范围内，α 可近似为常数。利用 α 值的大小可判断某混合液是否能用一般蒸馏方法加以分离及分离的难易程度。若 $\alpha=1$，则由式(3-23) 可看出 $y=x$，因而不能用普

通方法分离，需采用特殊精馏或其他分离方法；若 $\alpha>1$，则 $y>x$。α 越大，y 比 x 大得越多，分离越容易。

（2）蒸馏过程的分类

按照不同的分类依据，蒸馏可以分为多种类型。

① 按操作方式分类　蒸馏可分为简单蒸馏、平衡蒸馏（闪蒸）、精馏和特殊精馏。简单蒸馏和平衡蒸馏常用于分离混合物中各组分挥发度相差较大，对分离程度要求不高的场合；精馏是借助回流技术来实现高纯度和高回收率的分离操作，它是应用最广泛的蒸馏方式。如果混合物中各组分的挥发度相差很小或形成恒沸物时，则应采用特殊精馏，如恒沸精馏和萃取精馏等。

② 按操作压力分类　蒸馏可分为常压蒸馏、加压蒸馏和减压蒸馏。常压下，泡点为室温至 150℃左右的混合液，一般采用常压蒸馏；常压下为气态（如空气、石油气）或常压下泡点为室温的混合物，常采用加压蒸馏；对于常压下泡点较高或热敏性混合物，宜采用减压蒸馏，以降低操作温度。

③ 按原料液中的组分数分类　蒸馏可分为双组分（二元）蒸馏和多组分（多元）蒸馏。工业生产中，大多数是多组分蒸馏，但是双组分蒸馏的原理及计算原则同样适用于多组分蒸馏，因此常以双组分蒸馏为基础。

④ 按操作流程分类　蒸馏可分为间歇蒸馏和连续蒸馏。间歇蒸馏主要用于小规模、多品种的场合，它是一个不稳定的操作过程，而连续蒸馏则适合于大规模的生产，它是一个稳定的操作过程。

（3）蒸馏在化工生产中的应用

化工生产中要处理的液体物料几乎都是液体混合物，这些混合物需要进行分离，制成比较纯净的物质，常常需要采用蒸馏的方法。目前，蒸馏分离技术比较成熟，生产规模可大可小，操作可自动控制，因此在石油、化工、轻工等生产过程中应用广泛。

① 在石油炼制中的应用　原油是多种碳氢化合物组成的液体混合物，为了使用或进一步加工的需要，在炼油厂把它分离成汽油、煤油、柴油、重油和各种溶剂油、润滑油等多种石油产品，主要靠蒸馏装置来实现，所以一般炼油厂都有常压蒸馏和减压蒸馏这两套装置。据统计，蒸馏设备投资占炼油厂总投资的10%～20%。

② 炼焦工业上的应用　炼焦工业产品不仅有固体焦炭，还有焦炉气和煤焦油。焦炉气中含有超过 $30g/m^3$ 的粗苯，采用煤焦油或轻柴油作吸收剂吸收，再解吸可得粗苯。粗苯不能直接利用，必须通过蒸馏的方法将其分离成苯、甲苯、二甲苯、三甲苯等才能得到利用。

③ 基本有机合成工业　各种化学反应产物都是混合物，很多是液体混合物，若要得到纯净的产品，都离不开蒸馏。如裂解产物的分离、芳烃的分离，C_4 的分离和苯乙烯生产中的分离等。

④ 精细化工生产、高聚物生产中的单体回收等也离不开蒸馏。

3.2.2　蒸馏与精馏原理

（1）简单蒸馏

简单蒸馏又称为微分蒸馏，瑞利 1902 年提出了该过程数学描述方法，故该蒸馏又称之为瑞利蒸馏。其流程如图 3-13 所示。

简单蒸馏是分批加入原料，进行间歇操作。蒸馏过程中不断从塔顶采出产品。产品与釜液组成随时间而改变，且互成相平衡关系。为此，该过程是一动态过程。在蒸馏过程中釜内液体中的轻组分浓度不断下降，相应的蒸气中轻组分浓度也随之降低。因此，馏出液通常是按不同组成范围收集的，最终将釜液一次排出。所以简单蒸馏是一个不稳定过程。

简单蒸馏只能适用于沸点相差较大而分离要求不高的场合，或者作为初步加工，粗略地分离混合物，例如原油或煤油的初馏。

(2) 平衡蒸馏

平衡蒸馏又称闪蒸，是一连续、稳态的单级蒸馏过程。其流程如图 3-14 所示。原料液通过加热器升温（未沸腾），在通过节流阀后因压强突然下降，液体过热，于是发生自蒸发，最终产生相互平衡的气、液两相。气相中易挥发组分浓度较高，与之呈平衡的液相中易挥发组分浓度较低，在分离器内气、液两相分离后，气相经冷凝成为顶部液态产品，液相则作为底部产品。

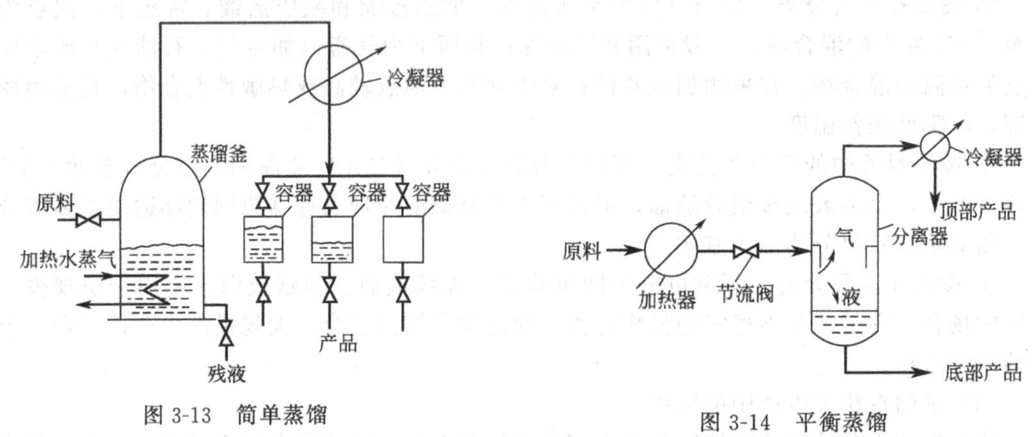

图 3-13 简单蒸馏

图 3-14 平衡蒸馏

与简单蒸馏比较，平衡蒸馏为稳定连续过程，生产能力大，但也不能得到高纯度产物，常用于粗略分离物料，在石油炼制及石油裂解分离的过程中常使用多组分溶液的平衡蒸馏。

许多情况下，要求混合液分离为几乎纯净的组分，显然简单蒸馏和平衡蒸馏达不到这样的要求，需要采用精馏装置才能完成这样的任务。

(3) 精馏原理

利用混合物中各组分挥发能力的差异，通过液相和气相的回流，使气、液两相逆向多级接触，在热能驱动和相平衡关系的约束下，使得易挥发组分（轻组分）不断从液相往气相中转移，而难挥发组分却由气相向液相中迁移，使混合物得到不断分离，称该过程为精馏。该过程中，传热、传质过程同时进行，属传质过程控制。精馏过程的原理可利用如图 3-15 所示物系的 t-x-y 曲线来说明。将组成为 x_F 的混合液升温至泡点使其部分汽化，并将气相和液相分开，两相的组成分别为 y_1 和 x_1，此时 $y_1>x_F>x_1$，气液两相流量由杠杆定律确定。若将组成为 x_1 的溶液继续进行部分汽化，则可能得到组成分别 y_2' 和 x_2' 的气相和液相（图中未标出），如此将液体混合物进行多次部分汽化，在液相中可获得高纯度的难挥发组分。同时，将组成为 y_1 的气相混合物进行部分冷凝，则可得到组成为 y_2 的气相和组成为 x_2 的液相。继续将组成为 y_2 的气相进行部分冷凝，又可得到组成为 y_3 的气相和组成为 x_3 的液相，显然 $y_3>y_2>y_1$。由此可见，气相混合物经多次部分冷凝后，在气相中可获得高纯度的易挥发组分。

上述分别进行液相的多次部分汽化和气相的多次部分冷凝过程，原理上可获得高纯度的轻、重组分，但因产生大量的中间馏分而使所得产品量极少，收率很低，并且需要大量的换热设备。工业上的精馏过程是在精馏塔内将部分汽化和部分冷凝过程有机结合而进行操作的。

图 3-16 为连续精馏装置流程示意图。原料从塔中部适当位置进塔，将塔分为两段，上段为精馏段，不含进料板，下段含进料板为提馏段，冷凝器从塔顶提供液相回流，再沸器从塔底提供气相回流。气、液相回流是精馏的重要特点。

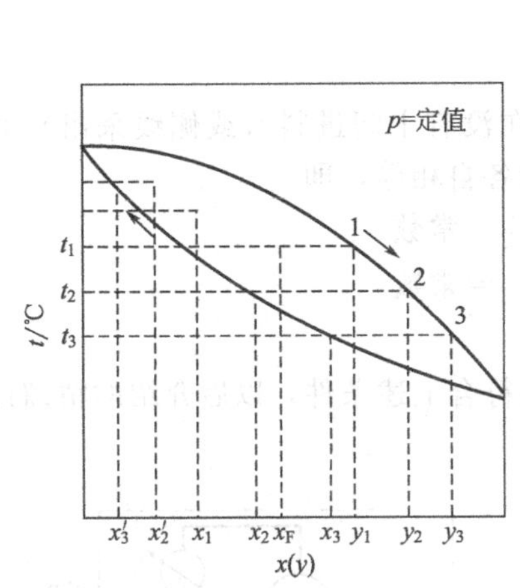

图 3-15　多次部分汽化和冷凝的 t-x-y 曲线

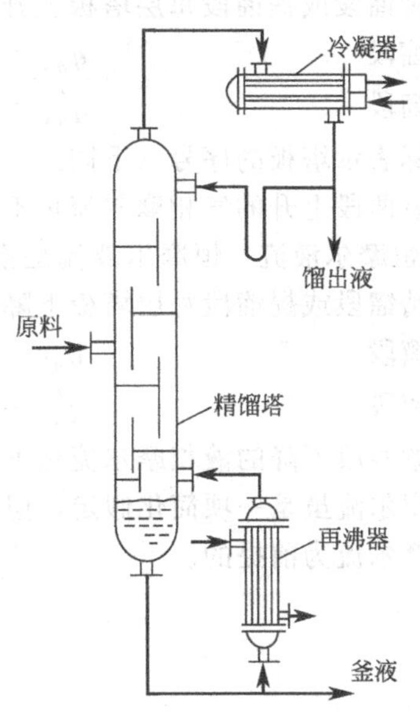

图 3-16　连续精馏装置流程示意图

在精馏段，气相在上升的过程中，轻组分得到精制，在气相中不断地增浓，在塔顶获轻组分产品。在提馏段，其液相在下降的过程中，其轻组分不断地被提馏出来，使重组分在液相中不断地被浓缩，在塔底获得重组分的产品。

精馏过程与其他蒸馏过程最大的区别是在塔两端同时提供纯度较高的液相和气相回流，为精馏过程提供了传质的必要条件。提供高纯度的回流，使得在相同塔板数的条件下，为精馏实现高纯度的分离时，始终能保证一定的传质推动力。所以，只要塔板数足够多，回流量足够大时，在塔顶可能得到高纯度的轻组分产品，而在塔底获得高纯度的重组分产品。应当指出的是，精馏操作还可以在填料塔内进行，因为无论塔板，还是填料都可以为气、液两相提供接触的场所，从而实现传质过程。

3.2.3　精馏过程的基本计算

当生产任务要求将一定数量和组成的原料液分离成指定组成的产品时，精馏塔的计算内容包括：馏出液及釜液的流量、塔板数或填料高度、进料口的位置、塔高、塔径等。

(1) 理论板的概念及恒摩尔流假定

① 理论板的概念　理论板指离开该板的气相组成与离开该板的液相组成之间互成平衡，温度相等的理想化塔板。如图 3-17 所示的第 n 层塔板，离开它的蒸气组成 y_n 与离开该板的液相组成 x_n 成平衡。实际，塔板上气液两相间的接触时间和接触表面积是有限的，板面上液层浓度不均匀，特别是有溢流的塔板，气液成错流时，甚至气相也不均匀。气体上升时夹带液滴——雾沫夹带、液体向下流动时夹带气泡、漏液等等都会影响热、质的传递效果。理论板的提出，便于衡量实际板分离的效果。通常在设计过程中先求出理论板数，经修正得实际板数。

若气-液平衡关系是已知的，如再能得知 x_n 与下一块板上升到该板的蒸气组成 y_{n+1} 的关系，就可以逐板计算，从而求得达到指定分离任务所需的理论板数。而任意板下降液相组

成 x_n 与下一板上升蒸气组成 y_{n+1} 之间的这种关系称为操作关系，由物料衡算确定。

② 恒摩尔流假定　为了简化精馏计算，通常引入塔内恒摩尔流假定，即

a. 恒摩尔气流　恒摩尔气流是指在精馏塔内，在没有中间进料（或侧线采出）的条件下，从精馏段或提馏段每层塔板上升的气相摩尔流量各自相等，即

精馏段　$q_{nV_1}=q_{nV_2}=q_{nV_3}=q_{nV}=$常数

提馏段　$q'_{nV_1}=q'_{nV_2}=q'_{nV_3}=q'_{nV}=$常数

下标表示塔板的序号（下同）。

注意两段上升的气相摩尔流量不一定相等。

b. 恒摩尔液流　恒摩尔液流是指在精馏塔内，在没有中间进料（或侧线采出）的条件下，从精馏段或提馏段每层塔板下降的液相摩尔流量各自相等，即

精馏段　$q_{nL_1}=q_{nL_2}=q_{nL_3}=q_{nL}=$常数

提馏段　$q'_{nL_1}=q'_{nL_2}=q'_{nL_3}=q'_{nL}=$常数

注意两段下降的液相摩尔流量不一定相等。

恒摩尔流虽是一项简化假定，但某些物系基本能符合上述条件，以后介绍的精馏计算均是以恒摩尔流为前提的。

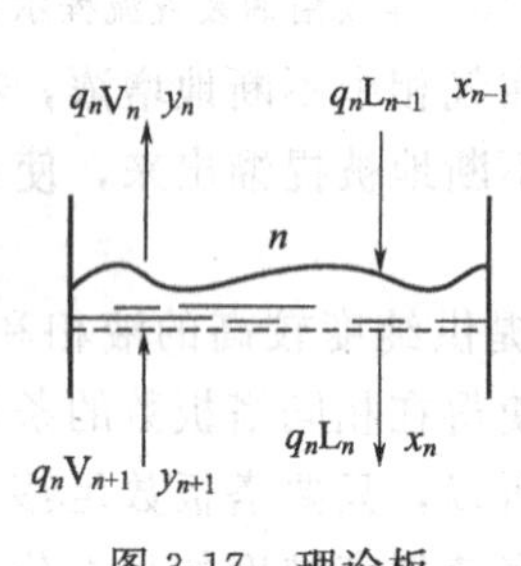

图 3-17　理论板

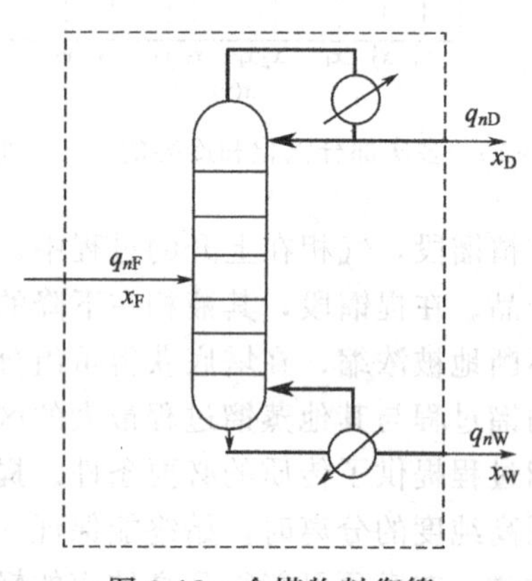

图 3-18　全塔物料衡算

(2) 全塔物料衡算

全塔物料衡算的主要目的是确定流入与流出物流之间的关系，如根据进料条件和分离要求确定塔两端的产品量。对如图 3-18 所示的精馏塔进行全塔的物料衡算得

$$q_{nF}=q_{nD}+q_{nW} \tag{3-24}$$

对全塔易挥发组分的物料衡算得

$$q_{nF}x_F=q_{nD}x_D+q_{nW}x_W \tag{3-25}$$

式中　q_{nF}——原料流量，kmol/h；

q_{nD}——塔顶产品（馏出液）流量，kmol/h；

q_{nW}——塔底产品（釜液）流量，kmol/h；

x_F——原料中易挥发组分的摩尔分数；

x_D——馏出液中易挥发组分的摩尔分数；

x_W——釜液中易挥发组分的摩尔分数。

式(3-24) 和式(3-25) 中有进料、塔顶产品和塔底产品的流量和组成 6 个量，若已知其中 4 个，则可求出另外 2 个。设计计算时一般进料流量及组成已知，馏出液组成及釜液组成是工艺要求的，因此，从以上两式可求出馏出液和釜液的流量。

对精馏过程所要求的分离程度除用产品的组成表示外，有时还用回收率表示。

塔顶易挥发组分的回收率 $$\varphi_D=\frac{q_{nD}x_D}{q_{nF}x_F}\times100\%\tag{3-26}$$

塔底难挥发组分的回收率 $$\varphi_W=\frac{q_{nW}(1-x_W)}{q_{nF}(1-x_F)}\times100\%\tag{3-27}$$

(3) 操作线方程与 q 线方程

表达由任意板下降液相组成 x_n 与其下一层塔板上升的气相组成 y_{n+1} 之间关系的方程称为操作线方程。在连续精馏塔中，因原料液不断从塔的中部加入，致使精馏段和提馏段具有不同的操作关系，应分别讨论。

① 精馏段操作线方程 对图 3-19 中虚线所划定的范围（包括精馏段中第$n+1$ 块塔板以上的塔段及冷凝器在内）作物料衡算，即

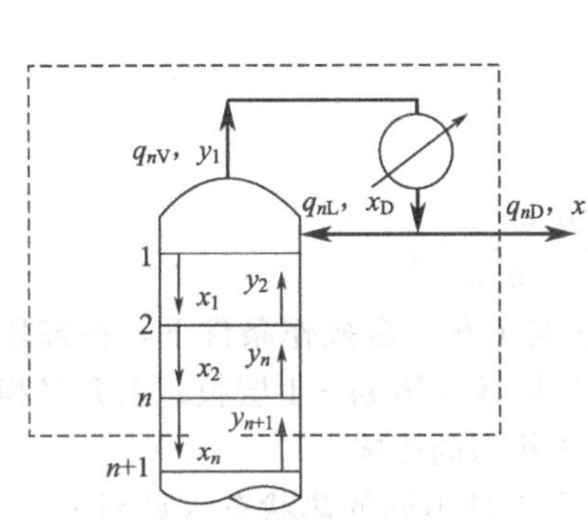

图 3-19 精馏段物料衡算

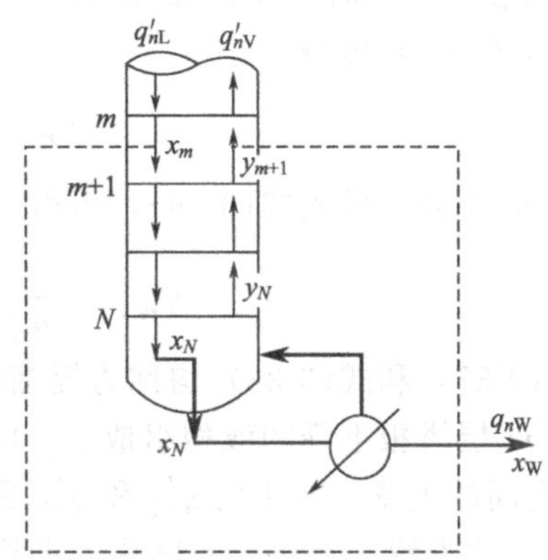

图 3-20 提馏段物料衡算

总物料衡算 $$q_{nV}=q_{nL}+q_{nD}\tag{3-28}$$

易挥发组分的物料衡算 $$q_{nV}y_{n+1}=q_{nL}x_n+q_{nD}x_D\tag{3-29}$$

式中 q_{nV}——精馏段内每块塔板上升的蒸气量，kmol/h；

q_{nL}——精馏段内每块塔板下降的液体量，kmol/h；

y_{n+1}——精馏段第 $n+1$ 层塔板上升蒸气中易挥发组分的摩尔分数；

x_n——精馏段第 n 层塔板下降液相中易挥发组分的摩尔分数。

将式(3-28) 代入式(3-29)，并整理得

$$y_{n+1}=\frac{q_{nL}}{q_{nV}}x_n+\frac{q_{nD}}{q_{nV}}x_D\tag{3-30}$$

或 $$y_{n+1}=\frac{q_{nL}}{q_{nL}+q_{nV}}x_n+\frac{q_{nD}}{q_{nL}+q_{nV}}x_D\tag{3-31}$$

令 $R=\frac{q_{nL}}{q_{nD}}$，代入式(3-31) 中得

$$y_{n+1}=\frac{R}{R+1}x_n+\frac{x_D}{R+1}\tag{3-32}$$

式中 R 称为回流比，R 值的确定将在后面讨论。式(3-30)～式(3-32) 均称为精馏段操作线方程。它表示在一定操作条件下，精馏段内自任意第 n 层板下降的液相组成 x_n 与其相邻的下一层板（第 $n+1$ 层板）上升气相组成 y_{n+1} 之间的关系。

塔顶的蒸气在冷凝器中全部冷凝为液体，称此冷凝器为全凝器，冷凝液在泡点温度下部分回流入塔，称为泡点回流。在馏出液流量恒定时，回流的液体量由下式确定，即

$$q_{nL}=Rq_{nD} \tag{3-33}$$

对全凝器作物料衡算 $q_{nV}=q_{nL}+q_{nD}=(R+1)q'_{nD}$ (3-34)

由上两式可知，精馏段下降的液体量和上升的蒸气量均取决于回流比 R。

② 提馏段操作线方程　按图 3-20 中虚线所划定的范围（包括提馏段第 m 层塔板以下塔段及再沸器）进行物料衡算，即

总物料衡算 $q'_{nL}=q'_{nV}+q_{nW}$ (3-35)

易挥发组分的物料衡算 $q'_{nL}x_m=q'_{nV}y_{m+1}+q_{nW}x_W$ (3-36)

式中 q'_{nV}——提馏段内每块塔板上升的蒸气量，kmol/h；

q'_{nL}——提馏段内每块塔板下降的液体量，kmol/h；

y_{m+1}——提馏段第 $m+1$ 层塔板上升蒸气中易挥发组分的摩尔分数；

x_m——提馏段第 m 层塔板下降液相中易挥发组分的摩尔分数。

由式(3-36) 可得

$$y_{m+1}=\frac{q'_{nL}}{q'_{nV}}x_m-\frac{q_{nW}}{q'_{nV}}x_W \tag{3-37}$$

将式(3-35) 代入式(3-36)，可得

$$y_{m+1}=\frac{q'_{nL}}{q'_{nL}-q_{nW}}x_m-\frac{q_{nW}}{q'_{nL}-q_{nW}}x_W \tag{3-38}$$

式(3-37) 和式(3-38) 均称为提馏段操作方程。它表示在一定操作条件下，提馏段内自任意第 m 层塔板下降的液相组成 x_m 与其相邻的下一层塔板（第 $m+1$ 层板）上升气相组成 y_{m+1} 之间的关系。式中的 q'_{nL} 和 q'_{nV} 受进料量及进料热状态的影响。

③ q 线方程　在生产实际中，精馏塔的进料可能有 5 种不同的热状态（见图 3-21）：过冷液体（温度低于泡点）；饱和液体（温度等于泡点）；气液混合物（温度在泡点和露点之间）；饱和蒸气（温度等于露点）；过热蒸气（温度高于露点）。

为了分析进料的流量及其热状态对于精馏操作的影响，根据恒摩尔流假定，对图 3-21 所示的进料板进行物料及热量衡算，即

物料衡算 $q_{nF}+q'_{nV}+q_{nL}=q'_{nL}+q_{nV}$ (3-39)

热量衡算 $q_{nF}H_{mF}+q'_{nV}H_{mV}+q_{nL}H_{mL}=q'_{nL}H_{mL}+q_{nV}H_{mV}$ (3-40)

式中 H_{mL}，H_{mV}——塔内液相、气相焓，kJ/kmol；

H_{mF}——塔进料焓，kJ/kmol。

将式(3-40) 改写为 $(q_{nV}-q'_{nV})H_{mV}=q_{nF}H_{mF}-(q'_{nL}-q_{nL})H_{mL}$

将式(3-39) 代入上式，消去式中的 $(q_{nV}-q'_{nV})$ 项，经整理可得

$$\frac{H_{mV}-H_{mF}}{H_{mV}-H_{mL}}=\frac{q'_{nL}-q_{nL}}{q_{nF}} \tag{3-41}$$

令 $$q=\frac{H_{mV}-H_{mF}}{H_{mV}-H_{mL}}=\frac{\text{将 1kmol 进料变为饱和蒸气所需热量}}{\text{1kmol 原料液的汽化潜热}} \tag{3-42}$$

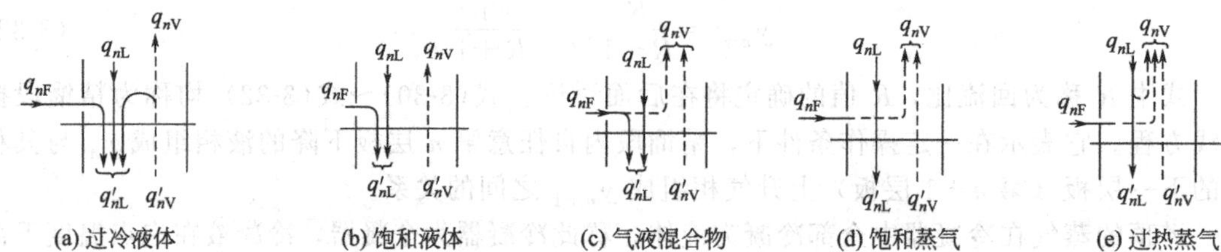

图 3-21　5 种进料状态下精馏段与提馏段的气液关系

q 值称为进料的热状态参数，从 q 值的大小可以判断进料状态及温度，对精馏段与提馏段的气、液两相流量存在以下关系

$$q'_{nL}=q_{nL}+qq_{nF} \tag{3-43}$$

$$q'_{nV}=q_{nV}+(q-1)q_{nF} \tag{3-44}$$

式(3-43) 将精馏段、提馏段下降液体量 q_{nL}、q'_{nL} 关联起来，即 q'_{nL} 不仅与 q_{nL} 有关，还与进料热状态参数 q 值的大小有关。同样，由式(3-44) 可知 q'_{nV} 也是与 q_{nV} 和 q 值有关。

在进料板上，同时满足精馏段和提馏段的物料衡算，q 线方程为精馏段操作线与提馏段操作线交点轨迹的方程，因此可以从两条操作线的方程推导出 q 线方程。将精馏段操作线方程式(3-32) 和提馏段操作线方程式(3-37) 的下标去掉，整理得到

$$q_{nV}y=q_{nL}x+q_{nD}x_D \tag{3-45}$$

$$q'_{nV}y=q'_{nL}x-q_{nW}x_W \tag{3-46}$$

用式(3-46) 减去式(3-45) 得

$$(q'_{nV}-q_{nV})y=(q'_{nL}-q_{nL})x-(q_{nW}x_W+q_{nD}x_D) \tag{3-47}$$

将 $q'_{nV}-q_{nV}=(q-1)q_{nF}$，$q'_{nL}-q_{nL}=qq_{nF}$ 代入式(3-47) 中得到

$$(q-1)q_{nF}y=qq_{nF}x-q_{nF}x_F$$

整理得

$$y=\frac{q}{q-1}x-\frac{x_F}{q-1} \tag{3-48}$$

式(3-48) 称为 q 线方程或进料线方程，当进料状态一定时，q 值为一常数，进料的 q 线为直线。

【例 3-2】 用一常压精馏塔分离含苯 0.44（摩尔分数，下同）的苯-甲苯混合液，要求塔顶产品含苯 0.98 以上，塔底产品含苯 0.023 以下，进料量为 520kmol/h，操作回流比 $R=3.0$，试求饱和液体进料加料状态下精馏段与提馏段的气、液相流量。

解 饱和液体进料 $q=1$

根据

$$q_{nF}=q_{nD}+q_{nW}$$

$$q_{nF}x_F=q_{nD}x_D+q_{nW}x_W$$

得到：

$$520\text{kmol/h}=q_{nD}+q_{nW} \tag{A}$$

$$520\text{kmol/h}\times 0.44=0.98q_{nD}+0.023q_{nW} \tag{B}$$

联立(A)、(B) 两式得：$q_{nD}=289.12\text{kmol/h}$，$q_{nW}=230.88\text{kmol/h}$

所以

$$q_{nL}=Rq_{nD}=3.0\times 289.12\text{kmol/h}=867.36\text{kmol/h}$$

$$q_{nV}=(R+1)q_{nD}=4.0\times 289.12\text{kmol/h}=1156.48\text{kmol/h}$$

$$q'_{nL}=q_{nL}+q_{nF}=867.36\text{kmol/h}+520\text{kmol/h}=1387.36\text{kmol/h}$$

$$q'_{nV}=q_{nV}=1156.48\text{kmol/h}$$

(4) 塔板数的确定

连续精馏塔设计型计算的基本步骤是在规定分离要求（如 q_{nD}、x_D 或 φ_D），确定操作条件（选定操作压力、进料状态及回流比等），利用平衡关系和操作线关系计算理论板数。这个过程对于双组分精馏系统比较简单，可采用逐板计算法和图解法。

① 逐板计算法 使用该方法，必须在已知下列条件的情况下，即

物系的相平衡关系

$$y=\frac{\alpha x}{1+(\alpha-1)x}$$

精馏段操作线方程

$$y_{n+1}=\frac{R}{R+1}x_n+\frac{x_D}{R+1}$$

提馏段操作线方程

$$y_{m+1}=\frac{q'_{nL}}{q'_{nV}}x_m-\frac{q_{nW}}{q'_{nV}}x_W$$

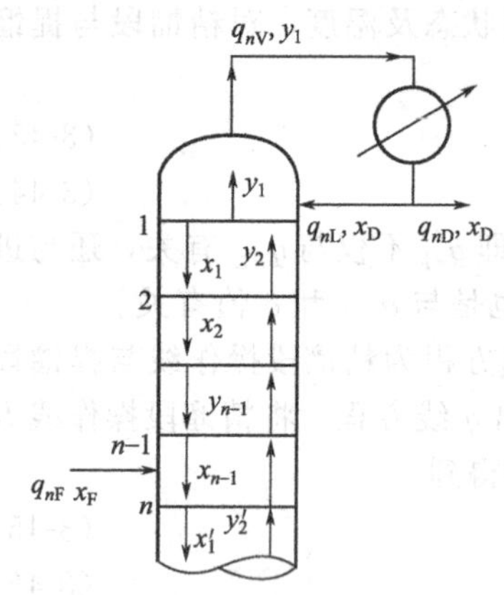

图 3-22 逐板计算法示意图

图 3-22 为一连续精馏塔，饱和液体进料，塔釜间接蒸汽加热，当塔顶最上一层塔板（序号为 1）上升的蒸气全部被冷凝成饱和温度下的液体时，则有：$y_1=x_D$。因 x_D 由工艺所规定，故 y_1 为已知。由平衡关系计算与 y_1 呈相平衡的液相组成为 x_1。再利用精馏段操作线方程计算与 x_1 成操作线关系的第二块板上升的气相组成 y_2。以此类推，交替使用相平衡关系和精馏段操作线关系，计算精馏段气、液两相的组成，即 $x_D=y_1\xrightarrow{\text{相平衡}}x_1\xrightarrow{\text{操作线}}y_2\xrightarrow{\text{相平衡}}x_2\xrightarrow{\text{操作线}}y_3\longrightarrow\cdots\longrightarrow x_{n-1}$。

求得的 $x_n\leqslant x_F$（泡点进料）时，则第 n 层理论板为进料板。

由于进料板属于提馏段，因此精馏段所需的理论板数为 $(n-1)$。如果是其他进料状态，则应计算到 $x_n\leqslant x_q$ 为止（x_q 为两操作线交点的横坐标）。从此开始物料衡算关系应换为提馏段操作线方程，由 x_n（将其序号改为 x_1'）求得 y_2'，再利用相平衡方程由 y_2'求出 x_2'，同上，交替使用相平衡方程及提馏段的操作线关系，直至 $x_m'\leqslant x_W$ 为止。对于塔底采用间接蒸汽加热，再沸器内气液两相互成平衡，相当于一块理论板，故提馏段所需理论板数为 $(m-1)$。计算过程中采用的相平衡关系的次数即为满足分离要求所需的理论板数。

逐板计算法是求解理论板数的基本方法，概念清晰，计算结果准确，并且由于计算机的普及，使该法的使用更为快捷方便。

② 图解法 上述应用精馏段与提馏段操作线方程和相平衡方程逐板计算理论板数的过程，可以在 y-x 图上用图解进行。这种方法称为 McCabe-Thiele 图解法，具体步骤如下。

a. 在直角坐标系中绘出物系的相平衡曲线和对角线。

b. 绘出精馏段操作线。由精馏段操作线方程可知，通过点 $D(x_D、x_D)$，作截距为 $x_D/(R+1)$（图 3-23 中 C 点所示）的直线即为精馏段操作线。

c. 绘出进料线。由进料线方程可知，通过点 $F(x_F，x_F)$，作斜率为$\dfrac{q}{q-1}$的直线即为进料的 q 线，图中 q 线与精馏段操作线相交于 Q 点。

d. 绘出提馏段操作线。由提馏段操作线方程可知，连接点 $W(x_D、x_D)$ 与 q 线与精馏段操作线的交点 Q，得到的即为提馏段操作线。

理论板数的图解方法如图 3-23 所示。因 $y_1=x_D$，故从塔顶 D 点（x_D、x_D）开始作水平线交平衡曲线于 1，求得与 y_1 呈平衡的液相组成 x_1，由 1 点作垂线交精馏段操作线于 1′ 点，求得第二块板上升的气相组成 y_2。如此，重复在平衡线与精馏段操作线之间作梯级。当梯级跨过两操作线的交点 Q 时，应改在提馏段操作线与平衡线之间作梯级，直至梯级达到或跨过 W 点结束。此时梯级数 N（含再沸器）为所求的理论塔板数 N，跨过两操作线交点的板为最佳进料板。

在适宜位置进料，完成规定分离要求所需塔板数会减少。对给定理论板时，则分离程度会提高。在图解法中跨过两操作线交点的塔板就是这一适宜进料板或最佳进料板。该进料位置应是进料组成及热状态与塔板上组成和热状态差别最小的板。

③ 简捷法 精馏塔的理论板数除用前述的逐板计算法和图解法计算外，还可用简捷法计算。下面介绍一种应用最为广泛的经验关联图的简捷算法。

人们曾对许多不同精馏塔的回流比 R、最小回流比 R_{min}、理论板数 N 及最少理论板数 N_{min} 4 个参数进行定量的关联。常见的这种关联如图 3-24 所示，称为吉利兰（Gillilad）关联图。其中，R 为操作条件下的适宜回流比。随着 R 减少，精馏段、提馏段操作线逐渐上移，当两操作线交点落在平衡线上或与平衡线相切时，此时完成分离要求所所需的理论板数为∞，即不能完成分离要求，此工况下的回流比为最小回流比，用 Rmin 表示。当回流比逐渐增加大，增加到全回流，即塔顶蒸气全部冷凝，且冷凝液全部返回塔顶作为回流，此时称为全回流，R 为∞，精馏塔不进料也不出料，两操作线斜率为 1，与对角线重合，此时所需理论板数最少，称为最小理论板数，用 Nmin 表示。

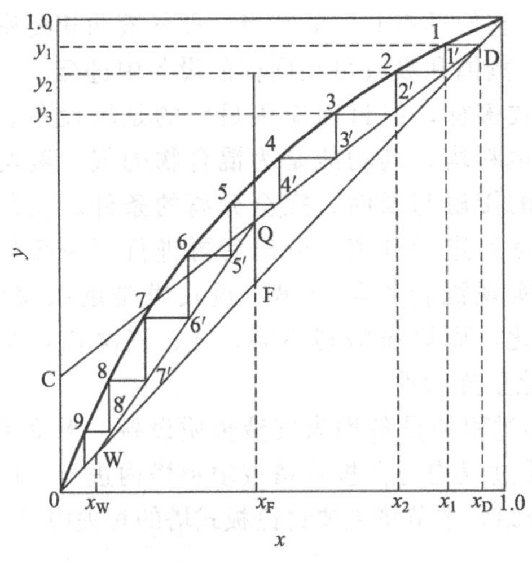

图 3-23 图解法示意图

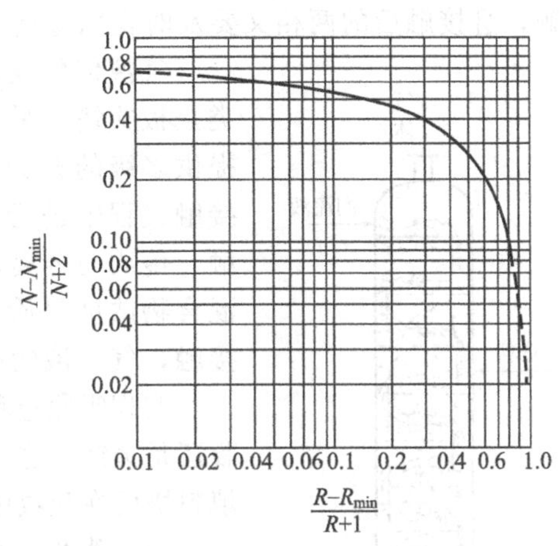

图 3-24 吉利兰关联图

吉利兰关联图为双对数坐标图，它是用 8 种不同物系，在不同精馏条件下算得结果绘制而成的。这些条件是：组分数目 2～11；进料热状态包括从过冷液体到过热蒸气的 5 种进料状态；R_{min} 为 0.53～7.0；相对挥发度为 1.26～4.05；理论板数为 2.4～43.1。

简捷算法虽然误差较大，但是非常简便，可快速地算出理论塔板数，特别适合精馏塔的初步设计。

使用简捷法计算理论塔板数的具体步骤是：

a. 根据精馏给定条件计算最小回流比 R_{min}，并选择适宜的回流比 R；

b. 计算最少理论板数 N_{min}；

c. 利用图或公式求得理论板数 N。

注意：N 及 N_{min} 均为不含再沸器的理论板数。

采用简捷法也可估算精馏塔内精馏段及提馏段理论塔板数或进料位置。如果计算精馏段理论塔板数，则用精馏段最少理论板数 N'_{min} 代替全塔的 N_{min}，就可求得精馏段的理论板数，从而可确定进料位置和提馏段的理论板数。

(5) 适宜的回流比

适宜回流比是指操作费用和设备费用之和为最低时的回流比，需通过经济衡算确定。回流比的变化对精馏过程同时存在正、负两方面的影响，如回流比为 R_{min}，其塔为无穷高，设备费用直线上升为无穷大。

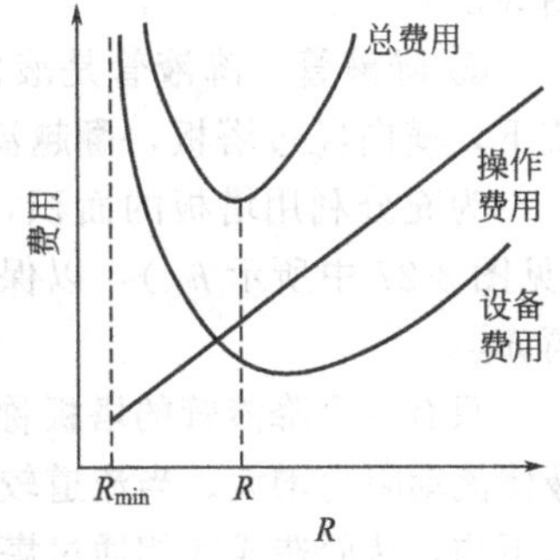

图 3-25 适宜回流比的确定

当 R 适当提高时，设备费用很快下降为有限大小，总成本下降。当回流比继续增大时，则能耗随之增大，则操作费用迅速增大，R 增到一定程度，设备费用开始升高，如塔径增大等，将使总成本开始上升。为此，回流比存在一优化的问题。操作费用和设备费用之和最小的回流比为最适宜的回流比，如图 3-25 所示。

在精馏塔的设计中，通常采用由实践总结出来的适宜回流比的范围是：$R=(1.1\sim2.0)R_{\min}$。对于难分离的物系，R 应取得更大些。

3.2.4 精馏设备

蒸馏和吸收是两种典型的传质单元操作，它们所基于的原理虽然不同，但均属于气液间的相际传质过程。从对相际传质过程的要求来讲，它们具有共同的特点，即气液两相要密切接触，且接触后的两相又要及时得以分离。为此，蒸馏和吸收可在同样的设备中进行。

气液传质设备的形式多样，但目前应用最广的是塔设备。一类是板式塔，另一类是填料塔。其功能是为混合物的气、液两相提供多级的充分、有效的接触与及时、完全分离的条件。在每级接触过程中进行传质，然后进行分离。分离后再进行下一级的接触、传质与分离，逐步实现混合物的分离。板式塔是逐级接触，混合物浓度呈阶跃式变化，而填料塔则不同，气、液两相是微分接触，气、液的组成变化呈连续性。

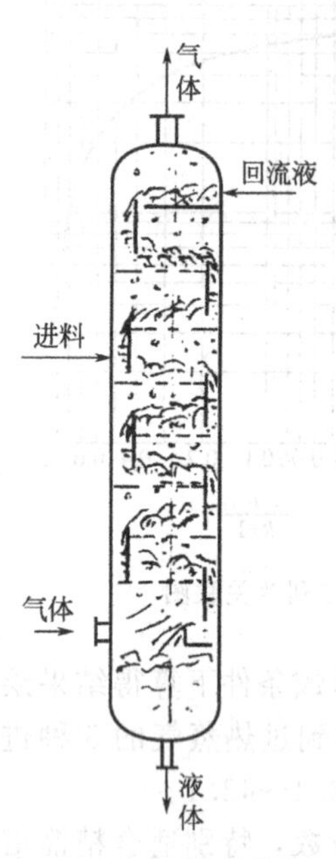

图 3-26 板式塔结构简图

实现吸收过程和蒸馏过程的设备均为气液传质设备。无论是吸收还是蒸馏，这两个传质过程均可在板式塔或填料塔内进行。由于填料塔已在吸收中作了介绍，本节将主要讨论板式塔的相关内容。

(1) 塔板结构

板式塔结构如图 3-26 所示。塔体为一圆筒体，塔体内装有多层塔板。相邻塔板间有一定距离，称为板间距。液相在重力作用下自上而下最后由塔底排出，气相在压差推动下经塔板上的开孔由下而上穿过塔板上液层，最后由塔顶排出。呈错流流动的气液两相在塔板上进行传质过程。塔板的功能是使气液两相充分接触，为传质提供足够大而且不断更新的相际接触表面，减少传质阻力。

① 气相通道　塔板上均匀地开有一定数量供气相自下而上流动的通道。气相通道的形式很多，对塔板性能的影响很大，各种不同型式塔板的主要区别就在于气相通道的形式不同。

结构最简单的气相通道为筛孔（见图 3-27）。筛孔的直径一般为 3～8mm。目前大孔径（12～25mm）筛板也得到相当普遍的应用。其他形式的气相通道将在塔板型式中介绍。

② 溢流堰　在每层塔板的出口端装有溢流堰。它的作用就是维持塔板上一定的液层厚度，以便有利于气液传质。最常见的溢流堰为弓形平直堰，其高度记为 h_W，长度为 l_W（见图 3-27）。

③ 降液管　降液管是液体自上层塔板流到本层塔板的通道。液体经上层塔板的降液管流下，横向经过塔板，翻越溢流堰，进入本层塔板的降液管再流向下层塔板。

为充分利用塔板的面积，降液管一般为弓形。降液管的下端离下层塔板应有一定高度（见图 3-27 中所示 h_0），以保证液体能通畅的流出。为防止气相窜入降液管中，h_0 应小于堰高 h_W。

只有一个降液管的塔板称为单流型塔板［见图 3-28(a)］。当液体流量增大至一定程度时，液体流动阻力增大。当流道较长时，则在液体流动方向形成较大液面落差，使得塔板上阻力分布不均，从而造成气相通过塔板时的分布不均，亦将引起液相倾向性漏液，不利于传质。

当塔径或液体流量很大时，可采用双流型塔板［见图 3-28(b)］。该流型是将液体分成

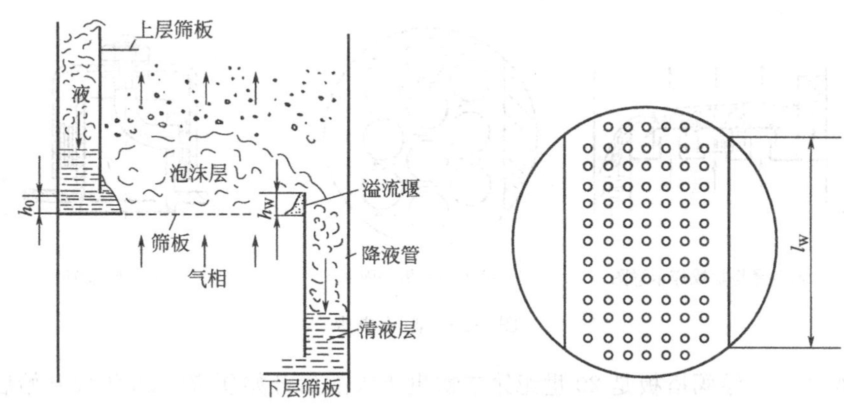

图 3-27 筛板塔示意图

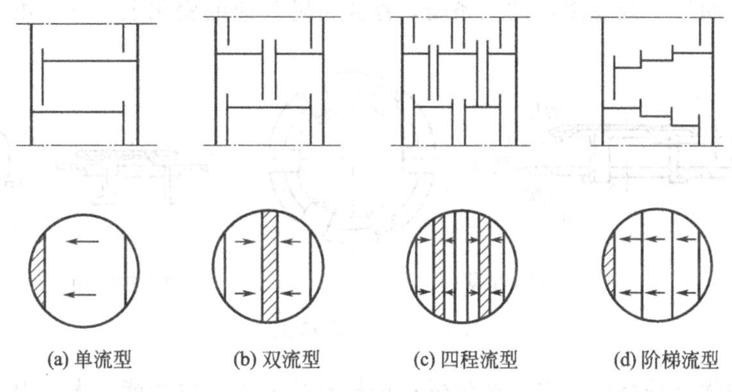

图 3-28 塔板上液流程数安排

两半，设有两个溢流堰，来自上一块塔板的液体从两侧流向中心降液管，或从中心流向两侧的降液管，这样减少了单程液相流量，缩短了流道长度，增大了流通截面，从而使阻力减少，塔板液面落差减小，使塔板压降分布比较均匀。当液体流量继续增大，塔径也随之增大时，双流型可能已不能满足要求，此时可考虑选择四程流型或阶梯流型塔板。四程流型的塔板［见图 3-28(c)］设有 4 个溢流堰，液体只需流经 1/4 塔径的距离。阶梯流型塔板［见图 3-28(d)］是做成阶梯式的，在阶梯之间增设溢流堰，以缩短液流长度。一般情况下尽可能使用单流型塔板，如果塔径大于 2.2m 时，可以考虑多流型。

(2) 塔板类型

按照气相通过塔板时，气相通道形式的不同，塔板可以分为许多类。现就常用板式塔介绍如下。

① 泡罩塔板　泡罩塔板是工业上最早应用的塔板，其结构如图 3-29 所示，它的主要元件是升气管和泡罩。泡罩安装在升气管顶部，分圆形和条形两种，多数选用圆形泡罩。其尺寸（mm）一般为 $\phi80$、$\phi100$、$\phi150$ 三种直径，可根据塔径的大小选择。泡罩边缘开有纵向齿缝，中心装有升气管。升气管直接与塔板连接固定。塔板下方的气相进入升气管，然后从齿缝吹出与塔板上液相接触进行传质。由于升气管的作用，避免了低气速下的漏液现象。为此，该塔板的优点是操作弹性较大；塔板不易堵塞，适合处理各种物料。其缺点是结构复杂，造价高；板上液层厚，塔板压降大，生产能力及板效率较低。近年来，泡罩塔板已逐渐被筛板、浮阀塔板所代替，在新建塔设备中已很少使用。

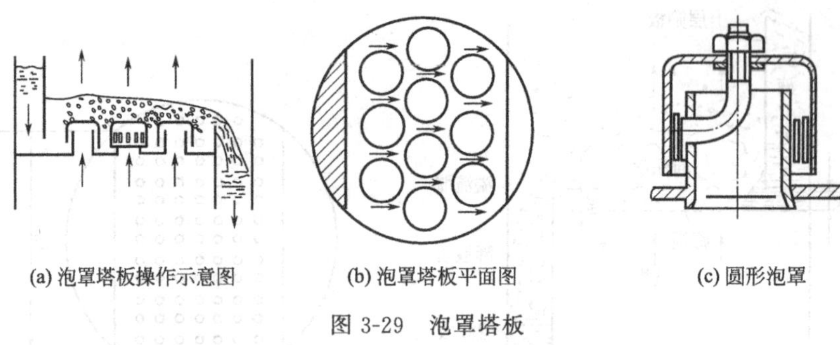

(a) 泡罩塔板操作示意图　(b) 泡罩塔板平面图　(c) 圆形泡罩

图 3-29　泡罩塔板

② 浮阀塔板　浮阀塔板是 20 世纪第二次世界大战后开始研究，50 年代开始启用的一种新型塔板，后来又逐渐出现各种类型的浮阀，有圆形、方形、条形及伞形等。较多使用圆形浮阀，而圆形浮阀又分为多种型式，如图 3-30 所示。浮阀取消了泡罩塔的泡罩与升气管，改在塔上开孔，阀片上装有限位的三条腿，浮阀可随气速的变化上、下自由浮动。

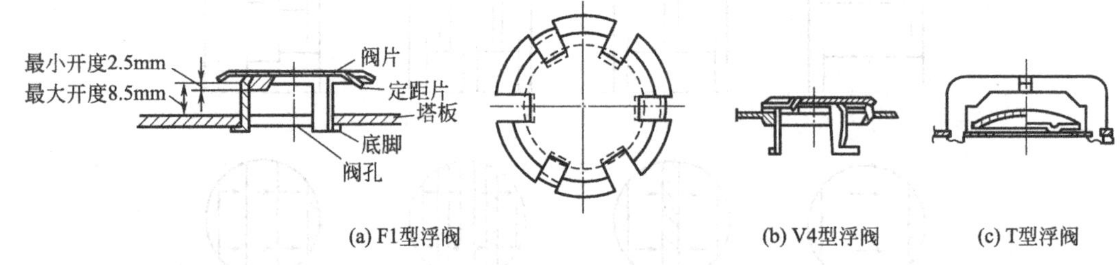

(a) F1型浮阀　(b) V4型浮阀　(c) T型浮阀

图 3-30　常用浮阀型式

浮阀塔板的优点是结构简单、造价低；塔板开孔率大，生产能力大；由于阀片可随气量变化自由升降，故操作弹性大；因上升气流水平吹过液层，气液接触时间较长，故塔板效率较高。其缺点是处理易结焦、高黏度的物料时，阀片易与塔板黏结；在使用过程中有时会发生阀片脱落或卡死等现象，使塔板效率和操作弹性下降。

国内常用的浮阀有 3 种，如图 3-30 所示的 F1 型、V4 型和 T 型。V4 型的特点是阀孔被冲压成向下弯的喷嘴形，气体通过阀孔时因流道形状渐变可减小阻力。T 型阀则借助固定于塔板的支架限制阀片移动范围。3 类浮阀中，F1 型浮阀最简单，该类型浮阀已被广泛使用。F1 型阀又分重阀和轻阀两种，重阀用厚度 2mm 钢板冲成，阀质量约 33g，轻阀用厚度 1.5mm 钢板冲成，质量约 25g。阀重则阀的惯性大，操作稳定性好，但气体阻力大。一般采用重阀，只有要求压降很小的场合，如真空精馏才使用轻阀。

③ 筛孔塔板　筛孔塔板是在塔盘去掉泡罩和浮阀，直接在塔板上按一定尺寸和一定排列方式开圆形筛孔，作为气相通道。气相穿过筛孔进入塔板上液相，进行接触传质，如图 3-31 所示。筛板的优点是结构简单，造价低廉；塔板阻力小，生产能力较大；气体分散均匀，传质效率高。其缺点是筛孔易堵塞，不易处理易结焦、黏度大的物料。

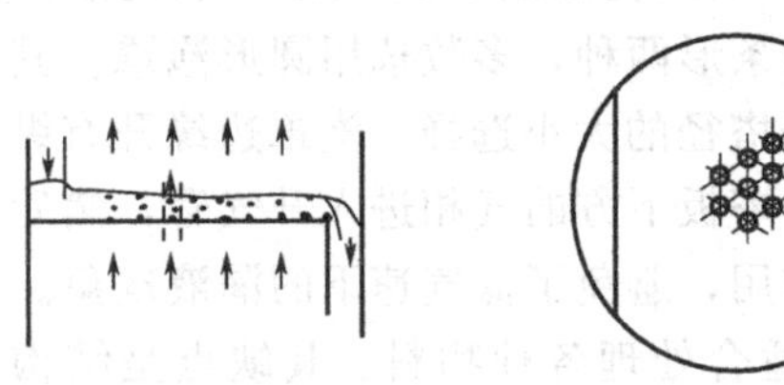

(a) 筛孔塔板操作示意图　(b) 筛孔布置图

图 3-31　筛孔塔板

在筛板塔使用初期，由于对筛板塔性能缺乏了解，操作经验不足，则认为筛板塔易漏液、操作弹性小、易堵塞，使应用受到限制。后经研究和操作使用发现，只要设计合理、操作适

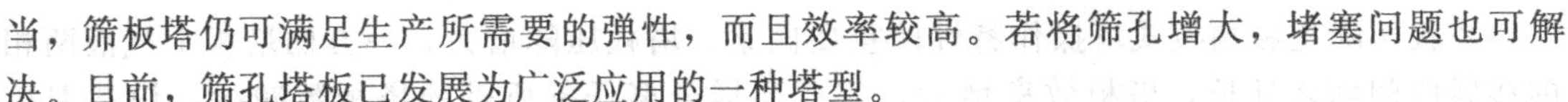

当，筛板塔仍可满足生产所需要的弹性，而且效率较高。若将筛孔增大，堵塞问题也可解决。目前，筛孔塔板已发展为广泛应用的一种塔型。

除以上介绍的塔板外，还有其他多种型式的塔板，如斜孔塔板、网孔塔板、垂直筛孔塔板、多降液管塔板、林德筛板等等，在此不一一介绍。

(3) 塔板的性能评价

对各种塔板进行比较，做出正确的评价，对了解各种塔板的特点，合理选择板型，具有重要的指导意义。塔板的性能评价指标如下：

① 生产能力大，即单位塔截面积上气体和液体的通量大；

② 塔板效率高，即完成一定分离任务所需的塔板数少，从而可降低塔高，减少投资；

③ 压降低，即气体通过单板的压降低，能耗低，这对减压塔尤为重要；

④ 操作弹性大，即气、液相负荷在较大范围内变化时仍能维持板效率的稳定；

⑤ 结构简单、造价低，维修方便。

应予指出，对于任何一种塔板都不能完全满足上述的所有要求，它们大多各具特色，应根据生产的实际情况，有所侧重的选择。

(4) 板式塔的流体力学性能

① 塔板上气、液两相接触状态　塔板上气、液两相的接触状态是决定塔板上流体力学及传热和传质规律的重要因素。研究表明，当液体流量一定，气体速度从小到大变化时，可以观察到以下 4 种接触状态，如图 3-32 所示。

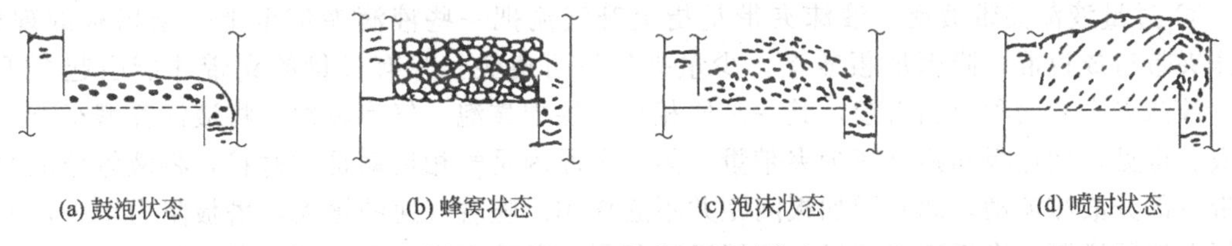

(a) 鼓泡状态　(b) 蜂窝状态　(c) 泡沫状态　(d) 喷射状态

图 3-32　塔板上的气液接触状态

a. 鼓泡接触状态　当气速较低时，气体在液层中以鼓泡的形式自由升浮，此时塔板上存在着大量的清液。因气泡占的比例较小，气、液两相接触表面积不大，传质效率很低。

b. 蜂窝接触状态　当气速增加，气泡的形成速度大于气泡的升浮速度时，气体在液层中累积。气泡之间相互碰撞，形成各种多面体的大气泡，这就是蜂窝发泡状态的特征。在这种接触状态下，塔板上清液层基本消失而形成以气体为主的气液混合物。由于气泡不易破裂，表面得不到更新，所以这种状态对于传热与传质并不有利。

c. 泡沫接触状态　随气速的增大，气、液接触状态由鼓泡、蜂窝状两种状态逐渐转变为泡沫状，由于孔口处鼓泡剧烈，各种尺寸的气泡连串迅速上升，将液相拉成液膜展开在气相内，因泡沫剧烈运动，使泡沫不断破裂和生成，从而使表面不断更新，传热与传质效果比前两种状态好，是工业上采用的接触状态之一。

d. 喷射接触状态　随着气速的进一步提高，泡沫状将逐渐转变为喷射状。从筛孔或阀孔中吹出的高速气流将液相分散成高度湍动的液滴群，液相由连续相转变为分散相，两相间传质面为液滴群表面。由于液体横向流经塔板时将多次分散和凝聚，表面不断更新，为传质创造了良好的条件。所以说，喷射接触状态是工业上采用的另一重要的气、液接触状态。

② 气体通过塔板的压降　上升气流通过塔板时需要克服一定的阻力，该阻力形成塔板的压降。它包括：塔板本身的干板压降（板上各部件局部阻力所造成的压降）；气流通过塔板时克服泡沫层静压力的压降以及克服液体表面张力的压降。

塔板压降是影响板式塔操作特性的重要因素。塔板压降增大，一方面塔板上气液两相的接触时间随之延长，塔板效率增大，完成同样分离任务所需的塔板数减少，设备费用降低；另一方面，塔釜温度随之升高，能耗加大，操作费用增加。因此，进行塔板设计时，应综合考虑，在保证较高效率的前提下，降低塔板压降，从而降低能耗、改善塔的操作。

③ 塔板上的液面落差　液体在板上从入口端流向出口端时必须克服阻力，故塔板上将出现坡度，塔板进、出口侧的液面高度差称为液面落差。液面落差也是影响板式塔操作特性的重要因素。由于它的存在，使得液体入口侧液层厚、气速低，出口处液层薄、气速高，导致气流分布不均匀，从而造成漏液现象，使塔板效率下降。为此，在塔板设计中，如果液相流量或塔径较大，则需采用前述的双流型和多流型塔板，以减小液面落差。

（5）板式塔的操作特性

① 塔板中气、液相的异常流动　塔板中气、液的异常流动现象包括液泛和严重漏液，是使塔板效率降低甚至使操作无法进行的重要因素，因此，应尽量避免这些异常流动现象的发生。

a. 液泛　气、液两相在塔内总体上呈逆行流动，并在塔板上维持适宜的液层高度，进行气、液两相的接触传质。如果由于某种原因，使得气、液两相流动不畅，使塔板上液层迅速积累，以致充满整个空间，破坏塔的正常操作，称此现象为液泛。根据液泛发生原因和过程的不同，将液泛归纳为两类。

ⓐ 过量液沫夹带液泛　液沫夹带是指上升气流把一些液滴夹带至上一层塔板的现象。液沫夹带造成返混，降低塔板效率。少量夹带不可避免，只有过量的夹带才能引起严重后果。液沫夹带有两种原因引起，其一是气相在液层中鼓泡，气泡破裂，将液沫弹溅至上一层塔板。可见，增加板间距可减少夹带量。另一种原因是气相运动是喷射状，将液体分散并可携带一部分液沫流动，此时增加板间距并不起作用。随着气速的增大，塔板阻力增大，上层塔板上液层增厚，塔板液流不畅，液层迅速积累，以致充满整个空间，即液泛。由此原因诱发的液泛为液沫夹带液泛。

ⓑ 降液管液泛　当塔内气、液两相流量较大，导致降液管内阻力及塔板阻力增大时，均会引起降液管内液层升高。当降液管内液层高度难以维持塔板上液相畅通时，降液管内液层迅速上升，以致达到上一层塔板，逐渐充满塔板空间，即发生液泛，并称之为降液管内液泛，两种液泛互相影响和关联，其最终现象相同。

b. 严重漏液　板式塔少量漏液不可避免，当气速进一步降低时，漏液量增大，导致塔板上难以维持正常操作所需的液面，无法操作，此漏液为严重漏液。漏液的发生导致气液两相在塔板上接触时间减少，使得塔板效率下降。通常，为保证塔的正常操作，漏液量不应大于液体流量的10%。

造成漏液的主要原因是气速太小和塔板上液面落差所引起的气流分布不均匀，在塔板液体入口处，液层较厚，往往出现漏液，为此常在塔板液体入口处留出一条不开孔的区域，称为入口安定区。

② 塔板的负荷性能图　从前面介绍的内容可知，为避免塔板发生异常流动，要求塔板的设计必须满足一定的约束条件。将表示满足各约束条件的适宜操作范围的图形称之为塔板负荷性能图。该图以气相负荷（体积流量，下同）为纵坐标，液相负荷为横坐标绘制（见图3-33）。当塔板结构尺寸初步确定之后，对几个主要水力学参数进行校核，论证其结构是否合理，然后通过绘制负荷性能图，对塔板结构进一步确认。负荷性能图由以下5条线组成。

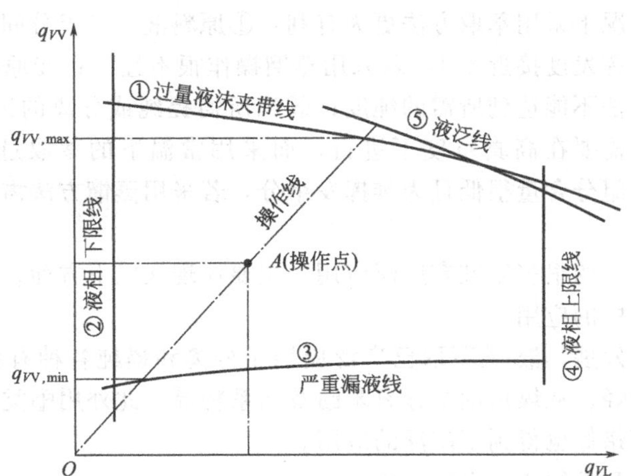

图 3-33　塔板负荷性能图

a. 过量液沫夹带线　又称气相负荷上限线，如图 3-33 中①所示。当操作中气、液相负荷超过此线时，表明液沫夹带现象严重。它是以液沫夹带量的过量限定值 0.1kg（液）/kg（干气）为依据确定的。

b. 液相下限线　液相下限线，如图 3-33 中②所示。当操作中的液相负荷低于此线时，表明液体流量过低，塔板上液流不能均匀分布，气液接触不良，易产生干吹、偏流等现象，导致塔板效率下降。塔板的适宜操作区应在该线以右。

c. 严重漏液线　又称气相负荷下限线，如图 3-33 中③所示。当操作中的气相负荷低于此线时，将发生严重的漏液现象。此时的漏液量大于液体流量的 10%。塔板的适宜操作区应在该线以上。

d. 液相上限线　液相上限线，如图 3-33 中④所示。当操作中的液相负荷高于此线时，表明液体流量过大，此时液体在降液管中的停留时间过短，进入降液管中的气泡来不及与液相分离而被带入下层塔板（又称气泡夹带），造成气相返混，使塔板效率下降。塔板的适宜操作区应在该线以左。

e. 降液管液泛线　又称液泛线，如图 3-33 中⑤所示。当操作中的气、液相负荷超过此线时，塔内将发生液泛现象，使塔不能正常操作。塔板的适宜操作区应在该线以下。

3.3 萃取

3.3.1 概述

液-液萃取，又称为溶剂萃取，它同精馏一样，也是分离液体混合物的一种单元操作。在气体吸收中论述了利用气体混合物中各组分在溶剂中溶解度的不同，可对气体混合物进行分离。基于同样的原理，可利用液体混合物中各组分在溶剂中溶解度的不同，对液体混合物进行分离，这就是液-液萃取，简称萃取。

萃取法分离液体混合物时，混合液中的溶质可以是挥发性物质（这种混合液称为挥发性混合液），也可以是非挥发性物质，如无机盐。当用于分离挥发性混合液时，与蒸馏相比，整个萃取流程更为复杂，但萃取过程本身具有常温操作，无相变以及选择适当的溶剂可获得较好的分离效果等优点，在一些情况下，仍具有技术上的优势。对于分离一个具体的液体混合物而言，是采用蒸馏还是采用萃取操作，主要取决于技术上的可行性和经济上的合理性。

一般说来，在下列情况下采用萃取方法更为有利：①原料液中各组分间的沸点非常接近，或者说组分之间的相对挥发度接近于1，若采用蒸馏操作很不经济；②原料液在蒸馏时形成恒沸物，用一般蒸馏方法不能达到所需的纯度；③当所需提纯或分离的组分是热敏性物质时，若直接用蒸馏，往往需要在高真空度下进行，而采用常温下的萃取过程，通常更为经济；④原料液中需分离的组分含量很低且为难挥发组分，若采用蒸馏方法需将大量溶剂汽化，能耗很大。

萃取过程在工业中的很多领域有广泛应用，主要体现在以下方面。

(1) 在石油化工中的应用

随着石油化工的发展，液-液萃取已广泛应用于分离和提纯各种有机物，如从芳烃和非芳烃混合物中分离芳烃、从煤焦油中分离苯酚及同系物等。此外用酯类溶剂萃取乙酸，用丙烷萃取润滑油中的石蜡等也得到了广泛的应用。

(2) 在生物化工和精细化工中的应用

在生化药物制备过程中，生成很复杂的有机液体混合物，这些物质大多为热敏性物质，不能采用一般的蒸馏方法。若选择适当的溶剂进行萃取，可以避免受热损坏，提高有效物质的收率。例如青霉素的生产，用玉米发酵得到含青霉素的发酵液，以醋酸丁酯为溶剂，经过多次萃取可得到青霉素的浓溶液。香料工业中用正丙醇从亚硫酸纸浆废水中提取香兰素。可以说液-液萃取在生物制药、精细化工中占有重要的地位。

(3) 在湿法冶金中的应用

随着有色金属使用量的增加，而开采的矿石中的品位又逐年降低，萃取法已逐渐取代了传统的化学沉淀法。目前一般认为只要价格与铜相当或超过铜的有色金属如钴、镍、锆等，都应优先考虑萃取法。有色金属冶炼已逐渐成为溶剂萃取应用的重要领域。

随着科学技术的发展，各种新型萃取技术，如双溶剂萃取、超临界萃取及液膜分离技术相继问世，萃取应用的领域日益扩大，萃取过程将会得到进一步的开发和应用。

3.3.2 萃取过程分析

(1) 萃取原理

在萃取过程中，所选用的溶剂称为萃取剂或溶剂，以S表示。原料液中含有溶质A和称为原溶剂（或稀释剂）的组分B。萃取的基本过程如图3-34所示。具体步骤是，首先是使原料液与萃取剂在混合槽保持密切接触，溶质A通过两相间的界面由原料液向萃取剂中传递。在充分接触、传质之后，使两液相在分层器中因密度的差异而分为两层。其中一层以萃取剂S为主，并溶有较多的溶质A，称为萃取相，以E表示。另一层以原溶剂B为主，还含有未被萃取的溶质A，称为萃余相，以R表示。若溶剂S与B为部分互溶，则萃取相中还含有B，萃余相中也含有S。

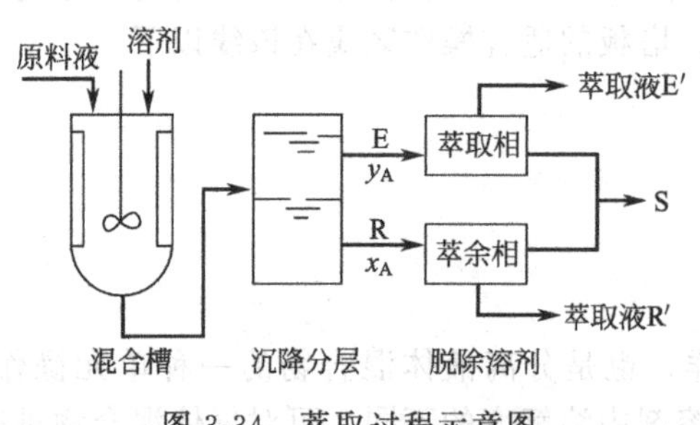

图3-34 萃取过程示意图

由上可知，萃取操作并不能将原料液完全分离，而只是将原来的液体混合物代之为不同溶质组成的新的混合液：萃取相E和萃余相R。为了得到产品A，并回收萃取剂S以供循环使用，还需对这两相分别进行分离。通常采用蒸馏或蒸发的方法，有时也可采用结晶或其他化学方法。脱除溶剂后的萃取相和萃余相分别称为萃取液和萃余液，以E′和R′表示。

因此萃取操作包括以下三个过程：

① 混合传质过程　原料液和萃取剂充分接触，进行质量传递，各组分发生了不同程度的相际转移。

② 沉降分相过程　分散的液滴凝聚合并，形成萃取相和萃余相，并由密度差而分层。

③ 脱除萃取剂过程　萃取相脱除萃取剂得到萃取液，萃余相脱除萃取剂得到萃余液。

(2) 萃取剂的选择

萃取剂的性质直接影响萃取操作的经济性，因此选择适宜的萃取剂是萃取操作的关键。通常，萃取剂选择需考虑以下几个问题。

① 萃取剂的选择性　所选萃取剂应具有一定的选择性，即溶剂对混合液中各组分的溶解能力具有一定的差异。萃取操作中要求萃取剂对溶质具有较大的溶解度，对其他组分具有较小的溶解度。这种选择性的大小或选择性的优劣通常用选择性系数 β 衡量。

② 萃取剂的物理性质　影响萃取过程的主要物理性质有液-液两相的密度差、界面张力和液体黏度等。这些性质直接影响过程的接触状态、两相分离的难易和两相相对的流动速度，从而限制了过程设备的分离效率和生产能力。两相密度差大，有利于两相的分散和凝聚，促进两相相对运动。若界面张力较小，有利于分散，不利于凝聚，表面张力过小，液体易乳化，不宜两相分离。相反，界面张力较大，有利于凝聚，不利于分散，相际接触面减少。由于液滴凝聚在生产中更为重要，因此一般选择的萃取剂的表面张力较大。黏度大小将影响过程传质，黏度较低时，有利于两相的混合和传质，还能降低能耗。

③ 萃取剂的化学性质　萃取剂需有良好的化学稳定性，不易分解、聚合，并应有足够的热稳定性和抗氧化稳定性。对设备的腐蚀性要小。

④ 溶剂的可回收性　萃取过程萃取剂的回收费用是整个操作的一项关键经济指标。因此有些溶剂尽管其他性能良好，但由于较难回收而被弃用。

溶剂的回收一般采用蒸馏的方法。若溶质组分不宜挥发或挥发度较低，常采用蒸发、闪蒸等方法。此外还可采用结晶、反萃取等方法脱除溶剂。

⑤ 其他指标　如萃取剂的价格、来源、毒性以及是否易燃、易爆等，均为选择萃取剂时需要考虑的问题。

萃取剂的选择范围一般很宽，但若要求选用的溶剂具备以上各种期望的特性，往往也是难以达到的，应按经济效果进行综合考虑。

工业生产中常用的萃取剂可分为三大类：有机酸或盐，如脂肪族的一元羧酸、磺酸、苯酚等；有机碱的盐，如伯胺盐、仲胺盐、叔胺盐、季铵盐等；中性溶剂，如水、醇类、酯、醛、酮等。

3.3.3 萃取设备

对萃取设备的基本要求是为萃取操作提供适宜的传质条件。首先为了使溶质更快地从原料液进入萃取剂中，应使两相充分有效地接触并伴有较高程度的湍流。通常萃取过程中一个液相为连续相，另一个液相以液滴的形式分散在连续的液相中，称为分散相，液滴表面即为两相接触的传质面积。显然液滴越小，两相的接触面积就越大，传质也就越快。因此，分散的两相必须进行相对流动以实现液滴聚集与两相分层。同样分散相液滴越小，两相的相对流动越慢，聚合分层越困难。因此，上述两个基本要求是互相矛盾的，所以在进行萃取设备的设计时，应综合考虑确定适宜的方案。

萃取设备通常按三个依据进行分类：产生逆流流动的方法；接触方式；两相分离方式。萃取设备的分类方法通常有以下几种。

① 按两相接触方式分类　萃取设备分为逐级接触式和微分接触式。逐级接触式设备，

两相逐级接触传质，浓度是阶跃式变化，逐级接触式操作可用于间歇操作，亦可用于连续操作。微分接触式设备，两相连续接触传质，因此，两相组成连续变化，微分接触式操作一般用于连续操作。

② 按外界是否输入机械能分类　如果两相密度差较大，两相的分散和流动仅依靠密度差即可实现，此设备是重力流动设备，不需要外加功。如果两相密度差较小，界面张力较大，液滴不易分散，就需借助外加能量，如搅拌、振动等来实现分散和流动。

③ 按设备结构特点和形状分类　萃取设备分为组件式和塔式。组件式多由单级萃取设备组合，根据需要可灵活增减。塔式萃取设备有板式塔、喷洒塔和填料塔等。此外还有一类设备是离心萃取设备。

(1) 混合-澄清槽

混合-澄清槽（见图 3-35）问世最早，目前仍广泛使用。它由混合器和澄清槽组成。混合器内有搅拌器。原料液和溶剂同时加入混合器内，经搅拌器搅拌，两相充分混合传质，然后流入澄清槽进行沉降分相，即形成重相和轻相。重相和轻相分别从排出口引出。为进一步分离混合物，可将多个混合-澄清槽按逆流或错流流程组合，所需级数按分离要求确定。

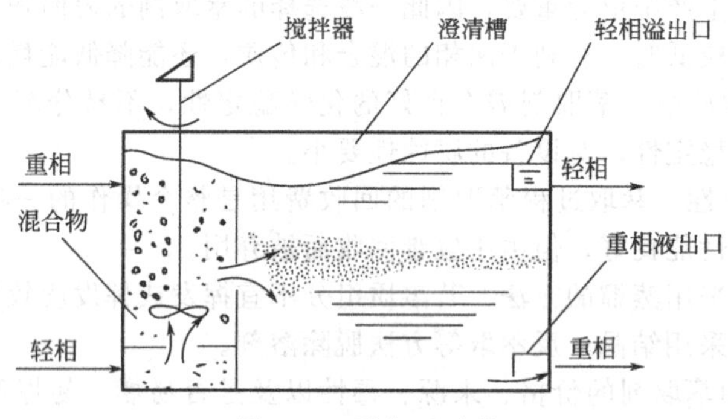

图 3-35　混合-澄清槽

混合-澄清槽有以下优点：

① 处理量大，传质效率高，一般单级效率在 80%以上。

② 结构简单，容易放大和操作。

③ 两相流量比范围大，运转稳定可靠，易于开、停工。对物系适应性好，对含有少量悬浮固体的物料也能处理。

④ 易实现多级连续操作，便于调节级数。

混合-澄清槽有以下缺点：

① 一般混合-澄清槽占地面积大，溶剂储量大。

② 由于需要动力搅拌装置和级间的物流输送设备，因此设备费和操作费较高。

混合-澄清槽广泛应用于湿法冶金工业、原子能工业和石油化工工业，尤其在所需级数少、处理量大的场合，具有一定的实用性和经济性。

(2) 塔式萃取设备

通常将高径比很大的萃取装置称为塔式萃取设备。塔式萃取设备分为逐级接触式和微分接触式。在逐级接触的塔式萃取设备内，两相的混合和分离交替进行。在微分接触设备内，则分区进行。不同的塔式萃取设备分别采用不同的结构和方式以促进两相的混合和分离。

① 喷洒塔　喷洒塔又称喷淋塔，是微分接触式设备，如图 3-36 所示。轻重两相分别从

塔底和塔顶加入，由于两相存在密度差，使得两相逆向流动。分散装置将其中一相分散成液滴群，在另一连续相中浮升或沉降，使两相接触传质。分散相如果是轻相，轻相液滴扩散到塔顶扩大处，合并形成清液层排出，重相在塔底排出。分散相如果是重相，液滴降到塔底扩大处凝聚形成重相液层排出，轻相作为连续相，由下部进入，沿轴向浮升到塔顶，两相分离后由塔顶排出。

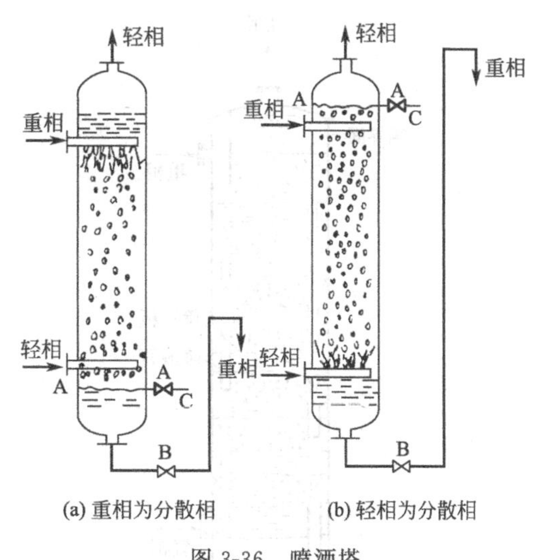

(a) 重相为分散相　(b) 轻相为分散相

图 3-36　喷洒塔

喷洒塔无任何内件，阻力小，结构简单，投资费用少，易维护。但两相很难均匀分布，轴向返混严重。分散相在塔内只有一次分散，无凝聚和再分散作用，因此提供的理论级数不超过 1～2 级，分散相液滴在运动中一旦合并很难再分散，导致沉降或浮升速度加大，相际接触面和时间减少，传质效率低。另外，分散相液滴在缓慢的运动中表面更新慢，液滴内部湍动程度低，传质系数小。

② 筛板萃取塔　筛板萃取塔是逐级接触式设备，依靠两相密度差，在重力作用下两相进行分散和逆向流动。其结构类似气液传质设备的筛孔板塔，如图 3-37 所示。筛孔孔径一般为 3～9mm，孔间距为孔径的 3～4 倍，开孔率变化范围较宽。工业上常用的板间距是 150～600mm。塔盘上不设出口堰。两相物流在塔内的流程和气液传质类似。若以轻相为分散相，则轻相从塔下部进入，重相从塔上部进入。轻相犹如蒸馏中的气相，重相如蒸馏中的液相。轻相穿过筛板分散成细小的液滴进入筛板上的连续相——重相层。液滴在重相层内的浮升过程中进行液-液传质过程。穿过重相层的轻相液滴开始合并凝聚，聚集在上层筛板的下侧，实现轻、重组分的分离，并进行轻相的自身混合。当轻相再一次穿过筛板时，轻相再次分散，液滴表面得到更新。这样分散、凝聚交替进行，直到塔顶进行澄清、分层、排出。而连续相重相进入塔内，横向流过塔板，在筛板上和分散相液滴接触和萃取后，由降液管流到下一层板。重复以上过程，直到在塔底和轻相分离形成重相液层排出。如果重相是分散相，则筛板结构犹如倒置的筛孔板塔，降液管变成升液管。轻相从筛板下侧横向流过，从升液管进入上一板。而重相在重力作用下被分散成细小液滴，在轻相层中沉降，进行传质。穿过轻相层的重相液滴开始合并凝聚，聚集在下层筛板上侧。通过多次分散和凝聚实现两相的分离，其过程和轻相是分散相完全类似。

为提高板效率，便于分散相在筛板上形成液滴，筛板应优先选择易被连续相润湿的材料或用塑料涂层。为获得更大的传质面积，应选择体积流量大的相为分散相。

筛板萃取塔由于塔板的限制，减少了轴向返混，同时由于分散相的多次分散和聚集，液滴表面不断更新，因而传质效率较高，加之，筛板塔结构简单，造价低廉，可处理腐蚀性料液，因而在许多工业萃取中得到了广泛的应用。

③ 填料萃取塔　填料萃取塔的结构与精馏和吸收所用的填料塔基本相同，如图 3-38 所示。塔内装填适宜的填料。重相由塔顶进入，塔底排出，轻相由塔底进入，从塔顶排出。连续相充满整个塔，分散相由分布器分散成液滴进入填料层，在与连续相逆流接触中进行传质。在塔内，流经填料表面的连续相扩展为界面和分散相接触。或使流经填料表面的分散相液滴不断地破裂和再生。离开填料时，分散相液滴又重新混合，促使表面不断更新。此外，还能抑制轴向返混。

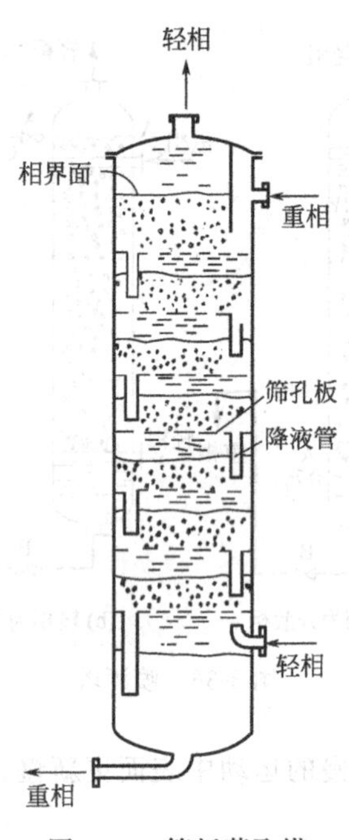

图 3-37 筛板萃取塔

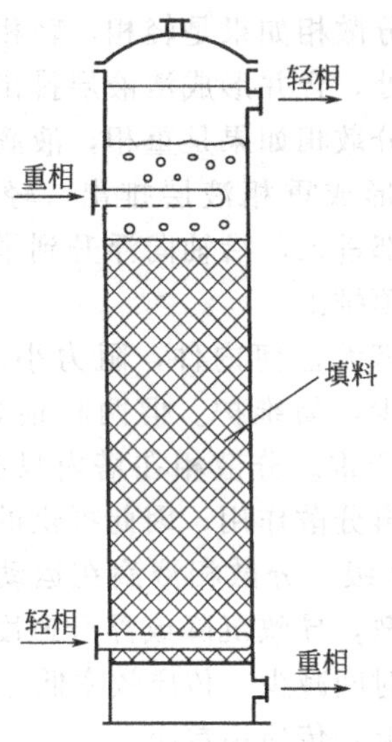

图 3-38 填料萃取塔

为增大相际传质面积，提高传质速率，应选择适当的分散相。为减少塔的壁效应，填料尺寸应小于塔径的 1/10～1/8。同时，填料层也应分段放置，各段之间设再分布器。每段填料层高度按经验范围确定。选择填料材质时，除考虑料液的腐蚀性外，还应使填料优先被连续相润湿而不被分散相润湿，塑料和石墨填料易被大部分有机液体润湿。对于金属填料两者均可润湿。

填料萃取塔结构简单，造价低廉，操作方便，适合于处理腐蚀性料液，尽管传质效率较低，在工业上仍有一定的应用。一般在工艺要求的理论级小于 3、处理量较小时，可考虑采用填料萃取塔。

④ 脉冲筛板萃取塔　脉冲筛板萃取塔是外加能量使液体分散的塔式设备，其结构如图 3-39 所示。塔两端直径较大部分为上澄清段和下澄清段，中间为两相传质段，其中装很多块具有小孔的筛板，筛板间距通常为 50mm，没有降液管。在塔的下澄清段设有脉冲管，由脉冲发生器提供液体的脉冲运动。脉冲作用使塔内液体作上下往复运动，迫使液体经过筛板上的小孔，使分散相以较小的液滴分散在连续相中，并形成强烈的湍动，促进传质过程的进行。在脉冲筛板塔内两相的逆流也是通过脉冲运动来实现的。

脉冲强度，即输入能量的强度，由脉冲的振幅 A 与频率 f 的乘积 Af 表示，称为脉冲速度。它是脉冲筛板萃取塔操作的主要条件。脉冲速度小，液体通过筛板小孔的速度小，液滴大，湍动弱，传质效率低；脉冲速度增大，形成的液滴小，湍动强，传质效率高。但是脉冲速度过大，液滴过小，液体轴向返混严重，传质效率反而降低，且易液泛。通常脉冲频率为 30～200min^{-1}，振幅为 9～50mm。

脉冲筛板萃取塔的优点是结构简单，传质效率高，可以处理含有固体粒子的料液，在核工业中获得广泛的应用。近年来在有色金属提取和石油化工中也日益受到重视。

脉冲筛板萃取塔的缺点是允许液体通过的能力小，塔径大时产生脉冲运动比较困难。

⑤ 往复振动筛板塔　往复振动筛板塔的结构与脉冲筛板萃取塔类似，也是由一系列筛板构成，不同的是这些筛板均固定在可以上下运动的中心轴上，图 3-40 是其结构示意图。

操作时由装在塔顶的驱动机械带动中心轴使筛板作往复运动。当筛板向上运动时，迫使筛板上侧的液体经筛孔向下喷射，当筛板向下运动时，又迫使筛板下侧的液体向上喷射，如此随着筛板的上下往复运动，使塔内液体作类似于脉冲筛板塔内的往复运动，因此塔内两相接触面积大，湍动强，传质效率高。

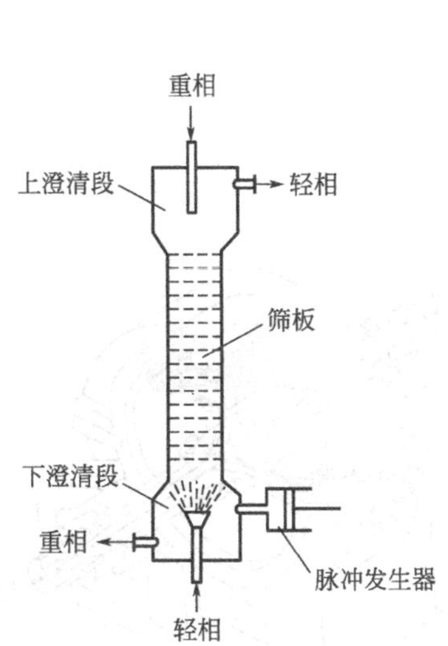

图 3-39　脉冲筛板萃取塔

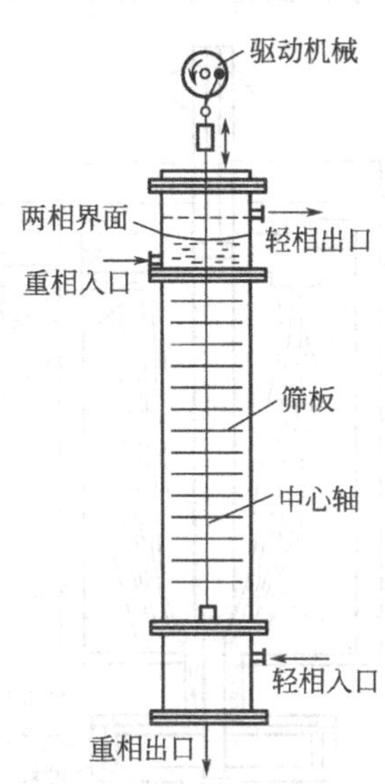

图 3-40　往复振动筛板塔

往复振动筛板塔的孔径较大，一般为 7～16mm，开孔率达 55%。由于开孔率大，故液体阻力较小，生产能力较大。与脉冲筛板萃取塔类似，往复振动筛板塔的传质效率主要与往复频率和振幅有关。当振幅一定时，频率加大，效率提高，但频率加大，流体通量变小，因而要选择合适的频率，才能使流体通量和效率均佳。一般往复振动的振幅为 3～50mm，频率为 200～1000min^{-1}。

往复振动筛板塔具有结构简单、流体通量大、效率高以及可以处理易乳化和含有固体的物系等特点，目前已广泛用于石油化工、食品、制药和湿法冶金工业。

(3) 离心萃取器

离心萃取器是利用离心力的作用使两相快速混合、快速分离的萃取装置。离心萃取器的类型较多，按两相接触方式可分为逐级接触式和微分接触式两类。在逐级接触式萃取器中，两相的作用过程与混合-澄清槽类似。而在微分接触式萃取器中，两相接触方式则与连续逆流萃取塔类似。

① 转筒式离心萃取器　这是一种单级接触式离心萃取器，其结构如图 3-41 所示。重相和轻相由底部的三通管并流进入混合室，在搅拌桨的剧烈搅拌下，两相充分混合进行传质，然后共同进入高速旋转的转筒。在转筒中，混合液在离心力的作用下，重相被甩向转鼓外缘，而轻相则被挤向转鼓的中心。两相分别经轻、重相堰，流至相应的收集室，并经各自的排出口排出。

转筒式离心萃取器结构简单，效率高，易于控制，运行可靠。

② 波德式离心萃取器　波德式离心萃取器亦称离心薄膜萃取器，简称 POD 离心萃取器，是一种微分接触式的萃取设备，其结构如图 3-42 所示。波德式离心萃取器由一水平转轴和随其高速旋转的圆形转鼓以及固定的外壳组成。转鼓由一多孔的长带卷绕而成，其转速很高，一般为 2000～5000r/min，操作时轻、重两相分别由转鼓外缘和转鼓中心引入。由于

转鼓旋转时产生的离心力作用，重相从中心向外流动，轻相则从外缘向中心流动，同时液体通过螺旋带上的小孔被分散，两相在逆向流动过程中，于螺旋形通道内密切接触进行传质。最后重液和轻液分别由位于转鼓外缘中心的出口通道流出。它适合于处理两相密度差很小或易乳化的物系。波德式离心萃取器的传质效率很高，其理论级数可达 3～12。

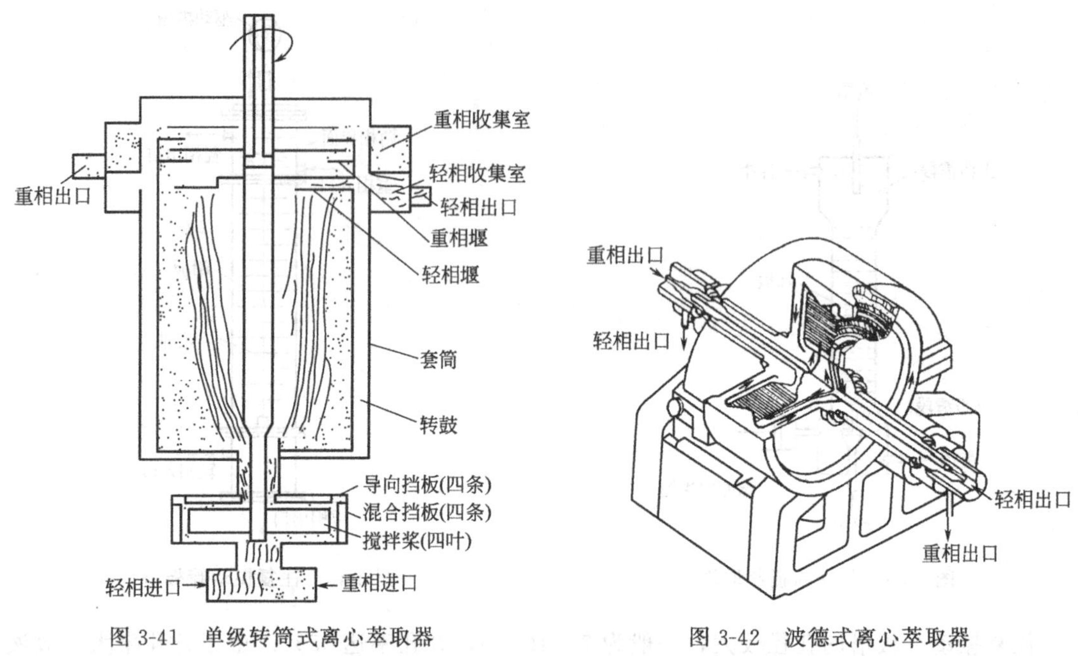

图 3-41 单级转筒式离心萃取器　　图 3-42 波德式离心萃取器

离心萃取器的优点是结构紧凑，生产强度高，物料停留时间短，分离效果好，特别适用于两相密度差小、易乳化、难分相及要求接触时间短、处理量小的场合；缺点是结构复杂、制造困难、操作费用高。

(4) 萃取设备的选择

影响萃取操作的因素很多，如物系性质、操作条件和设备结构。针对某一物系，在一定的操作条件下，选择适宜的萃取设备以满足生产要求是十分必要的，选择原则如下。

① 稳定性及停留时间　有些物系的稳定性很差，要求停留时间尽可能短，选择离心萃取器比较适宜。反之，在萃取过程中伴随有较慢的化学反应，要求有足够的停留时间，选择混合-澄清槽比较合适。

② 所需理论级数　对某些物系达到一定的分离要求，所需的理论级数较少，如 2～3 级，各种萃取设备都可以满足。如果所需的理论级数为 4～5 级，一般选用转盘塔、脉冲塔和振动筛板塔。如果所需的理论级数更多，可选用有外加能量的设备，如混合-澄清槽、脉冲塔、往复振动筛板塔等。

③ 物系的物性　液滴的大小和运动状态与物系的界面张力和两相密度差的比值有关。若其比值较大，可能物系的界面张力较大，液滴较大，不易分散，或两相密度差较小，则相对运动的速度较小，使得相际接触面积减少，湍流程度差，需要外加能量的输入。如果物系易产生乳化，不易分相，选择离心萃取器。反之，物系的界面张力和两相密度差的比值较小时，可能物系的界面张力较小，或两相密度差较大，选择重力流动式比较适宜。

④ 生产能力　若生产处理量较小或通量较小，应选择填料塔或脉冲塔。反之，选择筛板塔、混合-澄清槽和离心萃取器等。

⑤ 防腐蚀及防污染要求　有些物系具有腐蚀性，应选择结构简单的填料塔，其填料可

选用耐腐蚀材料制作。对于有污染的物系，如有放射性的物系，为防止外泄污染环境，应选择屏蔽性能良好的设备，如脉冲塔。

⑥ 其他 在选用萃取设备时，还应考虑其他一些因素，如能源供应情况，在电力紧张地区应尽可能选用依靠重力流动的设备；当厂房面积受到限制时，宜选用塔式设备，而当厂房高度受限制时，则宜选用混合-澄清槽。

3.3.4 超临界气体萃取简介

处于超临界条件下的气体对于液体和固体具有显著的溶解能力，而且随着压力和温度的变化，溶解能力可在相当宽的范围内变化。用超临界温度和临界压力状态的气体为溶剂，使之与液体或固体原料接触，萃取溶质，再将萃取液分离成溶质和溶剂的操作称为超临界气体萃取。超临界气体又称为超临界流体，该流体属高密度气体或超高压气体。

超临界气体萃取的主要特点是在被分离物中加入一种惰性气体，使其处于临界温度和压力以上，即成为所谓的超临界气体，这时的载气尽管处于很高压力之下，也不能凝缩成为液体，而是始终保持气体状态。这种条件下，尽管温度不高，却有大量的难挥发性物质进入气相，与该物质在同温度下的蒸气压相比高出 10^5～10^6 倍。倘若将这种富集了难挥发物质的载气压力降低，难挥发物质将从气相凝析出来，从而实现溶质和气体溶剂的分离。临界或临界点附近的纯物质常被作为溶剂使用。如二氧化碳具有密度高、不燃性、无极性、无毒、安全、价格低廉和易于获得等优点，非常适宜用作超临界萃取的溶剂。超临界气体具有气体和液体的中间性质，黏度约为液体的1%，扩散系数约是液体的100倍，因此萃取速度比用液体作溶剂时更有利。

为了使溶解度和选择性更好，可以加入第三种组分使之形成共沸混合物作为混合溶剂，加入的组分称为助溶剂。亦可使用比临界温度稍低的高压液体作为溶剂。超临界萃取的基本特点归纳如下：

① 超临界萃取过程操作压力较高。

② 超临界萃取操作温度一般较低。超临界气体可以在常温或不太高的温度下溶解或选择溶解相当难挥发的物质，形成一个负载的超临界相，因此适用于热敏性和易挥发物质的分离。

③ 超临界萃取同时应用蒸馏和萃取原理，即与蒸气压和相分离都有关。

④ 体系的沸点和溶解度与气体溶剂和溶质的种类有关。被萃取物质和超临界气体属于同类物质时，其溶解度和沸点（或蒸气压）的次序有关；如果属于不同种类的化合物，必须同时考虑其化学亲和力，而且后者往往起主要作用。

⑤ 超临界气体的溶解能力与其密度有关，随密度增加而提高，当密度恒定时，则随温度升高而增大。

⑥ 降低超临界相的压力，可以将其中难挥发物质凝析出来。

⑦ 超临界气体兼有液体和气体的特点，其萃取效率一般要高于液体萃取，更重要的是它不会引起被萃取物质的污染，而且无需进行溶剂蒸馏。

⑧ 含有超临界气体混合物的相平衡，存在以下几种形式。当溶质在操作温度下是固体时，是气-固平衡；溶质为液体时，是气-液平衡。

超临界萃取研究始于20世纪60年代，作为新的分离技术，正式应用于70年代。目前，在化学工业领域，主要应用于废水中微量有机物的去除、共沸混合物分离、有机化学品的制取等。在医药工业及香料工业的应用有药品中有效成分的萃取、脂肪质的分离精制、天然香料的萃取、烟草脱尼古丁等。在食品工业中，用于植物油的萃取、咖啡和茶的脱咖啡因、天然色素的萃取等。能源工业和其他工业中的应用有煤的有效成分萃取、渣油脱沥青、重金属及废油的再生、吸附剂再生以及超临界气体色谱的应用等。超临界萃取技术目前已在大规模生产装置中获得应用的有从石油残渣油中回收各种油品，从咖啡中脱除咖啡因，从酒花中提取有效成分。

超临界萃取特别适用于提取和分离难挥发和热敏性物质，而且对于进一步开发利用能源、保护环境以及有机物的脱水等都具有潜在的重要意义。随着科学技术的进步，食品、医药和精细化工的发展以及石油和煤的深度加工和综合利用，超临界萃取将日益显示出其重要性，并具有越来越宽的应用范围。

思考题

3-1 吸收分离操作的依据是什么？
3-2 吸收操作在化工生产中有哪些应用？
3-3 简述相平衡在吸收过程中的应用。
3-4 如何选择吸收剂？
3-5 何谓双膜理论的要点？
3-6 当吸收操作时，实际液气比小于最小液气比时，该塔是否无法操作？为什么？
3-7 填料塔主要由哪些部件组成？各有何作用？
3-8 填料的作用和特性是什么？
3-9 填料的主要类型有哪些？
3-10 蒸馏操作的依据是什么？蒸馏操作的作用是什么？
3-11 蒸馏过程有哪些分类方法？
3-12 何谓部分汽化和部分冷凝？
3-13 什么是挥发度和相对挥发度？相对挥发度的大小对精馏操作有何影响？
3-14 精馏原理是什么？
3-15 连续精馏装置主要包括哪些设备？它们的作用是什么？
3-16 精馏操作连续稳定进行的必要条件是什么？
3-17 何谓理论板？
3-18 进料热状态有哪几种？
3-19 回流比的定义是什么？
3-20 工业生产中对塔板主要有哪些要求？
3-21 筛板塔板、浮阀塔板的简单结构及各自的主要优缺点是什么？
3-22 塔板上气液两相有哪几种接触状态？各有何特点？
3-23 什么是负荷性能图？对精馏塔操作及设计有何指导意义？
3-24 萃取操作的原理是什么？
3-25 对于一种液体混合物，根据哪些因素决定是采用蒸馏方法还是萃取方法分离？
3-26 萃取操作在工业生产中有哪些应用？
3-27 选择萃取设备的主要依据是什么？

第4章 其他单元操作

Chapter 4

4.1 沉降

沉降操作是指在外力的作用下，利用连续相与分散相的密度差异，使之发生相对运动而分离的操作。根据外力的不同，沉降可分为重力沉降和离心沉降两类。

4.1.1 重力沉降的原理及影响因素

重力沉降是指在重力的作用下所发生的沉降过程。根据颗粒在重力沉降过程中是否受到流体及其他粒子的影响，可分为自由沉降和干扰沉降。对单个颗粒在流体中的沉降，或者颗粒在沉降过程中不受其他粒子影响的沉降过程，称为自由沉降，反之则称为干扰沉降。

(1) 球形颗粒的自由沉降速度

自由沉降是无干扰沉降，要求物系中分散相的颗粒为球形，且颗粒的光洁度、直径、密度相同，颗粒的浓度较稀，沉降设备的尺寸相对较大，器壁对颗粒的沉降无干扰作用，连续相的流动对颗粒的沉降无干扰作用。满足上述条件方可视为自由沉降。

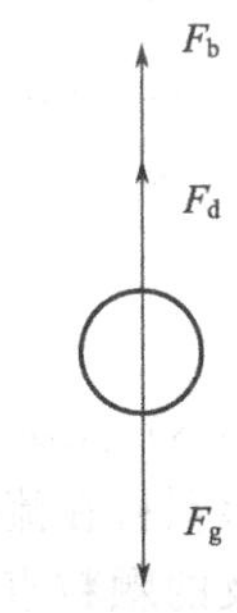

图 4-1 球形颗粒在静止流体中的受力情况

如图 4-1 所示，直径为 d_s、密度为 ρ_s 的光滑球形颗粒，处于密度为 ρ 的静止流体中，颗粒的密度 ρ_s 大于流体密度 ρ，颗粒将在重力作用下作沉降运动。分析颗粒的受力情况，在垂直方向上，颗粒在最初只受指向地心的重力 F_g 和向上的浮力 F_b。

由于 $\rho_s>\rho$，故 $F_g>F_b$，颗粒将在（F_g-F_b）作用下，向下加速运动。当颗粒开始向下运动时，颗粒将受到流体的阻力 F_d，方向向上。已知阻力 F_d 与颗粒运动速度的平方成正比。

若以颗粒沉降的方向为正方向，颗粒在瞬间受到的合力为 $\sum F$，根据牛顿第二定律有

$$\sum F=F_g-F_b-F_d=ma \tag{4-1}$$

式中 m——颗粒的质量，kg；

a——加速度，m/s^2。

当流体和颗粒一定时，（F_g-F_b）为常数，颗粒开始沉降的瞬间，速度 u 为零，F_d 也为零，加速度 a 具有最大值，颗粒开始沉降后，阻力 F_d 随着 u 的增大而增大，因此，a 逐渐减小。当 u 增加到某一定数值时，F_g、F_b、F_d 达平衡，即 $\sum F=0$，$a=0$，颗粒开始作匀速沉降运动，此时颗粒相对于流体的运动速度称为颗粒的自由沉降速度，或称为终端速度，用 u_t 表示。由于在沉降过程中，颗粒尺寸较小，加速阶段较短，可以忽略不计，只考虑匀速阶段。根据 $\sum F=0$，可求出沉降速度

$$u_t=\sqrt{\frac{4d_s(\rho_s-\rho)g}{3\xi\rho}} \tag{4-2}$$

式(4-2) 即为球形颗粒的自由沉降速度基本计算式。

式中，μ 为流体的黏度，Pa·s；ξ 称为阻力系数，与颗粒沉降的雷诺准数有关，即 $\xi=f(Re_t)$，而 $Re_t=\dfrac{d_s u_t \rho}{\mu}$。实验测定不同雷诺准数下球形颗粒的 ξ 具体的函数关系如下

① 层流区或斯托克斯区（$10^{-4}<Re_t\leqslant 1$） $\xi=\dfrac{24}{Re_t}$ (4-3)

② 过渡区或艾伦区（$1<Re_t\leqslant 10^3$） $\xi=\dfrac{18.5}{Re_t^{0.6}}$ (4-4)

③ 湍流区或牛顿区（$10^3<Re_t<2\times 10^5$） $\xi=0.44$ (4-5)

(2) 沉降速度的计算

将不同沉降区域的阻力系数 ξ 的计算式代入式(4-2)，即可获得颗粒在不同沉降区域中的自由沉降速度 u_t 的计算公式。

① 层流区

$$u_t=\frac{g d_s^2(\rho_s-\rho)}{18\mu} \tag{4-6}$$

式(4-6) 又称斯托克斯公式。

② 过渡区

$$u_t=0.153\left[\frac{g d_s^{1.6}(\rho_s-\rho)}{\rho^{0.4}\mu^{0.6}}\right]^{1/1.4} \tag{4-7}$$

式(4-7) 又称艾伦公式。

③ 湍流区

$$u_t=1.74\sqrt{\frac{d_s(\rho_s-\rho)g}{\rho}} \tag{4-8}$$

式(4-8) 又称牛顿公式。

球形颗粒在流体中的沉降速度可根据不同流型，分别选用上述三式进行计算。由于沉降操作涉及的颗粒直径都较小，沉降通常处于层流区，因此斯托克斯公式应用较多。

计算沉降速度 u_t 时，首先要根据 Re_t 判断流型，才能选用相应的计算公式。但是，Re_t 中含有待求的沉降速度 u_t，所以 u_t 的计算需采用试差法。先假设沉降属于某一流型（例如层流区），选用相应公式计算 u_t，然后用 u_t 计算 Re_t，检验是否在原假设的流型区域内。如果与原假设一致，则计算的 u_t 有效。否则，按计算的 Re_t 值的范围重新假设流型，另选相应的计算公式求 u_t，直到用 u_t 计算的 Re_t 值在假设的流型区域内为止。

【例 4-1】 已知固体颗粒的密度为 2600kg/m^3，大气压强为 $1.013\times 10^5\text{Pa}$，试求直径为 $30\mu\text{m}$ 的球形颗粒在 30℃大气中的自由沉降速度。

解 由手册查取，30℃、0.1MPa 空气的物理性质

密度 $\rho=1.165\text{kg/m}^3$；黏度 $\mu=1.86\times 10^{-5}\text{Pa}\cdot\text{s}$

假设沉降处于层流区，由式 (4-6) 得

$$u_t=\frac{d_s^2(\rho_s-\rho)g}{18\mu}=\frac{(30\times 10^{-6})^2\times(2600-1.165)\times 9.81}{18\times 1.86\times 10^{-5}}\text{m/s}=0.0685\text{m/s}$$

校核 Re_t

$$Re_t=\frac{d_s u_t \rho}{\mu}=\frac{30\times 10^{-6}\times 0.0685\times 1.165}{1.86\times 10^{-5}}=0.13<1$$

与假设相符，计算结果有效，$u_t=0.0685\text{m/s}$。

(3) 影响沉降速度的其他因素

① 干扰沉降　当流体中颗粒浓度较大时，颗粒沉降时彼此影响，这种沉降称为干扰沉降。干扰沉降的速度比自由沉降要小。

② 壁面效应　当颗粒在靠近器壁的位置沉降时，由于器壁的影响，其沉降速度较自由沉降速度小，这种影响称为壁面效应。

4.1.2　离心沉降原理及影响因素

依靠离心力的作用实现的沉降过程称为离心沉降。由前节的重力沉降可知，当颗粒较小时，其沉降速度小，需要较大的沉降设备，为了提高生产能力，可采用离心沉降，离心力可以比重力大千倍至万倍。

如图 4-2 所示，以角速度 ω 旋转的圆筒内装有悬浮液，悬浮液的密度为 ρ，黏度为 μ，悬浮液中的颗粒为球形颗粒，密度为 ρ_s，直径为 d_s，质量为 m。筒内液体与圆筒具有相同的转数，液体将处于离心力场中，颗粒受到离心力、向心力、阻力作用。离心力 F_c 的方向径向向外，向心力 F_b 相当于重力场中的浮力，其方向为沿半径指向旋转中心。颗粒在离心力的作用下在径向上流体发生相对运动而飞离中心，必然存在着与离心力方向相反的阻力，因此阻力 F_d 的方向为沿半径指向中心。当 F_c、F_b、F_d 三力达到平衡，有

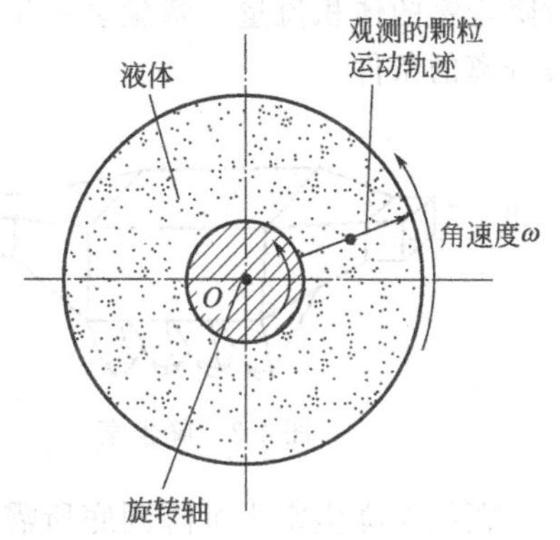

图 4-2　转筒内颗粒的运动情况

$$\sum F = F_c - F_b - F_d = 0$$

假设颗粒与圆心的距离为 r，此时 u_r 称为颗粒的离心沉降速度，其计算公式为

$$u_r = \sqrt{\frac{4d_s(\rho_s-\rho)}{3\xi\rho} r\omega^2} \tag{4-9}$$

将上式与重力沉降速度公式(4-2) 比较可知，颗粒的离心沉降速度 u_r 的计算式与重力沉降速度 u_t 的计算式具有相似的关系，只是将式(4-2) 中的重力加速度 g 换成了离心加速度 $r\omega^2$，离心沉降的方向径向向外，重力沉降的方向向下，u_r 与 u_t 还有一个更重要的区别，离心沉降速度 u_r 随旋转半径而变化，而重力沉降速度 u_t 则是恒定值。

采用离心沉降的颗粒较小，颗粒沉降一般处于层流区，阻力系数 $\xi = \frac{24}{Re}$ 代入式(4-9)，得到层流区的离心沉降速度公式

$$u_r = \frac{d_s^2(\rho_s-\rho)}{18\mu} r\omega^2 \tag{4-10}$$

将式(4-6) 与式(4-10) 相比可知，同一颗粒在相同介质中的离心沉降速度与重力沉降速度的比值为

$$\frac{u_r}{u_t} = \frac{r\omega^2}{g} = K_c \tag{4-11}$$

比值 K_c 是粒子所在位置上的惯性离心力场强度与重力场强度之比，称为离心分离因数。离心分离因数是离心分离设备的重要指标，某些高速离心机离心分离因数 K_c 值可高达数十万。例如旋转半径 $r=0.3\text{m}$，转速为 $n=600\text{r/min}$，分离因数为

$$K_c = \frac{r\omega^2}{g} = \frac{r(2\pi n/60)^2}{g} = \frac{0.3\times(2\times3.14\times600/60)^2}{9.81} = 120$$

上式表明颗粒在上述条件下的离心沉降速度是重力沉降速度的120倍，可以看出离心沉降设备的分离效果远高于重力沉降。离心沉降一般处理直径小于50μm的颗粒。

4.1.3 重力和离心沉降设备

(1) 降尘室

降尘室是依靠重力沉降从含尘气体中分离出尘粒的设备，常见的降尘室如图4-3所示。含尘气体进入降尘室后，颗粒随气流向出口流动，水平流速为u，同时向下沉降，沉降速度为u_t。只要颗粒能够在气体通过降尘室的时间内降至室底，便可从气流中分离出来。图4-4表示了颗粒在降尘室中的运动情况。设降尘室的长为L，宽度为b，高度为H，含尘气体通过降尘室的体积流量（降尘室的生产能力）为q_V。现在讨论直径为d_s的球形颗粒在降尘室被分离的条件。

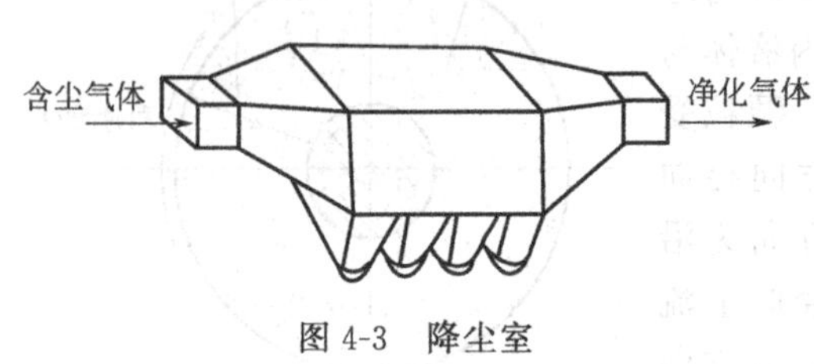

图4-3 降尘室

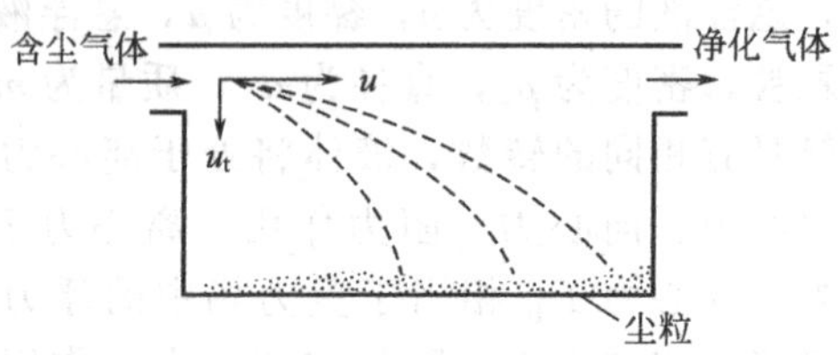

图4-4 降尘室中颗粒运动情况

颗粒在降尘室中沉降到底所需时间为

$$\tau_t=\frac{H}{u_t} \tag{4-12}$$

颗粒在降尘室中的停留时间为

$$\tau=\frac{L}{u} \tag{4-13}$$

水平流速为

$$u=\frac{q_V}{Hb} \tag{4-14}$$

故

$$\tau=\frac{LHb}{q_V} \tag{4-15}$$

颗粒被分离的条件为

$$\tau \geqslant \tau_t \quad 或 \quad \frac{LHb}{q_V} \geqslant \frac{H}{u_t}$$

即

$$q_V \leqslant Lbu_t \tag{4-16}$$

式(4-16)表明，降尘室的生产能力q_V仅与其底面积L_b及颗粒的沉降速度u_t有关，而与降尘室的高度H无关。所以降尘室一般采用扁平的几何形状，或在室内加多层水平隔板，构成多层降尘室，如图4-5所示。含尘气体经气体分配道进入隔板缝隙，隔板间距通常为40～100mm，进、出口气量可通过流量调节阀调节；流动中颗粒沉降在隔板的表面，清洁气体自隔板出口经气体集聚道汇集后再由出口气道排出。

若降尘室内设置n层水平隔板，则层数为$N=n+1$，生产能力为

$$q_V \leqslant NLbu_t \tag{4-17}$$

若在各种颗粒中，有一种颗粒刚好满足$\tau=\tau_t$的条件，此粒径称为降尘室能100%除去的最小粒径，称为临界粒径，用d_{pc}表示，此时的沉降速度称为临界沉降速度，用u_{tc}表示：

$$q_V=Lbu_{tc} \tag{4-18}$$

临界沉降速度为

$$u_{tc}=\frac{q_V}{Lb} \tag{4-19}$$

当沉降处于层流区时，将式(4-19)代入式(4-6)，可得临界粒径

$$d_{pc}=\sqrt{\frac{18\mu}{(\rho_s-\rho)g}\times\frac{q_V}{Lb}} \tag{4-20}$$

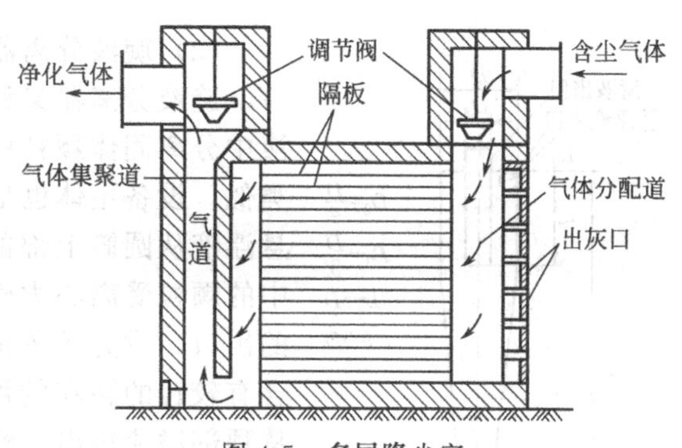

图 4-5　多层降尘室

降尘室结构简单，流动阻力小，但体积庞大，分离效率低，通常只适用于分离粒径大于 75μm 的粗粒，一般作为预除尘用。多层降尘室虽能分离较细的颗粒且节省占地面积，但清灰比较麻烦。

(2) 旋风分离器

旋风分离器是利用惯性离心力作用净制气体的设备，其结构简单，没有活动部件，制造方便，分离效率高，并可用于高温含尘气体的分离，所以在化工、轻工机械、冶金等行业得到广泛应用。

图 4-6 所示的为标准旋风分离器，上部为带有切向入口的圆筒，下部为圆锥形。各部分尺寸均与圆筒直径成比例。含尘气体以 15～20m/s 的速度由圆筒上部的进气管切向进入，受到器壁的约束由上向下作螺旋运动，在惯性离心力的作用下，颗粒被甩到器壁，沿壁面落至锥底的排灰口排出而与气体分离。净化后的气体在中心轴附近由下向上作螺旋运动，最后由顶部排气管排出。图 4-7 表示气流在分离器内的运动情况。通常，将下行的螺旋形气流称为外旋流，上行的螺旋形气流称为内旋流（又称气心）。内、外旋流的旋转方向相反。

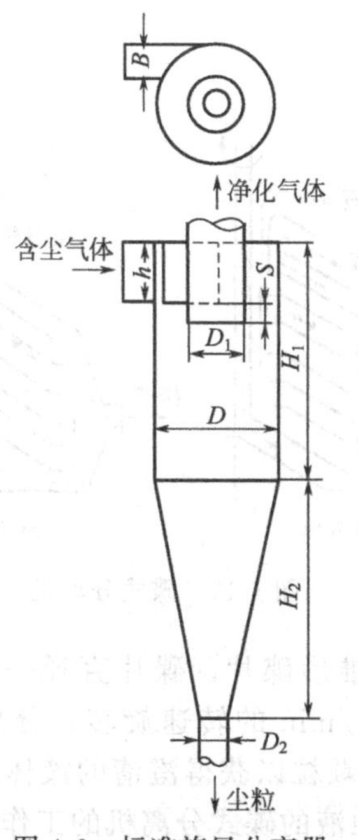

图 4-6　标准旋风分离器

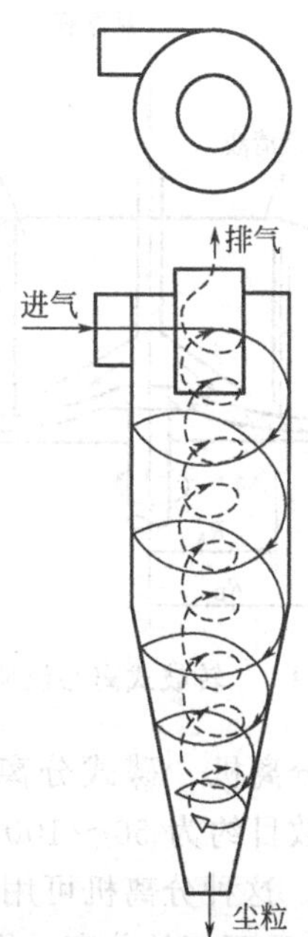

图 4-7　气体在旋风分离器内的运动情况

旋风分离器一般用于除去气流中直径为 5～50μm 的颗粒。对于直径在 200μm 以上的大颗粒，最好选用重力沉降法除去大颗粒，以减少其对旋风分离器器壁的磨损，旋风分离器不适用于处理黏性大、含湿量高、腐蚀性较强的粉尘。

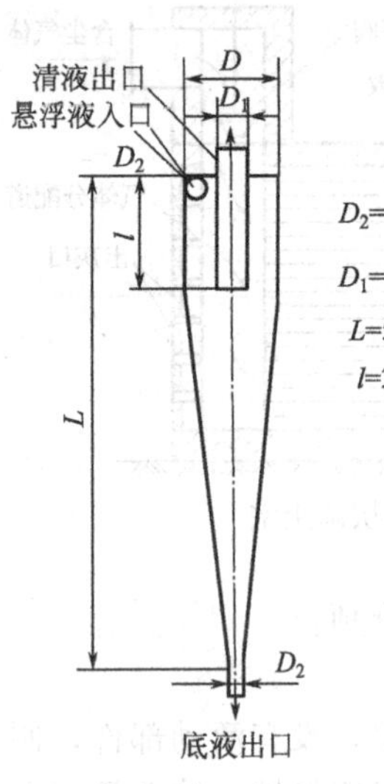

图 4-8　旋液分离器

(3) 旋液分离器

旋液分离器又称水力旋流器，是利用离心沉降原理从悬浮液中分离固体颗粒的设备，它的结构及操作原理与旋风分离器类似。设备主体也是由圆筒和圆锥两部分组成，如图 4-8 所示。悬浮液从圆筒上部的切向入口进入器内，旋转向下流动。液流中的颗粒受离心力作用，沉降到器壁，并随液流下降到锥形底的出口，成为较稠的悬浮液而排出，称为底流。澄清的液体或含有较轻的颗粒的液体，则形成向上的内旋流，经上部中心管从顶部溢流排出，称为溢流。

旋液分离器的结构特点是圆筒部分短而圆锥部分长，这样的结构有利于液固的分离。旋液分离器的圆筒直径一般为 75～300mm，悬浮液进口速度一般为 5～15m/s，压力损失约为 50～200kPa，分离的颗粒直径约为 10～40μm。

(4) 离心沉降机

离心沉降机用于液体非均相混合物（乳浊液或悬浮液）的分离，与旋流器比较，它有转动部件，转速可以根据需要任意增加，对于难分离的混合物可以采用转速高、离心分离因数大的设备。

① 转鼓式离心沉降机　图 4-9 为转鼓式离心沉降机的转鼓示意图。它的主体是上面带有翻边的圆筒，由中心轴带动其高速旋转，由于惯性离心力的作用，筒内液体形成环柱体，这样悬浮液从底部进入，同时受离心力的作用向筒壁沉降，如果颗粒随液体到达顶端以前沉到筒壁，即可从液体中除去，否则仍随液体流出。

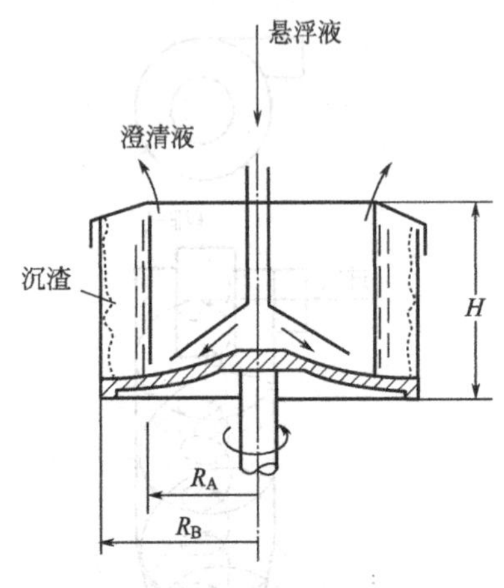

图 4-9　转鼓式离心沉降机

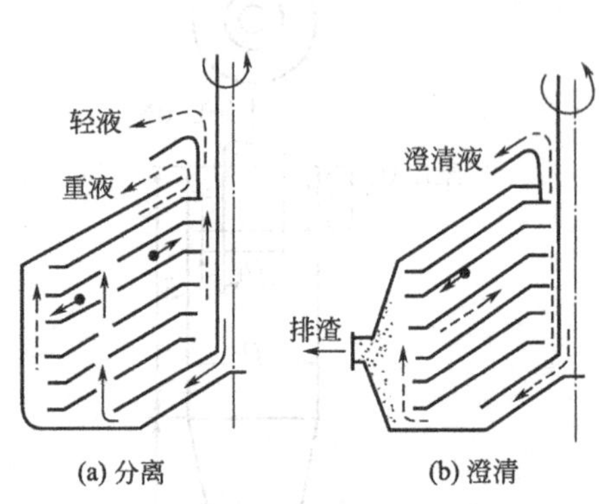

图 4-10　碟式分离机

② 碟式分离机　碟式分离机的转鼓内装有许多倒锥形碟片，碟片直径一般为 0.2～0.6m，碟片数目约为 50～100 片，转鼓以 4700～8500r/min 的转速旋转，分离因数可达 4000～10000。这种分离机可用作澄清悬浮液中少量细小颗粒以获得澄清的液体，也可用于乳浊液中轻、重两相的分离。图 4-10(a) 为用于分离乳浊液的碟式分离机的工作原理。料液由空心转轴顶部进入后流到碟片组的底部，碟片上带有小孔，料液通过小孔分配到各碟片通道之间。在离心力作用下，重液逐步沉于每一碟片的下方并向转鼓外缘移动，经汇集后由重液出口连续排出。轻液则流向轴心由轻液出口排出。图 4-10(b) 为用于澄清液体的碟式分离机的工作原理。这种分离机的碟片上不开孔，料液从转动碟片的四周进入碟片间的通道并

向轴心流动。同时固体颗粒则逐渐向每一碟片的下方沉降，并在离心力作用下向碟片外缘移动，沉积在转鼓内壁的沉渣可在停车后用人工卸除或间歇地用液压装置自动地排除。重液出口用垫圈堵住，澄清液体由轻液出口排出。人工卸渣要停车清洗，故只适用于含固量<1%的悬浮液。

4.2　过滤

过滤是分离悬浮液最有效的单元操作之一，与沉降相比，过滤操作可使悬浮液的分离更迅速、更彻底。在某些场合下，过滤是沉降的后继操作。

4.2.1　过滤的基本概念和原理

过滤是以某种多孔性物质为介质，在外力作用下，使悬浮液中的液体通过介质的孔道，而固体颗粒被截留在介质上，从而实现悬浮液中固液分离的操作。如图 4-11 所示，过滤操作采用的多孔物质称为过滤介质，所处理的悬浮液称为滤浆或料浆，通过介质孔道的液体称为滤液，被介质截留的固体颗粒层称为滤饼或滤渣。

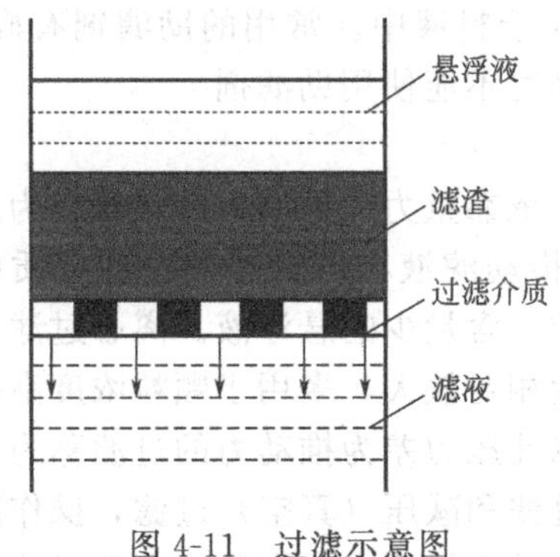

图 4-11　过滤示意图

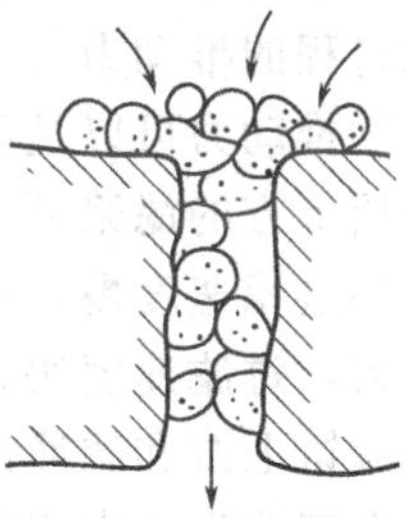

图 4-12　架桥现象

(1) 过滤方式

工业上将过滤分为两大类，即饼层过滤（也称表面过滤）和深床过滤。

饼层过滤时悬浮液置于过滤介质的一侧，过滤介质常采用的是多孔性织物，网孔的尺寸有可能大于悬浮液中颗粒的直径，因此，在过滤初始阶段，会有部分颗粒穿过过滤介质的孔道而进入滤液中，也会有部分颗粒进入介质孔道中发生“架桥”现象，如图 4-12 所示，随着过滤的进行，在介质上形成一个滤渣层，称为滤饼。不断增厚的滤饼才是真正的、有效的过滤介质，这时穿过滤饼的液体才变成澄清的滤液。因此，通常过滤开始阶段得到的浑浊滤液，需在滤饼形成之后返回重新过滤。

深床过滤采用沙子等堆积介质作为过滤介质，介质层一般较厚，在介质层内部构成长而曲折的通道，通道的尺寸大于颗粒的直径。过滤时，颗粒随液体进入介质孔道，在惯性和扩散作用下，进入通道的固体颗粒靠静电与表面力附着其上。深床过滤常用于颗粒浓度小（体积分数<0.1%）的场合。

(2) 过滤介质

过滤介质是滤饼的支撑物，应具有足够的机械强度、稳定的物理化学性质、相应的耐腐蚀性和耐热性。

工业上常用的过滤介质主要有以下几类：

① 织物介质（又称滤布）　包括由棉、毛、丝、麻等天然纤维及合成纤维制成的织物，

此外还有用金属丝织成的网。这类介质能截留的颗粒的粒径范围为5～65μm。织物介质薄，阻力小，清洗与更新方便，价格比较便宜，是工业上应用最广泛的过滤介质。

② 堆积介质　由各种固体颗粒（细砂、木炭、石棉、硅藻土）或非编织纤维等堆积而成，多用于深床过滤中。

③ 多孔固体介质　由很多微细孔道的固体材料构成，如多孔陶瓷、多孔塑料及多孔金属制成的管或板，这类介质较厚，孔道细，阻力较大，能拦截1～3μm的微细颗粒。

(3) 滤饼的压缩性和助滤剂

若悬浮液中的颗粒具有一定的刚性，所形成的滤饼不受操作压差的增大而变形，这种滤饼称为不可压缩性滤饼；若悬浮液中颗粒比较软，所形成的滤饼在压差的作用下变形，使滤饼中流动通道变小，阻力增大，这种滤饼称为可压缩性滤饼。此外，如悬浮液含有很细的颗粒，它们可能进入过滤介质的孔隙，使介质的孔隙减小，阻力增加，同时细颗粒形成的滤饼阻力也大。对于这两种情况，可采用加入助滤剂的方法。助滤剂是一些不可压缩的粒状或纤维状固体，它的加入可以改变滤饼结构，提高刚性，增加孔隙，减少流动阻力。加入助滤剂可以有两种方法，一是预除。用助滤剂配成悬浮液，在正式过滤前用它进行过滤，在过滤介质上形成一层由助滤剂组成的滤饼，然后再进行过滤。二是将助滤剂混在滤浆中一起过滤。这种方法要求助滤剂不能污染滤液，粒度适当，能悬浮于料液中。常用的助滤剂有硅藻土、石棉、炭粉、纸浆粉等。必须指出的是当滤饼作为产品时不能使用助滤剂。

(4) 过滤过程的推动力

过滤过程的推动力可以是重力、离心力或压力差。依靠重力为推动力的过滤称为重力过滤。它是以饼层上方的滤浆所具有的重力为推动力来推动滤液在滤饼层及过滤介质中流动的。重力过滤的过滤速度慢，仅适用于小规模、大颗粒、含量少的悬浮液。离心过滤是以离心力作为推动力，过滤速度快，但设备投资、动力消耗相对较大，多用于颗粒浓度高的悬浮液。人为地在滤饼上游和滤液出口间造成压力差，并以此压力差为推动力的过滤称为压差过滤。压差过滤在工业生产中应用最为广泛，分为加压过滤和减压（真空）过滤，操作压差可根据生产需要进行调节。在整个过滤过程中，若操作压差维持不变，则称为恒压过滤。

过滤操作存在一定的周期性，一般由过滤、洗涤、卸渣、复原等基本环节组成。

4.2.2 过滤设备

工业生产需要分离的悬浮液种类很多，性质差别较大，过滤目的、生产能力各不相同，因此，工业上使用的过滤设备有多种类型。按操作方式可分为连续式和间歇式两大类；按照产生压差的方式不同，可分为压滤、吸滤、离心过滤机。

下面介绍几种常用的过滤设备。

(1) 板框压滤机

板框压滤机在工业生产中应用最早，至今仍沿用不衰。如图4-13所示，它由多块带有凸凹纹路的滤板和滤框交替排列而成，用支架架在横梁上，用压紧装置压紧。滤板和滤框通常为正方形，如图4-14所示，板和框的角端均开有圆孔，装合、压紧后即构成滤浆、滤液或洗涤水的通道。框的两侧覆以滤布，空框与滤布围成了容纳滤浆及滤饼的空间。板又分为洗涤板与过滤板两种，为了便于区别，常在板、框外侧铸小钮，过滤板为一钮，框为二钮，洗涤板为三钮。装合时即按1—2—3—2—1—2—3…的顺序排列板与框。压紧装置可以是手动、电动或液压传动等方式。

过滤时，滤浆在操作压力下由滤浆通道经滤框角端的暗孔进入框内，滤液分别横穿过两侧滤布，再经相邻板流到滤液出口排走，固体颗粒则被截留于框内，如图4-15(a)所示，待

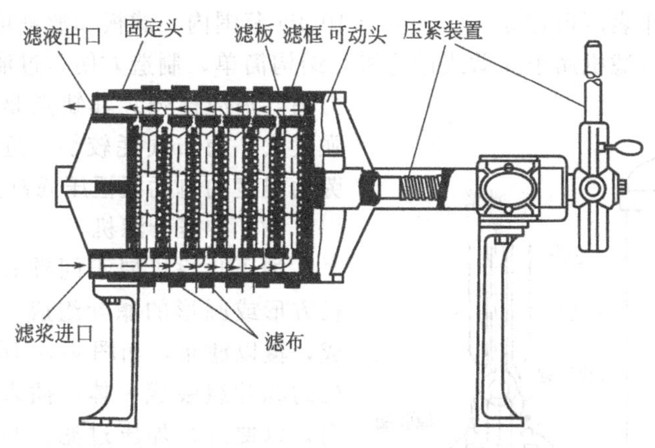

图 4-13 板框压滤机

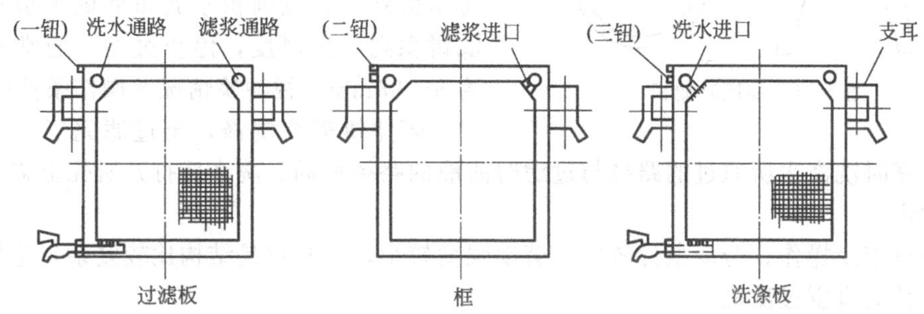

图 4-14 滤板和滤框图

滤饼充满滤框后，即停止过滤，滤液排出方式有明流与暗流之分，若滤液经由每块滤板底部侧管直接排出，称为明流。若滤液不宜暴露在空气中，可将各板流出的滤液汇集于总管排出，称为暗流。

如果滤饼需要洗涤，将洗涤水压入到洗水通道，经由洗涤板角端的暗孔进入板面与滤布之间。此时应关闭洗涤板底部的滤液出口，洗涤在压差作用下横穿过一层滤布及整个厚度的滤饼，然后再横穿另一层滤布，最后由过滤板底部的滤液出口排出，如图 4-15(b) 所示。很显然，洗涤与过滤时液体所走路径是不同的，过滤时的面积是洗涤的 2 倍，而过滤时滤液经过的滤饼厚度仅为洗涤时的一半。洗涤结束后，旋开压紧装置并将板框拉开，卸出滤饼，清洗滤布，重新组合，进入下一个操作循环。

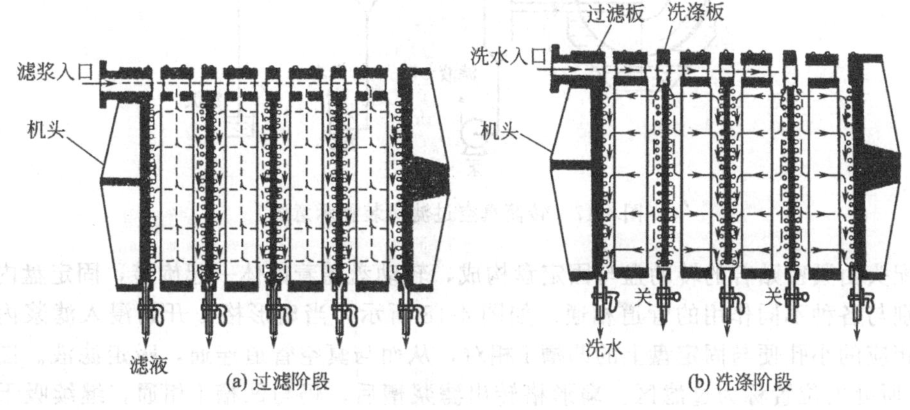

图 4-15 板框压滤机内液体流动路径

板框压滤机操作表压可在 $3\times10^5\sim15\times10^5$Pa 范围内。滤板和滤框可由金属材料、塑料及木材制造。板框压滤机属于间歇式过滤机，结构简单，制造方便，过滤面积较大，操作压力高，适应性强。其缺点是生产效率低，劳动强度大，滤布损耗较快。近几年已出现可减轻劳动强度的自动板框压滤机。

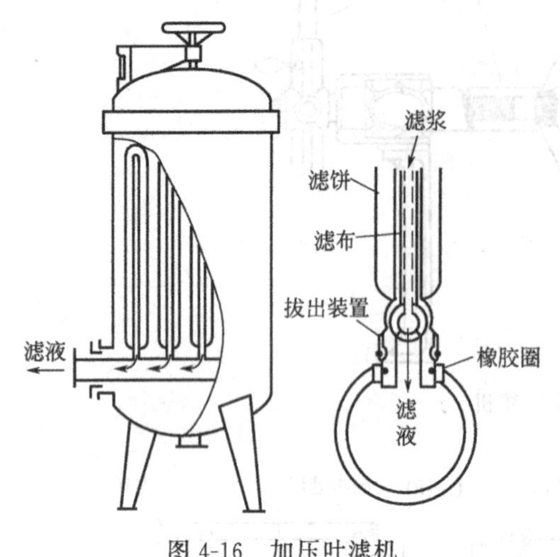

图 4-16 加压叶滤机

(2) 加压叶滤机

加压叶滤机属于间歇式过滤机，主要是由长方形或圆形的滤叶组成。滤叶由金属丝网制成，覆以滤布，如图 4-16 所示，若干块平行排列的滤叶组装成一体，插入盛滤浆的密闭机壳内，以便进行加压过滤。滤浆用泵压送到机壳内，滤液穿过滤布进入滤叶内，汇集至总管后排出机外，颗粒则积于滤布外侧形成滤饼。当滤饼积到一定厚度，停止过滤。通常滤饼厚度为 5～35mm，视滤浆情况及操作条件而定。

若滤饼需要洗涤，于过滤完毕后，通入洗涤水。洗涤时洗涤水所通过的路径与过滤时滤液的路径相同。洗涤后打开机壳上盖，拔出滤叶卸除滤饼。

叶滤机密闭操作，劳动条件较好，劳动强度较小，其缺点是结构比较复杂，造价较高。

(3) 转筒真空过滤机

转筒真空过滤机是一种连续操作的过滤机械，广泛应用于各种工业中。设备的主体是一个能转动的水平圆筒，其表面有一层金属网，网上覆盖滤布，筒的下部浸入滤浆中，如图 4-17 所示。圆筒沿径向分隔成若干扇形格，每格都有单独的孔道通至分配头上。圆筒转动时，凭借分配头的作用使这些孔道依次分别与真空管及压缩空气管相通，因而在回转一周的过程中每个扇形格表面即可顺序进行过滤、洗涤、吹松、卸饼等项操作。

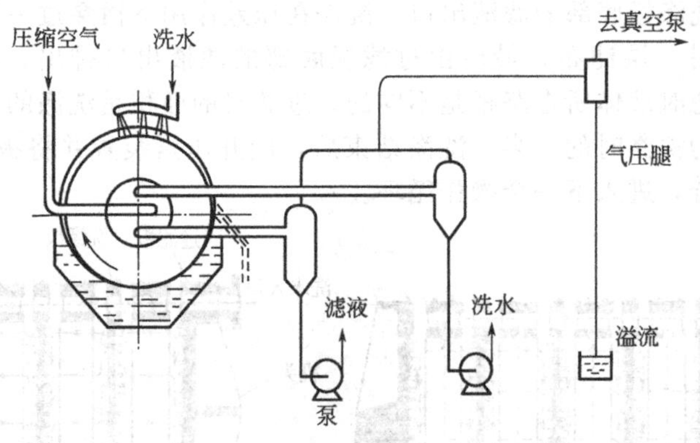

图 4-17 转筒真空过滤机装置示意图

分配头由紧密贴合的转动盘与固定盘构成，转动盘随着筒体一起旋转，固定盘内侧面各凹槽分别与各种不同作用的管道相通。如图 4-18 所示，当扇形格 1 开始浸入滤浆内时，转动盘上相应的小孔便与固定盘上的凹槽 f 相对，从而与真空管道连通，吸走滤液。图上扇形格 1～7 所处的位置称为过滤区。扇形格转出滤浆槽后，仍与凹槽 f 相通，继续吸干残留在滤饼中的滤液。扇形格 8～10 所处的位置称为吸干区。扇形格转至 12 的位置时，洗涤水喷洒于滤饼上，此时扇形格与固定盘上的凹槽 g 相通，经另一真空管道吸走洗水。扇形格 12、13 所处的位置称为洗涤区。扇形格 11 对应于固定盘上凹槽 f 与 g 之间，不与任何管道相连通，该位置称为不工作区。当扇形格由一区转入另一区时，因有不工作区的存在，方使操作区不致相互串通。扇形格 14 的位置为吸干区，15 为不工作区。扇形格 16、17 与固定盘凹槽 h 相通，再与压缩空气管道相连，压缩空气从内向外穿过滤布而将滤饼吹松，随后由刮刀将滤饼卸除。扇形格 16、17 的位置称为吹松区及卸料区，18 为不工作区。如此连续运转，整个转筒表面上构成了连续的过滤操作。

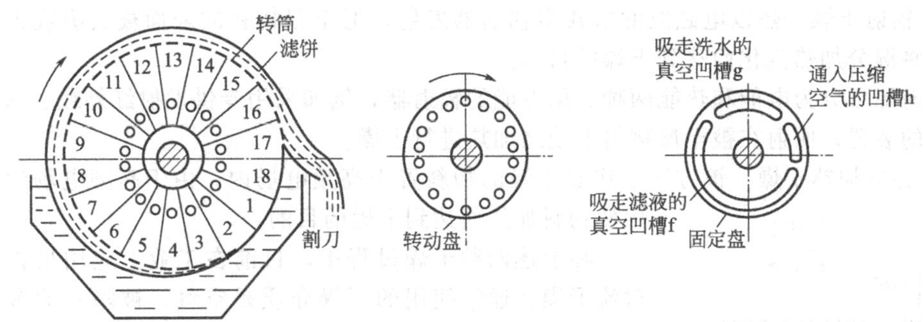

图 4-18　转筒及分配头的结构

转筒的过滤面积一般为 5～40m^2，浸没部分占总面积的 30%～40%。转速可在一定范围内调整，通常为 0.1～3r/min。滤饼厚度一般保持在 40mm 以内，转筒过滤机所得滤饼中的液体含量很少低于 10%，常可达 30%左右。

转筒真空过滤机能连续自动操作，节省人力，生产能力大，特别适宜于处理量大而容易过滤的料浆，对难以过滤的胶体物系或细微颗粒的悬浮液，若采用预涂助滤剂措施也比较方便。该过滤机附属设备较多，投资费用高，过滤面积不大。此外，由于它是真空操作，因而过滤推动力有限，尤其不能过滤温度较高（饱和蒸气压高）的滤浆，滤饼的洗涤也不充分。

4.3　干燥

4.3.1　概述

（1）干燥及其分类

用加热的方法使水分或其他溶剂汽化，借此来除去固体物料中湿分的操作，称为固体物料的干燥。干燥的目的是为了使物料便于运输、加工处理、储藏和使用。例如，聚氯乙烯的含水量须低于 0.2%，否则在其制品中将有气泡生成；抗生素的含水量太高，则会影响其使用期限等等。在其他部门如农副产品的加工、造纸、纺织、制革、木材加工和食品工业中，干燥都是必不可少的操作。

按操作的压力不同，干燥可分为常压干燥和真空干燥。真空干燥温度较低，适合于热敏性、易氧化或要求产品含湿量极低物料的干燥。

按操作方式来分，干燥操作又可分为连续干燥和间歇干燥。连续式的优点是生产能力大，热效率高、劳动条件比间歇式好又能得到较均匀的产品。间歇式的优点是基建费用较低，操作控制方便，适应于处理小批量、多品种或要求干燥时间较长的物料。

按照热能传给湿物料的方式，干燥又可分为传导干燥、对流干燥、辐射干燥和介电加热干燥，以及由其中两种或三种方式组成的联合干燥。

① 传导干燥　又称为间接加热干燥。利用热传导的方式将热量通过金属壁传给湿物料，使湿物料中的湿分汽化，并由周围的气流带走。该种方式的特点是：热能利用程度较高，但与金属壁面接触的物料在干燥时易形成过热变质。

② 对流干燥　又称为直接加热干燥。载热体（干燥介质）将热能以对流的方式向物料传递热量，湿物料中湿分汽化，并将湿气带走。特点是：干燥介质通常为热空气，因热空气的温度易调节，物料不易过热。但热空气离开干燥器时，将相当大的一部分热量带走，故热能利用程度比传导干燥差。

③ 辐射干燥　热以电磁波的形式由辐射器发射，射至湿物料的表面被其吸收再转变为热能，将湿分加热汽化而达到干燥的目的。

辐射源可分为电能和热能两种。用电能的辐射器，例如采用专供发射红外线、远红外线或微波的装置，照射在被干燥物料上使之加热进行干燥。

④ 介电加热干燥　该方法是将要干燥的物料置于高频电场内，由于高频电场的交变作用使物料加热而达到干燥的目的。

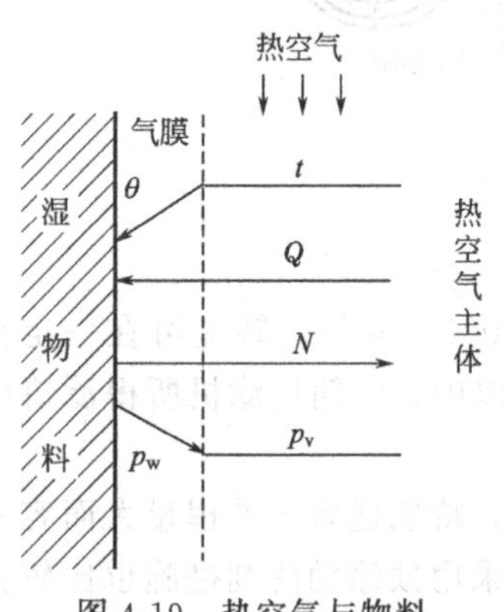

图 4-19　热空气与物料间的传热与传质

在上述四种干燥过程中，目前在工业上应用最普遍的是对流干燥。通常使用的干燥介质是空气，被除去的湿分是水分。本章以对流干燥为主要讨论内容，且仅限于以热空气为干燥介质和除去的湿分为水。

(2) 对流干燥过程的传热与传质

如图 4-19 所示，在对流干燥过程中，干燥介质热空气将热量 Q 传至物料表面，再由表面传至物料的内部，这是一个传热过程。传热的推动力为空气温度 t 与物料表面温度 θ 的温度差 $\Delta t = t - \theta$。同时，气流中的水汽分压 p_v 低于湿物料表面水的分压 p_w，水分汽化并通过物料表面的气膜扩散至热空气的主体，这是一个传质过程。传质的推动力为 $\Delta p_v = p_w - p_v$。由此可见，物料的干燥过程是属于传热和传质相结合的过程。

干燥过程进行的条件：必须使被干燥物料表面所产生水汽（或其他蒸气）的压力大于干燥介质中水汽（或其他蒸气）的分压，压差越大，干燥过程进行越快。所以干燥介质须及时将汽化的水汽带走，以保持一定的传质推动力。

4.3.2 湿空气的性质

在对流干燥过程中，最常用的干燥介质是湿空气，湿空气是干空气和水汽的混合物。将湿空气预热成热空气后与湿物料进行热量与质量交换，可见湿空气既是载热体，也是载湿体。在干燥过程中，湿空气的水汽含量、温度及焓等性质都会发生变化。因此要了解表示湿空气性质或状态的参数，如湿度、相对湿度、干球温度、湿球温度以及露点等的物理意义。

(1) 湿度

湿度又称为湿含量或绝对湿度，它以湿空气中所含水蒸气的质量与绝对干空气的质量之比表示，符号为 H，其单位为 kg 水/kg 干空气。湿度可由水蒸气分压来进行计算。

$$H = 0.622 \times \frac{p_v}{p - p_v} \tag{4-21}$$

式中　p_v——水蒸气分压，kPa；

p——湿空气总压，kPa。

（2）相对湿度 φ

在一定温度及总压下，湿空气的水汽分压 p_v 与同温度下水的饱和蒸气压 p_s 之比的百分数，称为相对湿度，用符号 φ 表示，即

$$\varphi=\frac{p_v}{p_s}\times 100\% \tag{4-22}$$

当相对湿度 $\varphi=1$ 时，表示湿空气中的水汽已达到饱和，此时水汽的分压为同温度下水的饱和蒸气压，亦即湿空气中水汽分压的最高值。相对湿度 φ 越低，则距饱和程度越远，表示该湿空气的吸收水汽能力越强。故湿度 H 只能表示出水汽含量的绝对值，而相对湿度 φ 值却能反映湿空气吸收水汽的能力。

（3）干球温度和湿球温度

图 4-20 为干、湿球温度计的示意图。温度计的感温球露在空气中，称为干球温度计，所测得的温度为空气的干球温度，也是空气的真实温度。

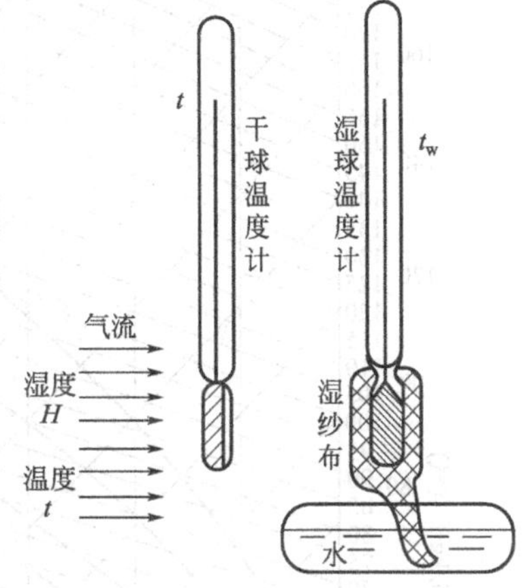

图 4-20　干、湿球温度计

温度计的感温球用纱布包裹，纱布用水保持湿润，这支温度计称为湿球温度计，它在空气中所达到的平衡或稳定的温度称空气的湿球温度，用符号 t_w 表示。不饱和空气的湿球温度 t_w 低于干球温度 t。

用湿球温度计测定空气湿球温度的机理如下：设有大量的不饱和空气，其温度为 t，水汽分压为 p_v，湿度为 H。该空气以高速（通常气速>5m/s，以减少辐射和热传导的影响）通过湿球温度计的湿纱布表面。若开始时设湿纱布水分的初温高于空气的露点，则纱布表面的水蒸气压比空气中水汽分压高，水分便自湿纱布表面汽化，并扩散至空气主体中去，汽化水分所需的潜热，首先只能取自湿纱布中水的显热，因而使水温下降。当水温低于空气的干球温度时，热量则由空气传向纱布中的水分，其传热速率随着两者温差增大而增大，当由空气传入纱布的传热速率恰好等于自纱布表面汽化水分需的传热速率时，则两者达到平衡状态，这时湿纱布中的水温即保持恒定，称该恒定或平衡的温度为该空气的湿球温度。因湿空气的流量大，在流过湿纱布表面时可认为其温度和湿度均不改变。应指出的是：湿球温度实际上是湿纱布中水分的温度，而并不代表空气的真实温度，但它的高低是由湿空气的温度、湿度所决定，而与湿纱布水分的初始温度无关。对于某一定干球温度的湿空气，其相应的温度越低，湿球温度值越低。而对于饱和湿空气而言，其湿球温度与干球温度相等。

（4）露点

不饱和的湿空气在湿含量不变的情况下冷却，达到饱和状态时的温度，称为该湿空气的露点，用符号 t_d 表示。露点是湿空气的一个物理性质，当达到露点时，空气的湿度为饱和湿度。

当空气从露点继续冷却时，其中部分水蒸气便会以水的形式凝结出来。

4.3.3　湿空气的湿度图

表示湿空气性质的各项参数（p_v、t、φ、t_w），只要规定其中两个互相独立的参数，湿空气状态即被确定。确定参数的方法非常烦琐而且有时需要用试差法求解。工程上为了方便起见，用算图的形式来表示湿空气各项性质之间的关系。下面介绍工程上常用的一种湿度图。

(1) 湿度图的构造

如图 4-21 所示湿度图是根据总压 $p=101.3\text{kPa}$ 为基础而标绘的。为了避免图中许多线条挤在一起而难以读出数据，故两轴采用斜角坐标系，其间夹角为135°。又为了便于读取湿度数据，将横轴上湿度的数值投影于与纵轴正交的辅助水平轴上。图中共有 5 种线，图上任一点都代表一定温度和湿度的湿空气状态。现简单介绍图上的等湿度线、等温线、等相对湿度线和水蒸气分压线。

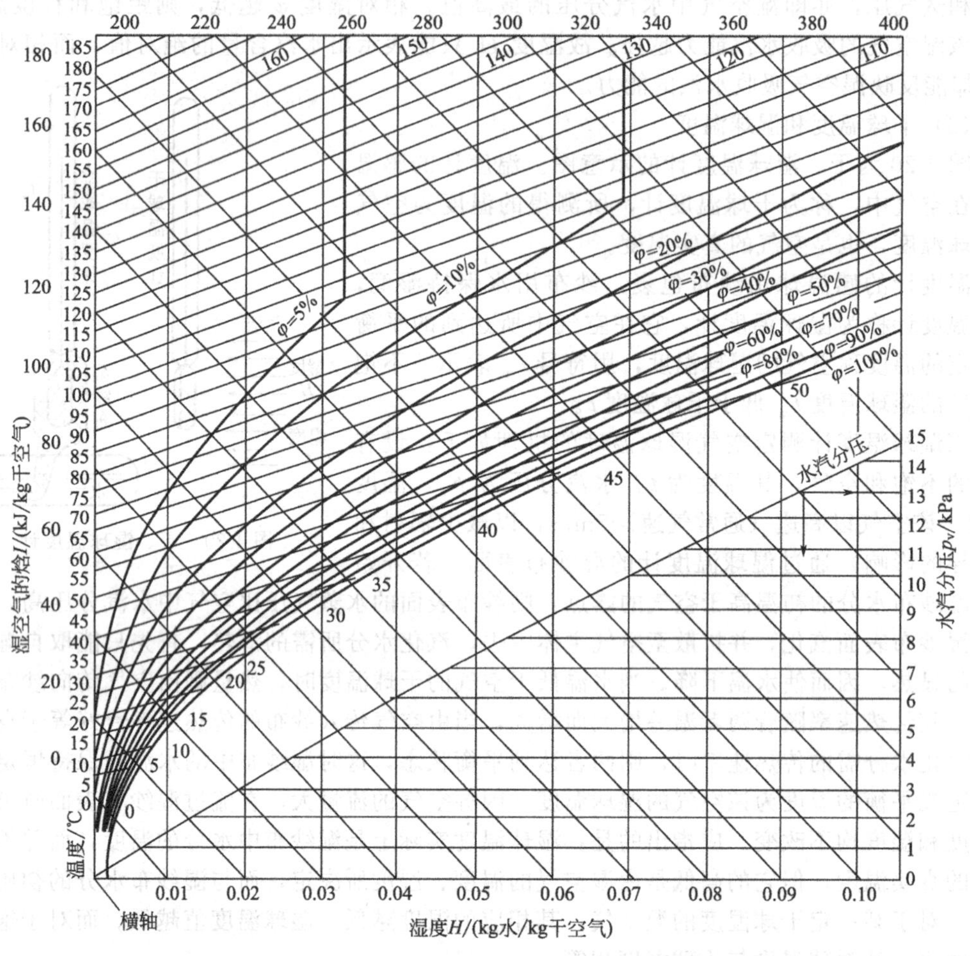

图 4-21 湿空气的湿度图（总压 101.325kPa）

① 等湿度线（等 H 线） 它是一组与纵轴平行的直线。在同一根 H 线上不同的点都具有相同的湿度值，其值在水平辅助线上读出。

② 等温线（等 t 线） 当空气的干球温度 t 不变时，对应不同的 t，可做出一系列的等 t 线。各种不同的温度的等温线，与水平轴呈倾斜，其斜率为 $1.88t+2490$，故温度越高，其斜率越大。因此，这许多呈直线的等 t 线并不是互相平行的。

③ 等焓线（等 I 线） 它是一组与横轴平行的直线。在同一根等 I 线上不同的点所代表的湿空气的状态不同，但都具有相同的焓值，其值在纵轴上读出。

④ 等相对湿度线（等 φ 线） 等 φ 线是根据式(4-22) 绘制而成的，是一组从坐标原点散发出来的曲线。对于某一 φ 值，若已知一个温度 t，就可查得一个对应的水蒸气分压 p_v，由式(4-21) 算出一个对应的湿度 H，将许多（t，H）点连接起来，就成为某一 φ 值的相对

湿度线，同样的方法可绘出 $\varphi=5\%\sim100\%$ 的一系列曲线。

由图中可见，当湿空气湿度为一定值时，温度越高，其相对湿度 φ 值越低，即其作为干燥介质时，吸收水汽的能力越强，故湿空气进入干燥器之前必须经过预热器预热提高温度，目的是除了提高湿空气的焓值使其作为载热体外，也是为了降低其相对湿度而作为载湿体。

图中 $\varphi=100\%$ 的曲线称为饱和空气线，此时空气完全被水汽所饱和。饱和空气线以上（$\varphi<100\%$）为不饱和区域，此区对干燥操作有意义；饱和线以下为过饱和空气区，此时湿空气呈雾状，它会使物料增湿，故在干燥操作中要避免。

⑤ 水蒸气分压线　该线表示空气的湿度 H 与空气中的水蒸气分压 p_v 之间的关系曲线，将湿度的表达式改写成

$$p_v=\frac{p_{总}H}{0.622+H} \tag{4-23}$$

由此式可知，当湿空气的总压 p 不变时，水蒸气的分压 p_v 随湿度 H 而变化。水蒸气分压标于右端纵轴上，其单位为 kPa。

(2) 湿度图的用法

利用湿度图查取湿空气的各项参数非常方便。只要知道表示湿空气性质的各项参数中的任意两个在图上有交点的参数，就可以在湿度图上定出一个交点，这点即表示湿空气所处的状态，由此点即可求出其他各项参数。

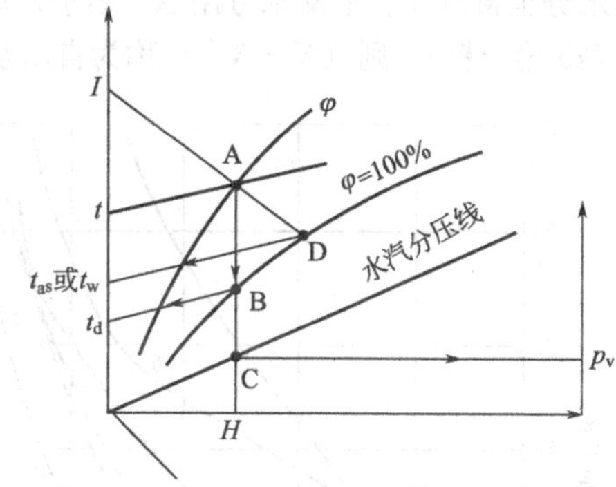

图 4-22　湿度图的用法

已知湿空气的某一状态点 A 的位置，如图 4-22 所示。可直接读出通过点 A 的四条参数线的数值，它们是相互独立的参数 t、φ 及 H。并由 H 值由右端纵轴读出水蒸气分压 p_v 值。

由 A 点沿等湿线向下与 $\varphi=100\%$ 饱和线相交于 B 点，再由过 B 点等温线读出露点 t_d 值。

由 A 点沿着等焓线与 $\varphi=100\%$ 饱和线相交于在 D 点，再由过 D 点的等温线读出湿球温度 t_w。

【例 4-2】 已知湿空气的总压为 101.3kPa，相对湿度为 50%，干球温度为 20℃。试用湿度图求解湿空气的 (1) 水蒸气分压；(2) 湿度；(3) 露点；(4) 湿球温度。

解　如图 4-23 所示，由已知条件：$p=101.3\text{kPa}$，$\varphi=50\%$，$t_0=20℃$，在湿度图上定出湿空气的状态点 A 点。

(1) 湿空气中的水蒸气分压 p_v

由 A 点沿等 H 线向下交水蒸气分压线于 C，在图右边纵坐标上读出得 $p_v=1.2\text{kPa}$。

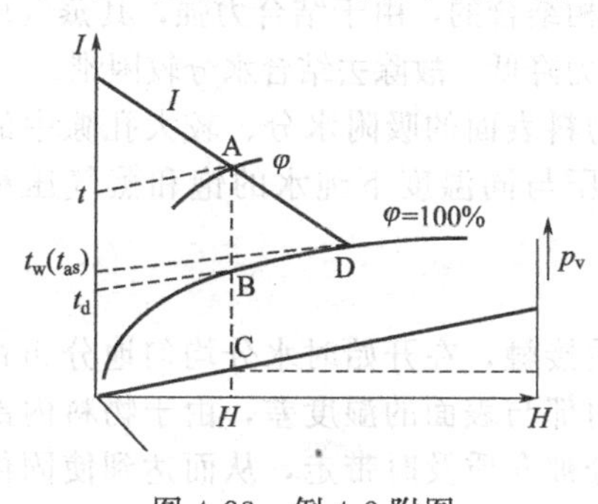

图 4-23　例 4-2 附图

(2) 湿空气的湿度 H

由 A 点沿等 H 线交水平辅助轴于 C 点，读得 $H=0.0075$kg 水/kg 干空气。

(3) 湿空气露点

由 A 点沿等 H 线与 $\varphi=100\%$ 饱和线相交于 B 点，由等 t 线读得 $t_d=10℃$。

(4) 湿空气的湿球温度

由 A 点沿等 I 线与 $\varphi=100\%$ 饱和线相交于 D 点，由等 t 线读得 $t_w=14℃$。

4.3.4 湿物料的性质及干燥机理

干燥操作不仅涉及气固两相间的传质和传热，而且还涉及水分以气态或液态的形式自内部向表面的传递问题。水分在物料内部的传递速率主要和水分与物料的结合方式，即物料的结构有关。因此，用干燥的方法除去物料中水分的难易程度因物料的不同而异，且即使在同一种物料中，所含水分的性质也不相同。

(1) 平衡水分与自由水分

根据物料在一定的干燥条件下，所含水分能否用干燥方法除去来划分，可分为平衡水分与自由水分。

当物料与一定状态的空气（如 t、H 一定）接触后，物料可能被除去水分或吸入水分，直到物料表面水的蒸气压与空气中水蒸气分压相等时为止，即物料中的水分与该空气中水蒸气达到平衡状态，此时物料所含水分称为该空气条件（t、H）下物料的平衡水分。平衡水分随物料的种类及空气的状态不同而异。对于同一物料，当空气温度一定，改变其相对湿度 φ 值，平衡水分也将改变。平衡水分用 X^* 表示，单位为 kg 水/kg 绝干料。若物料的初始含水量为 X(kg 水/kg 绝干料)，则（$X-X^*$）称为自由水分。

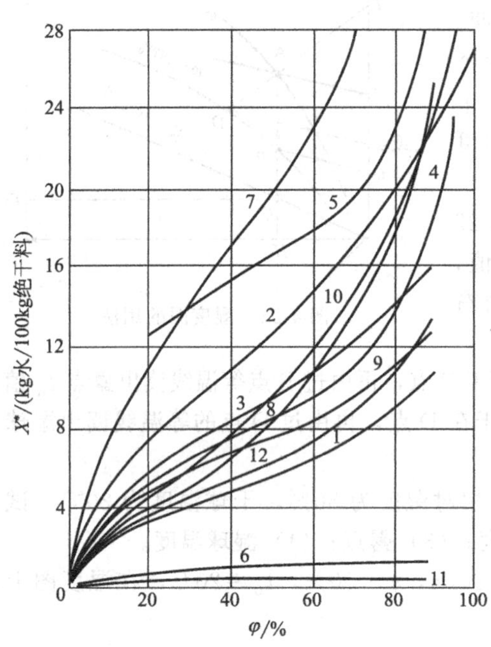

图 4-24 某些物料 25℃时的平衡曲线

由图 4-24 可以看出，当 $\varphi=0$ 时，各种物料的 $X^*=0$，表示湿物料只有与绝干空气接触时，才可能获得绝干物料。各种物料的平衡水分由实验测定。通常物料中平衡水分随温度升高而减小，例如棉花与 $\varphi=50\%$ 的空气接触，当空气温度由 38℃升高到 93℃时，平衡水分由 0.073 降至 0.057。由于缺少各种温度下平衡水分的实验数据，因此只要温度范围变化不大，一般可近似地认为物料的平衡水分与空气的温度无关。

平衡水分是湿物料在一定空气状态下的干燥极限。

(2) 结合水分与非结合水分

根据物料与水分结合力的状况，可将物料中所含水分分为结合水分与非结合水分。

结合水分包括物料细胞壁内的水分、物料内毛细管中的水分及以结晶水的形态存在于固体物料之中的水分等。这种水分是借化学力或物理化学力与物料相结合的，由于结合力强，其蒸气压低于同温度下纯水的饱和蒸气压，致使干燥过程的传质推动力降低，故除去结合水分较困难。

非结合水分包括机械地附着于固体表面的水分，如物料表面的吸附水分、较大孔隙中的水分等。物料中非结合水分与物料的结合力弱，其蒸气压与同温度下纯水的饱和蒸气压相同，因此，干燥过程中除去非结合水分较容易。

(3) 固体物料的干燥机理

当固体物料的含水量超过其平衡含水量时与干燥介质接触，在开始时水分均匀地分布在物料中，但由于湿物料表面水分的汽化，逐渐形成物料内部与表面的湿度差，由于物料内部的水分借扩散作用向表面移动而在表面汽化，汽化的水分被介质及时带走，从而达到使固体物料干燥的目的。

水分自内部向表面扩散与表面汽化是同时进行的，但在干燥过程的不同时间，干燥机理并不相同。其原因在于受到物料的结构、性质等条件和干燥介质的影响。实际上，在干燥过程中，一些物料中水分表面汽化的速度小于内部扩散的速度，称为表面汽化控制；另一些物料中水分表面汽化的速度大于内部扩散的速度，称为内部扩散控制。而内部扩散控制与表面汽化控制两者速度相等的情况则很少。

① 表面汽化控制　某些物料，如纸、皮革等，其内部的水分能迅速地达到物料的表面，因此水分去除为物料表面上水分的汽化速度所限制。这种情况，只要物料表面保持足够潮湿，物料表面的温度可取为空气的湿球温度。因此，空气与物料表面间的温度为一定值。水分汽化的速度可依水面汽化计算之，此类干燥操作完全由周围干燥介质的情况而定。

② 内部扩散控制　某些物料如木材、陶土等，其内部扩散速度较表面汽化速度为小，当表面干燥后，内部水分不能及时扩散到表面，因此蒸发表面向物体内部移动，这种情况，必须设法增加内部的扩散速度，或降低表面的汽化速度。例如，在木材的干燥中，常需采用湿空气为干燥介质，就是基于此理，否则木材表面干燥而内部潮湿，将引起因表面干燥收缩而发生扭曲的现象。

4.3.5 对流干燥设备

(1) 厢式干燥器

厢式干燥器又称盘式干燥器，是一种常压间歇操作的最古老的干燥设备之一。一般小型的称为烘箱，大型的称为烘房。按气流的流动方式，又可分为并流式（热风沿物料的表面通过）、穿流式（热风垂直穿过物料）和真空式。并流式干燥器其基本结构如图4-25所示，被干燥物料放在盘架7上的浅盘内，物料的堆积厚度约为10～100mm。新鲜空气由风扇3吸入，由加热器5预热后沿挡板6均匀地在各浅盘内的物料上方掠过，对物料进行干燥，部分废气经空气出口2排出，余下的循环使用。废气循环量由吸入口或排出口的挡板进行调节。空气的流速由物料的粒度而定，应使物料不被气流夹带出干燥器为原则，一般为1～10m/s。这种干燥器的浅盘可放在能移动的小车盘架上，以方便物料的装卸，减轻劳动强度。

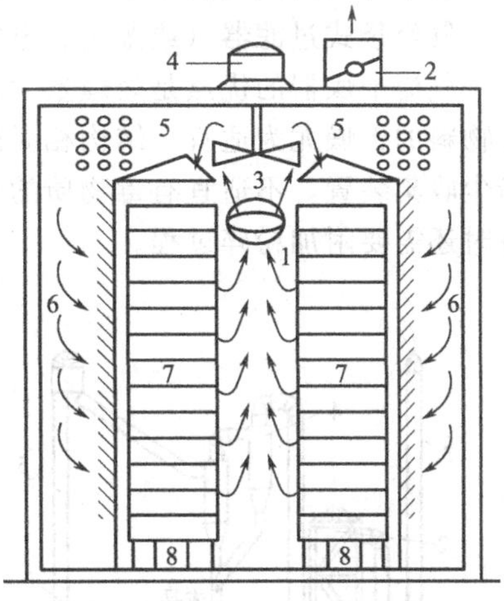

图4-25　并流式干燥器

1—空气入口；2—空气出口；3—风扇；4—电动机；5—加热器；6—挡板；7—盘架；8—移动轮

若被干燥的物料是热敏性的物料；或高温下易燃、易爆的危险性物料；或物料中的湿分在常压下难以汽化；或物料中的湿分产生的蒸汽需要回收，厢式干燥器可在真空下操作，称为厢式真空干燥器。

厢式干燥器的优点是结构简单，设备投资少，适应性强；缺点是劳动强度大，装卸物料热损失大，产品质量不易均匀。厢式干燥器一般应用于少量、多品种物料的干燥，尤其适合作为实验室的干燥装置。

(2) 洞道式干燥器

若需要干燥大量物料，可将厢式干燥器发展为连续的或半连续的操作，便称为洞道式干燥器，如图4-26所示。干燥器身为狭长的洞道，内铺设铁轨，一系列的小车载着盛于浅盘中或悬挂在架上的湿物料通过洞道，在洞道中与热空气接触而被干燥。小车可以连续地或间歇地进出洞道。

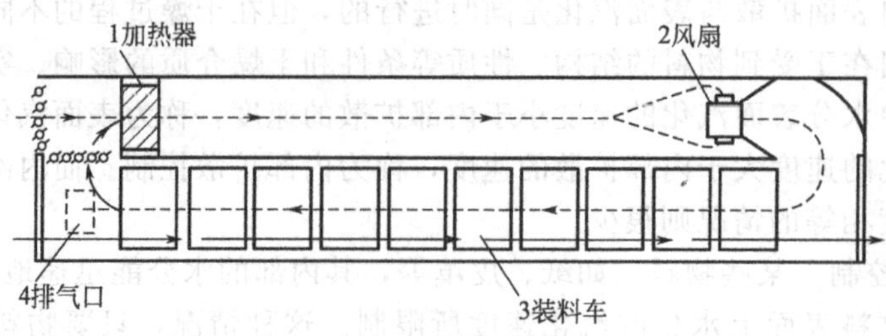

图 4-26 洞道式干燥器

由于洞道干燥器的容积大，小车在器内停留时间长，因此适用于处理量大、干燥时间长的物料，例如木材、陶瓷等的干燥。干燥介质为热空气或烟道气。气流速度一般应大于 2～3m/s。洞道中也可进行中间加热或废气循环操作。

(3) 气流式干燥器

气流干燥器也称“瞬时干燥器”，该法是使加热介质（空气、惰性气体等）和待干燥固体颗粒直接接触，并使待干燥固体颗粒悬浮于流体中，达到干燥目的。气流干燥装置主要由空气加热器、加料器、干燥管、旋风分离器和风机等设备组成，基本流程如图 4-27 所示。其主要设备是直立圆筒形的干燥管，其长度一般为 10～20m，热空气（或烟道气）进入干燥管底部，将加料器连续送入的湿物料吹散，并悬浮在其中。介质速度应大于湿物料最大颗粒的沉降速度，于是在干燥器内形成了一个气、固间进行传热传质的气力输送床。一般物料在干燥管中停留时间约为 0.5～3s。干燥后的物料随气流进入旋风分离器，产品由下部收集，湿空气经袋式过滤器（或湿法、电除尘等）回收粉尘后排出。

气流干燥器的优点是处理量大，干燥强度大，干燥时间短，可以采用高温介质，对热敏性物料的干燥尤为适宜，结构相对简单，占地面积小，成本费用低；缺点是必须有高效能的粉尘收集装置，不适宜有毒物质的干燥；对结块、不易分散的物料需要性能好的加热装置，有时还需要附加粉碎过程。

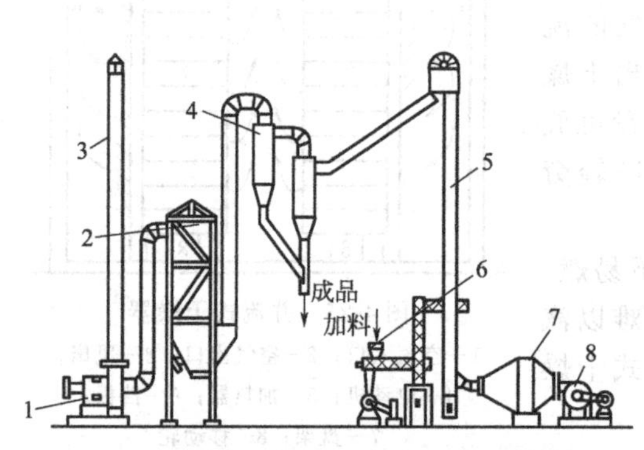

图 4-27 气流干燥基本流程图

1—抽风机；2—袋式除尘器；3—排气管；4—旋风分离器；5—干燥管；6—螺旋加料器；7—加热器；8—鼓风机

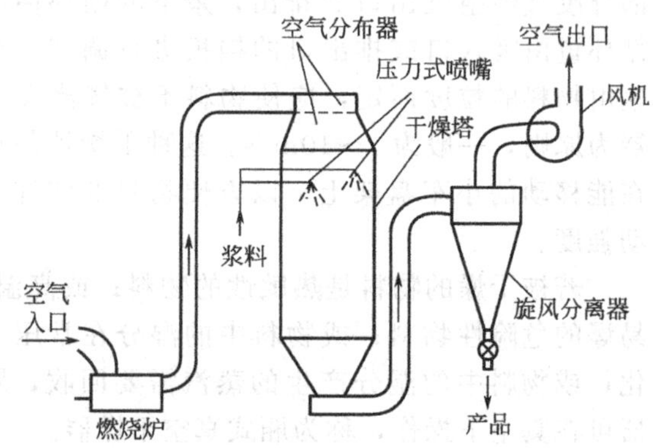

图 4-28 喷雾干燥设备流程

(4) 喷雾干燥器

喷雾干燥器是用喷雾器将悬浮液、乳浊液等喷洒成直径为 10～200μm 的液滴后进行干燥，因液滴小，饱和蒸气压大，分散于热气流中，水分迅速汽化而达到干燥的目的。

常用的喷雾干燥流程如图 4-28 所示。浆料用送料泵压至喷雾器（喷嘴），经喷嘴喷成雾滴而分散在热气流中，雾滴在干燥器内与热气流接触，使其中的水分迅速汽化，成为微粒或细粉落到器底。产品由风机吸至旋风分离器中而被回收，废气经风机排出。由此可知，喷雾干燥由 4 个过程组成：①溶液喷雾；②空气与雾滴混合；③雾滴干燥；④产品的分离和收集。喷雾干燥器也可逆流操作，即热空气从干燥器下部沿圆周分布进入。喷雾器为重要部件，它的优劣将影响产品质量。

喷雾干燥器的优点：①在高温介质中，干燥过程极快，干燥时间短，适于处理热敏性物料；②处理物料种类广泛，如溶液、悬浮液、浆状物料等皆可；③喷雾干燥可直接获得干燥产品，简化了工艺流程；④能得到速溶的粉末或空心细颗粒；⑤过程易于连续化、自动化，减轻粉尘飞扬，改善劳动环境。

喷雾干燥器的缺点：热效率低，设备占地面积大，设备成本高；对气固混合物的分离要求较高，一般需要两级除尘，回收设备投资大。

(5) 流化床干燥器

流化床干燥器适用于粉粒状物料，图 4-29 所示为单层流化床干燥器。湿物料经进料器进入床层，热空气由下而上通过多孔式气体分布板。当气速（指空床气速）较低时，颗粒床层呈静止状态，气流穿过颗粒间的空隙，此时颗粒床层为固定床。当气速增加到一定程度后，颗粒床层开始松动，并略有膨胀，在小范围内变换位置。气速再增大到某一数值后，颗粒在气流中呈悬浮状态，形成颗粒与气体的混合层，恰如液体沸腾状态，气固两相激烈运动相互接触。这种状态的床层称为流化床或沸腾床。气速越大，流化床层就越高。当气速增大到颗粒的自由沉降速度时，颗粒开始同气流一起向上流动，成为气流干燥状态。

在流化床中，有的颗粒因短路，在床层中停留时间短，为达到干燥要求即排出；有的颗粒因返混，停留时间较长而产生过度干燥现象。因此单层流化床干燥器仅适用于易干燥、处理量较大而对干燥产品的要求不太高的场合。对于干燥要求较高或所需干燥时间较长的物料，一般可采用多层（或多室）流化床干燥器，如图 4-30 所示。它是在长方形床层中，沿垂直于颗粒流动方向，安装若干垂直挡板，分隔为几个室，挡板下端距多孔分布板有一定距离，使颗粒能逐室流动，颗粒的停留时间分布较均匀，以防止未干颗粒排出。

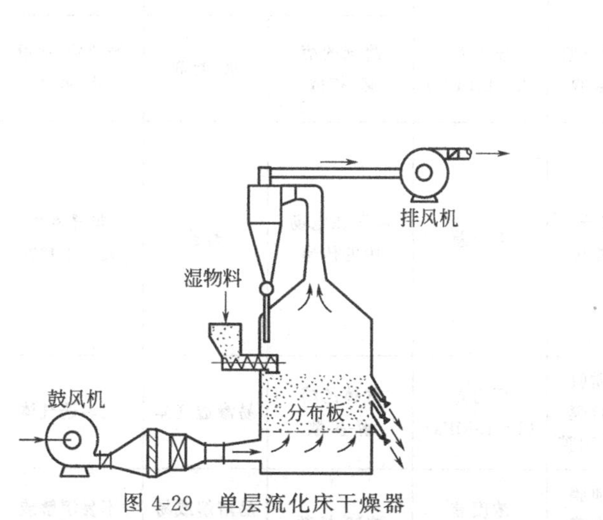

图 4-29　单层流化床干燥器

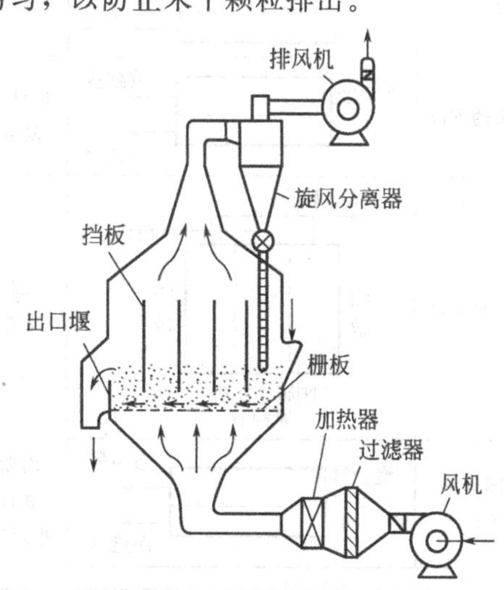

图 4-30　卧式多室流化床干燥器

流化床干燥器的主要优点是床层温度均匀，并可调节，因传热速率快，处理能力大，停留时间可在几分钟到几个小时范围内调节，使物料含水量降至很低，物料依靠进、出口床层高度差自动流向出口，不需要输送装置，结构简单，可动部件少，操作稳定；缺点是物料的形状和粒度有限制。

4.4 膜分离

4.4.1 概述

膜分离是以选择性透过膜为分离介质，在膜两侧一定推动力的作用下，使原料中的某组分选择性地透过膜，从而使混合物得以分离，以达到提纯、浓缩等目的的分离过程。膜分离过程的特点是：①通常在常温下操作，不需要加入化学试剂，不发生相转化（能耗较低）；②浓缩和纯化可在一个步骤内完成；③设备易放大，可分批或连续操作，投资回收率高。因此，自 1960 年 Loeb 和 Sourirajan 制备出第一张具有高透水性和高脱盐率的膜以来，膜分离技术开始得到广泛的应用，不仅在膜材料范围上有了极大扩展，而且在制膜技术、组件结构及设备研制方面也取得了重大进展。

物质选择透过膜的能力可分为两类：借助外界能量，物质发生由低位到高位的流动；借助本身的化学位差，物质发生由高位到低位的流动。膜分离所用的膜可以是固相、液相，也可以是气相，而大规模工业应用中多数为固体膜，本节主要介绍利用固体膜的分离过程。

膜分离操作的推动力可以是膜两侧的压力差、浓度差、电位差、温度差等。依据推动力不同，膜分离又分为多种过程，表 4-1 列出了几种主要膜分离过程的基本特性，图 4-31 给出了各种膜过程的分离范围。

表 4-1 膜分离过程

过程	示意图	膜类型	推动力	传递机理	透过物	截留物
微滤 MF	原料液→ →滤液	多孔膜	压力差（～0.1MPa）	筛分	水、溶剂、溶解物	悬浮物各种微粒
超滤 UF	原料液→ →浓缩液 →滤液	非对称膜	压力差（0.1～1MPa）	筛分	溶剂、离子、小分子	胶体及各类大分子
反渗透 RO	原料液→ →浓缩液 →溶剂	非对称膜 复合膜	压力差（2～10MPa）	溶剂的溶解-扩散	水、溶剂	悬浮物、溶解物、胶体
电渗析 ED	浓电解质 溶剂 阳极 阴极 阴膜 阳膜 原料液	离子交换膜	电位差	离子在电场中的传递	离子	非解离和大分子颗粒
气体分离 GS	混合气→ →渗余气 →渗透气	均质膜 复合膜 非对称膜	压力差（1～15MPa）	气体的溶解-扩散	易渗透气体	难渗透气体
渗透汽化 PVAP	原料液→ →溶质或溶剂 →渗透蒸气	均质膜 复合膜 非对称膜	浓度差 分压差	溶解-扩散	易溶解或易挥发组分	不易溶解或难挥发组分
膜蒸馏 MD	原料液→ →浓缩液 →渗透液	微孔膜	由于温度差而产生的蒸气压差	通过膜的扩散	高蒸气压的挥发组分	非挥发的小分子和溶剂

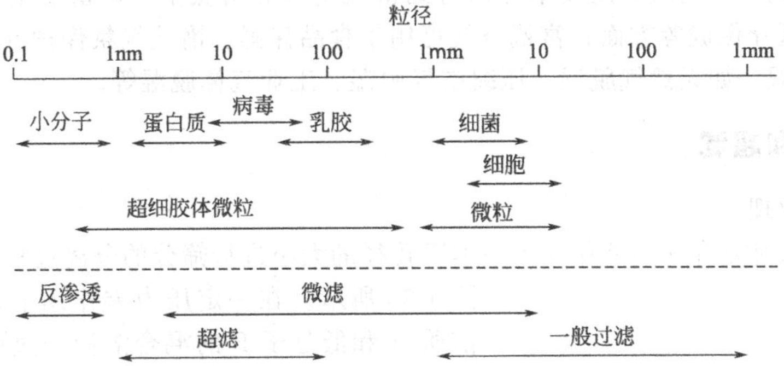

粒径

0.1　1nm　10　100　1mm　10　100　1mm

小分子　蛋白质　病毒　乳胶　细菌

细胞

超细胶体微粒　微粒

反渗透　微滤

超滤　一般过滤

图 4-31　各种膜过程的分离范围

从表中可以看出，反渗透、纳滤、超滤、微滤均为压力推动的膜过程，即在压力的作用下，溶剂及小分子通过膜，而盐、大分子、微粒等被截留，其截留程度取决于膜结构。

微滤膜孔径为 0.05～10μm，能截留胶体颗粒、微生物及悬浮粒子，操作压力为 0.05～0.5MPa。

超滤膜孔径为 2～20nm，能截留小胶体粒子、大分子物质，操作压力为 0.1～1MPa。

反渗透膜几乎无孔，可以截留大多数溶质（包括离子）而使溶剂通过，操作压力较高，一般为 2～10MPa。

纳滤膜孔径为 2～5nm，能截留部分离子及有机物，操作压力为 0.7～3MPa。

电渗析采用带电的离子交换膜，在电场作用下膜能允许阴、阳离子通过，可用于溶液去除离子。气体分离是依据混合气体中各组分在膜中渗透性的差异而实现的膜分离过程。渗透汽化是在膜两侧浓度差的作用下，原料液中的易渗透组分通过膜并汽化，从而使原液体混合物得以分离的膜过程。

传统的分离单元操作如蒸馏、萃取、吸收等，也可以通过膜来实现，即为膜蒸馏、膜萃取、膜吸收与气提等，实现这些膜过程的设备统称为膜接触器，包括液-液接触器、液-气接触器等。下面简单介绍一些典型的膜分离过程如气体分离、微滤和纳滤、反渗透、膜吸收、膜蒸馏和膜萃取的原理和应用。

4.4.2　气体膜分离

(1) 基本原理

气体膜分离是在膜两侧压力差的作用下，利用气体混合物中各组分在膜中渗透速度的差异而实现分离的过程，其中渗透快的组分在渗透侧富集，相应渗透慢的组分则在原料侧富集，气体分离流程示意如图 4-32 所示。

气体分离膜可分为多孔膜和无孔（均质）膜两种。在实际应用中，多采用均质膜。气体在均质膜中的传递靠溶解-扩散作用，其传递过程由三步组成：①气体在膜上游表面吸附溶解；②气体在膜两侧分压差的作用下扩散通过膜；③在膜下游表面脱附。此时渗透速度主要取决于气体在膜中的溶解度和扩散系数。

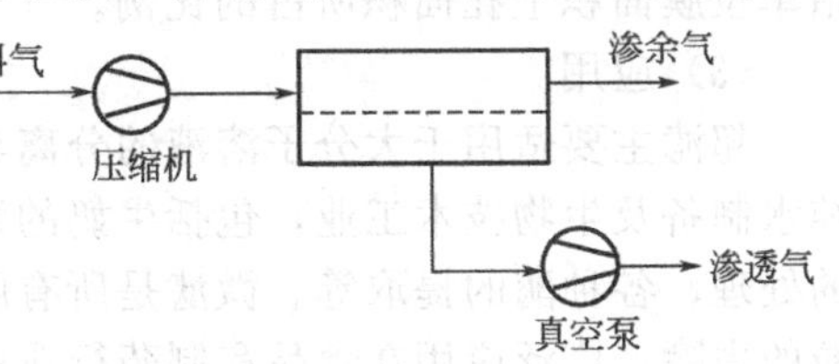

图 4-32　气体分离过程示意图

(2) 应用

气体膜分离的主要应用有：

① H_2 的分离回收　主要有合成氨尾气中 H_2 的回收、炼油工业尾气中 H_2 的回收等，是当前气体分离应用最广的领域。

② 空气分离　利用膜分离技术可以得到富氧空气和富氮空气，富氧空气可用于高温燃烧节能、家用医疗保健等方面；富氮空气可用于食品保鲜、惰性气氛保护等方面。

③ 气体脱湿　如天然气脱湿、压缩空气脱湿、工业气体脱湿等。

4.4.3　微滤和超滤

(1) 基本原理

微滤与超滤都是在压力差作用下根据膜孔径的大小进行筛分的分离过程，其基本原理如图 4-33 所示。在一定压力差作用下，当含有高分子溶质 A 和低分子 B 的混合溶液流过膜表面时，溶剂和小于膜孔的低分子溶质（如无机盐类）透过膜，作为透过液被收集起来，而大于膜孔的高分子溶质（如有机胶体等）则被截留，作为浓缩液被回收，从而达到溶液的净化、分离和浓缩的目的。通常，能截留相对分子质量 500 以上、10^6 以下分子的膜分离过程称为超滤；截留更大分子（通常称为分散粒子）的膜分离过程称为微滤。

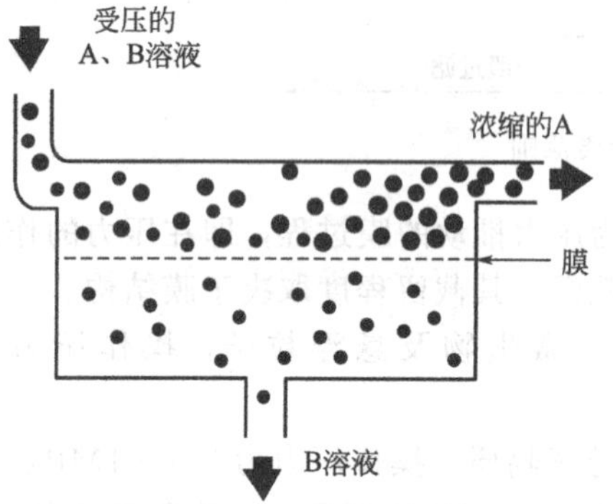

图 4-33　微滤与超滤原理示意图

(2) 微滤膜与超滤膜

微滤和超滤中使用的膜都是多孔膜。超滤膜多数为非对称结构，膜孔径范围为 1nm～0.05μm，系由一极薄具有一定孔径的表皮层和一层较厚具有海绵状和指孔状结构的多孔层组成，前者起分离作用，后者起支撑作用。微滤膜有对称和非对称两种结构，孔径范围为 0.05～10μm。图 4-34 所示的是超滤膜与微滤膜的扫描电镜图片。

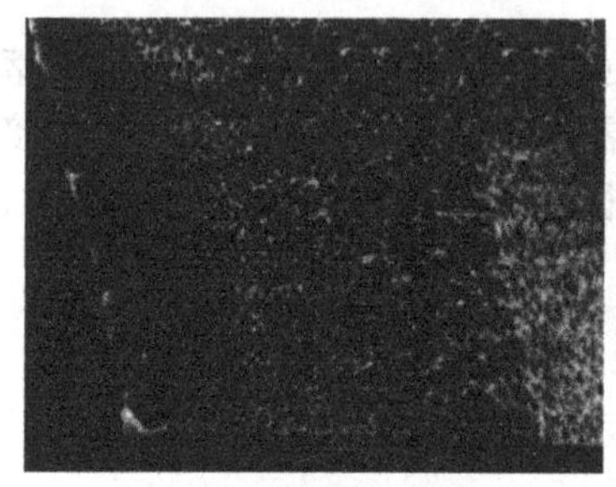
(a) 不对称聚合物超滤膜

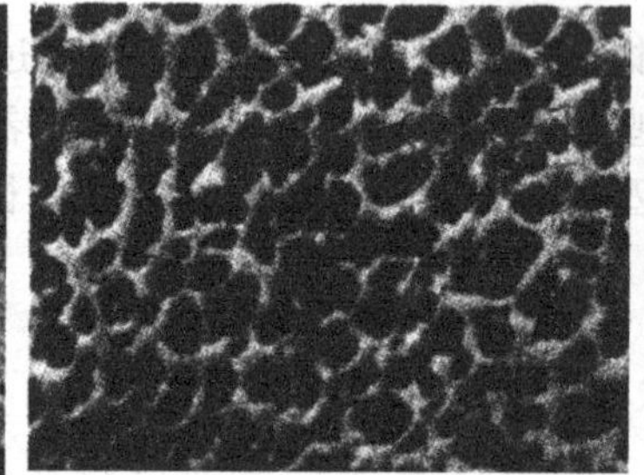
(b) 聚合物微滤膜

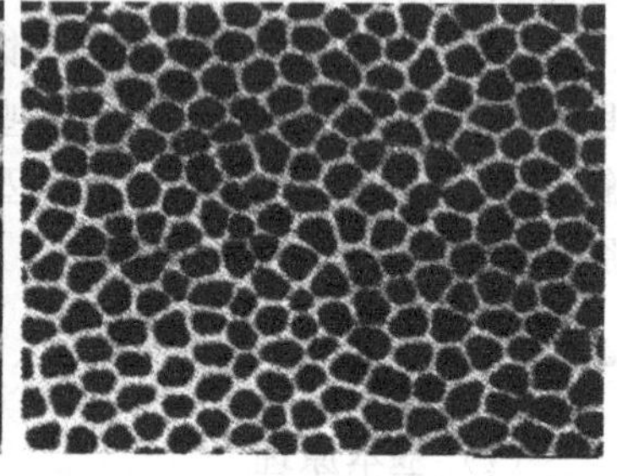
(c) 陶瓷微滤膜

图 4-34　超滤膜与微滤膜结构

表征超滤膜性能的主要参数有透过速度和截留分子量及截留率，而更多的是用截留分子量表征其分离能力。表征微滤膜性能的参数主要是透过速度、膜孔径和空隙率，其中膜孔径反映微滤膜的截留能力，可通过电子显微镜扫描法或泡压法、压汞法等方法测定。孔隙率是指单位膜面积上孔面积所占的比例。

(3) 应用

超滤主要适用于大分子溶液的分离与浓缩，广泛应用在食品、医药、工业废水处理、超纯水制备及生物技术工业，包括牛奶的浓缩、果汁的澄清、医药产品的除菌、电泳涂漆废水的处理、各种酶的提取等。微滤是所有膜过程中应用最普遍的一项技术，主要用于细菌、微粒的去除，广泛应用在食品和制药行业中饮料和制药产品的除菌和净化，半导体工业超纯水制备过程中颗粒的去除，生物技术领域发酵液中生物制品的浓缩与分离等。

4.4.4 反渗透

(1) 溶液渗透压

能够让溶液中一种或几种组分通过而其他组分不能通过的选择性膜称为半透膜。当把溶剂和溶液（或两种不同浓度的溶液）分别置于半透膜的两侧时，纯溶剂将透过膜而自发地向溶液（或从低浓度溶液向高浓度溶液）一侧流动，这种现象称为渗透。当溶液的液位升高到所产生的压差恰好抵消溶剂向溶液方向流动的趋势，渗透过程达到平衡，此压力差称为该溶液的渗透压，以 $\Delta\Gamma$ 表示。若在溶液侧施加一个大于渗透压的压差 Δp 时，则溶剂将从溶液侧向溶剂侧反向流动，此过程称为反渗透，如图 4-35 所示。这样，可利用反渗透过程从溶液中获得纯溶剂。

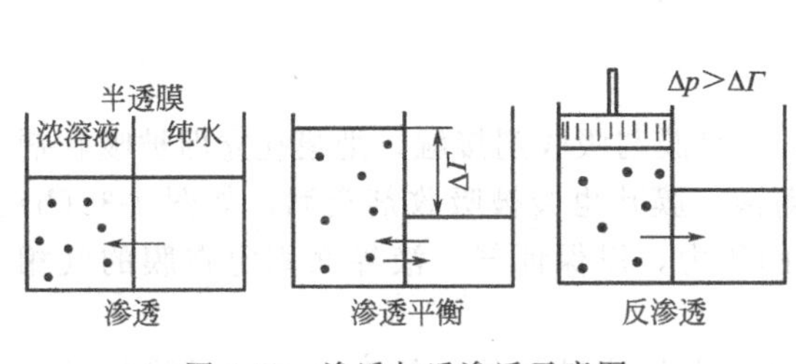

图 4-35　渗透与反渗透示意图

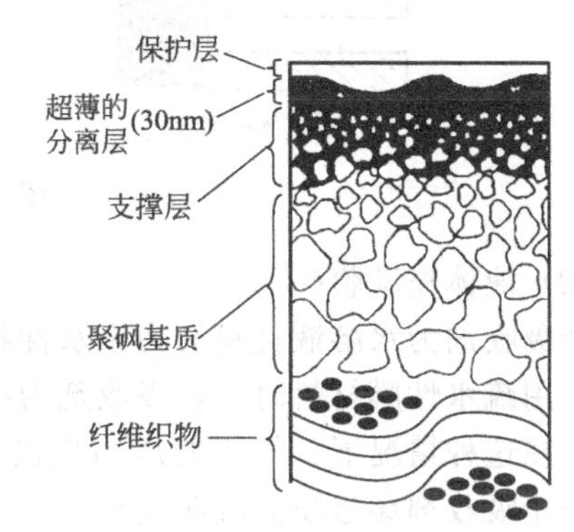

图 4-36　PEC-1000 复合膜的断面放大结构图

(2) 反渗透膜与应用

反渗透膜多为不对称膜或复合膜，图 4-36 所示的是一种典型的反渗透复合膜的结构图。反渗透膜的致密皮层几乎无孔，因此可以截留大多数溶质（包括离子）而使溶剂通过。反渗透操作压力较高，一般为 2～10MPa。大规模应用时，多采用卷式膜组件和中空纤维膜组件。

评价反渗透膜性能的主要参数为透过速度（透水率）与截留率（脱盐率）。此外，在高压下操作对膜产生压实作用，造成透水率下降，因此抗压实性也是反渗透膜性能的一个重要指标。

反渗透是一种节能技术，过程中无相变，一般不需加热，工艺过程简单，能耗低，操作和控制容易，应用范围广泛，其主要应用领域有海水和苦咸水的淡化、纯水和超纯水的制备，工业用水的处理，饮用水的净化，医药、化工和食品等工业料液的处理和浓缩，以及废水的处理等。

4.4.5 膜吸收

膜吸收与膜解吸是将膜与常规吸收、解吸相结合的膜分离过程，膜吸收为气-液接触器，而膜解吸为液-气接触器。利用微孔膜将气、液两相分隔开来，一侧为气相流动，而另一侧为液相流动，中间的膜孔提供气、液两相间实现传质的场所，从而使一种气体或多种气体被吸收进入液相实现吸收过程，或一种气体或多种气体从吸收剂中被气提实现解吸过程。

膜吸收中所采用的膜可以是亲水性膜，也可以是疏水性膜。根据膜材料的疏水和亲水性能以及吸收剂性能的差异，膜吸收又分为两种类型，即气体充满膜孔和液体充满膜孔的膜吸收过程。

(1) 气体充满膜孔

若膜材料为疏水性并使膜两侧流体的压力差保持在一定范围时，作为吸收剂或被解吸的水溶液便不会进入膜孔，此时膜孔被气体所充满，如图 4-37(a) 所示。在这种情况下，液相的压力应高于气相的压力，选择合适的压差使气体不在液体中鼓泡，也不能把液体压入膜孔，而将气、液界面固定在膜的液相侧。

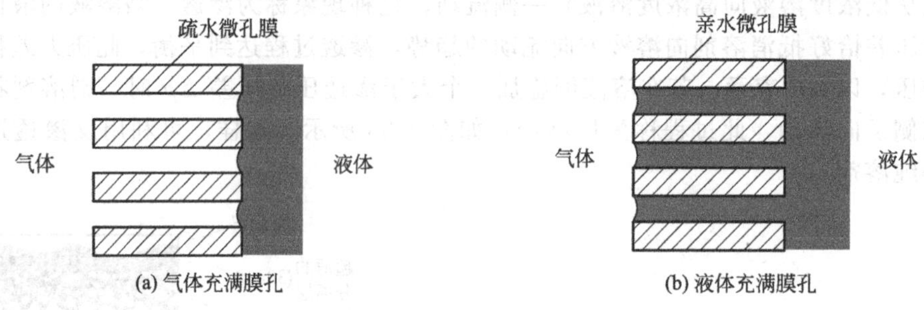

图 4-37 膜吸收类型

(2) 液体充满膜孔

当吸收剂为水溶液且膜又为亲水性材料时，一旦膜与吸收剂接触，则膜孔立即被吸收剂充满；用疏水性膜材料时，若吸收剂为有机物溶液，膜孔也会被吸收剂充满，如图 4-36(b) 所示。在这种情况下，气相的压力应高于液相的压力，以保证气、液界面固定在膜的气相侧，防止吸收剂穿透膜而流向气相。

膜吸收最早并广泛用于血液充氧过程，纯氧或空气流过膜的一侧而血液流过膜的另一侧，氧通过膜扩散到血液中，而二氧化碳则从血液扩散到气相中。目前膜吸收技术在化工生产中主要用于空气中的挥发性有机组分的脱除、工业排放尾气中酸性气体（如 CO_2、SO_2、H_2S）的脱除或分离、氨气的回收等。

4.4.6 膜蒸馏

膜蒸馏是一种用于处理水溶液的新型膜分离过程。膜蒸馏中所用的膜是不被料液润湿的多孔疏水膜，膜的一侧是加热的待处理水溶液，另一侧是低温的冷水或是其他气体。由于膜的疏水性，水不会从膜孔中通过，但膜两侧由于水蒸气压差的存在，而使水蒸气通过膜孔，从高蒸气压侧传递到低蒸气压侧。这种传递过程包括三个步骤：首先水在料液侧膜表面汽化，然后汽化的水蒸气通过疏水膜孔扩散，最后在膜另一侧表面冷凝为水。

膜蒸馏过程的推动力是水蒸气压差，一般是通过膜两侧的温度差来实现，所以膜蒸馏属于热推动膜过程。根据水蒸气冷凝方式不同，膜蒸馏可分为直接接触式、气隙式、减压式和气扫式四种形式，如图 4-38 所示。直接接触式膜蒸馏是热料液和冷却水与膜两侧直接接触；气隙式膜蒸馏是用空气隙使膜与冷却水分开，水蒸气需要通过一层气隙到达冷凝板上才能冷凝下来；减压膜蒸馏中，透过膜的水蒸气被真空泵抽到冷凝器中冷凝；气扫式膜蒸馏是利用不凝的吹扫气将水蒸气带入冷凝器中冷凝。

膜蒸馏主要应用在两个方面：一是纯水的制备，如海水淡化、电厂锅炉用水的处理等；二是水溶液的浓缩，如热敏性水溶液的浓缩、盐的浓缩结晶等。

4.4.7 膜萃取

膜萃取是膜过程与液-液萃取过程相结合的分离技术，用微孔膜将两个液相分隔开，传质过程在微孔膜表面进行。该过程无需密度差，避免了常规萃取操作中相的分散与凝聚过

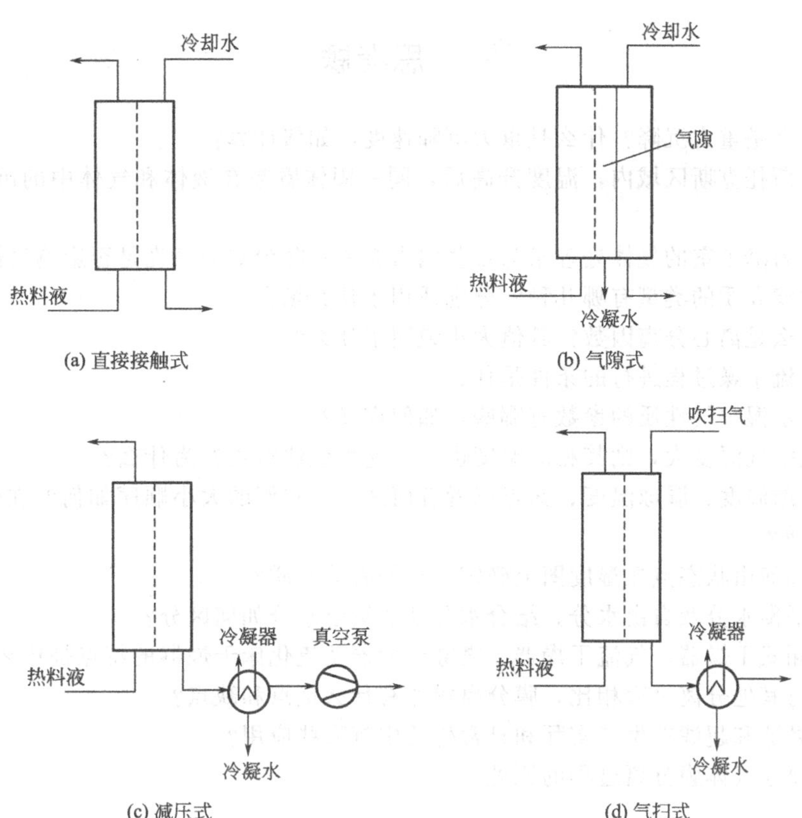

图 4-38　膜蒸馏类型

程，减少了萃取剂在料液中的夹带，有较高的传质速率。

同膜吸收相似，膜萃取过程也有两种形式，如图 4-39 所示。当原料为有机溶剂、渗透物相为水溶液即从有机相中脱除溶质时，若膜是疏水性的，则膜会被原料有机相浸润，在膜孔的水相侧形成有机相与水相的界面，如图 4-39(a) 所示。若原料是水溶液而膜是疏水的，则原料水相不会进入膜孔，渗透侧的有机相会浸润膜孔，在膜孔的水相侧形成水相与有机相的界面，如图 4-39(b) 所示。操作中应适当控制两侧流体的压力，以维持相界面的合适位置。

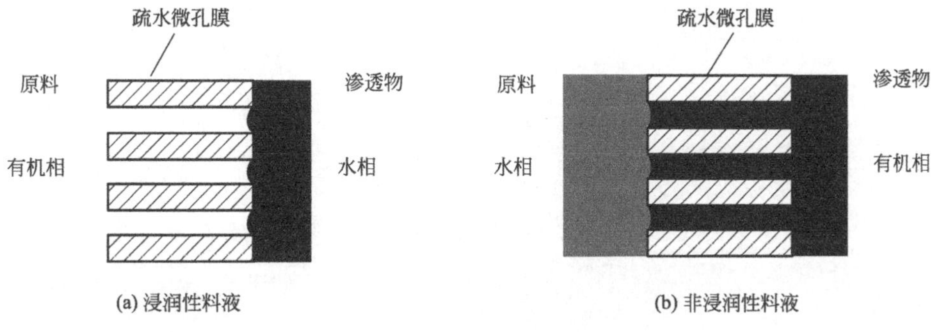

图 4-39　膜萃取类型

膜萃取过程现已替代常规的萃取操作用于金属萃取、有机污染物的萃取、药物萃取等方面。

思考题

4-1　什么是重力沉降？什么是重力沉降速度，如何计算？

4-2　在斯托克斯区域内，温度升高后，同一固体颗粒在液体和气体中的沉降速度增大还是减小？

4-3　重力降尘室的气体处理量与哪些因素有关？降尘室的高度是否影响气体处理量？

4-4　过滤介质的类型有哪几种？分别适用于什么场合？

4-5　什么是离心分离因数？其值大小说明了什么？

4-6　对流干燥过程进行的条件是什么？

4-7　表示湿空气性质的参数有哪些，如何定义？

4-8　湿空气湿度大，则其相对湿度也大，这种说法对吗？为什么？

4-9　干球温度、湿球温度、露点三者有何区别？它们的大小顺序如何？在什么条件下，三者数值相等？

4-10　如何由状态点在湿度图上确定空气的有关性质？

4-11　平衡水分及自由水分，结合水分及非结合水分如何区分？

4-12　厢式干燥器、气流干燥器、喷雾干燥器及流化床干燥器的特点是什么？

4-13　与其他分离过程相比，膜分离操作有什么优点和缺点？

4-14　微滤和超滤在生产实际和日常生活中有哪些应用？

4-15　简述气体膜分离过程的原理。

第 2 篇

化学反应过程

化工生产过程一般都分为四个部分：原料预处理、化学反应、产物的分离与精制及“三废”治理，而化学反应过程是化工生产过程的核心。实现化学转化的过程，其中除化学反应外，还包含多种物理现象，如动量传递、热量传递和质量传递等。

对各种反应过程进行分析和研究，就是要制定出最合理的技术方案和操作条件及进行反应器或反应系统的设计。

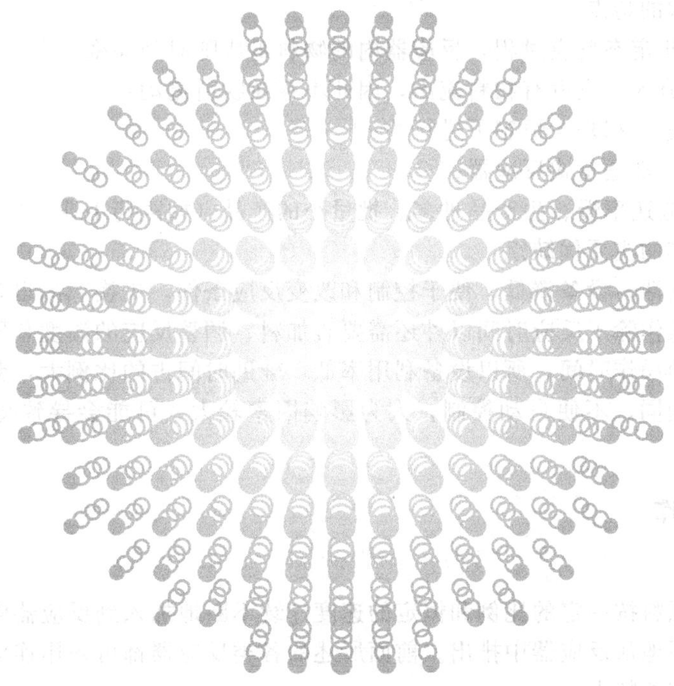

第5章 化学反应过程及反应器

Chapter 5

5.1 化学反应过程的操作方式

5.1.1 间歇（分批式）操作

（1）概念

间歇操作是指一次性加入反应物料，在一定条件下，经过一定的反应时间达到所要求的转化率时，取出全部物料的生产过程。在间歇操作过程中，还应包括清洗反应器、下一批原料的装入、反应后产品的卸料，所以间歇操作又称为分批操作。

（2）间歇操作的特点

① 它是一个非定态反应过程，反应器内的物料组成随时间而变；

② 没有物料流入，也没有物料流出，因此不存在物料流动；

③ 整个反应过程都是在恒容下进行的；

④ 反应器几乎都是釜式反应器；

⑤ 适用于反应速率慢、生产品种多、批量小的产品（如医药工业、生化行业）。

（3）间歇操作的主要优缺点

优点：操作灵活，设备费低，便于控制和改变反应条件，更换产品也有灵活性。

缺点：间歇操作除了反应时间以外还需要有加料、调整反应的温度和压力、放料和准备下一批投料等辅助操作时间，所以设备利用率低，辅助时间占的比例大，劳动强度大，每批的操作条件不易相同，不便自动控制，人为影响因素较大，可能会导致每批的产品质量也不同。

5.1.2 连续操作

（1）概念

将各种反应原料按一定的比例和恒定的速度连续不断地加入到反应器中，反应产物也以恒定速度连续不断地从反应器中排出。前面所述的各类反应器都可采用连续操作。

（2）连续操作的特点

① 连续操作的反应器多属于定态操作，此时反应器内任何部位的物系参数，如浓度及反应温度等均不随时间而改变，但却随位置而改变；

② 管式反应器和釜式反应器均可作连续操作。对于工业生产中某些类型的反应器，连续操作是唯一可采用的操作方式。

（3）连续操作的主要优缺点

优点：

① 连续操作比较容易实现高度自动控制，产品质量稳定、劳动生产率高；

② 连续操作可缩短反应时间，因此，对于生产规模大、反应时间短的化学过程都尽可能采用连续操作，特别是气相反应和气-固相接触催化反应则必须采用连续操作；

③ 连续操作容易实现节能，例如从反应器中连续移出的反应热以及热的反应物连续冷却时由热交换器移出的热量可以用来预热冷的原料，或者把热量传递给水以产生水蒸气。

缺点：

① 连续操作的技术开发要比间歇操作困难得多，设备投资也高；

② 灵活性小，连续操作系统一旦建立，想要改变产品品种是十分困难的，有时甚至要较大幅度地改变产品产量也不易办到；

③ 连续操作一旦运转起来，开工和停工都比较麻烦。

5.1.3　半连续（或半间歇）操作

(1) 概念

原料与产物只要其中的一种为连续输入或输出，而其余则为分批加入或卸出的操作，这样的操作方式为半连续操作。由此可见，半连续操作具有连续操作和间歇操作的某些特征。有连续流动的物料，这点与连续操作相似；也有分批加入或卸出的物料，因而生产是间歇的，这体现了间歇操作的特点。

(2) 半连续的形式

① 反应物料中的一种或几种物料一次加入反应器，而将另一种物料以一定速度连续加入反应器，直至反应过程完成后，停止进料，同时卸出全部物料。如釜式反应器内进行的气、液相反应，液体一次加入釜内，气体则连续通入进行反应；或某些物料一次投入会引起不利反应，需要逐步连续滴加的；

② 反应物料一次加入反应器，而产物中的一种组分或几种组分连续移出。如可逆反应，如果采用半连续操作，不断移出产物，会使反应平衡向有利的方向移动。

(3) 半连续操作的特点

① 半连续反应器的反应物系组成既随时间而改变也随反应器内的位置而改变。管式、釜式、塔式以及固定床反应器都可采用半连续操作方式；

② 通过连续进料或连续出料，可控制原料或产物的浓度；

③ 由于半连续操作兼有连续操作和间歇操作的特点，使其适用范围更广，操作更为灵活，还可以更合理地利用反应热，反应器也可根据操作特点设计得更加合理。

5.2　反应器

5.2.1　概述

化学反应器是用于化学反应的设备，是进行化学反应的场所，是化工企业的关键装置。现在的化工反应器在向高精端方向发展，在化工反应中处于主要地位，化学反应器是化学反应的载体，是化工研究、生产的基础，是决定化学反应好坏的重要因素之一。因此反应器的设计、选型是十分重要的。

(1) 对反应器的要求

① 反应器要有足够的体积（容积）；

② 反应器要有适宜的结构，有良好的传质和传热条件，建立合适的浓度、温度分布体系；

③ 反应器要有足够的传热面积，对于强放热和吸热反应要保证足够快的传热速率和可靠的热稳定性；

④ 根据操作温度、压力和介质的腐蚀性能，反应器的材料、形式和结构要有足够的机械强度和耐腐蚀能力；

⑤ 反应器要易操作、易制造、易安装、易维修。

(2) 研究目的

研究的目的就是使化学工业生产中的反应过程最优化。

① 设计最优化　由给定的生产任务，确定反应器的型式和适宜的尺寸及其相应的操作条件。

② 操作最优化　在反应器投产运行之后，还必须根据各种因素和条件的变化作相应的修正，以使它仍能处于最优的条件下操作。

5.2.2 反应器的分类

(1) 根据物料的聚集状态分类

可分为均相反应器和非均相反应器。均相反应器又可分为气相反应器（如石油烃裂解制烯烃管式裂解炉）和液相反应器（如乙酸丁酯的生产）；非均相反应器又可分为气-液相、气-固相、液-液相、液-固相、气-液固相非均相反应器。

均相反应，反应速率主要考虑温度、浓度等因素，传质不是主要矛盾；非均相反应过程，反应速率除考虑温度、浓度等因素外还与相间传质速率有关。

(2) 根据操作方式分类

可分为间歇操作反应器、半连续（或半间歇）反应器、连续操作反应器。

(3) 根据反应器结构分类

可分为釜式反应器、管式反应器、塔式反应器、固定床反应器、流化床反应器。

(4) 根据温度条件和传热方式分类

① 根据温度条件分　可分为等温式、非等温式反应器。

② 根据传热方式分

a. 绝热式　不与外界进行热交换。

b. 外热式　由热载体供给或移走热量，又有间壁传热式、直接传热式、外循环传热式之分。

c. 蒸发传热式　靠挥发性反应物、产物、溶剂的蒸发移除热量。

(5) 根据流动状态分类

可分为活塞流型和全混流型。

5.3 典型反应器简介

5.3.1 釜式反应器

(1) 反应器的结构

一种低高径比的圆筒形反应器，用于实现液相单相反应过程和液-液、气-液、液-固、气-液-固等多相反应过程。器内常设有搅拌（机械搅拌、气流搅拌等）装置。在高径比较大时，可用多层搅拌桨叶。在反应过程中物料需加热或冷却时，可在反应器壁处设置夹套，或在器内设置换热面，也可通过外循环进行换热。反应器大致分为 6 部分，具体结构见图 5-1。

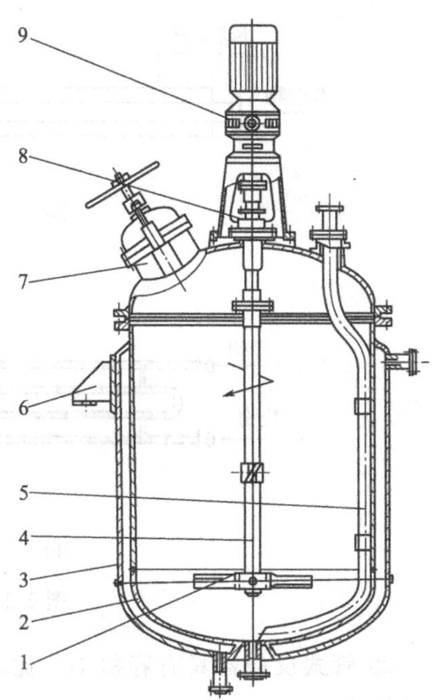

图 5-1　釜式反应器结构示意图
1—搅拌器；2—罐体；3—夹套；4—搅拌轴；
5—压出管；6—支座；7—人孔；
8—轴封；9—传动装置

① 釜的主体，提供足够的容积，确保达到规定转化率所需的时间；

② 搅拌装置，由搅拌轴和搅拌器组成，使反应物混合均匀，强化传质、传热；

③ 传热装置，主要是夹套和蛇管，用来输入或移出热量，以保持适宜的反应温度；

④ 传动装置，是使搅拌器获得动能以强化液体流动；

⑤ 轴密封装置，用来防止釜体与搅拌轴之间的泄漏；

⑥ 工艺接管，为适应工艺需要。

(2) 反应器的特点

反应器中物料浓度和温度处处相等，并且等于反应器出口物料的浓度和温度。物料质点在反应器内停留时间有长有短，存在不同停留时间物料的混合，即返混程度最大。反应器内物料所有参数，如浓度、温度等都不随时间变化，从而不存在时间这个自变量。

优点：适用范围广泛，投资少，投产容易，可以方便地改变反应内容。

缺点：换热面积小，反应温度不易控制，停留时间不一致。

绝大多数用于有液相参与的反应，如：液-液、液-固、气-液、气-液-固反应等。

5.3.2　管式反应器

(1) 反应器的结构

管式反应器是一种呈管状、长径比很大的连续操作反应器。这种反应器可以很长，如丙烯二聚的反应器管长以千米计。结构可以是单管，也可以是多管并联；可以是空管，如管式裂解炉，也可以是在管内填充颗粒状催化剂的填充管，以进行多相催化反应，如列管式固定床反应器。通常，反应物流处于湍流状态时，空管的长径比大于 50；填充段长与粒径之比大于 100（气体）或 200（液体），物料的流动可近似地视为平推流。主要管式反应器的类型结构示意图见图 5-2。

(2) 与釜式反应器的区别

一般地说，管式反应器属于平推流反应器，釜式反应器属于全混流反应器，管式反应器的停留时间一般要短一些，而釜式反应器的停留时间一般要长一些，从移走反应热来说，管式反应器要难一些，而釜式反应器容易一些，可以在釜外设夹套或釜内设盘管解决，有时可以考虑管式加釜的混合反应进行，即釜式反应器底部出口物料通过外循环进入管式反应器再返回到釜式反应器，可以在管式反应器后设置外循环冷却器来控制温度，反应原料从管式反应器的进口或外循环泵的进口进入，反应完成后的物料从釜式反应器的上部溢流出来，这样两种反应器都使用了。

(3) 管式反应器的特点

① 由于反应物的分子在反应器内停留时间相等，所以在反应器内任何一点上的反应物浓度和化学反应速率都不随时间而变化，只随管长变化；

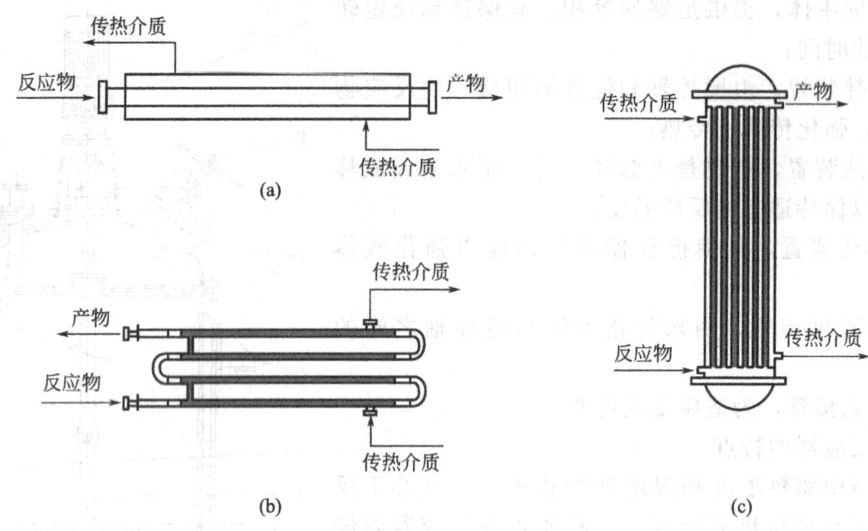

图 5-2　各类管式反应器结构示意图

② 管式反应器具有容积小、比表面大、单位容积的传热面积大，特别适用于热效应较大的反应；

③ 由于反应物在管式反应器中反应速率快、流速快，所以它的生产能力高；

④ 管式反应器适用于大型化和连续化的化工生产；

⑤ 和釜式反应器相比较，其返混较小，在流速较低的情况下，其管内流体流型接近于理想流体；

⑥ 管式反应器既适用于液相反应，又适用于气相反应。用于加压反应尤为合适。

此外，管式反应器可实现分段温度控制。其主要缺点是，反应速率很低时所需管道过长，工业上不易实现。

5.3.3 固定床反应器

(1) 反应器的结构

固定床反应器又称填充床反应器，装填有固体催化剂或固体反应物用以实现多相反应过程的一种反应器。固体物通常呈颗粒状，粒径 2～15mm，堆积成一定高度（或厚度）的床层。床层静止不动，流体通过床层进行反应。它与流化床反应器及移动床反应器的区别在于固体颗粒处于静止状态（见图 5-3)。固定床反应器主要用于实现气-固相催化反应，如氨合成塔、二氧化硫接触氧化器、烃类蒸气转化炉等。用于气-固相或液-固相非催化反应时，床层则填装固体反应物。涓流床反应器也可归属于固定床反应器，气、液相并流向下通过床层，呈气-液-固相接触。

(2) 反应器的优缺点

固定床反应器的优点是：①返混小，流体同催化剂可进行有效接触，当反应伴有串联副反应时可得较高选择性；②催化剂机械损耗小；③结构简单。

固定床反应器的缺点是：①传热差，反应放热量很大时，即使是列管式反应器也可能出现飞温（反应温度失去控制，急剧上升，超过允许范围）；②操作过程中催化剂不能更换，催化剂需要频繁再生的反应一般不宜使用，常代之以流化床反应器或移动床反应器。固定床反应器中的催化剂不限于颗粒状，网状催化剂早已应用于工业上。目前，蜂窝状、纤维状催化剂也已被广泛使用。

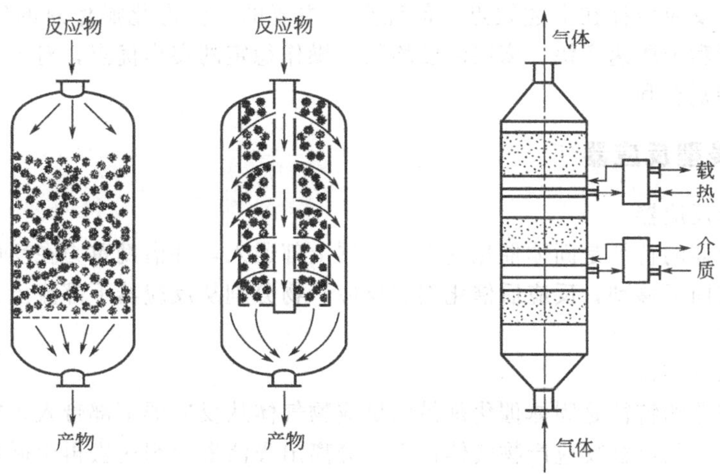

图 5-3 固定床反应器结构示意图

5.3.4 流化床反应器

(1) 反应器的结构

流化床反应器是一种利用气体或液体通过颗粒状固体层而使固体颗粒处于悬浮运动状态，并进行气固相反应过程或液固相反应过程的反应器。流化床反应器也是非均相反应装置，由于固体颗粒悬浮在流体中，不断地处于搅动状态，其传热和传质性能都比固定床反应器优越，如图 5-4 所示。

当气体经过分布板，以适当速度（高于最大催化剂颗粒的临界流化速度，低于最小催化剂颗粒的临界吹出速度）均匀地通过粉状催化剂床层时，催化剂的颗粒被吹动，漂浮在气体中作不规则的激烈运动，整个床层类似沸腾的液体，所以又称“沸腾床”。

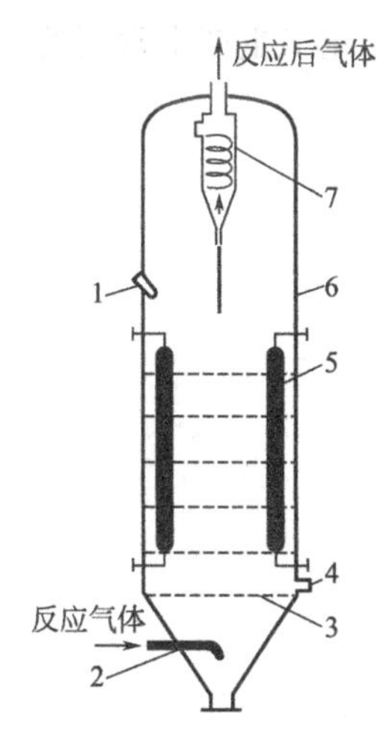

图 5-4 流化床反应器

1—催化剂加入口；2—预分布器；3—分布板；4—催化剂卸出口；5—内部构件；6—换热器；7—壳体

(2) 反应器的优缺点

流化床反应器的优点是：①由于可采用细粉颗粒，并在悬浮状态下与流体接触，反应气体和催化剂充分混合，有利于非均相反应的进行；②传热效果好，床层温度均匀，可控制在 1～3℃的温度范围内；③催化剂可使用多孔性载体，催化剂表面积大、利用率高，催化剂的装载和更换方便，反应器造价低；④流化床内的颗粒群有类似流体的性质，可以大量地从装置中移出、引入，并可以在两个流化床之间大量循环。这使得一些反应-再生、吸热-放热、正反应-逆反应等反应耦合过程和反应-分离耦合过程得以实现，使得易失活催化剂能在工业中连续使用。

流化床反应器的缺点是：①气体流动状态与活塞流偏离较大，气流与床层颗粒发生返混，以致在床层轴向没有温度差及浓度差，加之气体可能呈大气泡状态通过床层，使气固接触不良，使反应的转化率降低。因此流化床一般达不到固定床的转化率；②催化剂颗粒间相互剧烈碰撞，造成催化剂的损失和除尘的困难；③由于固体颗粒的磨蚀作用，管子和容器的磨损严重。

虽然流化床反应器存在上述缺点，但优点是主要的。流态化操作总的经济效果是有利的，特别是传热和传质速率快、床层温度均匀、操作稳定的突出优点，对于热效应很大的大规模生产过程特别有利。

5.3.5 其他类型反应器

(1) 移动床反应器

移动床反应器的特征是固体催化剂在反应器上部通入，并借助重力在反应器中与反应物气体以相同方向向下移动，反应后催化剂和反应产物分别从反应器下部流出。失活催化剂送去再生循环使用。

(2) 气流床反应器

气流床反应器的特征是固体催化剂借助反应物气体从反应器下部带入，在反应器中发生催化反应后，催化剂再被反应产物气体带出，分离出失活催化剂送去再生循环使用。这种反应器适合于催化剂寿命短、需要连续再生的催化反应。

思考题

5-1 化工生产过程一般分为几部分？各自的内容是什么？

5-2 按操作划分，化工操作一般分为哪几类？各自的特点如何？

5-3 化工生产中常用的反应器有哪些？各自的优缺点是什么？

第3篇 石油化工生产过程

石油化学工业是以石油和天然气为原料，既生产石油产品，又生产石油化学品的石油加工工业。按加工与用途划分，石油加工业有两大分支：一是石油经过炼制生产各种燃料油、润滑油、石蜡、沥青、焦炭等石油产品；二是把石油分离成原料馏分，进行热裂解，得到基本有机原料，用于合成生产各种石油化学制品。前一分支是石油炼制工业体系，后一分支是石油化工体系。因此，通常把以石油、天然气为基础的有机合成工业，即石油和天然气为起始原料的有机化学工业称为石油化学工业，简称石油化工。炼油和化工二者是相互依存、相互联系的，是一个庞大而复杂的工业部门，其产品有数千种之多。它们的相互结合和渗透，不但推动了石油化工的技术发展，也是提高石油经济效益的主要途径。

石油化工是20世纪60年代以来快速发展起来的一个新兴工业部门，经过几十年的发展，目前主要包括以下四大生产过程：基本有机化工生产过程、有机化工生产过程、高分子化工生产过程和精细化工生产过程。基本有机化工生产过程是以石油和天然气为起始原料，经过炼制加工制得三烯（乙烯、丙烯、丁烯）、

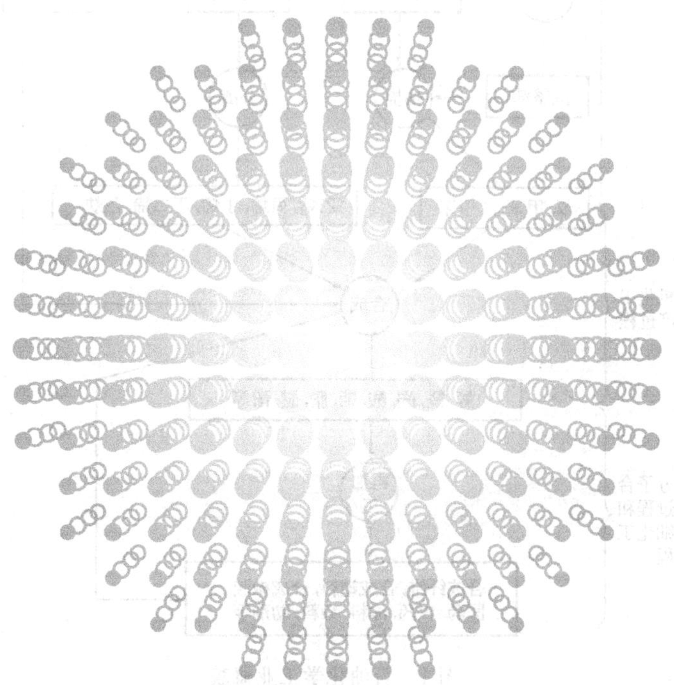

三苯（苯、甲苯、二甲苯）等基本有机原料。有机化工生产过程是在“三烯、三苯”的基础上，通过各种合成步骤制得醇、醛、酮、酸、酯、醚、腈类等有机原料。简单地说，石油加工分为三条主线：①石油炼制生产线，其产品主要为成品油（汽油、煤油、柴油、润滑油等）；②烯烃的生产线，利用石油炼制中分离出来的轻油（沸点低、碳数少的组分），通过裂解生产低碳链烯烃，同时副产芳烃；③芳烃生产线，利用石油炼制中分离出来的石脑油，通过重整反应生产芳烃。

1973年中东战争后，石油价格经过了两次大幅度的上涨，给炼油工业带来了冲击，迫使一些炼油公司停建新炼油厂，并关闭一部分炼油厂，而致力于增加二次甚至三次加工能力，以便充分利用原油，提高石油产品的产率。把原油蒸馏分为几个不同的沸点范围（即馏分）叫一次加工；将一次加工得到的馏分再加工成燃料和化工原料叫二次加工；将二次加工得到的产品制取基本有机化工原料的工艺叫三次加工。石油化学工业产品概貌及其石油化工上、中、下游产品关系如图1和图2所示。

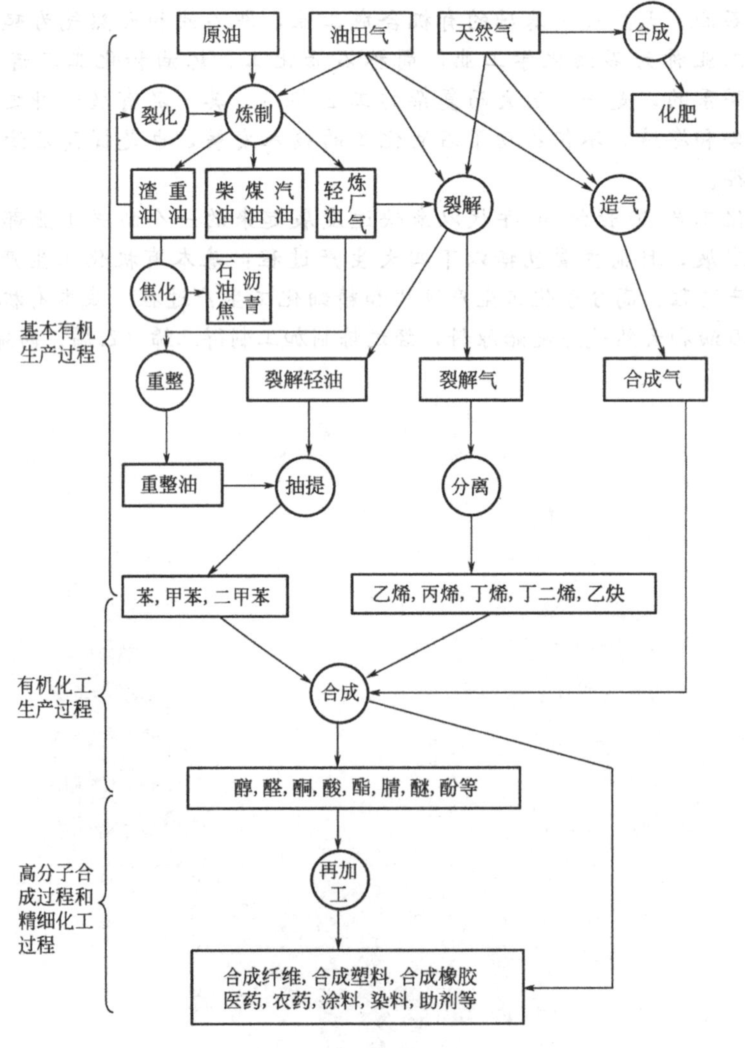

图1 石油化学工业概貌

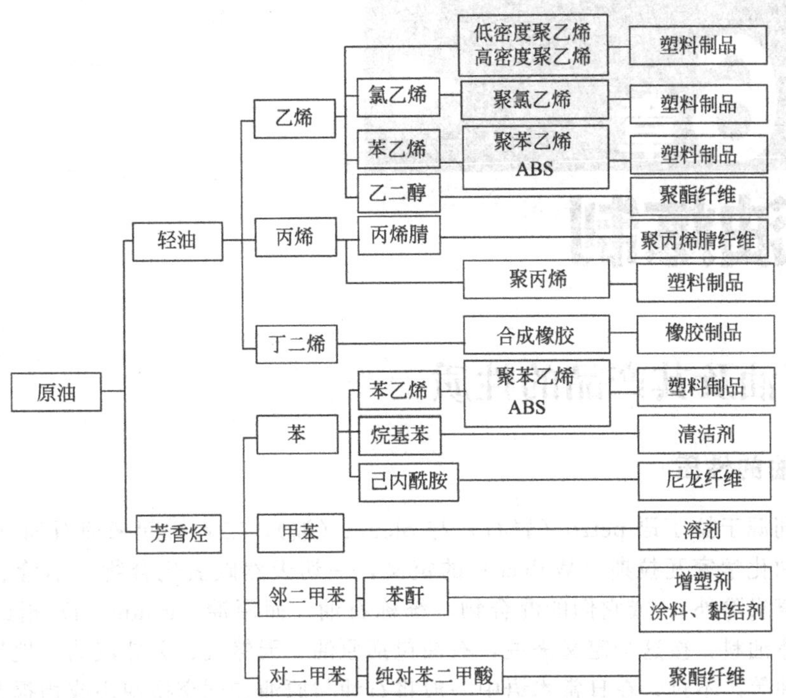

图2　石油化工上、中、下游产品关系简图

高分子化工生产过程是在有机原料的基础上，经过各种聚合、缩合步骤制得合成纤维、合成塑料、合成橡胶（即三大合成材料）等最终产品。

石油化工是精细化工的基础，精细化工的原料大部分来自廉价的石油化工。精细化工为石油化工提供高档末端材料，如催化剂、表面活性剂、油品添加剂、三大合成材料用助剂等。精细化工生产多项工业和尖端技术所需要的工程材料和功能性材料，取得高附加值。所以，一般认为精细化程度已成为衡量石化工业水平的尺度。

第6章 石油炼制

Chapter 6

6.1 石油及其产品的性质

6.1.1 石油的性质

石油一词源于拉丁语 petro（岩石）与 oleum（油），二者拼起来即石油（petroleum）。根据美国石油化学家瓦拉斯（Walace）的定义，一切天然碳氢化合物，不管它是气体、液体、固体（煤炭除外），或它们的混合物，统称石油。而原油（crude oil）指的是自油井中所采出的液体油料，按这个定义来说，石油包括原油、天然气、天然汽油、地蜡、地沥青及油页岩干馏油等。不过，在日常术语中一般将石油与原油二词交换使用或相提并论，本书也沿用人们的习惯，石油指的是原油。石油是从地下深处开采出来的黄色乃至黑色的流动或半流动的黏稠液体。石油按其产地不同，性质也有不同程度的差异。它是由烃类和非烃类组成的复杂混合物，其沸点范围很宽，从常温到500℃以上，相对分子质量范围从数十到数千。

绝大多数石油的相对密度介于0.8～0.98之间，我国原油的相对密度大多在0.85～0.95之间，属于偏重的常规原油。在商业上，按相对密度把原油分为轻质原油（相对密度≤0.865）、中质原油（相对密度在0.865～0.934）、重质原油（相对密度在0.934～1.000）、特重质原油（相对密度≥1.000）。

（1）石油的元素组成

世界上的原油性质千差万别，但其元素组成是一致的，基本上是由碳、氢、氧、氮、硫五种元素组成。由碳、氢两种元素组成烃类；由碳、氢两种元素与其他元素，如硫、氮和氧组成非烃类。在原油中的一般元素含量范围是：83.0%～87.0%碳，10.0%～14.0%氢，0.05%～8.00%硫，0.02%～2.00%氮，0.05%～2.00%氧。

除上述五种元素之外，还含有微量的金属元素，一般只是百万分之几，甚至十亿分之几。含量较多的金属元素为镍、钒、铁、铜等。

（2）石油的馏分组成

原油的沸点范围宽，因此，无论是对原油进行研究或是进行加工利用，都必须首先用蒸馏的方法将原油按沸点的高低切割为若干个部分，即所谓馏分（fractions）。每个馏分的沸点范围简称馏程或沸程（boiling range）。从原油直接蒸馏得到的馏分称为直馏馏分。表6-1为不同油品的馏程及对应组分的含碳数。

表6-1 不同油品的馏程及对应组分的含碳数

油品名称	馏程/℃	含碳数范围	油品名称	馏程/℃	含碳数范围
汽油	40～200	C_4～C_{12}	重柴油	350～410	C_{20}～C_{24}
煤油	200～300	C_9～C_{16}	润滑油	350～520	C_{20}～C_{40}
航空煤油	130～250	C_7～C_{13}	重质燃料油	＞520	C_{40}～C_{70}
轻柴油	180～350	C_{10}～C_{20}			

油品的沸程因所用蒸馏设备不同所测得数值也有所差别，在生产控制和工艺计算中使用的是最简便的恩氏蒸馏设备，见图6-1。具体测定方法可按照GB 6536—86规定的方法进行。

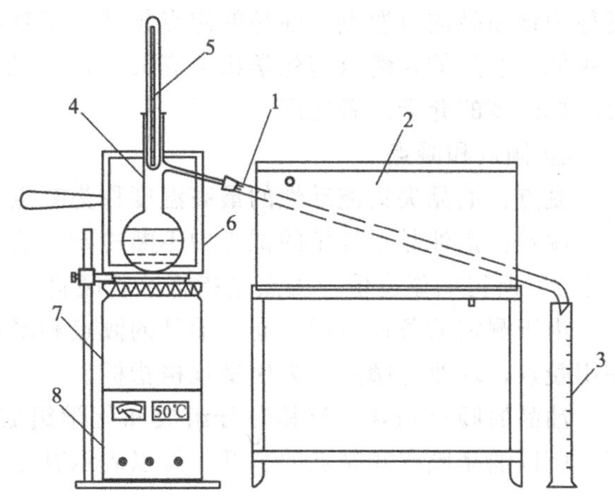

图6-1　石油产品恩氏蒸馏馏程仪
1—冷凝管；2—冷水槽；3—量筒；4—烧瓶；5—温度计；6—罩；7—电加热；8—控温装置

将100mL（20℃）油品放入标准的蒸馏瓶中按规定的速度进行加热，最先汽化蒸馏出来的是一些沸点低的烃类。流出第一滴冷凝液时的气相温度称为初馏点。在蒸馏过程中，烃类分子按其沸点高低依次逐渐蒸出，气相温度也逐渐升高，将馏出体积为10%、20%、30%、…90%时的气相温度分别称为10%、20%、30%、… 90%点（t_{10}、t_{20}、t_{30}、…t_{90}），当蒸馏到最后达到的最高气相温度称为终馏点或干点。油品从初馏点到干点这一温度范围称为馏程或沸程。

(3) 石油中的含硫化合物

所有的原油都含有一定量的硫，但不同的原油含硫量相差很大，可从万分之几到百分之几。如我国克拉玛依原油含硫量只有0.04%，而委内瑞拉原油含硫量却高达5.48%。由于硫对原油加工工艺影响大，对产品质量的影响是多方面的，所以含硫量常作为评价石油的一项重要指标。

通常将含硫量低于0.5%的称为低硫原油；大于2%的原油称为高硫原油；介于0.5%～2.0%之间的称为含硫原油。我国原油大多为低硫原油。

硫在原油中的分布一般随着石油馏分沸程的升高而增加，大部分硫均集中在残油中。硫在原油中大多以有机含硫化合物形式存在，极少部分以元素硫存在。

(4) 石油及油品的部分物理性质

石油产品绝大部分都用作燃料，一般是极易着火的物质，因此，测定它们与爆炸、着火、燃烧有关的性质如闪点、燃点及自燃点，对于油品的生产、储存、运输以及使用过程的安全都有重大意义。另外石油及石油产品的倾点和凝点表明油品在低温下的流动性能，对油品的输送及其使用十分重要。

① 闪点和燃点　闪点是指石油产品在规定的条件下，加热到它的蒸气与火焰接触时会发生闪火现象的最低温度。此时燃烧的只是其上方已积存的可燃蒸气与空气的混合气，因在闪点温度下液体油品的蒸发速度还比较慢，不足以维持油品继续燃烧，所以一闪即灭。油品的闪点与其馏分组成、化学组成以及压力有关。油品的沸点范围越低，则其闪点越低；油品的闪点随压力增大而增高。因为压力增大，油品的沸点范围升高，不易蒸发，故油品的闪点也升高。

测定闪点的方法有两种：闭口闪点和开口闪点。它们的区别在于加热蒸发及引火条件的不同，所测得的闪点数值也不一样，适用的油品也不同。开口闪点仪器中，一般用来测定重质油如润滑油、残油等，闭口闪点则对轻、重油品都适用。

燃点是指在规定的条件下，将油品加热到能被所接触的火焰点燃，并连续燃烧5s以上的最低温度。一般比闪点（开口）约高20～60℃。

② 自燃点　将油品加热到某一温度，令其与空气接触不需引火油品自行燃烧的最低温

度称为该油品的自燃点。油品的沸点越低，则越不易自燃，故自燃点也就越高，反之，自燃点越低。油品的自燃点与化学组成有关。含烷烃多的油品其自燃点较低，含芳烃多的最高，含环烷烃多的介于二者之间。

③ 倾点和凝点

凝点：油品失去流动性的最高温度称为凝点（或凝固点）。

倾点：指油品在规定的试管中不断冷却，直到将试管平放 5s 而试样无流动时的温度再加上 3℃所得的温度值。凝点是指将试管倾斜 45°，经 1min 后液面无移动的最高温度。

由于测定的条件不同，同一油品的倾点和凝点有一定的差别。我国的油品质量标准中原采用凝点，现改为倾点作为质量规格指标。

油品的倾点和凝点与其馏分组成和化学组成有关：油品中含蜡越多，倾点和凝点就越高，所以油品倾点和凝点的高低，可以表示其含蜡的程度。

6.1.2 油品的分类及其各项指标

(1) 油品的分类

石油产品包括气体、液体和固体三种状态的产品。我国石油产品分类多数是参照 ISO（国际标准化组织）已经公布的一些石油产品的分类标准而制定的。根据国家标准 GB 498—87 规定，依据石油产品的主要特征，将其分为六大类，如表 6-2 所示。

表 6-2 石油产品的分类（GB 498—87）

序 号	分 类	类别的含义	序 号	分 类	类别的含义
1	F	燃料	4	W	石油蜡
2	S	溶剂和化工原料	5	B	石油沥青
3	L	润滑剂和有关产品	6	C	石油焦

① 石油燃料 石油燃料是用量最大的油品。按其用途和使用范围可以分为五种：点燃式发动机燃料（如航空汽油，车用汽油等）；喷气式发动机燃料（如航空煤油）；压燃式发动机燃料（如高速、中速、低速柴油）；液化石油气燃料；燃料油（有炉用燃料油和船舶用燃料油）。

② 润滑剂 其中包括润滑油和润滑脂，被用来减少机件之间的摩擦，保护机件以延长它们的使用寿命并节省动力。它们的数量只占全部石油产品的 5%左右，但其品种繁多。

③ 石油沥青 石油沥青用于道路、建筑及防水等方面，其产量约占石油产品总量的 3%。

④ 石油蜡 石油蜡属于石油中固体烃类，是轻工、化工和食品等工业部门的原料，其产量约占石油产品总量的 1%。

⑤ 石油焦 石油焦可用以制作炼铝及炼钢用电极等，其产量约占石油产品总量的 2%。

⑥ 溶剂和化工原料 约 10%的石油产品是用作溶剂和石油化工原料，其中包括制取乙烯原料（轻油），以及石油芳烃和溶剂油。

(2) 汽油

① 汽油机的简单原理 汽油机主要用于轻型汽车、摩托车、螺旋桨式飞机及快艇等。汽油在汽油机内的燃烧过程可分为：进气过程；压缩过程；点火燃烧做功过程；排气过程。

② 汽油机对燃料的使用要求 汽油是可用作点燃式发动机燃料的石油轻质馏分，对汽油的使用要求主要有：良好的蒸发性能；良好的燃烧性能，不产生爆震现象；储存安定性好，生成胶质的倾向小；对发动机没有腐蚀作用；排出的污染物少。

③ 汽油的抗爆性及汽油的牌号　汽油在发动机中燃烧不正常时，会出现机身强烈震动的情况，并发出金属敲击声。同时，发动机功率下降，排气管冒黑烟，严重时导致机件的损坏，这种现象便是爆震（detonation），也叫敲缸或爆燃。究其发生的原因有两个方面：一则是与发动机的结构和工作条件有关；二则取决于所用燃料的质量。最初，为了解决这个问题，发现加入烷基铅类化合物可以有效地克服爆震现象，能保证发动机正常工作，这样便出现了含铅汽油。

衡量燃料是否易于发生爆震的性质称为抗爆性。汽油抗爆性是用辛烷值（octane number，简称 ON）来表示的。它是在标准的实验单缸发动机中，将待测试样与标准燃料试样进行对比实验而测得。所用的标准燃料是异辛烷（2,2,4-三甲基戊烷）、正庚烷及其混合物。人为地规定抗爆性极好的异辛烷的辛烷值为 100，抗爆性极差的正庚烷的辛烷值为 0。两者的混合物则以其中异辛烷的体积分数为其辛烷值。例如，$\varphi_{异辛烷}$ 80%和 $\varphi_{正庚烷}$ 20%的混合物的辛烷值即为 80。在测定汽油辛烷值时，是将待测汽油试样与一系列辛烷值不同的标准燃料在标准的实验用单缸发动机上进行比较，与所测汽油抗爆性相等的标准燃料的辛烷值也就是所测汽油的辛烷值。

车用汽油的辛烷值的测定方法有两种，即马达法和研究法，测得的辛烷值分别用 MON 和 RON 表示。(MON+RON)/2 称为抗爆指数，也是衡量车用汽油抗爆性的指标之一。

目前，我国车用汽油国家标准有 90 号、93 号、97 号三个牌号（目前市场上 90 号的几乎已经没有了，部分城市已经有 98 号汽油供应），它们分别对应于汽油的 RON 值。90 号、93 号适用于一般轿车，分别对应于压缩比不高于 8.2 和压缩比不高于 8.5 的发动机；97 号以上的适用于高级轿车，对应于压缩比不高于 9.0 的发动机，特高压缩比的发动机可选用 98 号汽油。

我国 2000 年实施车用无铅汽油国家标准（GB 17930—1999），基本实现了汽油无铅化。美国用了 21 年、日本用了 12 年走完的汽油无铅化历程，我国仅用了 7 年时间。表 6-3 为我国车用汽油（Ⅳ）的部分技术指标和试验方法。国家马上出台车用汽油（Ⅴ）的标准，主要是继续降低汽油中硫含量的指标（≤10mg/kg）。

表 6-3　我国车用汽油（Ⅳ）的技术要求和试验方法

项　目		质量指标			试验方法
		90	93	97	
抗爆性					
研究法辛烷值(RON)	不小于	90	93	97	GB/T 5487
铅含量/(g/L)	不大于	0.005			GB/T 8020
馏程					GB/T 6536
10%蒸发温度/℃	不高于	70			
50%蒸发温度/℃	不高于	120			
90%蒸发温度/℃	不高于	190			
终馏点/℃	不高于	205			
残留量/%(体积分数)	不大于	2			
硫含量/(mg/kg)	不大于	50			SH/T 0689
芳烃含量/%(体积分数)	不大于	40			GB/T 11132
烯烃含量/%(体积分数)	不大于	28			GB/T 11132
氧含量/%(质量分数)	不大于	2.7			SH/T 0663
甲醇含量/%(质量分数)	不大于	0.3			SH/T 0663

(3) 柴油

① 柴油机(压燃式发动机)对燃料的使用要求 柴油机主要用于农用机械、重型车辆、坦克、铁路机车、船舶舰艇等。柴油机燃料的使用要求有:良好的自燃性能;良好的蒸发性能;适当的黏度和良好的低温流动性;良好的安定性;对机件无腐蚀性;良好的清洁性能。

② 柴油的自燃性与十六烷值 柴油的自燃性是指喷入燃烧室内与高温高压空气形成均匀的可燃混合气之后,能在较短的时间之内发火自燃并正常地完全燃烧。

柴油机是压燃式发动机,与汽油机不同的是柴油并不预先和空气混合,而是空气先进入汽缸内单独被压缩(柴油机按空气进入分自然吸气式和增压式两类。前者压缩比为15~25,压力可达3.5MPa以上,温度在500~600℃,后者会更高),压缩将结束时,用高压油泵将柴油喷射入热的空气中,油立即受热蒸发,与空气形成混合物,因柴油自燃点低,可迅速被氧化而自燃。因此柴油的自燃能力即发火性能指标就显得十分重要了。

十六烷值(cetane number)是衡量燃料在压燃式发动机中发火性能的指标。十六烷值高,表明该燃料在柴油机中发火性能好,滞燃期短,燃烧均匀且完全,发动机工作平稳;反之,则表明燃料发火困难,滞燃期长,发动机工作状态粗暴。但十六烷值过高,也将会由于局部不完全燃烧而产生少量黑色排烟,造成油耗增大,功率下降。因而各种不同压缩比、不同结构和运行条件的柴油机使用的燃料,各有其适宜的十六烷值范围。

柴油的十六烷值与汽油的辛烷值相似,是在标准试验用单缸柴油机中测定的。所用的标准燃料是正十六烷和α-甲基萘。正十六烷具有很短的发火延迟期,自燃性能很好,因而规定其十六烷值为100。而α-甲基萘的发火延迟期很长,自燃性能很差,规定其十六烷值为0。将这两种化合物按不同比例掺和,可调配成各种十六烷值不同的标准燃料,把所测燃料与标准燃料进行对比,与其发火性能相同的标准燃料的十六烷值即为所测燃料的十六烷值。一般来说,转速大于1000r/min的高速柴油机使用十六烷值为45~50的轻柴油为宜;低于1000r/min的中、低速柴油机可使用十六烷值为35~49的重柴油。

在无条件直接测定燃料十六烷值时,可按下式计算:

$$\text{十六烷值}=442.8-462.9d_4^{20}$$

式中,d_4^{20}为柴油的密度。此式平均偏差为±3.5%。

③ 柴油的流动性与柴油的牌号

a. 低温流动性 柴油在低温下的流动性能,不仅关系到柴油机燃料供给系统在低温下能否正常供油,而且与柴油在低温下的储存、运输等作业能否进行有密切关系。柴油的低温流动性与其化学组成有关,其中正构烷烃的含量越高,则低温流动性越差。我国将轻柴油按凝点划分为10号、5号、0号、−10号、−20号、−35号和−50号七个牌号。

b. 黏度 黏度是柴油的一项重要指标,它对柴油机中供油量的大小及雾化的好坏有密切关系。燃料黏度过大,使泵的抽油效率降低,因而减少对发动机的供油量,同时喷出的油流不均匀,射程较远,雾化不良,同空气混合不均匀,燃烧不完全,增加燃料单耗和在机件上的积炭。燃料黏度过小,射程太近,全部燃料在喷油嘴喷口附近燃烧,易引起局部过热,而且不能利用燃烧室的全部空气,使燃烧不完全,降低发动机的功率。我国重柴油按其50℃运动黏度(mm^2/s)划分为10号、20号、30号三个牌号。

新的轻柴油标准GB 252—2000的主要指如表6-4所示。其中的硫含量$w(S)\leqslant 0.2\%$,明显高于车用汽油的指标,会导致柴油车尾气中硫排放的浓度不达标,这也是国家限制柴油发动机车型的主要原因。随着经济的发展,我国汽车保有量迅速增加,汽车尾气对大气的污染越来越引起人们的重视。为了生产能满足更严格排放法规的要求,针对我国汽、柴油生产特点，现在开始执行欧Ⅲ类汽车排放标准的要求［$w(S) \leqslant 0.003\%$］，争取与国际排放标准接轨。

（4）润滑油

润滑剂是一类很重要的石油产品，可以说所有带有运动部件的机器都需要润滑剂，否则，就无法正常进行。虽润滑剂的产量仅占原油加工量的2%左右，因其使用条件千差万别，润滑剂的品种多达数百种，并且对其质量的要求非常严格，其加工工艺较复杂。润滑剂包括润滑油和润滑脂。

① 润滑油的分类　由于各种机械的使用条件相差很大，它们对所需润滑油的要求也不一样，因此，润滑油按其使用的场合和条件的不同，分为很多种类。各类润滑油的性质各异，均有其特定的用途，切不可随意使用，不然会影响机器的正常运转，甚至导致机件的烧损。

我国参照国际标准制定的润滑油分类标准，将润滑油按应用场合分成19类，如表6-4所示。在每一类中又分为若干个品种，如内燃机油类中就包括汽油机油、柴油机油、铁路内燃机车用油、船用汽缸油、航空发动机油和二冲程汽油机油等，在每个品种中再细分成许多牌号。

表6-4　润滑油的分类

类别	名称	类别	名称
A	全损耗系统用油	P	风动工具用油
B	脱模油	Q	热传导油
C	齿轮油	R	暂时保护防腐蚀用油
D	压缩机油	T	汽轮机油
E	内燃机油	U	热处理用油
F	主轴承、轴承、离合器用油	X	润滑脂
G	导轨油	Y	其他应用场合用油
H	液压系统用油	Z	蒸气汽缸油
M	金属加工用油	S	特殊润滑剂应用场合
N	电器绝缘用油		

② 润滑油的基础油　目前世界各国采取将石油馏分或减压渣油制成一系列符合一定规格的、黏度不同的基础油的方法来生产润滑油。厂商可以根据市场需要将不同牌号的若干种基础油进行调和，并加入适量的添加剂，便可制得符合各种规格的润滑油商品。

我国参照国外的标准已制定出基础油的规格。按其原油类别的不同分为：黏度指数大于95的以大庆石蜡基原油为代表的低硫石蜡基基础油系列；黏度指数大于60的以新疆中间基原油为代表的中间基基础油系列；以环烷基原油生产的环烷基基础油系列。

（5）其他石油产品——蜡、沥青、焦和液化石油气

在炼油厂以原油为原料生产燃料、化工原料和润滑油等液体油品的同时，还能得到一些固体石油产品——石油蜡、石油沥青和石油焦和液化石油气。它们有的数量虽然不多，但因特殊的性质和用途，产品价值较高，在国民经济的各个领域，甚至国防、尖端科学技术中都有应用。

① 石蜡和微晶蜡　从原油350～500℃馏分油中制取的蜡称为石蜡，以正构烷烃为主，呈大的片状结晶；从>500℃减压渣油中制取的蜡称为微晶蜡，除正构烷烃之外，还含有大量异构烷烃和带长侧链的环烷烃，呈细微的针状结晶。

a. 石蜡　石蜡的应用非常广泛，在蜡烛、包装、绝缘材料、造纸、文教用品、火柴、轮胎橡胶、制皂、食品、医药、化妆品等行业中都有应用。石蜡按精制深度（含油量）分为

全精炼蜡、半精炼蜡、食品用蜡和粗石蜡四种，每种又按蜡熔点的不同构成系列牌号。食品用石蜡规格包括两类：食品石蜡和食品包装石蜡，每类又包括五种：52 号、54 号、56 号、58 号和 60 号。

b. 微晶蜡　微晶蜡曾称为地蜡。它的相对分子质量大、熔点高、硬度小、延伸度大，受力后可发生塑性变形，不像石蜡那样呈脆性、易碎裂，具有良好的密封性、防潮性、柔韧性和绝缘性。微晶蜡常用于电气绝缘材料、密封材料、铸模造型材料和用于制造许多日用品，如软膏、香脂、发蜡、鞋油、地板蜡、食品包装纸、蜡纸等的原料，它也是制造润滑脂和特种蜡的原料。随着应用范围的不断扩大，需求量增加较快，在国外，微晶蜡用量约为石蜡类产品总量的 1/10。

滴点和针入度是微晶蜡的主要质量指标，前者也是划分产品牌号的依据，其他还有含油量、颜色、安定性等指标，用于食品、医药、化妆品时还要通过稠环芳烃检测。

微晶蜡按照一定的标准可分为：合格品、一级品和优级品三类，其中合格品包括 70 号、80 号和 85 号三种；一级品包括 70 号、75 号、80 号、85 号和 90 号五种；优级品包括 80 号和 85 号两种。

② 石油沥青　常温下石油沥青为黑色固体或半固态黏稠物，它是从残渣油中得到的，产量约占石油产品总量的 3%。石油沥青分为道路沥青、建筑沥青、乳化沥青和专用沥青四种。乳化沥青是用加水、加乳化剂的方法将沥青稀释，便于施工时喷撒。专用沥青包括绝缘沥青、油漆沥青、橡胶沥青和电缆沥青等。

③ 石油焦　石油焦来自石油炼制过程中渣油的焦炭化。石油焦是一种无定形碳，灰分很低，可以作为制造碳化硅和碳化钙的原料，用于金属铸造以及高炉冶炼等。如经进一步高温煅烧，降低其挥发分和增加强度，是制作冶金电极的良好原料。

④ 液化石油气　液化石油气（liquefied petroleum gas，简称 LPG）是指石油当中的轻烃，以 C_3、C_4（即丙烷、丁烷和烯烃）为主及少量 C_2、C_5 等组分的混合物，常温常压下为气态，经稍加压缩后成为液化气，装入钢瓶送往用户。

当前城市为改善汽车尾气对大气的污染，公共汽车及出租汽车等大量改装，以液化石油气替代汽油。供城市居民生活及服务行业替代煤炭作燃料用的液化石油气，主要来自炼油厂炼制过程中产生的炼厂气以及油田的轻烃。

6.2　石油的常减压蒸馏

6.2.1　常减压蒸馏的工艺及主要产品

常减压蒸馏的加工能力代表炼油厂的加工能力，它是原油的第一道加工过程，也叫做一次加工。它是用物理方法——蒸馏，将原油按不同的沸点范围分离成不同的馏分。炼油其他装置的原料均由常减压蒸馏提供。

常减压蒸馏的工艺大致为：将原油经过脱盐、脱水的预处理，经初馏塔进行初步分离，塔顶得到炼厂气和轻油（石脑油），重组分从塔底经常压炉加热进入常压塔（如果只为得到燃料油，初馏塔也可不用，预处理后的原油可直接经加热进入常压塔），塔顶产品为汽油（也可作为裂解和重整的原料油），侧线采出分别为煤油和轻重柴油，塔底产品经减压炉加热进入减压塔（减压蒸馏），侧线采出可作为润滑油的基础油或裂化装置的原料，塔底重组分可作为自用燃料或商品燃料油，也可以作为沥青原料或丙烷脱沥青装置的原料，进一步生产重质润滑油和沥青。其简易的工艺流程图见图 6-2。

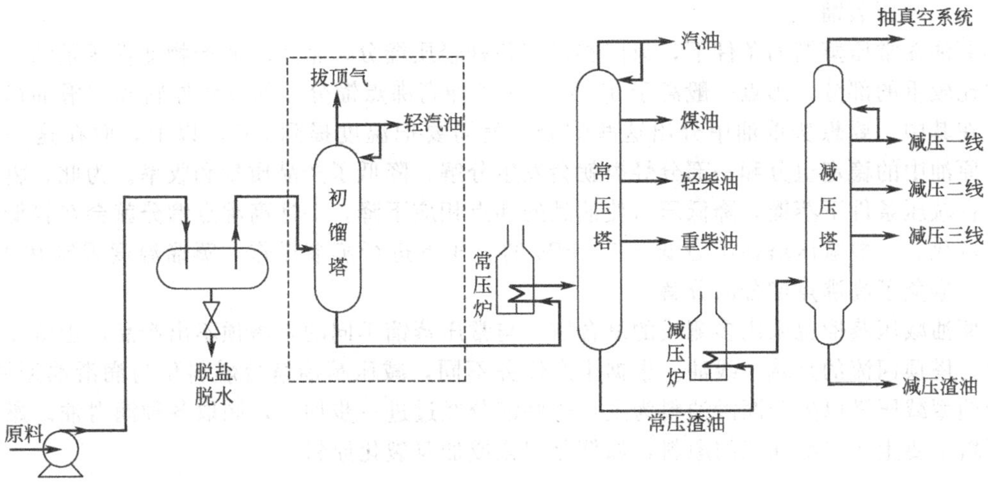

图 6-2 原油常减压蒸馏工艺流程示意图

常减压蒸馏工艺主要分为以下几个部分。

(1) 原油的预处理

从地底油层中开采出来的石油都伴有水，这些水中都溶解有无机盐，如 NaCl、$MgCl_2$ 和 $CaCl_2$ 等。油田中原油经过脱水和稳定，可以把大部分水及水中的盐脱除，但仍有部分水不能脱除。在换热器、加热炉中，随着水的蒸发，盐类沉积在管壁上形成盐垢，不仅降低了传热效率，也会减小管内流通面积而增大流动阻力，水汽化之后体积明显增大也会造成系统压力上升，这些都会使原油泵的出口压力增大，严重时甚至会堵塞管路导致停工，另外还会造成设备腐蚀，影响二次加工原料的质量等问题。因此在炼制前，必须进一步将其脱除。一般采用电脱盐的方法，经过两级脱盐、脱水，可以达到要求。

(2) 初步蒸馏

经脱盐、脱水后的原油进入初馏塔进行初步蒸馏，塔顶轻组分中含有部分常压下为气体的烃类物质（被称为拔顶气或炼厂气，成分为 C_3 以下的低碳烃类），以及少量水分。其他成分为轻汽油（国外称之为石脑油），其砷、硫含量相对较低，主要作为裂解制烯烃或重整制芳烃的原料。塔底重组分进入常压塔加热炉进行加热，进入到常压塔进行常压蒸馏。

(3) 常压蒸馏

原油的常压蒸馏就是原油在常压（或稍高于常压）下进行的蒸馏，所用的蒸馏设备叫做原油常压精馏塔。

由于常压塔的塔底需要的温度较高（370℃），所以需要加热炉提供热源，即进塔物料需要经过常压加热炉加热至 400℃左右才能进入常压塔。

常压塔是一个复合塔，原油通过常压蒸馏要切割成汽油、煤油、轻柴油、重柴油和重油等四五种产品馏分，所以常压精馏塔是在塔的侧部开若干侧线以得到如上所述的多个产品馏分，就像 N 个塔叠在一起一样，故称为复合塔。

常压塔的原料和产品都是组成复杂的混合物。原油经过常压蒸馏得到沸点范围不同的馏分，如汽油、煤油、柴油等轻质馏分油和常压重油，这些产品仍然是复杂的混合物（其质量是靠一些质量标准来控制的，如汽油馏程的干点不能高于 205℃）。它们的沸程分别为：石脑油（naphtha）或重整原料 35～150℃，煤油馏分 130～250℃，柴油馏分 250～300℃，重柴油馏分 300～350℃（可作催化裂化原料），＞350℃常压重油。

(4) 减压蒸馏

原油在常压蒸馏的条件下，只能够得到各种轻质馏分，常压塔底产物即常压重油，是原油中比较重的部分，沸点一般高于 350℃，而各种高沸点馏分，如裂化原料和润滑油馏分等都存在其中。要想从重油中分出这些馏分，就需要把温度提到 350℃以上，而在这一高温下，原油中的稳定组分和一部分烃类就会发生分解，降低了产品质量和收率。为此，将常压重油在减压条件下蒸馏，降低压力使油品的沸点相应下降，上述高沸点馏分就会在较低的温度下汽化。一般减压塔在压力低于 100kPa 的负压下进行蒸馏操作，蒸馏温度限制在 420℃以下，避免了高沸点馏分的分解。

原油减压蒸馏也采用多侧线的复合塔，与常压蒸馏不同的是塔顶不出产品，也就没有冷回流，塔顶回流的是减一线油。根据生产任务不同，减压精馏塔分燃料型与润滑油型两种。润滑油型减压塔以生产润滑油料为主，这些馏分经过进一步加工，制取各种润滑油。燃料型减压塔主要生产二次加工的原料，如催化裂化或加氢裂化原料。

6.2.2 常减压蒸馏的主要设备

(1) 电脱盐罐

电脱盐罐的结构及工作原理示意图见图 6-3。原油进入脱盐脱水罐后，在高压交流电场的作用下，微小水滴受到电场极化作用聚集成大水滴，在油水密度差的作用下，水滴在油中沉降分离，原油中的盐溶解于水，随水脱除。沉降到下部水中的固体杂质也随水排出或沉积在罐底部。

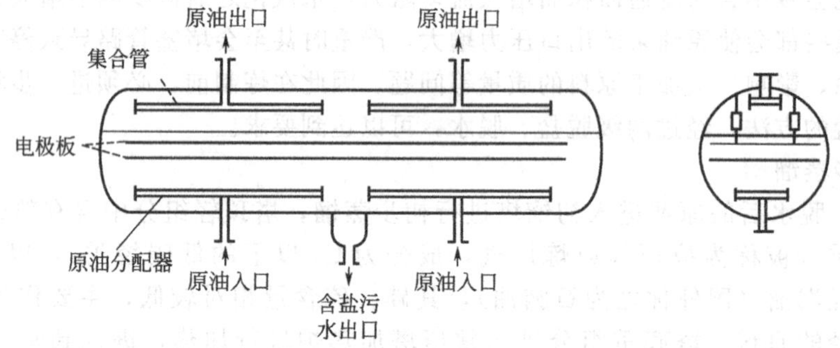

图 6-3 原油电脱盐罐示意图

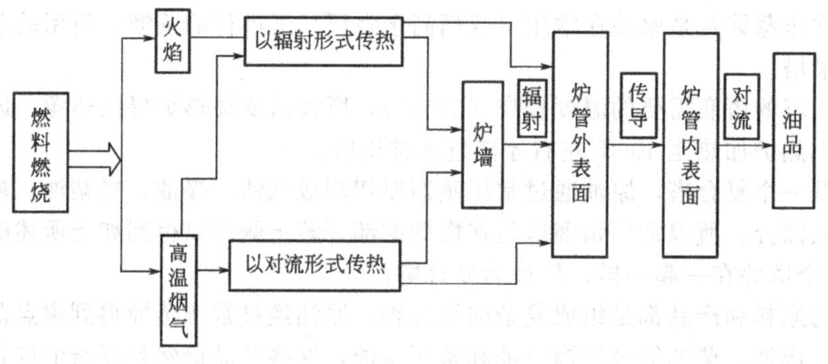

图 6-4 加热炉工作原理示意图

(2) 加热炉

加热炉是为常压、减压蒸馏塔提供热源的主要设备，是以燃烧重质燃料油产生热量，主要利用热辐射的传递方式传递热能，以对流的方式回收热能。加热炉的温度主要依靠燃料油的供给量来控制。其工作原理图及结构示意图见图 6-4 和图 6-5。

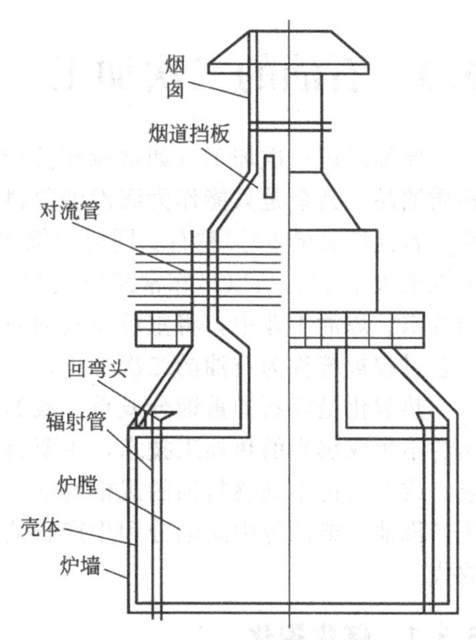

图 6-5 加热炉的结构示意图

(3) 常压蒸馏塔

为了使常压蒸馏塔侧线产品初馏点和闪点合格，在常压塔侧还设有一汽提塔，侧线采出的物料进入汽提塔，采用水蒸气蒸馏的方式分离出常压侧线产品中的部分组分，常压汽提塔是各侧线汽提塔连接起来的组合塔（见图 6-6）。

(4) 减压蒸馏塔

减压精馏塔的塔板数少，压降小，真空度高，塔径大。为了尽量提高拔出深度而又避免分解，要求减压塔在经济合理的条件下尽可能提高汽化段的真空度。因此，一方面要在塔顶配备强有力的抽真空设备，同时要减小塔板的压力降。减压塔内应采用压降较小的塔板。减压馏分之间的分馏精确度一般比常压蒸馏的要求低，减压塔侧线出催化裂化或加氢裂化原料，产品较简单，分馏精度要求不高，故只设 2～3 个侧线，不设汽提塔。因此通常在减压塔的两个侧线馏分之间只设 3～5 块精馏塔板。在减压下，塔内的油气、水蒸气、不凝气的体积变大，选择的减压塔径要大。

塔底减压渣油是最重的物料，如果在高温下停留时间过长，则其分解、缩合等反应会加剧进行，导致不凝气增加使塔的真空度下降，塔底部分结焦，影响塔的正常操作。因此，常用缩小减压塔底部直径的办法，以缩短渣油在塔内的停留时间。另外，减压塔顶不出产品，减压塔的上部气相负荷小，通常也采用缩径的办法，使减压塔成为一个中间粗、两头细的精馏塔（见图 6-7）。

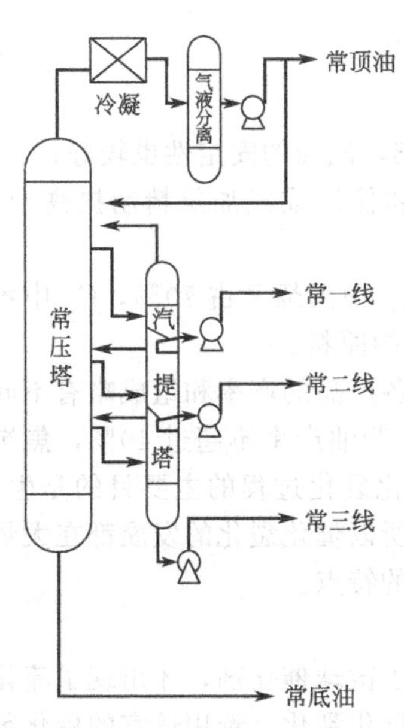

图 6-6 常压塔及附属汽提塔示意图

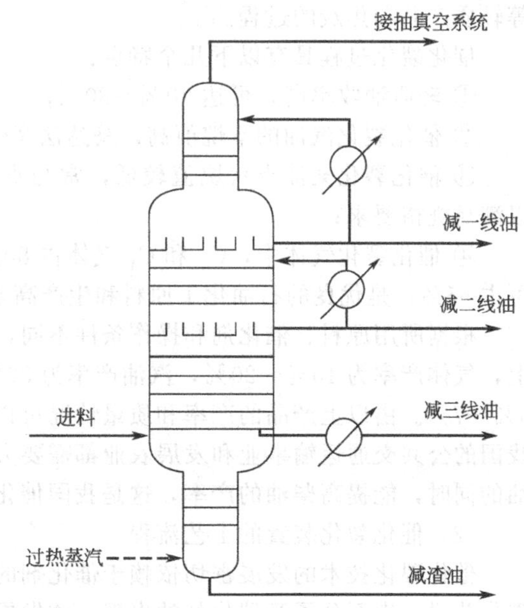

图 6-7 减常压塔示意图

6.3 石油的二次加工

原油经过一次加工（如常减压蒸馏）只能从中得到10%～40%的汽油、煤油和柴油等轻质油品，其余是只能作为润滑油原料的重馏分和残渣油。但是，社会对轻质油品的需求量却占石油产品的90%左右。同时直馏汽油辛烷值很低，约为40～60，而一般汽车要求汽油辛烷值大于90。所以只靠常减压蒸馏一次加工就无法满足市场对轻质油品在数量和质量上的要求。炼油工业中，将重质原料油通过热加工转化成气体、轻质油、燃料油或焦炭的一类工艺过程被统称为石油的二次加工，主要包括：热裂化、减黏裂化和焦化。

热裂化是以石油重馏分或重、残油为原料生产汽油和柴油的过程。减黏裂化作为一种成熟的不生成焦炭的热加工技术，主要目的是改善渣油的倾点和黏度，以达到燃料油的规格要求；或者虽达不到燃料油的规格要求，但可以减少掺和油的用量。焦化是以减压渣油为原料生产汽油、柴油等中间馏分和生产石油焦。在这些过程中，热裂化过程已逐渐被催化裂化所取代。

6.3.1 催化裂化

催化裂化是炼油工业中最重要的一种二次加工工艺，在炼油工业生产中占有重要的地位。瓦斯油、重油受热经C—C键断裂，烃类大分子转化为汽油，是石油加工中的常见工艺。然而，引入催化剂后，把单纯的热裂化过程转为催化裂化过程，可获得更多的高辛烷值汽油。催化裂化技术的发展已成为当今石油炼制的核心工艺之一。

重油催化裂化把更多的重油，特别是渣油进行深度加工，催化裂化也是重油轻质化和改质的主要手段之一。目前，国内现在约有130套催化裂化装置，其中90%以上加工渣油。

(1) 催化裂化（catalytic cracking）的工艺特点

催化裂化过程是以减压馏分油、焦化柴油和蜡油等重质馏分油或渣油为原料，在常压和450～510℃条件下，在催化剂的存在下，发生一系列化学反应，转化生成气体、汽油、柴油等轻质产品和焦炭的过程。

催化裂化过程具有以下几个特点：

① 轻质油收率高，可达70%～80%；

② 催化裂化汽油的辛烷值高，马达法辛烷值可达78，汽油的安定性也较好；

③ 催化裂化柴油十六烷值较低，常与直馏柴油调和使用或经加氢精制提高十六烷值，以满足规格要求；

④ 催化裂化气体中，C_3和C_4气体占80%，其中C_3中丙烯又占70%，C_4中各种丁烯可占55%，是优良的石油化工原料和生产高辛烷值组分的原料。

根据所用原料、催化剂和操作条件不同，催化裂化各产品的产率和组成略有不同。大体上，气体产率为10%～20%，汽油产率为30%～50%，柴油产率不超过40%，焦炭产率为5%～7%。由以上产品的产率和质量情况可以看出，催化裂化过程的主要目的是生产汽油。我国的公共交通运输事业和发展农业都需要大量柴油，所以催化裂化的发展都在大量生产汽油的同时，能提高柴油的产率，这是我国催化裂化技术的特点。

(2) 催化裂化装置的工艺流程

催化裂化技术的发展密切依赖于催化剂的发展。有了微球催化剂，才出现了流化床催化裂化装置；沸石分子筛催化剂的出现，才发展了提升管催化裂化。选用适宜的催化剂对于催化裂化过程的产品产率、产品质量以及经济效益具有重大影响。

催化裂化装置通常由三大部分组成，即反应-再生系统、分馏系统和吸收稳定系统，其中反应-再生系统是全装置的核心。现以高低并列式提升管催化裂化为例，对几大系统分述如下。

① 反应-再生系统　图6-8是高低并列式提升管催化裂化装置反应-再生及分馏系统的工艺流程。

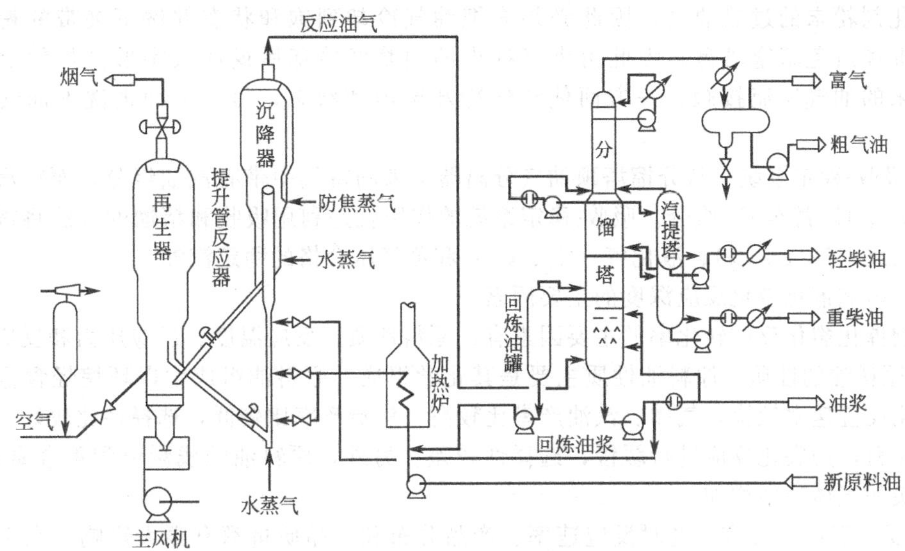

图6-8　反应-再生及分馏系统工艺流程

新鲜原料（减压馏分油）经过一系列换热后与回炼油混合，进入加热炉预热到370℃左右，由原料油喷嘴以雾化状态喷入提升管反应器下部，油浆不经加热直接进入提升管，与来自再生器的高温（650～700℃）催化剂接触并立即汽化，油气与雾化蒸气及预提升蒸气一起携带着催化剂以7～8m/s的高线速通过提升管，经快速分离器分离后，大部分催化剂被分出落入沉降器下部，油气携带少量催化剂经两级旋风分离器分出夹带的催化剂后进入分馏系统。

积有焦炭的待生催化剂由沉降器进入其下面的汽提段，用过热蒸汽进行汽提以脱除吸附在催化剂表面上的少量油气。待生催化剂经待生斜管、待生单动滑阀进入再生器，与来自再生器底部的空气（由主风机提供）接触形成流化床层，进行再生反应，同时放出大量燃烧热，以维持再生器足够高的床层温度（密相段温度650～680℃）。再生器维持0.15～0.25MPa（表）的顶部压力，床层线速约0.7～1.0m/s。再生后的催化剂经溢流管、再生斜管及再生单动滑阀返回提升管反应器循环使用。

烧焦产生的再生烟气，经再生器稀相段进入旋风分离器，经两级旋风分离器分出携带的大部分催化剂，烟气经集气室和双动滑阀排入烟囱。再生烟气温度很高而且含有约5%～10% CO，为了利用其热量，不少装置设有CO锅炉，利用再生烟气产生水蒸气。对于操作压力较高的装置，常设有烟气能量回收系统，利用再生烟气的热能和压力做功，驱动主风机以节约电能。

② 分馏系统　分馏系统的作用是将反应-再生系统的产物进行分离，得到部分产品和半成品。

由反应-再生系统来的高温油气进入催化分馏塔下部，经装有挡板的脱过热段脱热后进入分馏段，经分馏后得到富气、粗汽油、轻柴油、重柴油、回炼油和油浆。富气和粗汽油去吸收稳定系统；轻柴油、重柴油经汽提、换热或冷却后出装置，回炼油返回反应-再生系统进行回炼。油浆的一部分送反应-再生系统回炼，另一部分经换热后循环回分馏塔。为了取走分馏塔的过剩热量以使塔内气、液相负荷分布均匀，在塔的不同位置分别设有4个循环回流：顶循环回流、一中段回流、二中段回流和油浆循环回流。

催化裂化分馏塔底部的脱过热段装有约10块人字形挡板。由于进料是460℃以上的带有催化剂粉末的过热油气，因此必须先把油气冷却到饱和状态并洗下夹带的粉尘以便进行分馏和避免堵塞塔盘。因此由塔底抽出的油浆经冷却后返回人字形挡板的上方与由塔底上来的油气逆流接触，一方面使油气冷却至饱和状态，另一方面也洗下油气夹带的粉尘。

③ 吸收-稳定系统　从分馏塔顶油气分离器出来的富气中带有汽油组分，而粗汽油中则溶解有C_3、C_4甚至C_2组分。吸收-稳定系统的作用就是利用吸收和精馏的方法将富气和粗汽油分离成干气（$\leqslant C_2$）、液化气（C_3、C_4）和蒸气压合格的稳定汽油。

(3) 影响催化裂化反应深度的主要因素

影响催化裂化反应转化率的主要因素有：原料性质、反应温度、反应压力和反应时间。

① 原料油的性质　原料油性质主要是其化学组成。原料油组成中以环烷烃含量多的原料，裂化反应速率较快，气体、汽油产率比较高，焦炭产率比较低，选择性比较好。对富含芳烃的原料，则裂化反应进行缓慢，选择性较差。另外，原料油的残炭值和重金属含量高，会使焦炭和气体产率增加。

② 反应温度　反应温度对反应速率、产品分布和产品质量都有很大影响。在生产中温度是调节反应速率和转化率的主要因素，不同产品方案，选择不同的反应温度来实现：对多产柴油方案，采用较低的反应温度（450～470℃），在低转化率、高回炼比下操作；对多产汽油方案，反应温度较高（500～530℃），采用高转化率、低回炼比。

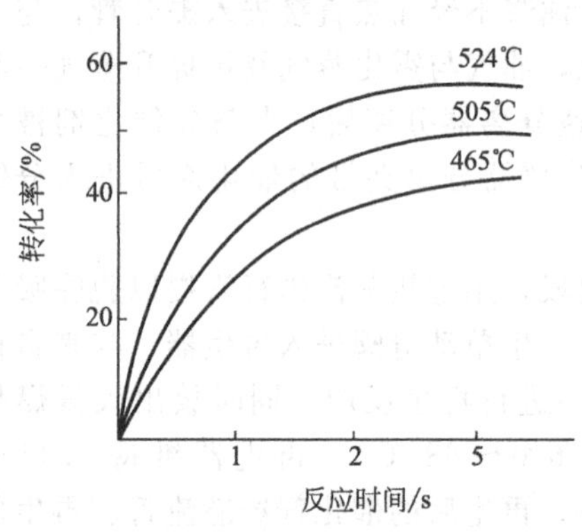

图6-9　提升管催化裂化反应时间和转化率的关系

③ 反应压力　提高反应压力的实质就是提高油气反应物的浓度，或确切地说，油气的分压提高，有利于反应速率加快。提高反应压力有利于缩合反应，焦炭产率明显增高，气体中烯烃相对产率下降，汽油产率略有下降，但安定性提高。

提升管催化裂化反应器压力控制在0.3～0.37MPa。

④ 空速和反应时间　在提升管反应器中反应时间就是油气在提升管中的停留时间。图6-9表示提升管催化裂化的反应时间与转化率的关系。由图可见，反应开始阶段，反应速率最快，1s后转化率的增加逐渐趋于缓和。反应时间延长，会引起汽油的二次分解，同时因为沸石分子筛催化剂具有较高的氢转移活性，而使丙烯、丁烯产率降低。提升管反应器内进料的反应时间要根据原料油的性质、产品的要求来定，一般约为1～4s。

(4) 重油催化裂化

重油催化裂化（residue fluid catalytic cracking，即RFCC）工艺的产品是市场极需的高辛烷值汽油馏分、轻柴油馏分和石油化学工业需要的气体原料。由于该工艺采用了沸石分子筛催化剂、提升管反应器和钝化剂等，使产品分布接近一般流化催化裂化工艺。但是重油原料中一般有30%～50%的廉价减压渣油，因此，重油流化催化裂化工艺的经济性明显优于一般流化催化工艺，是近年来得到迅速发展的重油加工技术。

① 重油催化裂化的原料 所谓重油是指常压渣油、减压渣油的脱沥青油以及减压渣油、加氢脱金属或脱硫渣油所组成的混合油。典型的重油是馏程大于350℃的常压渣油或加氢脱硫常压渣油。与减压馏分相比，重油催化裂化原料油存在如下特点：黏度大，沸点高；多环芳香性物质含量高；重金属含量高；含硫、氮化合物较多。因此，用重油为原料进行催化裂化时会出现焦炭产率高，催化剂重金属污染严重以及产物硫、氮含量较高等问题。

② 重油催化裂化的操作条件 为了尽量降低焦炭产率，重油催化裂化在操作条件上采取如下措施：改善原料油的雾化和汽化；采用较高的反应温度和较短的反应时间。

③ 重油催化裂化催化剂 重油催化裂化要求其催化剂具有较高的热稳定性和水热稳定性，并且有较强的抗重金属污染的能力。所以，目前主要采用Y型沸石分子筛和超稳Y型沸石分子筛催化剂。

④ 重油催化裂化工艺与一般催化裂化工艺的异同点 两种工艺既有相同的部分，亦有不同之处，完全是由于原料不同造成的。不同之处主要表现在：重油催化裂化在进料方式、再生系统型式、催化剂选用和 SO_x 排放量的控制方面均不同于一般的催化裂化工艺；在取走过剩热量的设施，产品处理、污水处理和金属钝化等方面，则是一般催化裂化工艺所没有的。但在催化剂的流化、输送和回收方面，在两反应器压力平衡的计算方面，两者完全相同。在分馏系统的流程和设备方面，在反应机理、再生机理、热平衡的计算方法和反应-再生系统的设备上两者基本相同。

6.3.2 加氢精制和加氢裂化

(1) 加氢精制

加氢精制主要用于油品精制，其目的是除掉油品中的硫、氮、氧杂原子及金属杂质，改善油品的使用性能。由于重整工艺的发展，可提供大量的副产氢气，为发展加氢精制工艺创造了有利条件，因此加氢精制已成为炼油厂中广泛采用的加工过程，也正在取代其他类型的油品精制方法。

加氢精制的工艺流程因原料而异，但基本原理是相同的，如图6-10所示。它包括反应系统，生成油换热、冷却、分离系统，循环氢系统三部分。

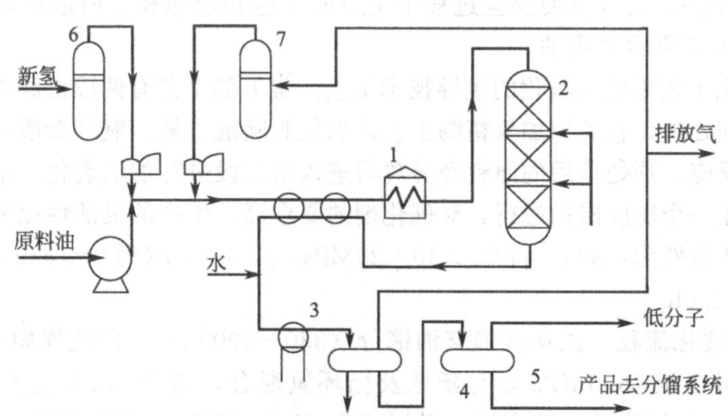

图6-10 加氢精制典型工艺流程

1—加热炉；2—反应器；3—冷却器；4—高压分离器；
5—低压分离器；6—新氢储罐；7—循环氧储罐

① 反应系统 原料油与新氢、循环氢混合，并与反应产物换热后，以气液混相状态进入加热炉，加热至反应温度进入反应器。反应器进料可以是气相（精制汽油时），也可

以是气液混相（精制柴油时）。反应器内的催化剂一般是分层填装，以利于注冷氢来控制反应温度（加氢精制是放热反应）。循环氢与油料混合物通过每段催化剂床层进行加氢反应。

加氢反应器可以是一个，也可以是两个。前者叫一段加氢法，后者叫两段加氢法。两段加氢法适用于某些直馏煤油的精制，以生成高密度喷气燃料。此时第一段主要是加氢精制，第二段是芳烃加氢饱和。

② 生成油换热、冷却、分离系统　反应产物从反应器的底部出来，经过换热、冷却后进入高压分离器。在冷却器前要向产物中注入高压洗涤水，以溶解反应生成的氨和部分硫化氢。反应产物在高压分离器中进行油气分离，分出的气体是循环氢，其中除了主要成分氢外，还有少量的气态烃（不凝气）和未溶于水的硫化氢。分出的液体产物是加氢生成油，其中也溶解有少量的气态烃和硫化氢，生成油经过减压再进入低压分离器进一步分离出气态烃等组分，产品去分馏系统分离成合格产品。

③ 循环氢系统　从高压分离器分出的循环氢经储罐及循环氢压缩机后，小部分（约30%）直接进入反应器作冷氢，其余大部分送去与原料油混合，在装置中循环使用。为了保证循环氢的纯度［不小于65%（体积）］，避免硫化氢在系统中积累，常用硫化氢回收系统，解吸出来的硫化氢送到制硫装置回收硫磺，净化后的氢气循环使用。

为了保证循环氢中氢的浓度，用新氢压缩机不断往系统内补充新鲜氢气。

（2）加氢裂化

用重质原料油生产轻质燃料油最基本的工艺原理就是改变重质原料油的相对分子质量和碳氢比，而改变分子和碳氢比往往是同时进行的。改变碳氢比有两个途径：一是脱碳，二是加氢。热加工过程，如热裂化、焦化以及催化裂化工艺属于脱碳，它们的共同特点是要加大一部分油料的碳氢比，因此，不可避免地要产生一部分气体烃和碳氢比较高的缩合产物——焦炭和渣油。所以脱碳过程的轻质油收率不可能很高。加氢裂化属于加氢，在催化剂存在下从外界补入氢气以降低原料油的碳氢比。加氢裂化是重质原料在催化剂和氢气存在下进行的催化加工，实质上是加氢和催化裂化这两种反应的有机结合。因此，它不仅可以防止如催化裂化过程中大量积炭的生成，而且还可以将原油中的氮、氧、硫等杂原子有机化合物杂质通过加氢从原料中除去，又可以使反应过程中生成的不饱和烃饱和，所以加氢裂化可以将低质量的原料油转化成优质的轻质油。

高压加氢裂化工艺是加氢裂化的主导技术工艺。常见的工艺有两段法和单段法。两段法的第一段是原料的预处理，它类似加氢精制工艺，加氢脱除硫、氮、氧等杂质，使不饱和烃和芳烃发生一些加氢反应。预处理后的原料经分离后进入第二段进行加氢裂化。单段法把加氢精制和加氢裂化合并在一个反应器内进行，对催化剂的要求高，生产的灵活性比两段法差。典型的高压加氢裂化工艺条件为：320～440℃，10～20MPa，n(氢)：n(烃)＝(650：1)～(1400：1)，液体时空速0.4～1.5h^{-1}。

① 一段加氢裂化流程　大庆直馏柴油馏分（330～490℃）一段流程如图6-11所示。

原料油经泵升压至16.0MPa后与新氢及循环氢混合，再与420℃左右的加氢生成油换热至320～360℃进入加热炉，反应器进料温度为370～450℃。原料在反应器内的反应条件维持在温度380～440℃，液体时空速1.0h^{-1}，v(氢)：v(油)＝2500：1。为了控制反应温度，向反应器分层注入冷氢。反应产物经与原料换热降至200℃，再经冷却温度降到30～40℃之后进入高压分离器。反应产物进入空冷器之前注入软化水以溶解其中的NH_3、H_2S等，以防止水合物析出而堵塞管道。自高压分离器顶部分出循环氢，经循环氢压缩机升压至反应器入口压力后，返回系统循环使用，自高压分离器底部分出加氢生成油，

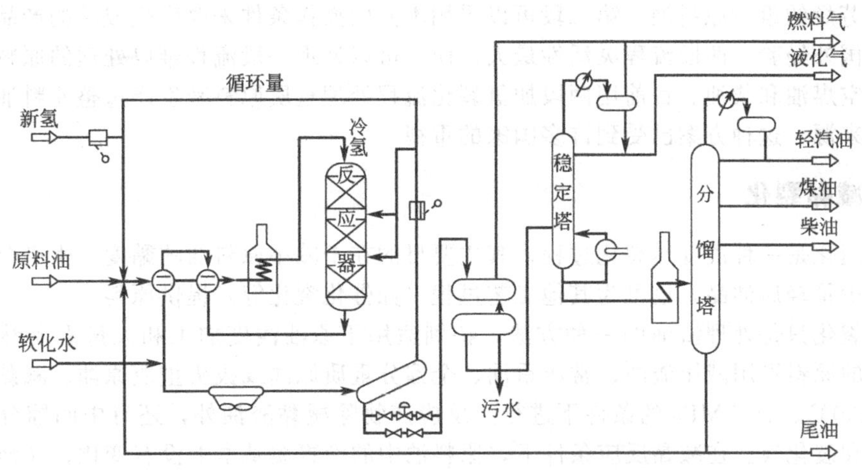

图 6-11 一段加氢裂化工艺原理流程

经减压系统减压至 0.5MPa，进入低压分离器，在低压分离器内将水脱出，并释放出溶解气体，作为富气送出装置，可以作燃料气用。生成油经加热送入稳定塔，在 1.0～2.0MPa 下蒸出液化气，塔底液体经加热炉加热送至分馏塔，最后分离出轻汽油、航空煤油、低凝柴油和塔底尾油。尾油可一部分或全部作循环油用，与原料混合后返回反应系统，或送出装置作为燃料油。

② 两段加氢裂化流程 如图 6-12 所示。原料油经高压泵升压并与循环氢和新氢混合后首先与生成油换热，再在加热炉中加热至反应温度，进入第一段加氢精制反应器。在加氢活性高的催化剂上进行脱硫、脱氮反应，此时原料油中的重金属也被脱掉。反应生成物经换热、冷却后进入高压分离器，分出循环氢。

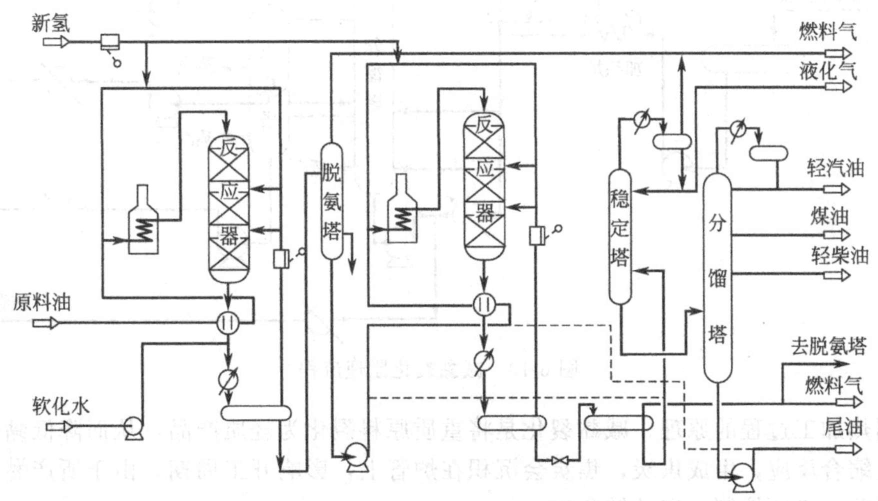

图 6-12 两段加氢裂化工艺原理流程

生成油进入脱氨（硫）塔，脱去 NH_3 和 H_2S 后，作为第二段加氢裂化的进料。第二段进料与循环氢混合后，进入第二加热炉，加热至反应温度，在装有高酸性催化剂的第二段加氢裂化反应器内进行裂化反应，反应生成物经换热、冷却、分离，分出溶解气和循环氢后送至稳定系统。

两段加氢裂化工艺的特点是：对原料适应性强，改变第一段催化剂可以处理多种原料，如高氮高芳烃的重质原料油。第二段可以采用不同的操作条件来改变生成油的产品分布。

根据国外经验，两段流程灵活性最大，而且可以处理一段流程难以处理的原料，并能生产优质航空煤油和柴油。目前用两段加氢裂化流程处理重质原料来生产重整原料油，用以扩大芳烃的来源，这种方案已受到许多国家的重视。

6.3.3 减黏裂化

减黏裂化是一种浅度热裂化过程，其主要目的在于减小原料油的黏度，生产合格的重质燃料油和少量轻质油品，也可为其他工艺过程（如催化裂化等）提供原料。

减黏裂化只是处理渣油的一种方法，特别适用于原油浅度加工和大量需要燃料油的情况。减黏的原料可用减压渣油、常压重油、全馏分重质原油或拔头重质原油。减黏裂化反应在450～490℃、4～5MPa的条件下进行。反应产物除减黏渣油外，还有中间馏分及少量的汽油馏分和裂化气。在减黏反应条件下，原料油中的沥青质基本上没有变化，非沥青质类首先裂化，转变成低沸点的轻质烃。轻质烃能部分地溶解或稀释沥青质，从而达到降低原料黏度的作用。

减黏过程的工艺流程如图6-13所示。这是一个较为灵活的减黏裂化原理流程。该流程可按两种减黏类型操作。加热炉后串联反应塔，则为塔式减黏；不串联反应塔，则为炉管式减黏。裂化反应后的混合物送入分馏塔。为尽快终止反应，避免结焦，必须在进分馏塔之前的混合物和分馏塔底打进急冷油。从分馏塔分出气体、汽油、柴油、蜡油及减黏渣油。

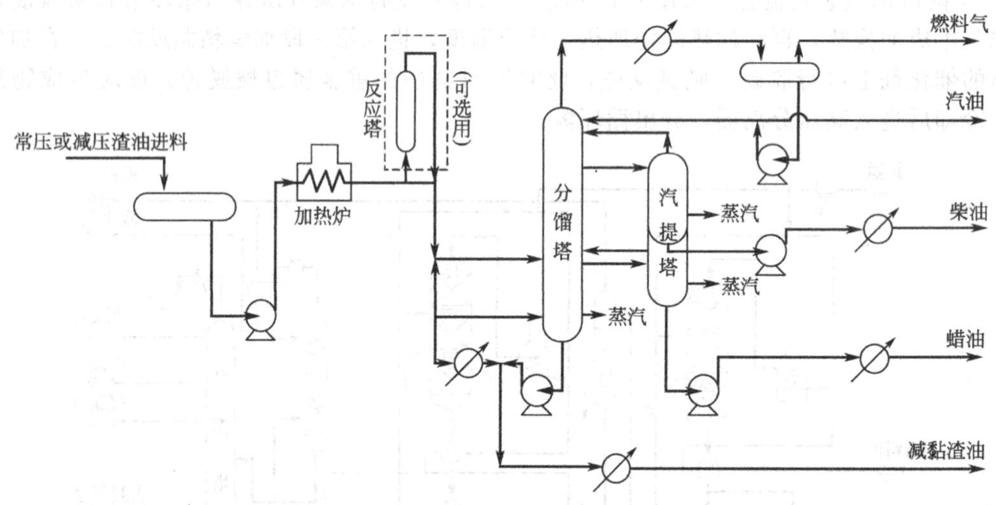

图6-13 减黏裂化原理流程

根据热加工过程的原理，减黏裂化是将重质原料裂化为轻质产品，从而降低黏度，但同时又发生缩合反应，生成焦炭，焦炭会沉积在炉管上，影响开工周期，由于所产燃料油安定性差，因此，必须控制一定的转化率。

在常规减黏裂化工艺基础上开发出的临氢、供氢剂和催化减黏裂化等工艺技术，不仅提高了反应的苛刻度，增加了馏分油产率，而且还改善了产品的质量。供氢剂减黏裂化不用氢气，尚需开发出供氢效果好、来源广泛的工业供氢剂，国外开发的水蒸气转化提供活性氢自由基的方法值得借鉴。催化减黏裂化也是今后发展的一个方向。各种减黏裂化新工艺的不断涌现推动了减黏裂化工艺技术的不断发展。预计21世纪初叶减黏裂化工艺技术在炼油工业中作为一次加工手段将会占有一席之地。

6.3.4 焦炭化过程

(1) 焦炭化过程（简称焦化）

焦化是提高原油加工深度，促进重质油轻质化的重要热加工手段。它又是唯一能生产石油焦的工艺过程，是任何其他过程所无法代替的，焦化在炼油工业中一直占据着重要地位。焦化是以贫氢重质残油如减压渣油、裂化渣油以及沥青等为原料，在 400～500℃的高温下进行的深度热裂化反应。通过裂解反应，使渣油的一部分转化为气体烃和轻质油品，由于缩合反应，使渣油的另一部分转化为焦炭。一方面由于原料重，含相当数量的芳烃，另一方面焦化的反应条件更苛刻，因此缩合反应占很大比重，生成焦炭多。焦化装置是炼厂提高轻质油收率的手段之一，也是目前炼厂实现渣油零排放的重要装置之一。

炼油工业中曾经用过的焦化方法主要是釜式焦化、平炉焦化、接触焦化、延迟焦化、流化焦化等。目前我国延迟焦化应用最广，在炼油工业中发挥着重要作用。

(2) 延迟焦化

延迟焦化装置目前已能处理包括直馏（减黏、加氢裂化）渣油、裂解焦油和循环油、焦油砂、沥青、脱沥青焦油、澄清油、催化裂化油浆、炼厂污油（泥）以及煤的衍生物等 60 余种原料。延迟焦化的特点是，原料油在管式加热炉中被急速加热，达到约 500℃高温后迅速进入焦炭塔内，停留足够的时间进行深度裂化反应，使得原料的生焦过程不在炉管内而延迟到塔内进行，这样可避免炉管内结焦，延长运转周期，这种焦化方式就叫延迟焦化。图 6-14 是典型的延迟焦化工艺流程。

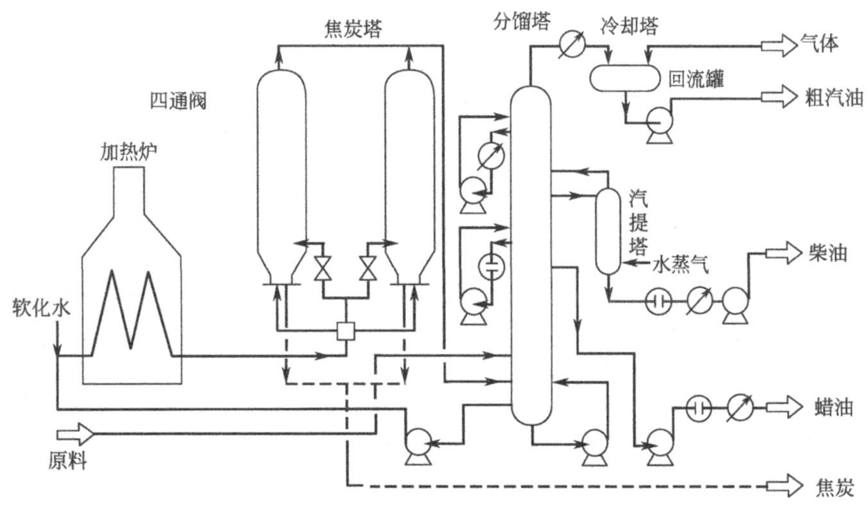

图 6-14 延迟焦化工艺流程

原料经预热后，先进入分馏塔下部与焦化塔顶过来的焦化油气在塔内接触换热，一是使原料被加热，二是将过热的焦化油气降温到可进行分馏的温度（一般分馏塔底温度不宜超过 400℃），同时把原料中的轻组分蒸发出来。焦化油气中相当于原料油沸程的部分称为循环油，随原料一起从分馏塔底抽出，打入加热炉辐射室，加热到 500℃左右，通过四通阀从底部进入焦炭塔，进行焦化反应。为了防止油在管内反应结焦，需向炉管内注水，以加大管内流速（一般为 2m/s 以上），缩短油在管内的停留时间，注水量约为原料油的 2%。进入焦炭塔的高温渣油，需在塔内停留足够时间，以便充分进行反应。反应生成的油气从焦炭塔顶引出进分馏塔，分出焦化气体、汽油、柴油和蜡油，塔底循环油与原料一起再进行焦化反应。

焦化生成的焦炭留在焦炭塔内，通过水力除焦从塔内排出。

焦炭塔采用间歇式操作，至少要有两个塔切换使用，以保证装置连续操作。每个塔的切换周期包括生焦、除焦及各辅助操作过程所需的全部时间。对两炉四塔的焦化装置，周期约 48h，其中生焦过程约占一半。生焦时间的长短取决于原料性质以及对焦炭质量的要求。近年来，延迟焦化工艺技术进展主要为：大型化、灵活性（原料、产品、产率、质量）、操作性、安全性以及设计改进性。大部分的研究工作着重于延迟焦化装置的操作性和安全性。

思考题

6-1 何谓馏程（沸程）、馏分？常见油品的沸程范围如何？

6-2 名词解释：闪点、燃点、自燃点、倾点和凝点。

6-3 石油产品分为哪四个大类？

6-4 汽油、柴油各有哪些品种和牌号？它们是根据什么来划分的？

6-5 什么是催化裂化过程？什么是延迟焦化？各自的生产和产品特点是什么？

第7章 烯烃及其下游产品的生产

Chapter 7

石油烃裂解是石油的三次加工。以生产乙烯为主，同时联产丙烯、丁二烯和苯、甲苯、二甲苯等芳烃。乙烯产量常作为衡量一个国家基本有机化学工业发展水平的标志。

7.1 烃类热裂解制烯烃

烃类热裂解的工艺就是将烃类原料（乙烷、丙烷、液化石油气、石脑油等）在隔绝空气、高温条件下经高温作用发生碳链断裂或脱氢反应，生成相对分子质量较小的烯烃、烷烃和其他不同相对分子质量的轻质烃和重质烃类，称为石油烃裂解。通常加入水蒸气，故也称蒸汽裂解。

石油烃裂解装置以生产乙烯为主，同时联产丙烯和C_4馏分，经二甲基甲酰胺（DMF）或乙腈法抽提可得到丁二烯。裂解副产的裂解汽油，切除C_5和C_9，剩下的C_6～C_8馏分经两段加氢可得到加氢裂解汽油。它含芳烃多，一般高达60%以上，经芳烃抽提可得到苯、甲苯、二甲苯。

7.1.1 热裂解工艺及其主要设备

（1）生产乙烯的原料

生产乙烯所用的原料范围较宽，从最轻的乙烷一直到最重的减压柴油（有的要加氢饱和），包括如天然气凝析油（NGL）、液化石油气（LPG）、石脑油（NAP）和常压柴油（AGO），甚至加氢的重柴油（VGO）等。随原料来源的变化，乙烯收率或三烯、三苯总收率各不相同。一般的规律是原料轻，乙烯收率高。通常认为从NGL得到的乙烷原料最佳，因为乙烯最终收率可高达80%左右。

（2）烃类裂解过程的主要特点

烃类裂解是石油系原料中的较大分子的烃类在高温下发生断链反应和脱氢反应生成较小分子的乙烯和丙烯的过程。烃类裂解反应是吸热过程，属自由基链反应。它包括脱氢、断链、异构化、脱氢环化、芳构化、脱烷基化、聚合、缩合和焦化等诸多反应，十分复杂，所以裂解是许多化学反应的综合过程。而作为裂解原料的石油馏分，又是各种烃类的混合物，使烃类裂解过程更加复杂，其主要特点为：

① 烃类热裂解是强吸热反应　烃类热裂解需在高温下进行，一般需要在750℃以上。

② 存在不利于产生烯烃的二次反应　二次反应主要为脱氢反应，会导致结焦生炭，使烯烃的转化率下降，所以要尽量避免二次反应的发生。由于二次反应相对于裂解反应较慢，所以可以采取减少反应停留时间的方法减少二次反应，一般停留时间在0.05～1s之间。

③ 热裂解反应是分子数增加的反应　热裂解反应是分子数增加的反应，可以采用降低反应压力或降低原料分压的方法，使原料分子向反应产物分子的反应平衡方向移动，从而提

高原料的转化率和烯烃的收率。

④ 反应产物是复杂的混合物　由于反应原料的组成和反应机理都十分复杂，所以热裂解的产物也很复杂。除了氢、一氧化碳、二氧化碳、气液态烃外，尚有固态焦和炭生成。

(3) 烯烃产率与工艺参数的关系

工业上的烃类裂解都在高温下进行。烃类裂解伴生的副反应，使乙烯、丙烯继续反应生成炔烃、二烯烃、芳烃和焦炭等。产物的二次反应不但能降低乙烯、丙烯的产率，增加原料的消耗，而且焦炭的生成也会造成反应器和锅炉等设备内的管道阻力增大，传热效果下降，受热温度上升，甚至造成管道堵塞，影响生产周期，降低设备处理能力。在对裂解过程的反应热力学和动力学分析的基础上，通过乙烯生产长期的工业实践、工艺的不断改进，目的产物烯烃的收率也逐步提高。归结起来，有以下几点：

① 最佳操作温度　烃类裂解制乙烯的最适宜温度一般在750～900℃之间。适当提高温度，有利于提高一次反应对二次反应的相对速率，可以提高乙烯产率。当温度低于750℃时，乙烯的产率较低；当反应温度超过900℃，甚至达到1100℃时，对生焦成炭反应极为有利，这样原料的转化率虽有增加，产品的产率却大大下降。

② 适宜的停留时间　如果裂解原料在反应区停留时间太短，大部分原料还来不及反应就离开了反应区，使原料的转化率降低；延长停留时间，虽然原料的转化率很高，但会造成乙烯产率的下降，生焦和成炭的机会增多。

裂解温度与停留时间是相互关联的，缩短接触时间，可以允许提高温度。为此烃类裂解必须创造一个高温、快速、急冷的反应条件，保证在操作中很快地使裂解原料上升到反应温度，经短时间（适宜停留时间）的高温反应后，迅速离开反应区，又很快地使裂解气急冷降温，以终止反应，这就是烃类裂解的基本特点。

近几十年来，世界各主要工业国家的裂解技术都相继向提高裂解温度、缩短停留时间的操作条件演变，积极进行工程开发，以增加乙烯的产量。表7-1列出了裂解炉发展的趋势。

表7-1　不同时期裂解炉的反应温度和停留时间

年　代	最高反应温度/℃	停留时间/s
20世纪50年代	750	1.5
20世纪60年代	800	1.2
20世纪70年代	815	0.65
20世纪80年代	850	0.35
20世纪90年代(毫秒裂解炉)	900～930	0.03～0.1

实际工业上选择停留时间和反应温度，除了提高乙烯产率这一重要因素外，还应考虑一系列其他问题，如裂解原料组成、操作条件和副产品的回收利用，以及裂解炉的操作性能等。对于石脑油、粗柴油为原料时，提高温度、缩短接触时间有利于提高乙烯产率，但丙烯产率和汽油产率有所下降。

③ 降低体系内原料烃的分压　烃类裂解的一次反应，不论是断链反应还是脱氢反应，都是反应分子数增多、气体体积增大的反应。例如：$C_2H_6 \rightleftharpoons C_2H_4 + H_2$，体积增大一倍。对于反应后气体体积增大的可逆反应，降低压力有利于反应向正方向进行，即有利于提高乙烯的平衡产率。聚合、缩合、生焦等二次反应，都是体积缩小的反应，降低压力可以抑制这些反应的进行。概括起来说，降低压力对烃的裂解是有利的。裂解过程的压力一般约在150～300kPa范围之内。

那么，在高温下如何降低裂解反应系统的压力呢？高温系统是不易密封的，如要用减压操作，就可能有空气渗入裂解系统（包括急冷至压缩前的系统），与裂解气形成爆炸混合物。

此外，减压下操作对以后分离工段的压缩带来不利，要增加能量的消耗。所以，烃类裂解一般不采用直接减压法，而采用在裂解气中添加惰性稀释剂的办法。当裂解原料中加入稀释剂后，它在系统内的分压增高，相应的原料烃的分压必然下降，从而达到减压操作的目的。工业上常用水蒸气作为稀释剂，亦称稀释蒸汽。

水蒸气的加入量随裂解原料而异。一般地说，裂解原料越易结焦，加入的水蒸气量越大。表 7-2 为管式炉裂解各种原料的水蒸气稀释度的一般范围。

表 7-2　裂解各种原料的水蒸气稀释度

原　　料	$w(H_2)/\%$	易结焦程度	m(水蒸气)：m(烃)
乙烷	20	较不易	(0.25：1)～(0.4：1)
丙烷	18.5	较不易	(0.3：1)～(0.5：1)
石脑油	14.16	较易	(0.5：1)～(0.8：1)
粗柴油	～13.6	很易	(0.75：1)～(1.0：1)
原油	～13.0	极易	(3.5：1)～(5.0：1)

(4) 裂解设备与工艺

为实现上述反应条件设置了裂解炉、急冷器和与之相配合的其他设备。其中裂解炉是裂解系统的核心，它供给裂解反应所需的热量，并使反应在确定的高温下进行。依据供热方式的不同，可将裂解炉分成许多不同的类型，例如管式炉、蓄热炉、沙子炉、原油高温水蒸气裂解炉、原油部分燃烧裂解炉等，但管式炉裂解技术最为成熟。目前，世界产量的 99%左右是由管式炉裂解法生产的。近年来我国新建的乙烯生产装置均采用管式炉裂解技术。

其主要设备工艺要求是：

① 管材要有较高的耐温性　现在已有在 1070℃下长期工作的管材，最近已制成能耐 1200～1300℃的新钢种。

② 裂解炉能在短时间内给烃类物流提供大量的热　现在可达 $(3.35\times10^5)\sim(4.52\times10^5)\mathrm{kJ/(m^2\cdot h)}$。

③ 降温快　保证短接触时间的工艺是急冷，使高温反应物离开反应区后能迅速冷却下来。

工业上采用管式裂解炉裂解法种类很多，应用较广泛的有鲁姆斯法、斯通-韦伯斯特法、三菱油化法。由于原料不同，裂解条件和工艺条件也有较大的差异，但基本工艺都是由裂解反应、产物急冷和裂解气预处理及分离三部分组成。本节简介鲁姆斯法。

美国鲁姆斯公司自 1940 年进行裂解工艺开发，1958 年后开始了减少停留时间、提高裂解温度、减少结焦、延长操作周期为目的的新型裂解炉 SRT-Ⅰ的研究，其停留时间大约为 0.7s。随后又陆续研制出 SRT-Ⅱ HS 型高深度裂解炉和 SRT-Ⅱ HC 型高容量裂解炉。1973 年又出现了 SRT-Ⅲ型炉和改进型，炉膛温度高达 1320℃，停留时间更短。裂解原料选用减压柴油，其裂解选择性更好。鲁姆斯工艺流程如图 7-1 所示。

液态烃类原料预热到 120℃，进入对流段并通入稀释蒸汽，稀释比为 0.3～0.7，预热至 580℃进入立式排列的辐射管，温度达到 800～850℃，发生裂解反应，停留时间约为 0.3～0.7s。裂解炉出口的裂解气通过急冷锅炉（双套管式急冷热交换器）急冷，以终止二次反应，急冷锅炉温度控制在 370～500℃范围，副产 12MPa 蒸汽。急冷后的裂解气再在急冷塔中用急冷油进一步冷却，并进入汽油分馏塔进行分离。由塔釜分馏出裂解气中的燃料油和急冷器中加入的急冷油，而汽油馏分及更轻的馏分则进入水洗塔再次进行冷却和分离，裂解气中的大部分水分和部分汽油馏分从塔釜馏出，并在油水分离器中将水和汽油进行沉降分离。水洗塔塔顶的裂解气则进入压缩和分离系统进行分离和精制。

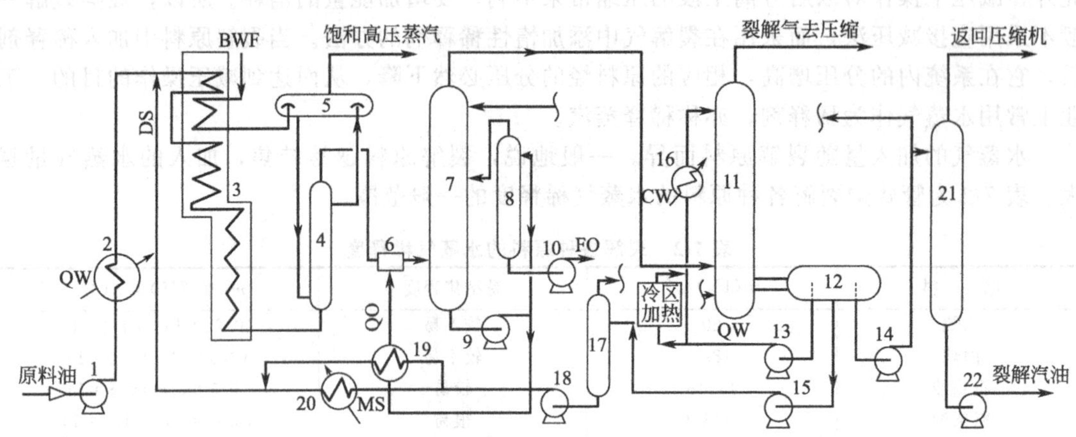

图 7-1　鲁姆斯裂解工艺流程

BWF—锅炉给水；QW—急冷水；QO—急冷油；FO—燃料油；CW—冷却水；MS—中压蒸汽；DS—低压蒸汽

1—原料油泵；2—原料预热器；3—裂解炉；4—急冷锅炉；5—汽包；6—急冷器；7—汽油分馏塔；8—燃料油汽提塔；9—急冷油泵；10—燃料油泵；11—水洗塔；12—油水分离器；13—急冷水泵；14—裂解汽油回流泵；15—工艺水泵；16—急冷水冷却器；17—工艺水汽提塔；18—工艺水泵；19,20—稀释蒸汽发生器；21—汽油汽提塔；22—裂解汽油泵

汽油分馏塔塔釜的燃料油馏分部分经汽提后送出作为副产物，而其余大部分作为急冷油循环使用。油水分离器上层分离出的裂解汽油，部分送入汽油汽提塔汽提后作为产品送出装置，而大部分裂解汽油则作为汽油分馏塔回流。下层含油污水，一部分冷却后作水洗塔回流，另一部分经汽提后循环作稀释蒸汽使用。

管式裂解炉是一种间壁加热装置。裂解原料及稀释蒸汽经对流段预热后，进入高温辐射段进行裂解，辐射段由燃料燃烧加热辐射盘管。高温烟气经对流段回收热量后从烟囱排除。管式炉的裂解反应温度和烃分压都是沿盘管变化的。早期的管式裂解炉大都为水平箱式炉，但其盘管受热不均匀，炉内构件耐热程度有限，约束了裂解操作条件的进一步改善。发展到 20 世纪 70 年代，工业上开始采用垂直悬吊的立管式裂解炉。

SRT 型炉是一种有代表性的炉型。它为单排双辐射立式管式炉。每台裂解炉由 4 组炉管或 8 组炉管组成。SRT-Ⅰ的每组炉管由 8 根 10m 左右的炉管组成，其管径为 76～127mm。炉管通过上部回弯头的支耳，由弹簧支架吊在炉顶。当炉管受热后，可通过炉底导向装置向下膨胀。烧嘴在炉墙两侧和炉底，即双面辐射，一般炉墙每侧有 4～6 排烧嘴，每排 8～11 个；炉底烧嘴沿两侧炉墙排列，每侧 8 个烧嘴。侧壁烧嘴只烧气体燃料，炉底烧嘴即可烧油也可烧气，底部燃料量约占总燃料量的 20%～35%。SRT-Ⅱ采用多支变管径炉管，以增大表面积与体积之比。图 7-2 是 SRT-Ⅱ型炉结构示意图。

由于辐射管内不可避免地要结焦，即反应生成的焦或炭黏附在炉管内壁上，造成盘管内阻力增大，管壁温度上升。当管壁温度超过规定极限或压力降增加大于规定值以后，就要对裂解炉进行烧焦除炭的操作，即所谓清焦。从开始运转到清焦为止的连续运转周期（称为清焦周期），随原料和裂解深度的不同而不同，目前这个周期一般可达 2～3 个月。

除上述工艺外，还有斯通-韦伯斯特 1966 年发展的超选择性裂解炉（简称 USC 法），它是以产品中乙烷等副产品少，而乙烯产率高而闻名；KTI（荷兰动力技术国际公司）开发了目前大家公认的最先进的裂解炉机理模型——SPYRO，并在此基础上开发了多种裂解炉管构型；Kellogg 公司自 1972 年推出并不断改进的毫秒炉是裂解选择性最高的工业裂解炉。

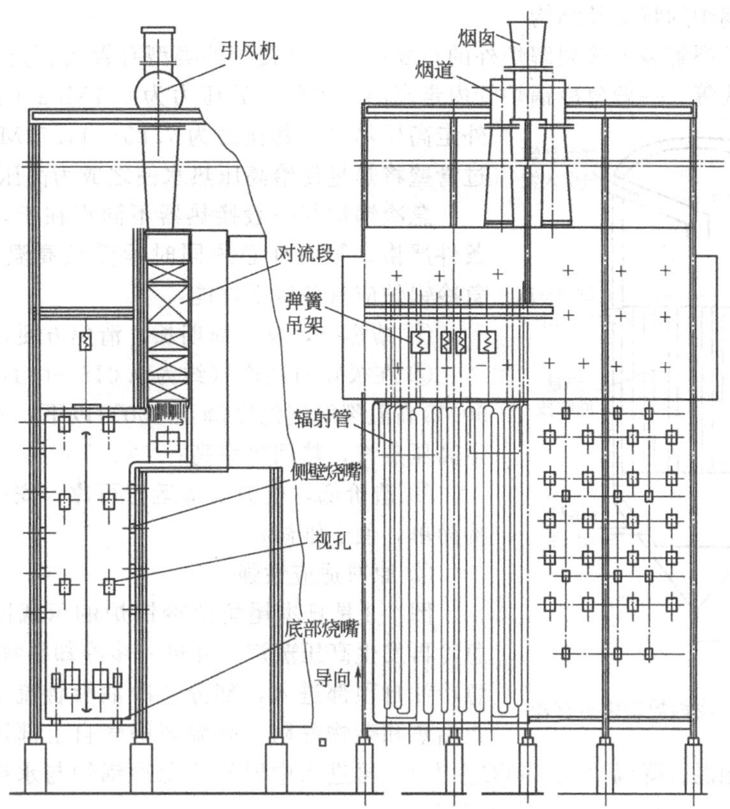

图 7-2　SRT-Ⅱ型管式裂解炉示意图

7.1.2　裂解产物的急冷操作

自裂解炉中出来的高温裂解气进入急冷分馏系统，简称急冷系统。此工段的操作目标是：

① 使高温裂解气得以迅速降温。750～900℃的高温裂解气在极短的时间内降至 350～600℃（因原料而异），以避免反应时间过长而损失烯烃。

② 使裂解产物初步分离。

③ 回收高品质热能，以降低能耗和成本，提高经济效益。

(1) 急冷方式

急冷的方式有两类：一种方式是间接急冷，另一种是直接急冷。

① 间接急冷　间接急冷是在热交换器中以高压水间接与裂解气接触进行间壁冷却，使裂解气迅速冷却，同时回收热量。其急冷速度已达到 10^{-6}s 下降 1℃。用裂解气热量发生蒸汽的换热器称为急冷锅炉，也称为输送管线换热器。急冷换热器与汽包所构成的发生蒸汽系统称为急冷锅炉系统。使用急冷锅炉的目的，一是急冷终止裂解反应，二是回收热量。

② 直接急冷　直接急冷是利用冷却介质（如水或油等冷剂）直接与高温裂解气接触，冷剂被加热汽化或部分汽化，从而吸收裂解气的热量，使高温裂解气得以迅速降温。一般在 0.01s 内，物料温度下降 100℃。

直接急冷的冷却效果好，流程简单，但其最大缺点是不能很好地回收高温裂解气的热量，回收的热量只能产生中压蒸汽，经济性差。因此，除了当重质馏分油裂解时，由于急冷锅炉结焦严重，副产蒸汽量少，可采用直接急冷的方式外，一般不采用直接急冷技术。

(2) 急冷锅炉的特点及结构

急冷锅炉是裂解装置除裂解炉外的重要设备。常使用的类型有管式、壳式、套管式、双套管式和列管式等。一般急冷锅炉管内走高温裂解气，其压力为0.1MPa（表压）左右，管外走高压热水，其压力为7.85～11.77MPa（表压），通过管壁将热量传给高压热水使之成为高压蒸汽。

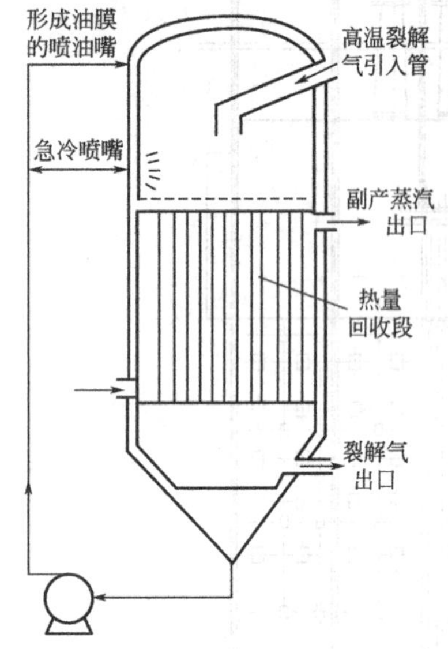

图7-3 尾崎急冷锅炉结构示意图

急冷锅炉与一般换热器不同点在于热强度高，操作条件严格，管内外必须同时承受较高温度差和压力差。急冷锅炉应具备以下性能：

① 结焦少，操作周期长，清焦方便；

② 在极短时间内（约为0.015～0.1s）迅速将750～900℃高温裂解气温度降至600℃以下，并利用其热量产生高压蒸汽，热回收率高；

③ 造价低，机械设备运行可靠，安全，体积小，结构简单，便于维修；

④ 原料适应性强。

图7-3是日本尾崎急冷锅炉的示意图，它是一种油急冷再发生高压蒸汽，并进一步冷却裂解气的急冷锅炉。急冷油自顶部进入，部分急冷油沿管流下形成油膜，防止结焦和杂物黏附。高温裂解气自上部进入，与另一股急冷油直接接触混合降温（到360℃左右）。再进入中段管式急冷锅炉与水换热，产生高压蒸汽，下部气液分离后，急冷油循环使用。

7.1.3 裂解气的深冷分离

无论裂解原料是单一烃还是混合烃，通过各种方法所得到的裂解气都是一个复杂的混合物。裂解气的组成大致含有氢气、甲烷、一氧化碳、二氧化碳、水、硫化氢、乙烷、乙烯、乙炔、丙烷、丙烯、丁烯、丁二烯、C_5～C_{10}及C_{10}等组分。经过急冷粗分的裂解气，虽除去了裂解焦油（裂解燃料油、汽油组分），但仍然是一个复杂的混合物。

在有机化工生产中，有些产品的生产对烯烃纯度要求很高，如乙烯直接氧化生产环氧乙烷，原料乙烯纯度要求在99%以上，杂质含量小于(5×10^{-6})～(1×10^{-5})。聚合工序对原料的要求更高，乙烯纯度达99.9%。除此之外，裂解气中还含有硫化物、CO、CO_2、水分、乙炔、丙炔、丙二烯等有害物质。为获取高质量的乙烯和丙烯，并使裂解气中的其他烃类得到合理的综合利用，必须对裂解气进行精制和分离。

目前裂解气的分离基本都采用深冷分离的方法。因为裂解气的凝点很低（见表7-3），需要深冷并压缩才能使其液化，进而进行精馏分离等操作，在深冷压缩的同时还可除去大部分水分及部分重质烃类和酸性气体。

表7-3 不同压力下各组分的冷凝温度 单位：℃

组分	压力/MPa					
	0.0981	0.987	1.480	1.974	2.468	2.960
氢气	−263	−244	−239	−238	−237	−235
甲烷	−162	−129	−114	−107	−101	−95
乙烯	−104	−55	−39	−29	−20	−13
乙烷	−88	−33	−18	−7	3	11
丙烯	−47.7	9	29	37.1	43.8	47.0

在有机化工中，把温度≤－100℃的冷冻过程称为深度冷冻，简称深冷。深冷分离法就是在低温条件下，将除甲烷和氢以外的组分全部冷凝下来，利用裂解气中各组分（烃类）的相对挥发度不同，在精馏塔内将各组分分离，然后再进行二元精馏，最后得到合格的高纯度乙烯、丙烯。深冷分离的实质是冷凝精馏过程。深冷法适宜大规模生产，技术经济指标先进，产品收率高，分离效果好，可以生产聚合级乙烯。但投资大，流程复杂，动力设备多，需要大量低温合金钢。

深冷分离流程主要可分为下面几部分。

（1）裂解气压缩和制冷

主要任务是将裂解气加压以及通过压缩烃蒸气制取分离所需的冷剂，为深冷分离创造条件。深冷分离将裂解气增压到3～4MPa，重组分 C_5^+ 通常在压缩机各段冷却时被冷凝，而后再分离被除去以回收轻组分。

（2）气体净化

裂解气的分离过程是在低温下进行的，在有水时会凝结成冰，或与轻烃形成固体结晶水合物；$CH_4 \cdot 6H_2O$、$C_2H_6 \cdot 7H_2O$、$C_3H_8 \cdot 7H_2O$、$C_4H_{10} \cdot 7H_2O$ 等。冰和固体结晶水合物附在管壁上影响传热，增加流体阻力，重者会堵塞管道和阀件。硫化物主要指 H_2S，它能腐蚀设备、管道和阀件，引起后面的加氢脱炔催化剂中毒。CO_2 在低温下会形成干冰，同水一样，也可影响传热及堵塞管道等。这些杂质在乙烯、丙烯加工利用时也是有害物质。

气体净化通过物理和化学的方法，去除那些含量不大但对后续操作和产品纯度有影响的杂质，如硫化物、CO、水分、炔烃、二烯等。

脱酸性气体一般利用有机碱液进行吸收，脱水一般是用分子筛作为吸附剂的脱水法，脱炔和脱一氧化碳一般采用催化加氢法。

（3）深冷精馏分离

它由一系列的精馏塔组成，是深冷分离的主体。通过精馏塔把裂解气中各有用组分进行分离，并生产高质量的乙烯和丙烯。

深冷分离的核心是将裂解气中各种低级烃分离。裂解气经压缩、净化和制冷过程后达到了高压低温的要求，分离过程据裂解气中各组分在精馏塔中的相对挥发度不同，而将其逐一分开。深冷分离法又分为高压分离法和低压分离法两种。高压分离法以乙烯为制冷剂，脱甲烷-氢操作条件在2.8～4.2MPa和－100～－70℃下进行；而低压分离法在0.18～0.25MPa和－140～－100℃下进行。低压法操作温度低，需要昂贵的耐低温合金钢和冷冻机。我国多采用高压法。工业上最普遍采用的分离流程是顺序分离流程。图7-4示出的顺序分离流程先

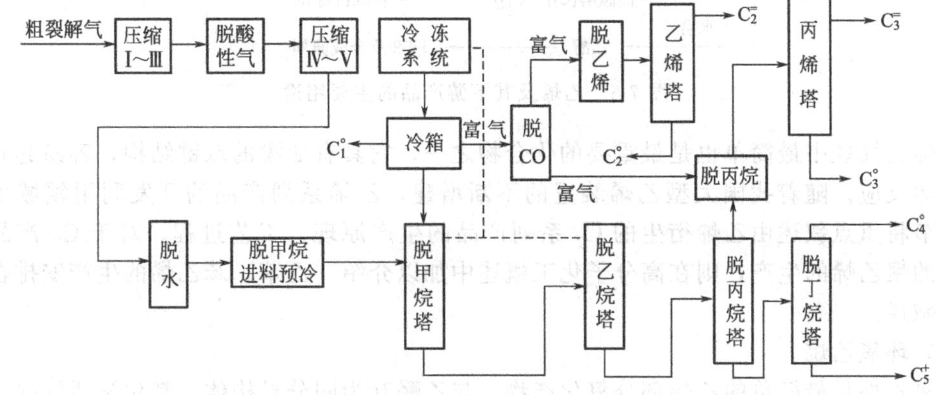

图7-4 顺序分离流程示意图

后分出甲烷-氢、C_2 和 C_3 馏分。再经脱乙烷将 C_2 中的乙烷与乙烯分开，得纯乙烯，脱丙烷把 C_3 馏分中的丙烷与丙烯分开，得纯丙烯，最后是脱丁烷将 C_5 分离出来。

顺序分离流程技术成熟，运行平稳可靠，产品质量较好，对各种原料裂解气分离适应性较强。但流程较长，塔较多。裂解气全部进入脱甲烷塔，冷量消耗大，消耗定额偏高。

7.2 烯烃的下游产品

7.2.1 乙烯的下游产品

乙烯在常温常压下为无色可燃性气体，具有烃类特有的臭味，微溶于水，常压下沸点－103.71℃，相对密度（空气＝1）0.9852，闪点＜－66.9℃。

乙烯最主要的用途是生产聚乙烯，其耗量约占总量的 1/2。另外还有环氧乙烷和二氯乙烷等几个主要品种。乙烯及其下游产品归纳在图 7-5 中。

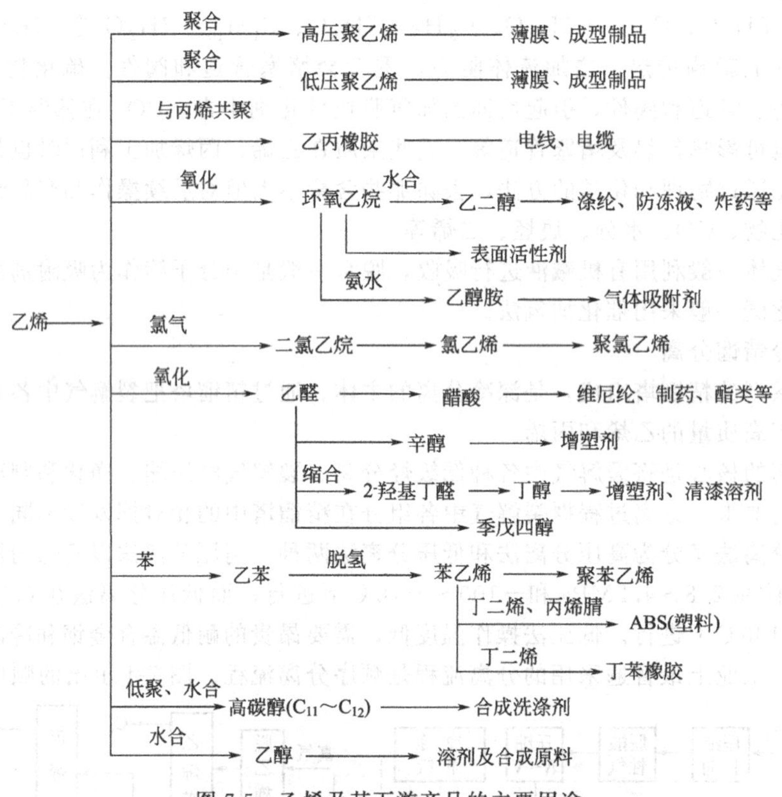

图 7-5 乙烯及其下游产品的主要用途

乙烯是烯烃中最简单也是最重要的化合物之一，它具有活泼的双键结构，容易起各种加成聚合等反应。随着我国大型乙烯装置的不断增建，乙烯系列产品的开发利用领域更加广阔。本节将重点叙述由乙烯衍生的 C_2 系列产品的生产原理、工艺过程。对于 C_2 产品中吨位最大的聚乙烯的生产，则在高分子化工概述中加以介绍。乙苯、苯乙烯的生产安排在芳烃生产中叙述。

（1）环氧乙烷

环氧乙烷是最简单的乙烯部分氧化产物，与乙醛互为同分异构体。其化学活性强，是乙烯系主要中间体。

① 性质和用途 环氧乙烷也称氧化乙烯，是易挥发的具有醚的刺激性气味的液体。分子式 C_2H_4O，结构式

$$H_2C\underset{O}{\diagdown\!\!\!-\!\!\!-\!\!\!\diagup}CH_2$$

相对密度 $d_4^{20}=0.8711$。凝固点－112.5℃，沸点 10.5℃。无色，能与水和大多数有机溶剂相混合。环氧乙烷易燃，与空气能形成爆炸混合物，其爆炸极限为 3%～80%。环氧乙烷有毒，在空气中的允许浓度为 5×10^{-5}。它对昆虫的毒性更大，可作杀虫剂。环氧乙烷的直接应用量很少，由于它具有易开环的三元环结构，化学性质十分活泼，工业上主要用于制乙二醇。另外还可用于生产非离子型表面活性剂、医药、油品添加剂、抗氧剂、农药乳剂、杀虫剂等。

② 工业生产方法 环氧乙烷的工业生产方法主要是乙烯直接氧化法。在银催化剂上乙烯用空气或纯氧氧化，除得到产物环氧乙烷外，主要副产物是二氧化碳和水，并有少量甲醛、乙醛生成。

主反应方程式为

$$CH_2=CH_2+\frac{1}{2}O_2\longrightarrow C_2H_4O\ (g) \tag{7-1}$$

副反应主要是完全氧化

$$CH_2=CH_2+3O_2\longrightarrow 2CO_2+2H_2O\ (g) \tag{7-2}$$

全氧化副反应的发生，不仅使生成环氧乙烷的选择性下降，对反应热效应也有很大影响。当反应温度在 100℃左右时，产物几乎全部是环氧乙烷，但反应速率甚慢，转化率很小，没有现实意义。反应温度过高，会引起催化剂活性衰退。一般反应温度控制在 220～260℃，采用的操作压力为 2MPa 左右。

反应部分工艺流程如图 7-6 所示。工业上采用的是列管式固定床反应器，管内放催化剂，管间走冷却介质，新鲜原料氧气和乙烯与循环气混合后，经热交换器预热至一定温度从反应器上部进入催化剂床层，从反应器底部流出的反应气环氧乙烷含量仅为 1%～2%，经热交换器利用其热量并冷却后进入环氧乙烷吸收塔。由于环氧乙烷能以任何比例与水混合，故采用水作吸收剂以吸收反应气中的环氧乙烷。从吸收塔顶排出的气体，含有未转化的乙烯、氧、二氧化碳和惰性气体。为防止系统中 CO_2 的积累，一般 90%气体循环回反应器，10%送 CO_2 吸收装置排出系统。

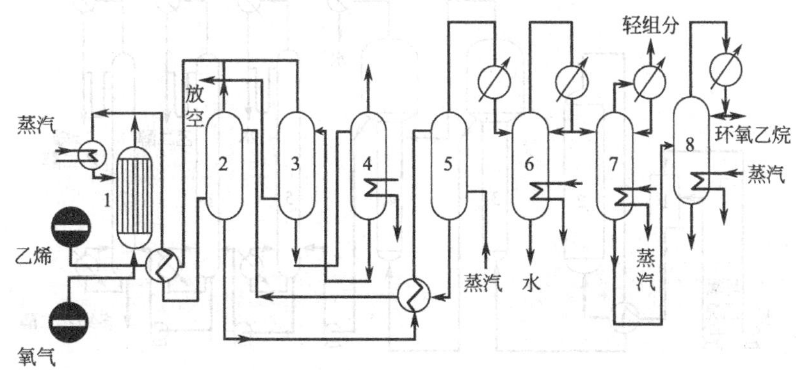

图 7-6 乙烯氧气氧化法工艺流程

1—反应器；2—吸收塔；3—二氧化碳吸收塔；4—二氧化碳解吸塔；5—环氧乙烷吸收塔；6—净化塔；7—轻组分塔；8—精馏塔

环氧乙烷回收和精制部分由解吸、再吸收、脱气、精馏等几部分组成，由脱气塔得到的环氧乙烷直接去乙二醇工段，从精馏塔上部馏出的纯度为99.99%的环氧乙烷进入成品储槽（见图7-6）。

环氧乙烷易自聚，尤其在铁、酸、碱、醛等杂质存在和高温条件下更易自聚。自聚时有热量放出，引起温度上升，压力增高，甚至引起爆炸。因此存放环氧乙烷的储槽必须清洁，并保持在0℃以下。

(2) 乙二醇

① 乙二醇的性质及用途　乙二醇是环氧乙烷最重要的二次产品，也是最简单的二元醇。分子式 $C_2H_6O_2$，结构式

$$\mathrm{HO-\overset{H}{\underset{H}{\overset{|}{\underset{|}{C}}}}-\overset{H}{\underset{H}{\overset{|}{\underset{|}{C}}}}-OH}$$

相对密度 d_4^{20} 1.1155。沸点197.4℃，凝点−12.6℃。乙二醇是无色带有甜味的黏稠液体。它对黏膜有刺激性，在 $1m^3$ 空气中乙二醇达300mg时对人体有害。与水互溶能大大降低水的冰点，因此它是一种良好的抗冻剂，常用于汽车冷却系统中的抗冻液。乙二醇是合成纤维涤纶的主要原料，另外，它也是工业溶剂、增塑剂、润滑剂、树脂、炸药等的重要原料。

② 工业生产方法　乙二醇的生产主要用环氧乙烷水解法。其反应式如下

$$\underset{\diagdown O \diagup}{CH_2-CH_2} + H_2O \longrightarrow \underset{OH}{\underset{|}{CH_2}}-\underset{OH}{\underset{|}{CH_2}} \tag{7-3}$$

主要副反应为乙二醇继续与环氧乙烷反应生成一缩、二缩和多缩乙二醇

$$\underset{\diagdown O \diagup}{CH_2-CH_2} + \underset{OH}{\underset{|}{CH_2}}-\underset{OH}{\underset{|}{CH_2}} \longrightarrow \underset{OH}{\underset{|}{CH_2}}-CH_2-O-CH_2-\underset{OH}{\underset{|}{CH_2}} \tag{7-4}$$

$$\underset{\diagdown O \diagup}{CH_2-CH_2} + \underset{OH}{\underset{|}{CH_2}}-CH_2-O-CH_2-\underset{OH}{\underset{|}{CH_2}} \longrightarrow \underset{OH}{\underset{|}{CH_2}}-CH_2-O-CH_2-CH_2-O-CH_2-\underset{OH}{\underset{|}{CH_2}} \tag{7-5}$$

在工业生产过程中，环氧乙烷与约10倍（分子）过量的水反应。使用酸催化剂时，反应在常压、50～70℃液相中进行；也可不用催化剂，在140～230℃、2～3MPa条件下进行。环氧乙烷加压水合制乙二醇的工艺流程如图7-7所示。

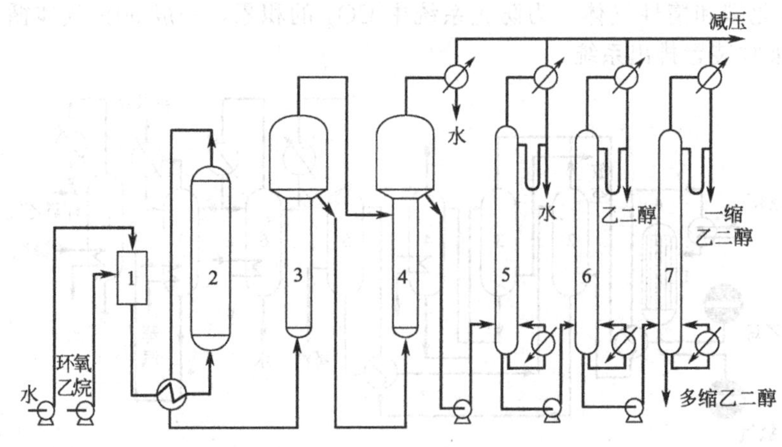

图7-7　环氧乙烷加压水合制乙二醇的工艺流程

1—混合器；2—水合反应器；3——效反应器；4—二效反应器；5—脱水塔；6—乙二醇精馏塔；7——缩二乙二醇精馏塔

从上述脱气塔釜出来的含85%～90%环氧乙烷液体不需精馏，直接与脱离子循环水在混合器中混合，经水合产物预热后送至水合反应器，停留30～40min，反应达到稳定。由于反应放出热量被进料液所吸收，因而整个工艺过程热量可以自给。反应生成的乙二醇溶液先经一效、二效蒸发器进行减压浓缩，蒸发出来的水分循环到水合反应器，乙二醇浓缩液再送去减压蒸馏，对各种反应产物进行分离。

(3) 乙醛

① 性质和用途　分子式 C_2H_4O，相对分子质量44.06，相对密度 d_4^{18} 0.783。乙醛是一种无色透明液体，具有特殊刺激性的气味。熔点－123.5℃，沸点20.8℃，闪点－38～－27℃，自燃点140℃。溶于水，易燃，与空气能形成爆炸混合物，爆炸极限为 φ（乙醛）4%～57%。乙醛对眼、皮肤有刺激作用，在厂房中最大允许浓度为0.1mg/L。浓度很大时会引起气喘、咳嗽、头痛。

乙醛的沸点较低，极易挥发，因此在运输过程中，先使乙醛聚合为沸点较高的三聚乙醛，到目的地后再解聚为乙醛。乙醛和甲醛一样是极宝贵的有机合成中间体。乙醛氧化可制醋酸、醋酐和过醋酸；乙醛与氢氰酸反应得氰醇，由它转化得乳酸、丙烯腈、丙烯酸酯等。利用醇醛缩合反应可制季戊四醇、1,3-丁二醇、丁烯醛、正丁醇、2-乙基己醇、三氯乙醛、三羟甲基丙烷等。与氨缩合可生产吡啶同系物和各种乙烯基吡啶（聚合物单体）。

② 工业生产方法简介　以乙烯、氧气（空气）为原料，在催化剂氯化钯、氯化铜的盐酸水溶液中进行气液相反应生产乙醛，总化学反应式为

$$H_2C{=}CH_2+\frac{1}{2}O_2 \longrightarrow CH_3CHO \tag{7-6}$$

工业上采用的一步法工艺具有循环管鼓泡床塔式反应器，催化剂的装量约为反应器的1/2～1/3（体积），反应部分工艺过程如图7-8所示。

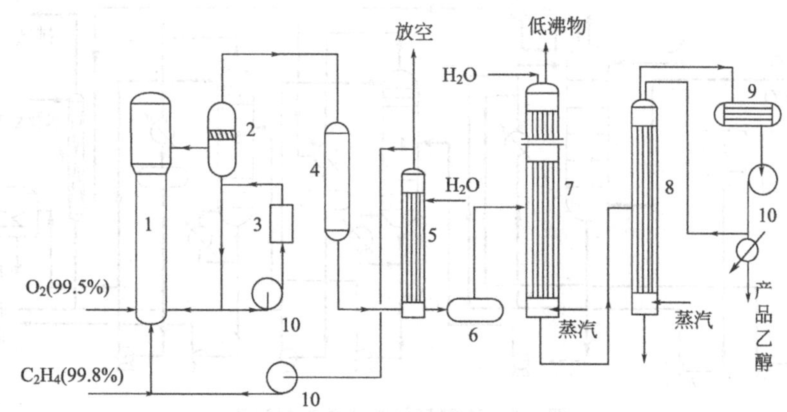

图7-8　一步法反应部分工艺过程

1—反应器；2—除沫分离器；3—催化剂再生器；4—冷凝器；5—洗涤塔；6—粗乙醛储槽；7—脱低沸物塔；8—精馏塔；9—冷凝器；10—泵

原料乙烯和循环乙烯混合后从反应器底部进入，新鲜氧气从反应器下部侧线进入，氧化反应在125℃、0.3MPa左右的条件下进行。为了有效地进行传质，气体的空塔线速很高，流体处于湍流状态，气液两相能较充分地接触。反应生成热由乙醛和部分水汽化带出。

反应段的主要影响因素有原料纯度、转化率、进气组成、温度与压力等。

(4) 醋酸

① 性质和用途 醋酸化学名为乙酸，分子式 $C_2H_4O_2$，相对分子质量 60.05，相对密度 d_4^{20} 1.092。沸点 118℃，熔点 16.6℃，闪点 38℃，自燃点 426℃。它是具有特殊刺激性气味的无色液体。纯醋酸（无水醋酸）在 16.58℃时就凝结成冰状固体，故称冰醋酸。醋酸能与水以任何比例互溶，醋酸溶于水后，冰点降低。醋酸也能与醇、苯及许多有机液体相混合。醋酸不燃烧，但其蒸气是易燃的，醋酸蒸气在空气中爆炸极限是 4%。醋酸蒸气对黏膜特别对眼睛的黏膜有刺激作用，浓醋酸能引起灼伤。

醋酸是最重要的中间体之一，它与乙烯作用生成的醋酸乙烯酯是制造合成纤维维尼纶的主要原料。由醋酸制得的醋酐进而制成醋酸纤维素是合成人造纤维、塑料和电影胶片片基的原料。另外，醋酸还广泛应用于医药、染料、农药、工业等方面。

② 工业生产方法简介 目前工业上合成醋酸的主要方法为乙醛氧化法。乙醛氧化制醋酸属催化自氧化范畴，总反应式为：

$$CH_3CHO(l)+\frac{1}{2}O_2 \longrightarrow CH_3COOH(l) \tag{7-7}$$

常温下，乙醛就可以吸收空气中的氧自氧化为醋酸，这一过程形成了中间产物过氧醋酸(CH_3COOOH)，它再分解成为醋酸。在没有催化剂存在下，过氧醋酸的分解速率甚为缓慢，因此，系统中会出现过氧醋酸的浓度积累，而过氧醋酸是一不稳定的具有爆炸性的化合物，其浓度积累到一定程度后会导致分解而突然爆炸。工业上由乙醛制醋酸均在催化剂存在下进行。

工业上常用的氧化反应器有两种型式：一种是内冷却式分段鼓泡反应器，另一种是具有外循环冷却器的鼓泡床反应器。乙醛氧化制醋酸工艺流程如图 7-9 所示。

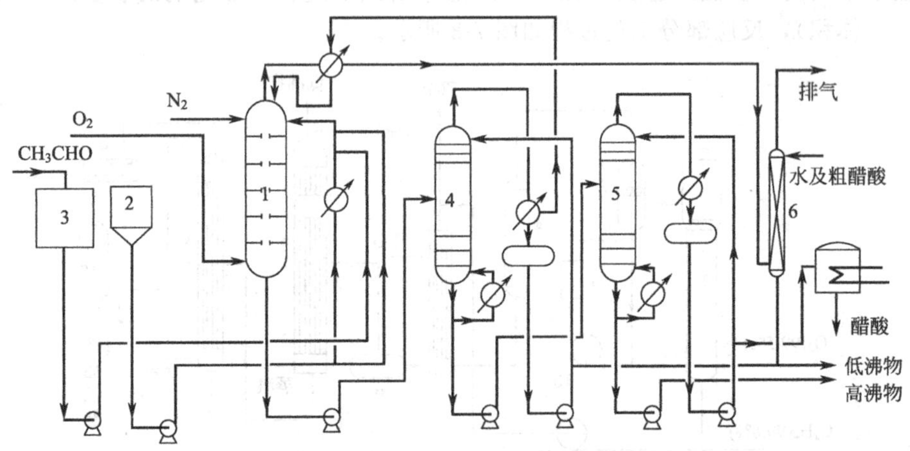

图 7-9 乙醛氧化制醋酸工艺流程

1—氧化反应器；2—催化剂储槽；3—乙醛储槽；4—脱低沸点物塔；5—脱高沸点物塔；6—洗涤塔

该工艺以氧气作氧化剂，反应器是具有外循环冷却器的鼓泡床塔式反应器。乙醛和催化剂溶液自反应塔中上部加入，氧分两段或三段鼓泡通入反应液中，氧化产物自反应塔的上部溢流出来，反应液在塔内的停留时间约 3h。通过反应器的氧约大于理论值 10%。乙醛转化率可达 97%，氧的吸收率为 98%，醋酸选择性在 98%左右。

未吸收的氧夹带着乙醛和醋酸蒸气自塔顶排出，塔顶通入一定量的氮气以稀释未反应的氧，使排出的尾气中氧含量低于爆炸极限。反应器的安全装置一般采用防爆膜或安全阀，反应器材质需用 Mo_2Ti 钢。

重要的工艺参数：氧化剂；氧的扩散和吸收速度；反应温度；反应压力；原料纯度等。

(5) 乙醇

① 乙醇的性质和用途　通常被称作为酒精，分子式 C_2H_6O，相对分子质量 46.07，相对密度 d_4^{20}0.789。熔点 −117.1℃，沸点 78.5℃。乙醇为无色透明易挥发、易燃液体，其蒸气能与空气形成爆炸性混合物，爆炸极限为 3.3%～19.0%。在低级醇中乙醇的产量次于甲醇和异丙醇，居第三位。其主要用途是作为溶剂，用于医药、农药、化工等领域。另一重要用途是合成醋酸乙酯，也可用于合成单细胞蛋白质。在有些国家和地区，乙醇仍然是生产乙醛的重要原料。近年来作为汽油组分的用量在不断增加。

② 工业生产方法　乙醇最早的生产方法是由含淀粉的物质发酵得到。据统计，生产 1t 酒精，约需消耗 3t 粮食。乙烯水合法的开发成功，使生产乙醇的原料路线发生根本改变，由单纯要消耗粮食转变为采用资源丰富的石油为原料，从而促进了乙醇生产的发展。

在工业上得到广泛应用的烯烃水合工艺是乙烯水合制乙醇和丙烯水合制异丙醇。这两种产品的反应原理，生产过程基本相似，均属烯烃催化水合范畴。在此以乙醇的制备为例介绍催化水合原理、生产流程，异丙醇的制备可以此为参考。

目前工业应用最多的是乙烯气相直接水合制乙醇，主反应为

$$CH_2=CH_2+H_2O \longrightarrow CH_3CH_2OH \tag{7-8}$$

副反应主要有生成二乙醚和乙醛的反应

$$CH_2=CH_2+CH_3CH_2OH \longrightarrow C_2H_5OC_2H_5 \tag{7-9}$$

$$CH_3CH_2OH \longrightarrow CH_3CHO+H_2 \tag{7-10}$$

在工业生产中，常用将副产物醚循环回反应器的方法，使反应系统中醚的浓度保持平衡，以抑制醚的生成。

乙烯气相水合制乙醇的流程主要由三大部分组成：即合成部分、粗乙醇的精制部分和脱水制无水乙醇部分。工艺流程如图 7-10 所示。

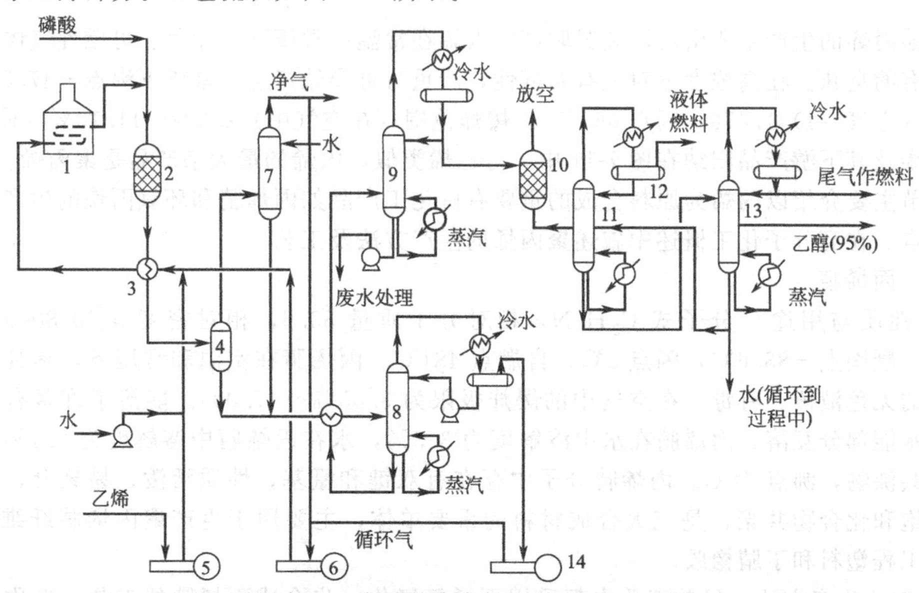

图 7-10　乙烯直接水合制乙醇的工艺流程图

1—进料预热器；2—反应器；3—换热器；4—高压分离器；5—乙烯压缩机；6—循环气压缩机；7—醇洗涤塔；8—醚解吸塔；9—预精馏塔；10—处理塔；11—萃取精馏塔；12—沉降器；13—产品精馏塔；14—空气压缩机

合成部分主要包括原料气的配制、乙烯水合、反应物流的热量利用、除酸、粗乙醇的导出和循环气的净化等过程。

水合反应一般在固定床绝热式反应器中进行，反应热由反应物流带出。由于反应物流中夹带少量磷酸，为防止设备的腐蚀，常在反应物流中注入碱水中和，此步骤一般在反应热得到充分利用后进行。产物乙醇及副产物乙醛、乙醚经冷凝后，形成粗乙醇溶液去精制。不凝气部分经洗涤回收产物后，小部分放空以保持惰性气体含量恒定，大部分循环回反应器。

粗乙醇水溶液精制包括轻组分乙醚和乙醛的脱除及乙醇的提浓和精制。不论用发酵法还是乙烯水合法制得的乙醇溶液，其浓度都是很低的（6%～15%），含有大量水分，需要通过蒸馏把水与乙醇分离。标准大气压力下水的沸点是100℃，乙醇的沸点是78.3℃，它们的沸点相差较大，按理可经过反复蒸馏（分馏）制得无水乙醇。但事实上，乙醇与水能形成共沸溶液，共沸温度78.13℃，共沸组成中乙醇的质量分数为95.57%。在常压下，采取普通精馏方法分离乙醇，乙醇的质量浓度只能提高到95.57%。

为获得无水乙醇，可用下列方法进一步脱水：

a. 古老的方法　用生石灰（CaO）处理工业乙醇，使水转变成氢氧化钙［$Ca(OH)_2$］，然后加热蒸出乙醇，再用金属钠干燥，可得99.5%的乙醇。

b. 用离子交换剂或分子筛脱水　把95.57%的工业乙醇在65℃左右通过干燥的钾型阳离子交换树脂，利用树脂的多孔性吸附水分子以及K^+对水较强的亲和作用使水与乙醇分离，制得无水乙醇。

c. 共沸精馏脱水　目前工业上常用的方法，用苯、甲苯等化合物作带水剂，将乙醇中少量水以三元共沸物形式带走，工业上需要两个塔进行连续分离。

d. 加盐精馏　在乙醇水的混合液中加入氯化盐等无机盐，采用特殊结构的精馏塔，可以在单塔实现乙醇与水的连续分离。

7.2.2 丙烯的下游产品

目前丙烯的生产主要由乙烯装置联产。丙烯在常温、常压下为无色、可燃性气体，具有烃类特有的臭味。在高浓度下对人有麻醉性，严重时可导致窒息。常压下沸点−47.7℃，相对密度（空气=1）1.476，闪点66.7℃，爆炸范围（在空气中）2.0%～11.10%（体积）。

丙烯及其下游产品归纳在图7-11中。与乙烯类似，丙烯的最大宗产品是聚丙烯。

本节主要介绍以丙烯为原料合成的重要有机化工产品如丙烯腈和环氧丙烷的生产方法及工艺特点。在高分子化工概述中叙述聚丙烯的生产方法及工艺。

（1）丙烯腈

① 性质与用途　分子式C_3H_3N，相对分子质量53.6，相对密度d_4^{20}0.8060。沸点77.3℃，凝固点−83.6℃，闪点0℃，自燃点481℃。丙烯腈在室温和常压下，是具有刺激性臭味的无色液体，有毒。在空气中的爆炸极限为3.05%～17.0%。能溶于许多有机溶剂中。与水能部分互溶，丙烯腈在水中溶解度为3.3%，水在丙烯腈中溶解度为3.1%。与水形成低共沸物，沸点71℃。丙烯腈分子中存在有双键和氰基，性质活泼，易聚合，也易与其他不饱和化合物共聚，是三大合成材料的重要单体，主要用于生产聚丙烯腈纤维、ABS树脂等工程塑料和丁腈橡胶。

② 工业生产方法　目前工业中都采用丙烯氨氧化一步合成丙烯腈的工艺，也称索亥俄法（Sohio process），其主反应如下

$$CH_3CH=CH_2+NH_3+\frac{3}{2}O_2 \xrightarrow[470℃]{P\text{-}Mo\text{-}Bi\text{-}O} CH_2=CH-CN+3H_2O \tag{7-11}$$

此法原料价廉易得，对丙烯含量无严格要求，所用氨为一般化肥级或冷冻规格氨，用空

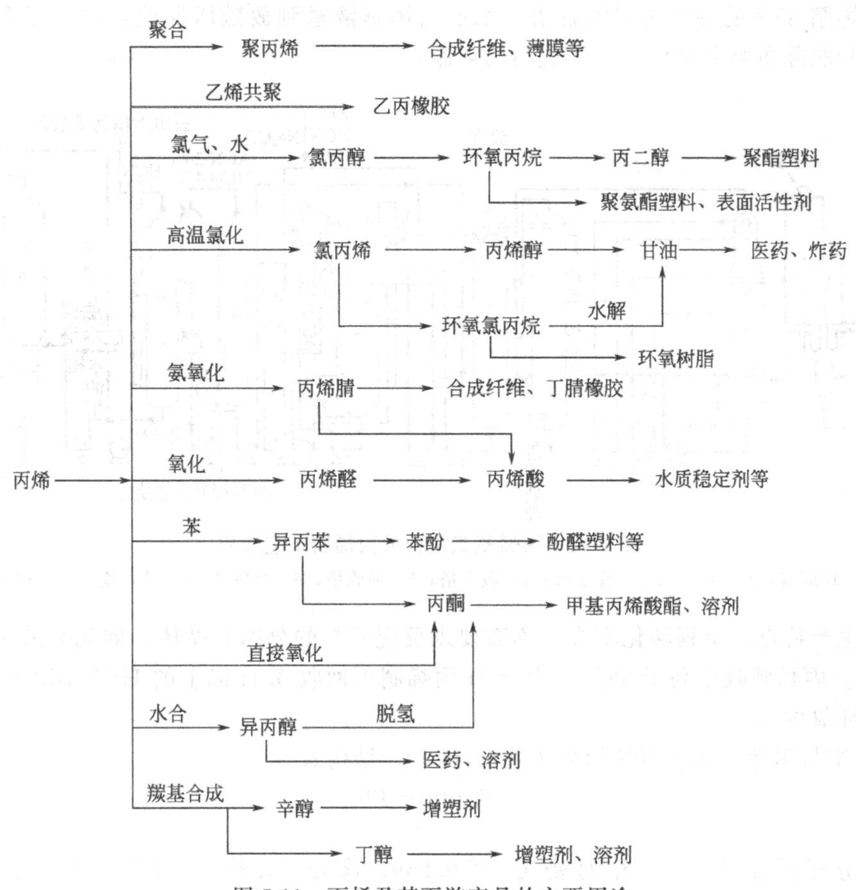

图 7-11　丙烯及其下游产品的主要用途

气作氧化剂可一步合成，投资少，成本低，自 1960 年第一套工业化装置问世以来，得到迅速发展。丙烯氨氧化副反应很多，副产物可分为 3 类：第一类是氰化物，主要有氢氰酸和乙腈及少量丙腈，其中乙腈和氢氰酸用途较广，故应设法回收；第二类是有机含氧化合物，主要有丙烯醛及少量丙酮和其他含氧化合物，丙烯醛虽然量不多，但不易除去，给精制带来不少麻烦，应该尽量减少；第三类是深度氧化产物一氧化碳和二氧化碳。

反应的主要工艺条件有：原料配比（丙烯与氨配比，丙烯与空气配比）；原料纯度；反应温度；反应压力；接触时间等。

丙烯氨氧化反应是一个气固相强放热反应过程，故丙烯氨氧化反应器一般采用导热性能好，易保证过程等温性的流化床反应器。流化床反应器所用的是颗粒很小的微球形催化剂。催化剂盛在一个圆筒体内，当气体通过分布板进入催化剂层时，在一定线速范围内，这种很小的催化剂颗粒可以获得像液体一样的流动性能，好像一锅烧开的粥一样，在反应器内翻滚运动，所以它又称为沸腾床反应器。

丙烯氨氧化合成丙烯腈工艺由反应部分、吸收、精制三部分组成，如图 7-12 所示，空气和丙烯-氨分别进入流化床反应器。反应器中温度约为 400～510℃，压力为 64kPa（表）。借助冷却管导出反应热。气体反应产物冷却后进入急冷塔，在此用硫酸中和未反应的氨，并除去大部分高沸物及吹出的催化剂。塔底液送至废水塔回收其中的丙烯腈（用 AN 表示）、乙腈（用 ACN 表示）和氢氰酸。塔上段料液送至吸收塔，在此吸收除丙烯和甲烷以外的全部有机物、水溶液去蒸馏。吸收液在回收塔把粗丙烯腈与乙腈分离，塔顶馏出物在分离槽分层，含丙烯腈 85%的油层送到脱腈塔，水层与塔釜液送到放散塔回收乙腈。粗丙烯腈在脱除氢氰酸和脱除重组分之后，得到成品丙烯腈。

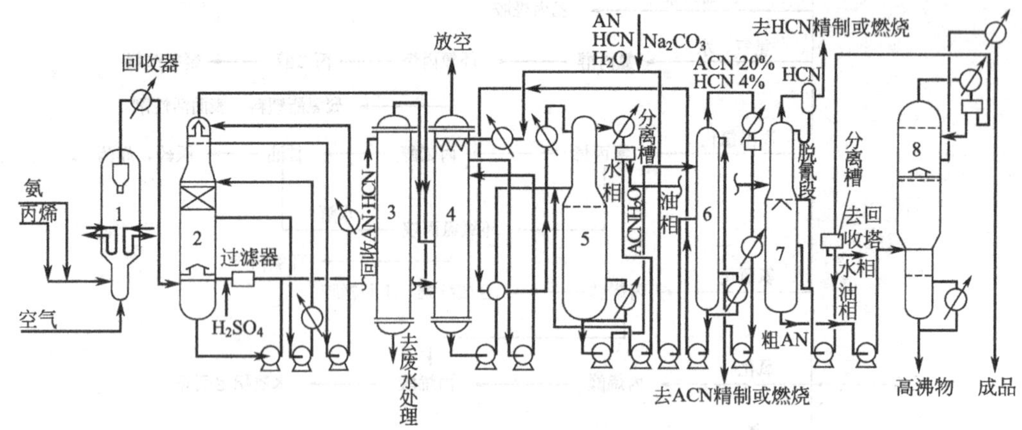

图 7-12 丙烯氨氧化合成丙烯腈工艺流程

1—反应器；2—急冷塔；3—废水塔；4—吸收塔；5—回收塔；6—放散塔；7—脱氰塔；8—成品塔

此法生产特点：单程转化率高，不需要未反应原料的分离和循环。催化剂采用第三代改进剂 C-41。丙烯腈收率高于 85%，生产 1t 丙烯腈可回收 0.1t 以上的 HCN 副产物。

(2) 环氧丙烷

① 性质与用途　环氧丙烷的分子式 C_3H_6O，结构式

$$CH_3-CH-CH_2 \quad (\text{CH与CH}_2\text{经O相连成环})$$

相对分子质量 58.05，相对密度 d_4^{20}0.859。沸点 34.2℃，闪点 −37.2℃，自燃点 465℃。环氧丙烷是无色易燃易挥发的液体，有毒。在空气中爆炸极限 3.1%～27.5%，与水部分互溶。长期以来环氧丙烷主要用于生产丙二醇，近年来主要用于生产聚氨酯泡沫塑料，也用于生产非离子型表面活性剂、破乳剂。由环氧丙烷制甘油的工艺路线是环氧丙烷→烯丙醇→甘油。由于聚氨酯泡沫的迅速发展，环氧丙烷的生产也得到迅速发展，产量在丙烯系列产品中仅次于聚丙烯和丙烯腈，占第三位。

② 工业生产方法　工业上，环氧丙烷的生产路线主要有氯醇法、共氧化法、直接氧化法等。

a. 氯醇法　该法在 1927 年建立了第一个环氧丙烷的工业生产装置。我国环氧丙烷的生产大部分采用此工艺，采用氯气、水与丙烯发生氯醇化反应，生成中间体氯丙醇，然后用石灰水皂化制得环氧丙烷（此生产原理和工艺过程与环氧乙烷的类似）：

$$CH_3CH{=}CH_2 + H_2O + Cl_2 \xrightarrow{100℃左右} CH_2\underset{}{\overset{OH}{\overset{|}{C}H}}-CH_2Cl + HCl \tag{7-12}$$

$$\xrightarrow{Ca(OH)_2} \underset{\backslash\,O\,/}{CH_3-CH-CH_2} + CaCl_2 + H_2O$$

其主要过程包括氯醇化、皂化和精馏三个工序。该方法生产技术成熟，工艺简单，选择性好，收率高，生产较安全，操作负荷大，丙烯纯度要求低，投资较低。但氯气生产成本高，氯耗量大，生产过程中产生的次氯酸严重腐蚀设备，产生大量石灰渣和含氯废水需处理。

b. 共氧化法　共氧化法也称间接氧化法、联产法、氢过氧化法。该方法是由美国 Halcon

公司与 Arco 公司联合开发的无氯生产环氧丙烷的新工艺，又称哈康法（Halcon 法）。

根据原料和联产品的不同，该法又分为过氧化氢异丁烷共氧化法和过氧化氢乙苯共氧化法，在 1968 年开始工业化。共氧化法克服了氯醇法三废污染严重、腐蚀严重和需求氯资源的缺点，收率高，生产成本较低，且可联产苯乙烯或异丁烯。但工艺流程长、防爆要求严、投资大、对原料规格要求高、操作条件严格等。目前许多国家新建装置大多采用此法，其中乙苯共氧化法所占比例稍大一点。

乙苯共氧化法是以丙烯、乙苯、空气中的氧为原料。首先，乙苯与空气中的氧液相氧化制备过氧化氢-乙苯。然后，在环烷酸钼等催化剂存在下，丙烯用过氧化氢-乙苯环氧化生成环氧丙烷和 α-甲基苯甲醇。α-甲基苯甲醇脱水转化为苯乙烯，具体反应方程如下。

乙苯氧化制过氧化氢-乙苯

$$C_6H_5-CH_2CH_3 \xrightarrow{O_2} C_6H_5-CH(OOH)CH_3 \tag{7-13}$$

过氧化氢-乙苯使丙烯环氧化生成环氧丙烷和 α-苯乙醇

$$C_6H_5-CH(OOH)CH_3 + CH_2{=}CHCH_3 \longrightarrow H_2C\underset{O}{-}CHCH_3 + C_6H_5-CH(OH)CH_3 \tag{7-14}$$

α-苯乙醇脱水得苯乙烯

$$C_6H_5-CH(OH)CH_3 \xrightarrow{-H_2O} C_6H_5-CH{=}CH_2 \tag{7-15}$$

工业生产中，首先乙苯与空气中氧进行液相自氧化反应制备过氧化氢-乙苯，示意流程如图 7-13 所示。过程反应温度为 140～150℃，压力为 0.25MPa，反应时间为 6～8h，转化率在 15%左右。为提高选择性加入少量焦磷酸钠为稳定剂。接下来是丙烯与过氧化氢-乙苯进行液相环氧化反应生产环氧丙烷及 α-苯乙醇，这是强放热反应，为工艺的关键步骤。由于丙烯的临界温度为 92℃，而反应温度往往控制在 100℃以上，故需在溶剂存在下进行。过

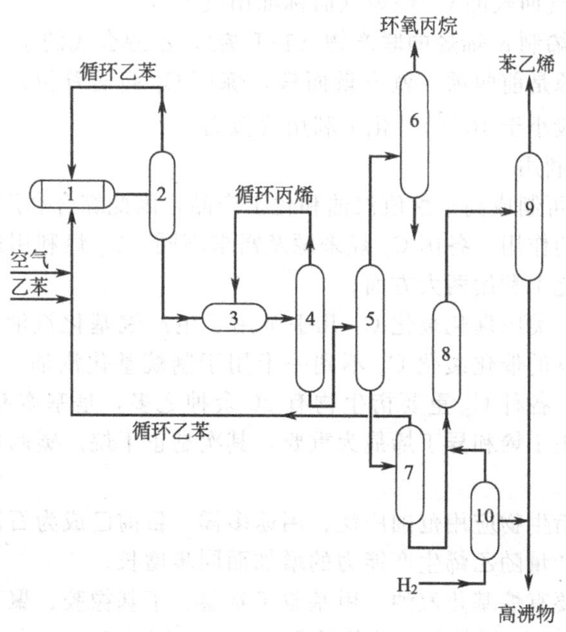

图 7-13　环氧化法生产环氧丙烷联产苯乙烯示意流程

1—乙苯过氧化反应器；2—提浓塔；3—环氧化反应器；4—气液分离器；5—环氧丙烷反应器；6—环氧丙烷精馏塔；7—乙苯回收塔；8—脱水反应器；9—苯乙烯精馏塔；10—苯乙酮加氢反应器

氧化氢-乙苯中含大量乙苯，可作为溶剂。

哈康法的应用过去受到联产物市场的限制，随着石油化工和工程塑料的大力发展，此法将具有更加广阔的前景。

c. 直接氧化法　直接氧化法包括双氧水氧化法、氧气氧化法。双氧水（过氧化氢）催化环氧化丙烯生产环氧丙烷是一种全新的生产技术，由于反应产品仅为环氧丙烷和水，无副产品产生，因此是一种环境友好的清洁生产方法；用分子氧直接氧化丙烯制环氧丙烷是当今国内外正在研究开发的热点技术。氧气直接氧化法是用分子氧作氧化剂的最简单方法。

理论上环氧丙烷可通过丙烯和氧气直接氧化获得，这是最简单和最合理的方法。据估算直接气相氧化生产环氧丙烷成本仅为氯醇法的 25%～30%，且副产物少、易分离、无污染，其过程类似乙烯氧化制环氧乙烷。但丙烯含有易被氧化的活泼氢原子，应避免氧化使深度氧化降至最低程度。

该法的优点是产物减少及不排废水，但分离目的产物相当复杂，所以现在仍处于实验室阶段。

7.2.3 碳四（C_4）产品

(1) C_4（烃）的来源

炼油厂和石油化工厂联产大量工业 C_4 烃（馏分）。工业 C_4 烃中包含丁二烯、丁烯、丁烷等共 7 个主要组分。工业 C_4 烃来源有四个方面。

① 炼油厂 C_4 烃（简称炼厂 C_4）　炼油厂催化加工和热加工所产的 C_4 烃，其中催化裂化装置所产的 C_4（包含于液态烃中）是炼厂 C_4 的最重要的组成部分。我国炼厂 C_4 加以回收利用的常限于催化裂化 C_4，故炼厂 C_4 往往又指催化裂化 C_4。

② 裂解 C_4 烃（简称裂解 C_4）　石油化工厂裂解制乙烯的联产 C_4 烃。

③ 油田（天然）气回收的 C_4 烷烃（简称油田气 C_4）

④ 其他来源　乙烯制 α-烯烃的联产物（1-丁烯），乙醇合成的丁二烯等。

其中最重要的来源是前两项。就产量而言，炼厂 C_4 高居首位；而且裂解 C_4 的烯烃含量高，含硫量低（一般小于 10^{-5}），化工利用价值高。

(2) C_4 烃的综合利用

C_4 烃经化学加工可制成高辛烷值汽油和化工产品，因此综合利用 C_4 烃馏分对于提高企业的经济效益有明显的作用。各国 C_4 烃来源及需求不同，C_4 烃利用途径也不尽相同，总的来说，无非是燃料和化工利用两大方面。

在燃料利用方面，美国催化裂化 C_4 几乎全用于生产烷基化汽油；日本炼厂 C_4 基本上作气体燃料烧掉；西欧的催化裂化 C_4 不到一半用于制烷基化汽油，其余作气体燃料使用。化工利用途径多而广，各种 C_4 重要衍生物有 20 余种之多，是基本有机化学工业的重要原料，尤其以丁二烯、正丁烯和异丁烯最为重要，其次是正丁烷。碳四烃制得的基本有机化工产品见图 7-14。

碳四烃及其工业衍生物应用范围广泛、用途多样。目前已成为石油化工产品的重要基础原料，其生产能力和产量随乙烯生产能力的增加而同步增长。

当前，碳四烃主要有烷基化汽油、甲基叔丁基醚、丁基橡胶、聚丁烯、二异丁烯、烷基酚、甲乙酮、丁二烯、1-丁烯等较大吨位的衍生物，在国外已普遍生产，国内也有相当的需求。此外，有些碳四烃衍生物虽然也属较大吨位的产品，但是它也可以从非碳四烃中取得或合成。

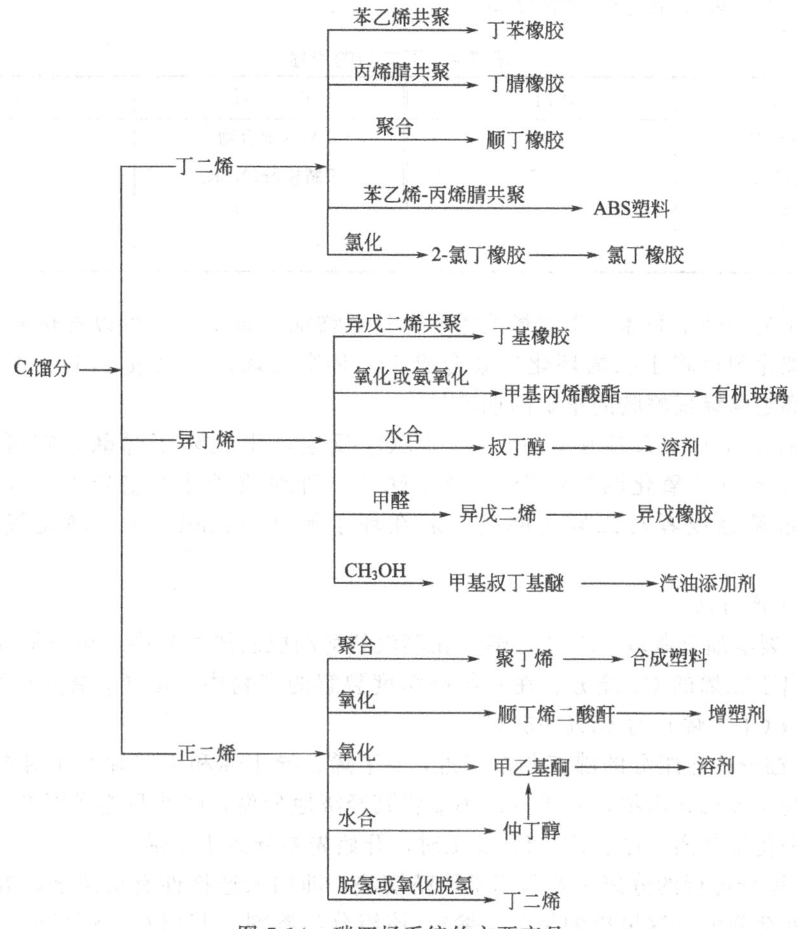

图 7-14 碳四烃系统的主要产品

(3) 丁二烯

丁二烯（系统命名为1,3-丁二烯）是上述 C_4 烃中最重要的一种。

① 性质和用途 丁二烯有1,2-丁二烯和1,3-丁二烯两种，其中1,3-丁二烯是合成橡胶的主要原料。本文所述均指1,3-丁二烯。

丁二烯在室温和常压下为无色略带大蒜味的气体。分子式 C_4H_6，结构式

$$\begin{array}{c} H \qquad\qquad\quad H \\ \diagdown \qquad\qquad \diagup \\ C{=}C{-}C{=}C \\ \diagup \quad | \quad | \quad \diagdown \\ H \quad H \; H \quad H \end{array}$$

相对分子质量54.088，相对密度 d_4^{20} 0.6211。凝固点－108.9℃，沸点－4.41℃，闪点(液体发火温度)<－17.8℃。有毒。在空气中的爆炸极限 φ（丁二烯）为2.0%～11.5%。能溶于苯、乙醚、氯仿、汽油、丙酮、糠醛、无水乙腈、二甲基乙酰胺、二甲基酰胺和 *N*-甲基吡咯烷酮等许多有机溶剂中，微溶于水和醇。

由于丁二烯具有多个反应中心，它可以进行很多反应，特别是加成反应和成环反应，这样可以合成许多重要的中间体。工业上应用丁二烯是由于它易于均聚成顺丁橡胶并能与许多不饱和单体进行共聚。丁二烯主要与苯乙烯和丙烯腈等共聚单体进行聚合，聚合产物包括一系列弹性体，即合成橡胶。根据聚合物的结构可得到许多不同性能的橡胶，如不同的弹性、耐磨、耐久、耐寒、耐热以及抗氧化、抗老化和溶剂的性能。

表 7-4 是丁二烯按用途进行的分类。

表 7-4 丁二烯的用途

产　品	比例/%	产　品	比例/%
丁苯橡胶(SBR)	47	ABS 聚合物	6
顺丁橡胶(BR)	17	丁腈橡胶(NBR)	3
己二腈	8	其　他	11
氯丁二烯	8		

近来，作为一个中间体，丁二烯的重要性日益增加。氯丁二烯可以转化成 1,4-丁二醇。用有机金属催化剂可将丁二烯环化二聚合成 1,5-环辛二烯，三聚成 1,5,9-环十二碳三烯，这两种组分都是高级聚酰胺的重要前期产品。

在可逆的 1,4-加成反应中，丁二烯与 SO_2 反应，生成环丁烯砜，它可以加氢生成耐高温的环丁砜（二氧化四氢噻吩）。环丁砜是一种对质子非常稳定的工业用溶剂，如用于芳烃萃取精馏或者与二异丙醇胺一起在环丁砜（sulfinol）法中净化气体以脱除酸性气体。

② 工业生产方法

a. 从 C_4 裂解馏分制取 1,3-丁二烯　在蒸汽裂解制取乙烯过程中，粗裂解气都含有可以经济地分离出丁二烯的 C_4 馏分。在一般高深度裂解的产物中，w(C_4 馏分）约达 9%。在 C_4 馏分中，w(丁二烯）为 45%～50%。

由于 C_4 馏分中各组分的沸点非常接近，1-丁烯、异丁烯和丁二烯的相对挥发度相差极小，而且有些还形成共沸物，简单蒸馏不能将其经济地分离，因此只能采用更有效、选择性更好的物理和化学分离工序。C_4 馏分加工时，开始先要分离丁二烯。

目前 C_4 馏分可行的分离主要采用萃取精馏法，即加入选择性有机溶剂，混合物中某组分的挥发度就会降低（这里指的是丁二烯），该组分与溶剂一起留在精馏塔底，而其他原来用精馏不能分离的杂质从塔顶蒸出。丙酮、糠醛、乙腈、二甲基乙酰胺、二甲基酰胺和 *N*-甲基吡咯烷酮是萃取精馏的重要溶剂。这是目前工业上较普遍采用的方法。

从 C_4 裂解馏分中用溶剂萃取丁二烯的基本流程叙述如下：将 C_4 馏分全部蒸发后通入萃取塔下部，溶剂（如甲基甲酰胺或 *N*-甲基吡咯烷酮）与气体混合物逆向流动，在溶剂向下流动时带走了容易溶解的丁二烯和少量的丁烯，然后从萃取塔下部送出，进入丁烯汽提塔以分离丁烯。粗丁二烯在另一个脱气塔里将丁二烯从溶剂中蒸出，再进行精馏精制，最后得到高纯丁二烯。

b. 丁烯氧化脱氢法　所谓氧化脱氢法是用加氧的方法来移动丁二烯之间的脱氢平衡，以生成更多的丁二烯。氧气的作用不仅是后来与氢燃烧，它还能引发从烯丙基脱氢的反应。在工业生产中要加入足够量的氧（用空气），因为生成水放出的热量约够补偿吸热的脱氢反应所需要的热量，这样丁烯转化率、丁二烯的选择性及催化剂的寿命都很好。

从正丁烯制丁二烯的菲利普氧化脱氢（O-X-D）法是工业生产中脱氢过程的一个例子。其反应方程式如下：

$$C_4H_8+\frac{1}{2}O_2 \longrightarrow C_4H_6+H_2O \tag{7-16}$$

正丁烯蒸气和空气在 480～600℃、用固定床催化剂进行反应，采用铁尖晶石催化剂，丁烯的转化率可达 78%～80%，丁二烯的选择性达 92%～95%。因其转化率和选择性都很高，所以被广泛采用。

(4) 甲基叔丁醚(MTBE)

① 用途 MTBE作为优良的高辛烷值汽油添加剂，已日益被人们所重视，其他方面的重要应用是作为溶剂和试剂，以及作为制备高纯度异丁烯的原料等。

a. 作为汽油添加剂 MTBE作为优良的高辛烷值的添加剂，对汽油的物理化学性质和抗爆性质等方面均有改善，使炼厂新增了获取高辛烷值汽油组分的有效手段。生产MTBE装置和炼厂中其他制取高辛烷值汽油的工艺过程如烷基化、催化裂化、催化重整、异构化等起着相辅相成的作用。

近年来各国相继出台的环境保护法规对含铅汽油使用的限制是甲基叔丁基醚获得迅速发展的基本原因。汽油中掺加MTBE，提高了汽油辛烷值，从而减少或避免使用含铅汽油。另外，生产MTBE的原料易得，生产工艺简单灵活，投资额低，大量未获充分利用的工业C_4馏分中的异丁烯因此可转化为汽油；再加上MTBE使用性能良好，这些都是MTBE生产迅速扩大的重要原因。

但由于MTBE稳定的化学和生物特性，对土壤和饮用水造成的污染，使MTBE作为汽油添加剂的霸主地位开始动摇。2000年3月，美国环境保护局(EPA)发布了一项即将建议规定的通告(ANPR)，将减少或停用汽油添加剂MTBE。MTBE将来命运如何，目前还很难判断。

b. 制取异丁烯 异丁烯是重要的有机化工原料。由于化工产品的种类不同，对原料异丁烯的纯度要求也不同。近年来国内开发了用MTBE作原料，催化裂解得到高纯度异丁烯的方法。此项工艺简单，MTBE的合成和裂解的选择性高，副反应少，产品纯度高达99.0%以上。

c. 作为反应溶剂和试剂 MTBE化学性能稳定，难以氧化，作为反应溶剂、萃取剂和色谱液等方面也具有多种用途。

② 工业生产方法 制造甲基叔丁基醚的工艺流程简单，一般包括催化合成、MTBE回收、提纯和剩余C_4中甲醇回收三个部分。

MTBE工业装置流程的复杂程度主要取决于异丁烯的转化率的要求，也即转化后剩余的C_4中允许的异丁烯含量的要求，后者又和剩余C_4的进一步利用有关。

醚化一般采用磺酸型二乙烯苯交联的聚苯乙烯结构的大网孔强酸性离子交换树脂为催化剂，醚化反应条件缓和，温度为40～100℃。加压通常维持液相操作为原则，一般操作压力为0.7～1.4MPa。n(甲醇)∶n(异丁烯)约等于1.1∶1，原料中甲醇稍过量有利于异丁烯转化率的提高，抑止二异丁烯副产的生成。回收系统用一个蒸馏塔脱除甲醇(利用甲醇与丁烯形成共聚物)，这样塔釜容易取得成品MTBE。

a. Snam法生产MTBE Snam/Anic公司的MTBE生产流程如图7-15所示。

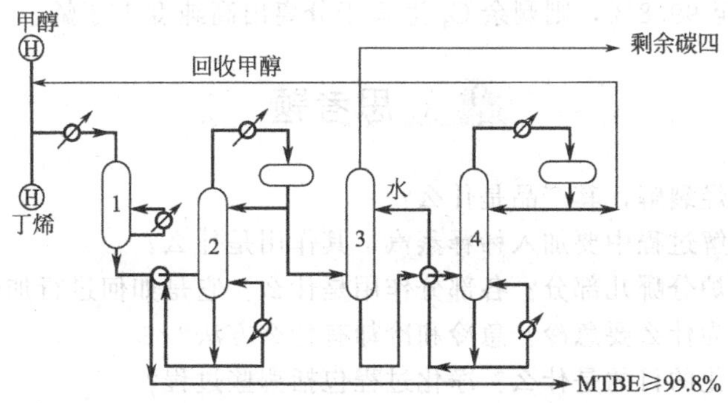

图7-15 Snam法生产MTBE合成工艺流程

1—反应器；2—MTBE提纯塔；3—水洗塔；4—甲醇回收塔

甲醇和含异丁烯的 C_4 馏分经预热送至反应部分。反应器为列管式反应器（管内径 20mm，管长 6m），管外用水冷却。反应温度 50～60℃。反应产物中含有 MTBE，未反应异丁烯、甲醇，不起反应的正丁烯、丁烷，还有极少量副产物（二异丁烯、叔丁醇）。提纯塔系一简单蒸馏塔，塔操作压力约 0.6MPa，塔顶蒸出剩余 C_4，并携带共沸组分甲醇（甲醇含量 2%左右）。塔釜是 MTBE 成品，经与进料换热后送出生产界区。塔顶剩余 C_4（液相）送入水洗塔萃取回收甲醇，水洗塔釜甲醇水溶液进入甲醇回收塔，回收塔塔顶蒸出的甲醇循环回反应器。回收塔釜的水返回至水洗塔顶部作洗涤水，水作闭路循环。水洗后的 C_4 尾气中甲醇含量可降至 10μg/g 以下。

b. Huls 法生产 MTBE 工艺流程如图 7-16 所示。

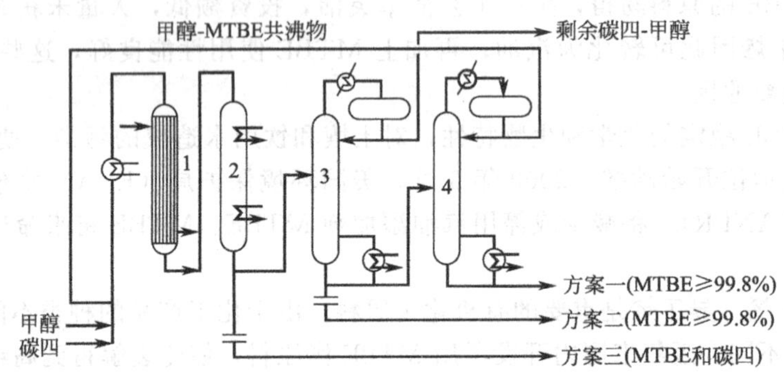

图 7-16 Huls 法生产 MTBE 工艺流程简图

1—第一反应器；2—第二反应器；3—第一分馏塔；4—第二分馏塔

此法特点是采用两台串联反应器，第一段用水为介质的外冷却列管式反应器，大部分异丁烯被转化；第二段采用备有冷却水盘管的层式反应器，反应温度较低（40～70℃），以达到高的平衡转化的需要。流程中包括两个蒸馏塔，第一塔塔顶为剩余 C_4 及与甲醇形成的共沸物，塔釜产物送至第二塔。第二塔塔顶馏出的 MTBE 与甲醇的共沸物循环返回第一反应器。Huls 工艺利用共沸组成随压力变化的特点，采用加压蒸馏的方法，使 MTBE/甲醇的共沸组成中 MTBE 含量降低（常压下 MTBE/CH_3OH 共沸组成中 MTBE 含量为 86%，压力为 0.8MPa 时共沸组成中 MTBE 含量仅为常压下的一半），从而可减少 MTBE 的循环量，节约能耗，这也是 Huls 法工艺的另一重要特点。第二分馏塔釜为 MTBE 成品。按此流程，异丁烯转化率约 98%，MTBE 纯度可达 99.7%。

若异丁烯转化率可降低（如达 95%），MTBE 纯度为 98%～99%已够，则可省去第二反应器和第二分馏塔，当然也省却了 MTBE/甲醇共沸物的循环。反之，适当增加设备，异丁烯转化率可提高至 99.8%，则剩余 C_4 适宜于分离出高纯度 1-丁烯。

思考题

7-1 何谓石油烃裂解，其产品是什么？

7-2 为什么裂解过程中要加入稀释蒸汽，其作用是什么？

7-3 管式裂解炉分哪几部分？各部分作用是什么？它是如何进行加热的？

7-4 裂解产物为什么要急冷？急冷和冷却有什么方法？

7-5 裂解气净化的目的是什么？净化过程包括哪些过程？

7-6 裂解气都有哪些组分，其分离的目的是什么？

7-7 简述深冷分离的工艺步骤和过程。

7-8　用乙烯直接氧化法制环氧乙烷反应器的特点？

7-9　试叙述环氧乙烷加压制乙二醇的生产流程。

7-10　简述丙烯氨氧化合成丙烯腈的化学过程和催化剂的作用。

7-11　试叙述哈康法生产环氧丙烷联产苯乙烯的生产过程。

7-12　简述 C_4 馏分的主要组分及其用途。

7-13　从 C_4 中分离丁二烯有什么特点？

7-14　甲基叔丁基醚生产过程的原料是什么？它的主要用途有哪些？

第8章 Chapter 8
芳烃及其下游产品的生产

芳烃（苯、甲苯、二甲苯）是重要的有机化工原料，其产量和规模仅次于乙烯和丙烯，是我国石油化工行业主营业务之一，芳烃和乙烯同为石油化工的核心生产装置，是炼油下游化纤和化工两条产品链的龙头。芳烃的大规模生产是通过现代化的芳烃联合装置来实现的。

8.1 芳烃的性质和用途

芳烃是十分重要的化工原料，特别是苯、甲苯、二甲苯等尤为重要。在总数约八百万种的已知有机化合物中，芳烃化合物占了约30%，其中BTX芳烃（B—苯、T—甲苯、X—二甲苯）被称为一级基本有机原料。随着合成树脂、合成纤维、合成橡胶工业的发展，芳烃的生产在石油化工领域占有越来越显要的位置。

8.1.1 芳烃的性质

（1）苯

苯在常温下是无色透明液体，易挥发，具有强烈芳香气味；有毒、易燃，微溶于水，易溶于乙醇、乙醚等有机溶剂。分子式 C_6H_6，相对分子质量78.11，沸点80.1℃，熔点5.5℃，液体相对密度 d_4^{20}0.879，闪点－13.3℃，爆炸范围（在空气中）1.33%～7.9%（体积）。

（2）甲苯

甲苯在常温下为无色透明的液体，有类似于苯的芳香味；微溶于水，可溶于乙醇、醚、甲醛、氯仿、丙酮、冰乙酸和二硫化碳等有机溶剂中。分子式 C_7H_8，相对分子质量92.14，沸点110.6℃，熔点－95.0℃，液体相对密度 d_4^{20}0.867，闪点7℃，爆炸范围（在空气中）1.3%～8%（体积）。

（3）二甲苯

分子式 C_8H_{10}，相对分子质量为106.2，常说的工业二甲苯系指结构分别为邻二甲苯、间二甲苯、对二甲苯和乙苯四种同分异构体的混合物：

CH_3 CH_3 CH_3 C_2H_5 CH_3 CH_3 CH_3

邻二甲苯　间二甲苯　对二甲苯　乙苯

二甲苯具有芳烃特有的气味，常温下为无色透明的油状物；有毒、易燃，几乎不溶于水，易溶于醇、醚、酮和二硫化碳。其理化性质列在表8-1中。

表 8-1　二甲苯的物理化学性质

性　质	邻二甲苯	间二甲苯	对二甲苯	乙苯
常压沸点/℃	144.41	139.10	138.35	136.19
熔点/℃	−25.17	−47.40	13.26	−94.98
相对密度(d_4^{20})	0.880	0.864	0.861	0.867
爆炸范围(空气中,上限/下限)/%(体积)	6.4/1.1	6.4/1.1	6.6/1.1	6.7/0.99

8.1.2 芳烃的用途

芳烃产品的生产和利用已有一百余年的历史，它是从煤焦油芳烃的利用开始的，而BTX芳烃在石油化学工业中大量生产和应用是第二次世界大战以后的事。由于科学技术的飞速进步以及人们对生活和文化的需求日益提高，促进了以芳烃为基础原料的化学纤维、塑料、橡胶等合成材料以及品种繁多的有机溶剂、农药、医药、染料、香料、涂料、化妆品、添加剂和有机合成中间体等生产的迅猛发展。

(1) 苯的主要用途

苯是最重要的基本有机化工原料之一，可以合成一系列苯的衍生物：苯与乙烯生成乙苯，后者可以用来生产制塑料的苯乙烯；与丙烯生成异丙苯，可以经异丙苯法来生产丙酮与制树脂、黏合剂的苯酚；苯加氢可以制环己烷，进而氧化制取己二酸，并制取尼龙纤维；苯还可以合成苯胺、硝基苯和各种氯苯等，用于制取染料和农药用；生产洗涤剂和添加剂需要的各种烷基苯也是由苯衍生而来的。此外苯还可以用来合成氢醌、蒽醌等化工产品。因此，苯被广泛应用于合成树脂、合成橡胶、合成纤维、染料、医药等工业中。

苯的最大用途是生产苯乙烯、环己烷和苯酚，三者占苯消费总量的80%～90%，其次是硝基苯、顺酐、氯苯、直链烷基苯等。

(2) 甲苯的主要用途

甲苯作为一种常用的重要有机化工原料，可用于制造炸药、农药、染料、苯甲酸、糖精、合成树脂及涤纶等；甲苯是涂料、油墨和硝酸纤维素以及相关化学反应的溶剂；甲苯加在汽油中可提高其抗爆性能，可用作汽油的掺和组分以提高辛烷值。

虽然甲苯有广泛的用途，但与同时从重整汽油、裂解汽油、煤焦化中得到的苯和二甲苯相比，目前的产量相对过剩。因此，工业上主要采取两种途径转化过剩的甲苯：一是甲苯加氢去甲基生产苯或甲苯歧化制苯和二甲苯；二是开辟甲苯的新用途，如生产甲苯二异氰酸酯，以及改进以甲苯为原料生产苯酚、己内酰胺的方法，并力图用甲苯代替二甲苯，生产对苯二甲酸等大宗产品。

(3) 二甲苯的主要用途

二甲苯中用量最大的是对二甲苯，主要用于生产精对苯二甲酸（PTA）或对苯二甲酸二甲酯（DMT），进而生产对苯二甲酸的一元、二元醇酯，生产对苯二甲酸乙二醇酯、丙二醇酯、丁二醇酯、戊二醇酯、己二醇酯等聚酯树脂。聚酯树脂是生产涤纶纤维、聚酯薄片、聚酯中空容器的原料。涤纶纤维是国内外目前第一大合成纤维，聚酯用于生产饮料包装、食用油脂包装、平板显示器基材、车用与建筑用太阳膜等。对二甲苯也广泛用作涂料、染料、农药、增塑剂等的原料。邻二甲苯是制造增塑剂、醇酸树脂和不饱和聚酯树脂的原料。大部分间二甲苯异构化制成对二甲苯，也可氧化为间苯二甲酸，以及用于农药、染料、医药的二甲基苯胺的生产。

图8-1列出了工业上的重要芳烃的用途。

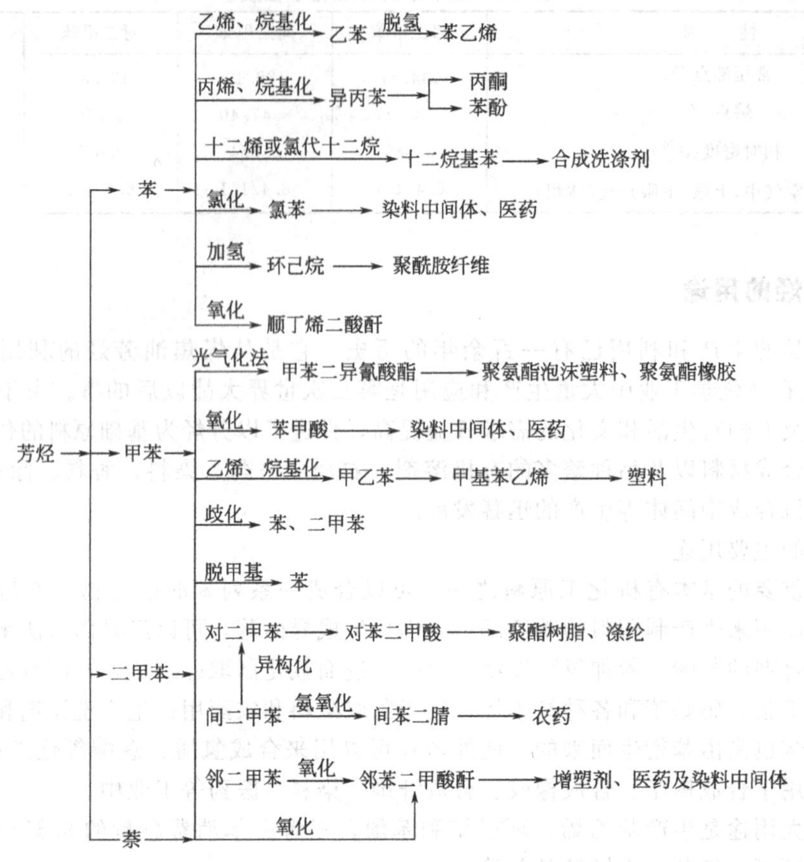

图 8-1 芳烃的工业应用

8.2 芳烃的主要来源

芳烃主要来自石油馏分催化重整生成油和裂解汽油，少部分来自煤焦油。近年来通过轻质烃类芳构化及重芳烃轻质化来生产 BTX 芳烃的技术得到较快发展。不同来源获得的芳烃其组成不同，裂解汽油中苯和甲苯多，二甲苯少；重整汽油中苯少，甲苯和二甲苯多。

从煤加工所得煤焦油中取得芳烃作为芳烃来源，已有百余年历史，流程如图 8-2 所示。但自从开发了从石油中取得芳烃的技术以来，煤焦油芳烃所占比例已很小，全世界从煤焦化副产的 BTX 芳烃占全部 BTX 芳烃 5%以下。煤焦油是煤干馏过程中所得到的一种液体产物，煤焦油经分馏可得轻油、酚油、萘油、洗油、蒽油、沥青等馏分，再用精馏、结晶等方

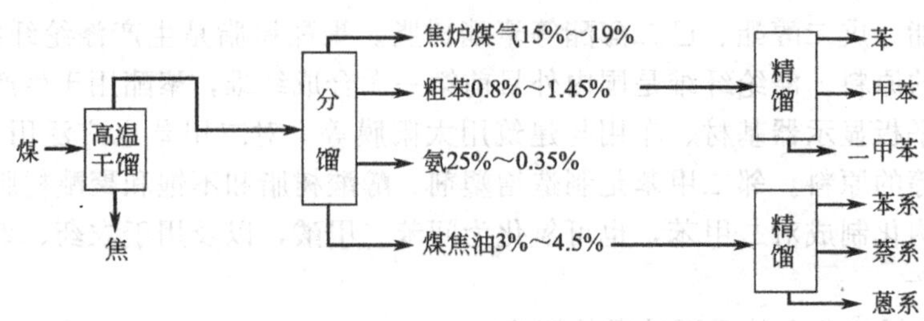

图 8-2 从煤焦油中制取芳烃的流程示意图

法分离得到苯系、萘系、蒽系芳烃。粗苯经加氢精制处理除去不饱和烃和噻吩等杂质后精馏分离可得到苯、甲苯和二甲苯。这一过程在煤化工章节详述。

目前世界 80%以上的芳烃都来自于炼油型芳烃的生产，以催化重整油和裂解汽油为原料的芳烃生产流程框图见图 8-3。

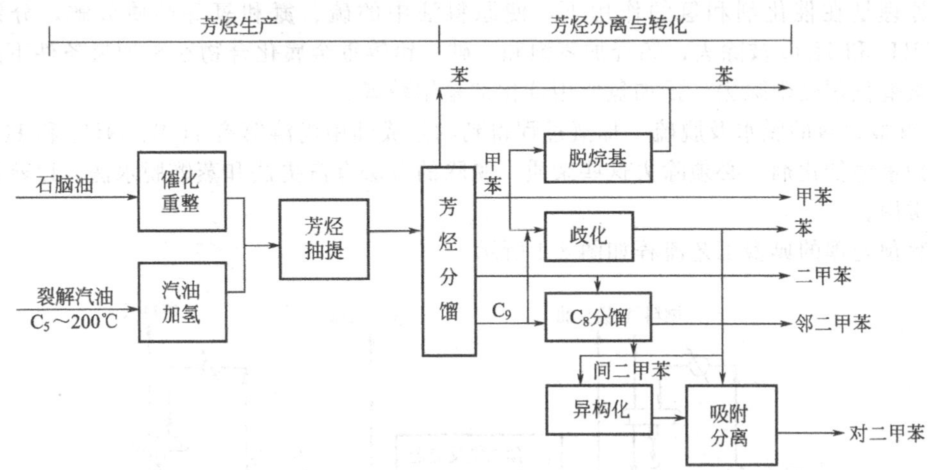

图 8-3　石油芳烃生产方法示意图

8.2.1　催化重整生产 BTX 芳烃

现代化的芳烃生产是以催化重整为基础的。催化重整又称烷烃芳构化，重整指使脂肪烃成环、脱氢形成芳香烃的过程。

催化重整主要以石脑油为原料，通过脱氢芳构化等反应生产高辛烷值汽油和芳烃，同时副产氢气。

芳烃联合装置以炼油厂加氢裂化装置生产的石脑油及烯烃厂中馏分石脑油为原料，目的产品是对二甲苯（PX）、苯（B）及邻二甲苯（OX），副产品有抽余油、含氢气体、戊烷油、重芳烃、液化气等。

一套完整的重整工业装置主要包括原料油预处理、重整反应（包括催化剂连续再生）、产品后加氢和稳定处理几个部分。生产芳烃为目的的重整装置还包括芳烃抽提和芳烃分离部分。

（1）重整原料油的预处理

重整催化剂比较昂贵和“娇嫩”，易被多种金属及非金属杂质中毒，而失去催化活性，为了保证重整装置能够长周期运转，处理量大，目的产品收率高，则必须选择适当的重整原料并予以精制处理。重整原料的预处理主要包括预分馏保证重整进料的馏分组成和预加氢精制除去重整催化剂毒物两部分。

① 预分馏　重整原料馏分组成是 C_6、C_7、C_8 的环烷烃和烷烃，在重整条件下相应地脱氢或异构脱氢-环化脱氢生成苯、甲苯、二甲苯。小于 6 个碳原子的环烷烃及烷烃不能进行芳构化反应，另外≤C_6 的烷烃已有较高的辛烷值，而 C_6 环烷烃转化为苯后其辛烷值反而下降。如果进入反应系统，它并不能生成芳烃，而只能降低装置的处理能力。重整原料一般应切取大于 C_6 的馏分。

预分馏的目的是根据目的产品要求对原料进行精馏切取适宜的馏分。例如，生产芳烃时，切除小于 60℃的馏分；生产高辛烷值汽油时，切除小于 80℃的馏分。原料油的干点一般由上游装置控制，也有的通过预分馏切除过重的组分。预分馏过程中也同时脱除原料油中的部分水分。

② 预加氢　预加氢作用是除去重整原料油中的砷、硫、氮和氧的化合物以及铅、铜、汞、钠等杂质，防止催化剂中毒，生产出合格的精制油，从而满足重整催化剂对原料的要求。其原理是在催化剂和氢的作用下，使原料油中的硫、氮和氧等杂质分解，分别生成 H_2S、NH_3 和 H_2O 被除去；烯烃加氢饱和；砷、铅等重金属化合物在预加氢条件下进行分解，并被催化剂吸附除去。预加氢所用催化剂是钼酸镍。

③ 重整原料的脱水及脱硫　加氢过程得到的生成油中尚溶解有 H_2S、NH_3 和 H_2O 等，为了保护重整催化剂，必须除去这些杂质。脱除的方法有汽提法和蒸馏脱水法。以蒸馏脱水法较为常用。

原料预处理的典型工艺流程如图 8-4 所示。

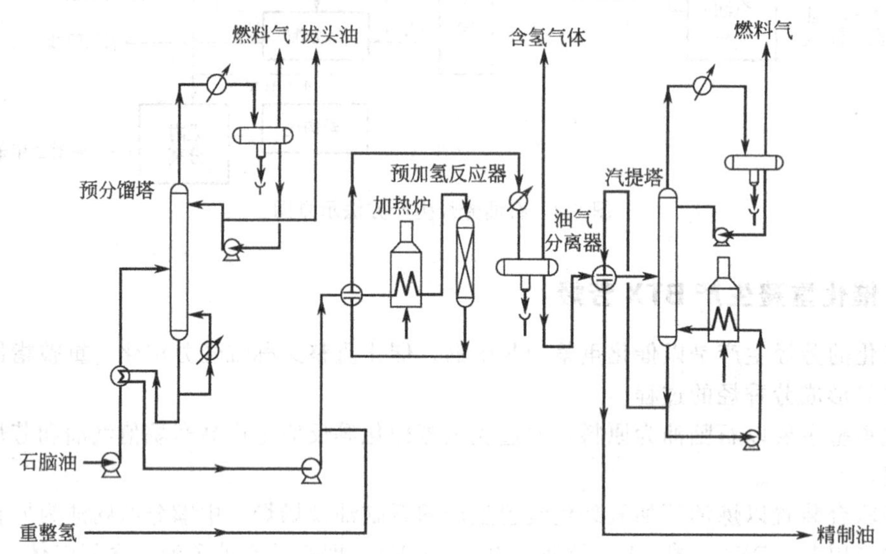

图 8-4　原料预处理工艺流程

(2) 重整反应部分工艺流程

图 8-5 为催化重整反应部分工艺流程。

典型的重整过程采用固定床系列（通常是 3 个）反应器：第一反应器的主要反应是环烷脱氢；第二反应器发生 C_5 环烷异构化生成环己烷的同系物和脱氢环化；第三反应器发生轻微的加氢裂化和脱氢环化。典型的工艺条件为：770～820K 和 3000kPa，n（氢）∶n（烃）为（10∶1)～(3∶1)。

经预处理后的精制油，由泵抽出与循环氢混合，然后进入换热器与反应产物换热，再经加热炉加热后进入反应器。由于重整反应是吸热反应以及反应器又近似于绝热操作，物料经过反应以后温度降低，为了维持足够高的温度条件（通常是 500℃左右），重整反应部分一般设置 3～4 个反应器串联操作，每个反应器之前都设有加热炉，给反应系统补充热量，从而避免温降过大。最后一个反应器出来的物料，部分与原料换热，部分作为稳定塔底重沸器的热源，然后再经冷却后进入油气分离器。

从油气分离器顶分出的气体含有大量氢气［φ(氢)约为 85%～95%］，经循环氢压缩机升压后，大部分作为循环氢与重整原料混合后重新进入反应器，其余部分去预加氢工段。

油气分离器底分出的液体与稳定塔底液体换热后进入稳定塔。稳定塔的作用是从塔顶脱

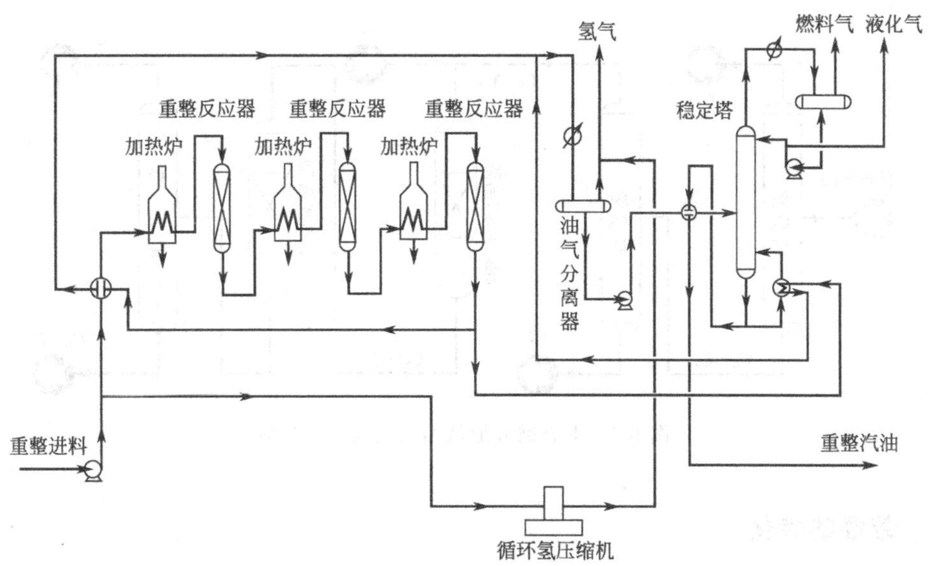

图 8-5　催化重整反应部分工艺流程

除溶于重整产物中的少量气体烃和戊烷。以生产高辛烷值汽油为目的时，重整汽油从稳定塔底抽出经冷却后送出装置。

以生产芳烃为目的时，反应部分的流程稍有不同，即在稳定塔之前增加一个后加氢反应器，先进行后加氢再去稳定塔。这是由于加氢裂化反应使重整产物中含有少量烯烃，会使芳烃产品的纯度降低。因此，将最后一台重整反应器出口的生成油和氢气经换热进入后加氢反应器，通过加氢使烯烃饱和。后加氢催化剂为钼酸钴或钼酸镍，反应温度为330℃左右。

8.2.2　高温裂解制乙烯副产 BTX 芳烃

据统计，全世界 2000 年从高温裂解制乙烯所得到的裂解汽油中副产的 BTX 芳烃约占全部 BTX 芳烃的 25%，是 BTX 芳烃的第二大来源。由于各国资源不同，催化重整与高温裂解生产 BTX 芳烃的相对比例与各自产量也有所差别。

裂解汽油主要组分为 $C_5 \sim C_9$ 烃类，包括烷烃、烯烃、二烯烃及芳烃。由于裂解原料的操作条件不同，裂解汽油的组成和产率分布也有较大差别。裂解汽油组成复杂，其中 C_5 馏分中双烯烃（双环戊二烯、异戊二烯、间戊二烯）的含量约占 50%～70%；C_8 馏分中苯乙烯约占 20%；C_9^+ 中甲基苯乙烯、双环戊二烯约占 20%～30%，稳定性差。无法由它直接得芳烃，必须经加氢处理后才能分离芳烃。另外还有对后续催化剂有害的含 S、O、N 等的烃类化合物，需要进行加氢处理。

工业上一般采用两段加氢方法再进行溶剂抽提分离芳烃：一段加氢是将原料中双烯烃与链烯基芳烃进行选择性加氢转化为单烯烃和烷基芳烃；二段加氢是使单烯饱和，同时脱除含硫、氮、氧等有机化合物后进行芳烃溶剂抽提。目前国内裂解汽油加氢可分为全馏分加氢和中心馏分加氢两种工艺流程。全馏分加氢是对 $C_5 \sim C_9$ 的全部馏分进行加氢；中心馏分加氢是预先将裂解汽油中的 C_5 和 C_9 馏分分离出来，仅对 $C_6 \sim C_8$ 馏分进行加氢（中心馏分加氢的工艺流程示意见图 8-6）。

高温裂解制乙烯副产的芳烃中苯含量较多，这与催化重整得到的芳烃组成不尽相同。

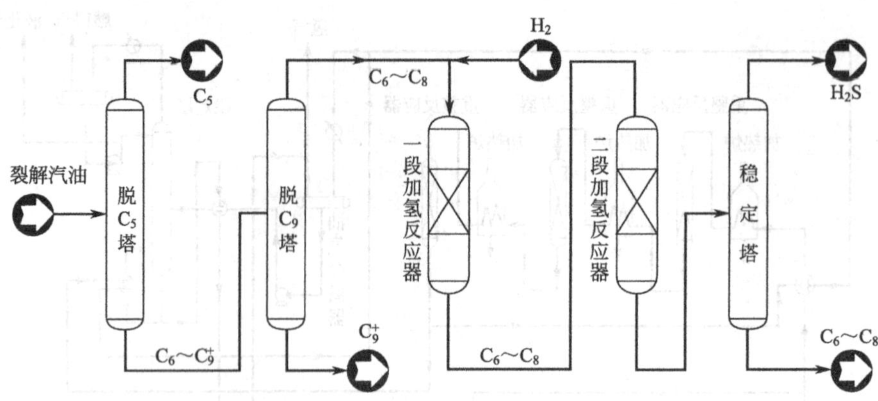

图 8-6 中心馏分加氢的工艺流程示意图

8.2.3 芳烃的转化

不同来源的各种芳烃馏分的组成是不相同的，得到的各种芳烃的产量也不相同。如果仅以这些来源获得各种芳烃的话，必然会发生供需不平衡的矛盾，有的却因用途较少有所过剩。如聚酯纤维的发展，需要大量对二甲苯，而以上来源中对二甲苯的供给有限，难以满足需要。芳烃转化工艺的开发，能依据市场的供求，调节各种芳烃的产量。这些转化工艺包括：脱烷基、歧化、烷基转移、甲基化和异构化等。同时，发展了重芳烃轻质化技术，把重芳烃也加入到转化工艺的原料中，以提高 BTX 收率。芳烃转化工艺的工业应用见图 8-7。

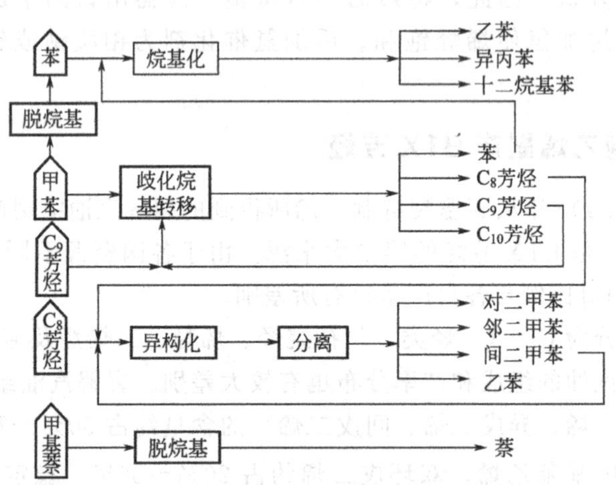

图 8-7 芳烃转化工艺途径的示意图

(1) 芳烃歧化及烷基转移

工业上应用最广的是通过甲苯歧化反应，将用途较少并过剩的甲苯转化为苯和二甲苯两种重要的芳烃：

$$2\,C_6H_5CH_3 \rightleftharpoons C_6H_4(CH_3)_2 + C_6H_6 \qquad (8\text{-}1)$$

歧化反应是一个可逆反应，逆过程实际上是烷基转移反应。工业上可在原料甲苯中加入一定量 C_9 芳烃，使之与甲苯发生烷基转移反应，用来增产二甲苯：

$$C_6H_5CH_3 + C_6H_3(CH_3)_3 \rightleftharpoons 2C_6H_4(CH_3)_2 \qquad (8\text{-}2)$$

目前采用最广的是丝光沸石或 ZSM-5 沸石分子筛催化剂。

甲苯歧化的工业过程是一个复杂过程，歧化时除了可同时发生烷基转移反应之外，还有可能发生酸催化的其他类型反应，如产物二甲苯的异构化和歧化、甲苯脱烷基、芳烃脱氢缩合成稠环芳烃和焦等过程。焦炭的生成会使催化剂表面迅速结焦而活性下降。为抑制焦的生成和延长催化剂寿命，工业生产上采用临氢歧化法。

甲苯歧化和烷基转移制苯和二甲苯主要有加压临氢催化歧化法、常压气相歧化法和低温歧化法三种。加压临氢催化歧化法使用 ZSM-5 催化剂，反应温度为 400～500℃，压力 3.6～4.2MPa，$n(H_2):n$（烃）=2：1。其流程示在图 8-8 中。

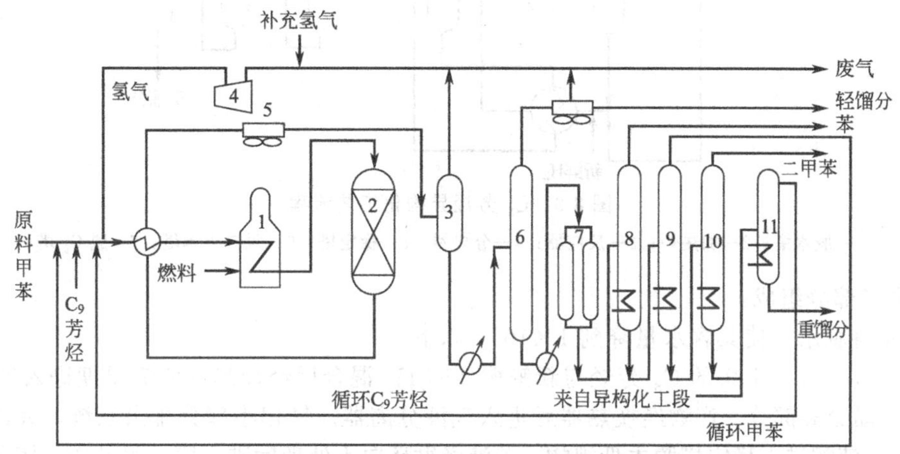

图 8-8　临氢催化歧化和烷基转移工艺流程

1—加热炉；2—反应器；3—分离器；4—氢气压缩机；5—冷凝器；6—稳定塔；7—白土塔；8—苯塔；9—甲苯塔；10—二甲苯塔；11—C_9 芳烃塔

原料甲苯、C_9 芳烃和新鲜氢及循环氢混合后与反应产物进行热交换，再经加热炉加热到反应所需的温度后，进入反应器。反应后的产物经热交换器回收其热量后，经冷却器冷却后进入气液分离器，气相含氢 80%以上，大部分循环回反应器。其余作燃料。液体产物经稳定塔脱去轻组分，再经活性白土塔处理除去烯烃后，依次经苯塔、甲苯塔、二甲苯塔和 C_9 芳烃，用精馏方法分出产物，未转化的甲苯和 C_9 芳烃循环使用。

（2）C_8 芳烃的异构化

以任何方法生产得到的 C_8 芳烃都含有四种异构体，即邻二甲苯、间二甲苯、对二甲苯和乙苯。异构化的目的是使非平衡的邻二甲苯、间二甲苯、对二甲苯混合物转化成平衡的组成，然后再利用分离手段，分离出需要的对二甲苯等产品，剩下的非平衡组成的 C_8 芳烃再返回异构化。作为生产聚酯树脂和聚酯纤维单体的对二甲苯用量最大，而间二甲苯需求量最小。因此，工业上采用分离和异构化相结合的工艺，将不含或少含对二甲苯的 C_8 芳烃为原料，在催化剂作用下，转化成接近平衡浓度的 C_8 芳烃，从而达到增大对二甲苯的目的。反应图式目前公认如下

$$o\text{-}C_6H_4(CH_3)_2 \rightleftharpoons m\text{-}C_6H_4(CH_3)_2 \rightleftharpoons p\text{-}C_6H_4(CH_3)_2 \qquad (8\text{-}3)$$

C_8 芳烃异构化在工业上有临氢和非临氢两类，临氢法的副反应少，对二甲苯收率高，催化剂使用周期长，但有较大的动力消耗。临氢异构化对原料的适应性强，对二甲苯的含量无限制，是增产二甲苯的有效手段，在世界上被广泛采用。

图 8-9 为临氢气相异构化流程的示意图。

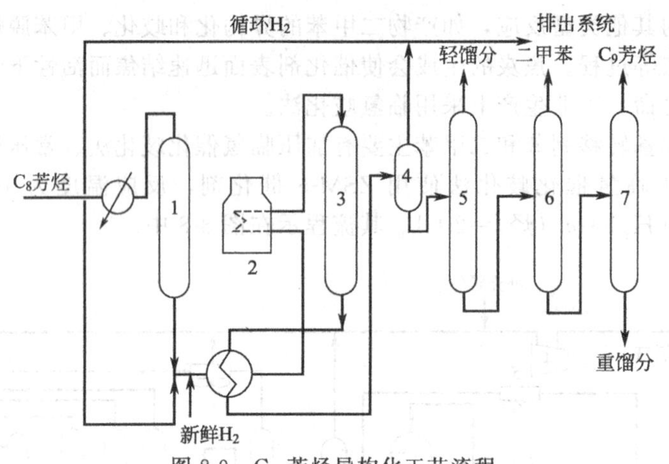

图 8-9 C_8 芳烃异构化工艺流程

1—脱水塔；2—加热炉；3—反应器；4—分离器；5—稳定塔；6—脱二甲苯塔；7—脱 C_9 塔

它由三部分组成：

① 原料脱水　使其含水量降到 1×10^{-5} 以下。

② 反应部分　干燥的 C_8 芳烃与新鲜循环的 H_2 混合后经加热到所需温度进入反应器。

③ 产品分离部分　产物经换热器后进入气液分离器。气相小部分排出系统，大部分循环回反应器。液相进入稳定塔脱去低沸物，釜液经循环白土处理后进入脱二甲苯塔。塔顶得到含对二甲苯浓度接近平衡浓度的 C_8 芳烃。送至分离工段分离对二甲苯，塔釜液进入脱 C_9 塔。

8.2.4 芳烃的分离

从不同方法得到的含芳烃馏分，其组分非常复杂，以生产芳烃为目的时，要将芳烃与非芳烃分离，将各种芳烃品种分离。芳烃分离技术包括溶剂抽提、精馏和抽提蒸馏、吸附分离、结晶分离、络合分离、膜分离等工艺。

(1) 芳烃抽提

苯系芳烃与相近碳原子数的非芳烃沸点相差很小并形成共沸物，不能用一般精馏法分离。通常采用液-液萃取法（也称抽提法）进行分离，然后再采用一般的分离方法分离苯、甲苯、二甲苯。

溶剂液-液抽提原理是根据某种溶剂对重整反应后的产品中芳烃和非芳烃的溶解度不同，从而使芳烃与非芳烃分离，得到混合芳烃。在芳烃抽提过程中，溶剂与原料油混合后分为两相（在容器中分为两层），一相由溶剂和能溶于溶剂中的芳烃组成，称为提取相（又称富溶剂、抽提液、抽出层或提取液）；另一相为不溶于溶剂的非芳烃，称为提余相（又称提余液、非芳烃）。两相液层分离后，再将溶剂和芳烃分开，溶剂循环使用，混合芳烃作为芳烃精馏原料。

根据采用的溶剂和技术的不同又有多种抽提分离方法。常用的萃取剂有甘醇类溶剂、环丁砜、*N*-甲基吡咯烷酮、二甲基亚砜和二乙二醇醚等。环丁砜萃取剂具有腐蚀性小、对芳烃的溶解度较大、选择性高、萃取剂/原料比率较低的优点，应用最广。

使用环丁砜为溶剂的萃取分离工艺流程如图 8-10 所示。经加氢处理的裂解汽油，由塔中部进入，溶剂环丁砜由塔上部加入［m(剂)：m(油)=2：1］。由于原料油的密度较溶剂小，故在萃取塔内原料油上浮，溶剂下沉形成逆向流动接触，上浮的抽余油即非芳烃从塔顶流出。萃取了芳烃的溶剂和抽提油至塔釜引入汽提塔，塔顶蒸出轻质非芳烃（含少量芳烃），冷凝后流入萃取塔下部，釜液送溶剂回收塔，使溶剂和芳烃分离。塔顶蒸出芳烃，经冷凝分去水后，再用白土处理，以除去其中痕量烯烃。然后按沸点顺序进行精馏分离，获得高纯苯、甲苯、二甲苯。自回收塔底出来的脱去芳烃的贫溶剂送往萃取塔再用。萃取塔顶出来的抽余油，用水洗去溶在油中的环丁砜后作其他用途。

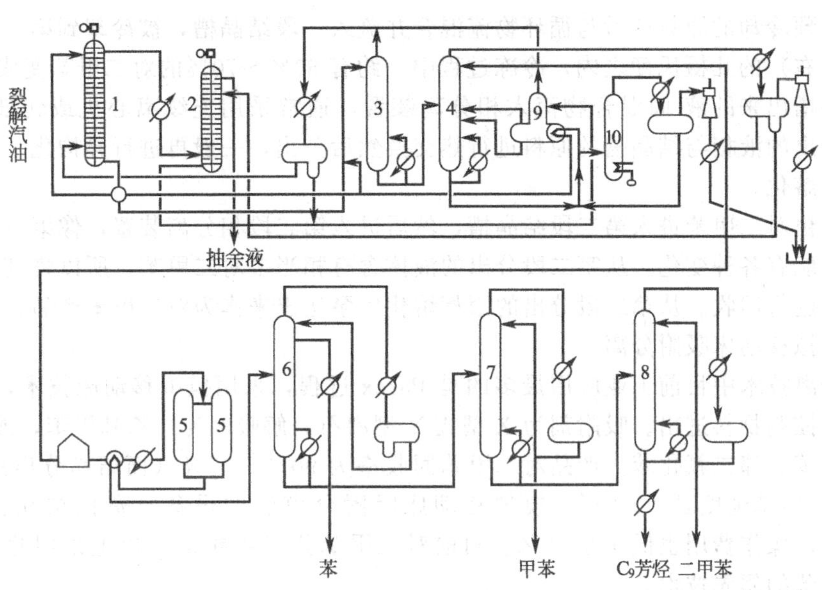

图 8-10　环丁砜法萃取流程

1—抽提塔；2—抽余液水洗塔；3—第一汽提塔；4—第二汽提塔；5—白土塔；6—苯塔；7—甲苯塔；8—二甲苯塔；9—蒸水塔；10—溶剂再生塔

(2) 精馏和抽提蒸馏

用溶剂抽提技术取得的混合芳烃，可以通过一般的精馏方法分馏成为苯、甲苯、间二甲苯、对二甲苯、邻二甲苯、乙苯和重芳烃等几个馏分。但是进一步分离间二甲苯、对二甲苯，或把芳烃和某些烷烃、环烷烃等分开是困难的，这是由于它们沸点很相近，有的还存在共沸物。

为了解决上述分离问题，开发了抽提蒸馏技术。某些极性溶剂（如 N-甲酰吗啉）与烃类混合后，在降低烃类蒸气压的同时，拉大了各种烃类的沸点差，这样就能使原来不能用蒸馏方法分离的芳烃可用抽提蒸馏分开。

(3) 结晶分离

C_8 芳烃中邻二甲苯、间二甲苯、对二甲苯沸点差别较小而凝固点差别较大，如表 8-2 所示。

表 8-2　C_8 芳烃的沸点和熔点

名　称	沸点/℃	熔点/℃
邻二甲苯	144.41	−25.173
间二甲苯	139.104	−47.872
对二甲苯	138.351	13.263
乙　苯	136.186	−94.971

由表可知，邻二甲苯在 C_8 芳烃四种异构体中沸点最高，与间二甲苯沸点的差为 5.3℃。用精馏法两塔串联分离，塔板数 150～200 块，产品从塔釜引出，纯度为 98%～99.6%。乙苯沸点最低，与沸点相近组分的沸点差为 2.2℃，用精馏法三塔串联分离，总板数 360 块，纯度为 98.6%以上。对二甲苯、间二甲苯的分离由于两者间沸点仅差 0.75℃，难以用一般精馏法分离，在分子筛吸附方法出现之前，结晶分离法是工业上唯一实用的分离对二甲苯的方法。各种结晶分离的专利技术之间的主要差别是制冷剂、制冷方式和分离设备的不同。

工业生产中的结晶工艺过程尽管相互有较大的不同，但大体为二段的结晶工艺。

混合 C_8 芳烃经脱除乙苯和/或邻二甲苯后进入结晶单元，在该单元先用贫对二甲苯母液预冷却。预冷却的原料然后与循环物流混合并流入一段结晶槽，被冷却到第一共晶点（一般－50℃左右）的几摄氏度之内，冷冻过程中，约有 60%～70%的对二甲苯变成晶体。

从结晶槽出来的液-固混合物流入相分离装置，通常采用连续离心机或转鼓式过滤机。由该装置分出的液相与结晶槽的原料进行热交换然后分出，一般再进行异构化。固相排至加热槽使晶体熔化。

熔化的粗对二甲苯进入第二段结晶槽，然后进入第二段相分离装置，像第一段一样在冷却形式上可能有各种变化。从第二段分出的液体含有相当多对二甲苯，所以将其循环至第一段作原料以进行回收。从第二段分出的固相熔化后泵送出来作为对二甲苯产品。

（4）模拟移动床吸附分离

吸附分离技术中目前工业应用最多的是 Parex 过程，采用模拟移动床技术，用 24 通道旋转阀集中控制物料进出。吸附剂为 X 型或 Y 型沸石，解吸剂为二乙基甲苯，或四氢化萘，或间二氟化苯、邻二氟化苯。产品对二甲苯回收率为 90%～95%（而结晶分离法为 40%～70%），对二甲苯纯度达 99.9%。模拟移动床吸附分离法的设备投资比结晶分离法的低 15%～20%，操作费用也低 4%～8%。目前对二甲苯分离装置 90%以上采用此工艺，成为生产对二甲苯的领先技术。

8.2.5 芳烃联合加工流程

在工业化的芳烃生产中，实际上是把许多前述的单独生产工艺过程组合在一起，组成一套芳烃联合加工流程，用以在限定的条件下，达到优化的产品结构，提高产品收率和降低加工能耗，最终达到最高的经济效益。

由于原料性质和产品方案不同，联合加工流程可以有多种不同方案，主要可分为两大类型。

（1）炼油厂型芳烃加工流程

把催化重整装置的生成油经过溶剂抽提和分馏，分离成苯、甲苯、混合二甲苯等产品，直接出厂使用或送到其他石油化工厂进一步深加工。这种加工流程较简单，加工深度浅，没有芳烃之间的转化过程，苯和对二甲苯等产品收率较低。

（2）石油化工厂型芳烃加工流程

又称为芳烃联合装置。以催化重整油和裂解汽油为原料的芳烃联合装置典型流程图如图 8-11 所示。

催化重整生成油经预分馏得到 C_6～C_8 馏分，然后送去抽提分离。裂解汽油经预分馏后，还要经过两段加氢处理除去双烯烃和烯烃，然后才能抽提加工。

抽提过程可采用溶剂抽提或抽提蒸馏，目前溶剂抽提应用较普遍，抽提蒸馏较适用于加工裂解汽油或煤焦油等含芳烃高的原料。若需分出一个单一芳烃产品，而且产品纯度需求不严格时，用以苯酚为溶剂的抽提蒸馏可以节省费用；若需分离几个产品，而且产品纯度要求

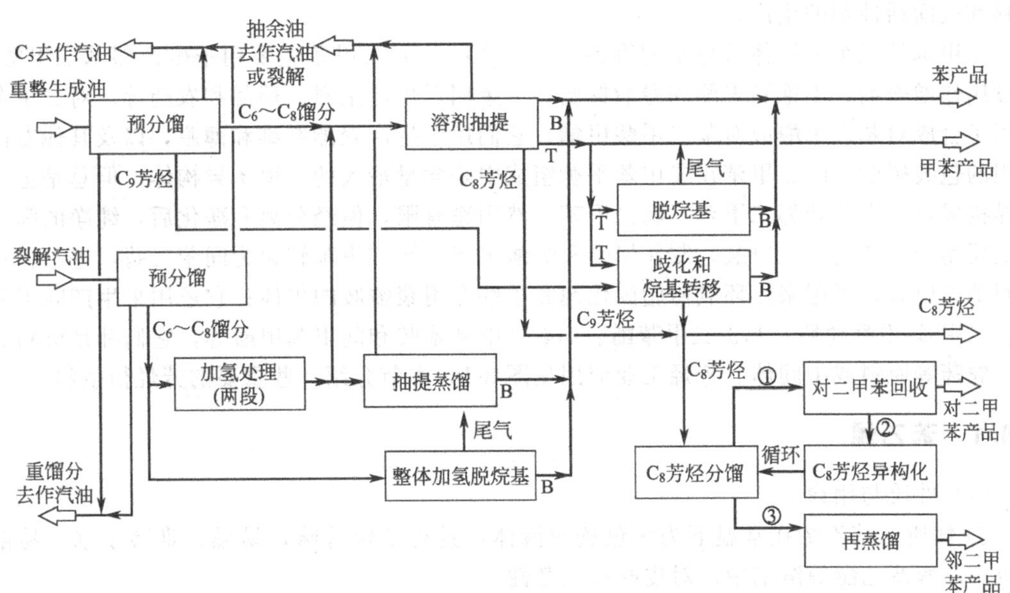

图 8-11　芳烃联合装置典型流程图

B—苯；T—甲苯；①—间对二甲苯＋乙苯；②—间二甲苯＋乙苯；③—邻二甲苯

很高时，最好采用溶剂抽提。得到的苯、甲苯和 C_8 芳烃可直接作为产品出厂。

甲苯可通过加氢脱烷基制苯。整体加氢脱烷基是甲苯脱烷基过程的扩展，常用于加工从裂解汽油等得到的芳烃馏分，把甲苯和 C_8 芳烃都一起加氢脱烷基制成苯，可以不需要预加氢和抽提分离等过程。甲苯进行催化歧化可生产苯和 C_8 芳烃。可用此过程生产乙苯含量低的高纯二甲苯。若歧化过程的原料中加入从重整装置来的 C_9 芳烃，把歧化和烷基转移放在一起进行，则可生产更多的 C_8 芳烃，同时也生产苯和副产少量重芳烃。

二甲苯的两个需求量大的异构物是对二甲苯和邻二甲苯。在典型异构化温度 454℃下，二甲苯三个异构物的平衡组成是：对二甲苯 23.5%，间二甲苯 52.5%，邻二甲苯 24.0%。为了把间二甲苯及乙苯转化成对二甲苯和邻二甲苯，采用了把间二甲苯及乙苯循环转化的办法，即在二甲苯分馏塔中将混合二甲苯先分离出沸点较高的邻二甲苯，又把分馏塔顶产物通过吸附分离或结晶分离回收对二甲苯，把剩余的含间二甲苯和乙苯的物料进行 C_8 芳烃异构化，达到平衡组成，再循环回二甲苯分馏塔。

此外联合装置中还可采用轻质烃芳构化装置和重质芳烃转化装置，生产更多的 BTX 芳烃。实际上大多数芳烃联合装置除生产苯和对二甲苯外，还要生产其他芳烃如甲苯、乙苯、邻二甲苯和间二甲苯等。

8.3　重要的芳烃衍生物的生产

苯的烷基化衍生物，如乙苯、异丙苯和十二烷基苯，都是苯乙烯、苯酚、表面活性剂的生产原料。苯加氢制环己烷，再氧化制得的己二酸，是聚酰胺纤维的原料。苯硝化制硝基苯是生产苯胺的中间体，后者是染料的基本原料。苯氯化制氯苯衍生物，是染料、农药等的基本原料。

甲苯的主要用途是脱烷基制苯，经硝化制甲苯二异氰酸酯，生产各种氧化产物苯甲酸、苯甲醛和苯甲醇等。各种甲苯的氯化产物、硝基衍生物以及甲苯磺酸等，均广泛用于农药、染料和表面活性剂的生产。

二甲苯的三个异构体可分别制得各种化工产品，邻二甲苯主要用于生产邻苯二甲酸酐，大量用作增塑剂、不饱和聚酯和醇酸树脂，其余用于生产染料、药品和农药等。对二甲苯主要用于合成对苯二甲酸或对苯二甲酸甲酯，它们用于生产聚酯纤维和薄膜，以及其他专门制瓶用的包装树脂。间二甲苯在二甲苯平衡组成中是含量最大的二甲苯异构体，但总是把它尽量异构成对二甲苯和邻二甲苯。间二甲苯虽然用途有限，但经分离和净化后，纯净的间二甲苯主要用于生产间苯二甲酸，制作聚酯和醇酸树脂；间二甲苯转化为间苯二腈，进一步加氢得间苯二甲胺，可用来作环氧树脂固化剂和某些专用聚酰胺的单体；它还用来生产间甲苯二胺、二甲苯-甲醛树脂、1,3-二甲苯酚、2,4-二甲基苯胺和间甲苯甲酸等，它们都是染料、颜料、农药等原料或中间体。芳烃工业应用见图 8-1，本节介绍一些重要的芳烃衍生物。

8.3.1 苯乙烯

(1) 性质与用途

① 性质　苯乙烯在常温下为无色透明液体，具有辛辣香味，易燃，难溶于水，易溶于甲醇、乙醇及乙醚等溶剂中，对皮肤有刺激性。

苯乙烯具有乙基烯烃的性质，反应性极强，易于发生聚合，常温下可缓慢自聚，不能长期存放。当温度超过 100℃时，聚合速率剧增，故应加阻聚剂防止自聚。苯乙烯除可自聚生产聚苯乙烯以外，还可与其他化合物产生共聚。

② 用途　由于苯乙烯易自聚和共聚，所以它是合成橡胶、聚苯乙烯、塑料和其他各种共聚主要原料之一。苯乙烯自聚制得的聚苯乙烯塑料为无色透明体，易于加工成型，且产品经久耐用美观，介电性能很好。发泡聚苯乙烯还可用作防震材料和保温材料。

苯乙烯最重要的用途是作为合成橡胶和塑料的单体，以生产丁苯橡胶、聚苯乙烯、泡沫聚苯乙烯。也用于与其他单体共聚制造多种用途不同的工程塑料，如与丙烯腈、丁二烯共聚制得 ABS 树脂，广泛用于家用电器和工业仪表上。苯乙烯-丙烯腈共聚物（SAN）是耐冲击、色泽鲜艳的树脂。苯乙烯-丁二烯-苯乙烯嵌段共聚物（SBS）是热塑性橡胶，广泛用作聚氯乙烯、聚丙烯的改性剂等。此外，苯乙烯还广泛用于制药、涂料、纺织等工业。

由于苯乙烯有着广泛的应用，所以在有机化学工业中占有比较重要的地位，目前在乙烯系列产品中已占到第四位，占世界单体产量的第三位。

(2) 工业制法

目前，世界上苯乙烯的工业制法有乙苯催化脱氢法和乙苯-丙烯共氧化法两种。以下介绍其中之一的乙苯催化脱氢法，乙苯-丙烯共氧化法见共氧化法生产环氧丙烷的章节。

① 催化脱氢反应基本原理　乙苯脱氢制苯乙烯是在高温和催化剂存在下进行的，乙苯脱氢的主反应为：

$$C_6H_5CH_2CH_3 \longrightarrow C_6H_5CH{=}CH_2 + H_2 \tag{8-4}$$

由于脱氢反应是在 600℃以上的高温下进行，除上述主反应外，还有热裂解、加氢裂解、生炭、聚合等副反应。乙苯热裂解副反应所生成的炭沉积在催化剂表面上，会降低催化剂的活性，应尽可能避免。

乙苯脱氢反应是一个体积增加的反应，为使反应更好地向生成苯乙烯的方向进行，应降低反应系统的压力。除将脱氢反应系统设计在减压下操作以外，用水蒸气作为稀释剂加入反应系统中，以降低反应物的分压来达到减压也是行之有效的。

② 乙苯脱氢催化剂　目前工业上广泛采用的乙苯脱氢催化剂为铁系催化剂，最典型的 C-105 催化剂的主要组分的质量分数为：Fe_2O_3 8.0%、Cr_2O_3 2.5%、K_2O 9.5%。

③ 乙苯催化脱氢生产过程　乙苯催化脱氢制苯乙烯生产过程，就脱氢反应器的类型不同可分为等温床脱氢工艺和绝热床脱氢工艺。等温反应器和绝热反应器各有优、缺点。目前国外大都采用绝热反应器生产苯乙烯，我国一些生产规模较小的厂家仍采用等温式反应器，而新建的生产能力较大的装置大都采用绝热式反应器。

绝热脱氢工艺采用带三级换热器的二段脱氢反应器的组合式脱氢系列（包括蒸汽过热炉、二级脱氢反应器和废热锅炉），反应器的中间换热器在第二段脱氢反应器内，该组合反应器的主要特点是系统压力降低，转化率较高。分离流程为四塔流程，先进行乙苯与苯乙烯分离，苯乙烯精制，再将苯、甲苯与乙苯分离，最后进行苯、甲苯分离。分离过程中在塔釜加热两次。绝热床脱氢制苯乙烯工艺流程示意见图 8-12。

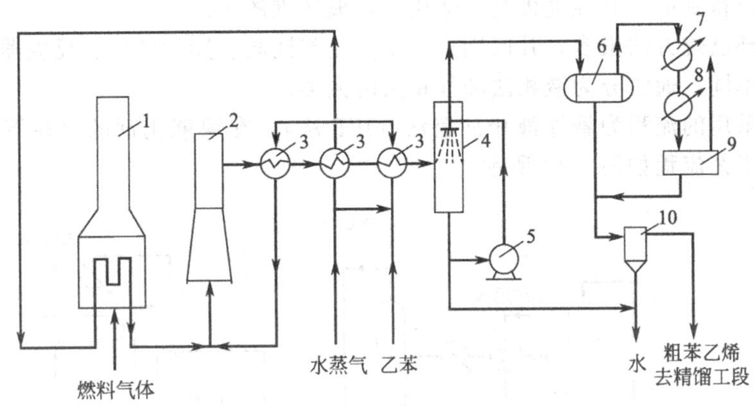

图 8-12　绝热床脱氢制苯乙烯工艺流程示意图

1—蒸汽过热炉；2—反应器；3—换热器；4—急冷装置；5—循环泵；6—冷凝器；7—水冷器；8—冷冻盐水冷凝器；9—回收装置；10—油水分离器

新鲜乙苯与循环乙苯一起在乙苯汽化器中被汽化，然后进入第一级脱氢反应器。乙苯蒸气在蒸汽过热炉中被过热，然后送至第一级脱氢反应器内部换热器，使反应物料达到第二级脱氢反应器的进口温度，冷却后的过热蒸汽又被送至蒸汽过热炉加热，加热后与乙苯/水蒸气混合，进入第一级脱氢反应器。通过蒸汽过热炉、组合式二级径向反应器及换热器系列来完成脱氢反应。

脱氢反应液经一系列换热、降温、冷却后进入分离罐，将粗产品与水分离，粗产品去精馏单元，水相去汽提塔，将水中微量有机物料回收，水可用作降温或尾气压缩机注入水。脱氢尾气作燃料或经变压吸附提取纯氢气供给相关的用户。

8.3.2 环己烷

(1) 性质与用途

环己烷的结构式：

H_2C 环：CH_2—CH_2—CH_2—CH_2—CH_2—CH_2（六元环）

环己烷是无色易流动液体，具有刺激性气味。不溶于水，溶于乙醇、乙醚、丙酮、苯、四氯化碳。它易挥发、易燃、无腐蚀性。环己烷和一切饱和烃一样，不容易和其他化合物反应，它只能在150℃以上的温度下与非常活泼的化合物反应，或者在较低的温度下，与那些已通过某种方法（如光的作用）活化了的化合物起反应。

环己烷大部分用于制造己二酸、己内酰胺及己二胺，小部分用于制造环己胺及其他，如用作纤维素醚类、脂肪类、油类、蜡、沥青、树脂、生胶的溶剂；以及香精油萃取剂、有机合成和结晶介质、涂料和清漆的去除剂等。

目前世界上几乎有90%的环己烷是用来生产聚酰胺66（尼龙66）和聚酰胺6（尼龙6），其他的应用总量不超过10%。

（2）生产工艺

目前极大部分环己烷都是通过纯苯加氢制得。苯加氢制环己烷的生产工艺，过程简单，成本低廉，而且得到的产品纯度极高，适用于合成纤维的生产。

苯加氢制环己烷方法很多，其区别只在于催化剂性质、操作条件、反应器型式、移出反应热方式等的不同，通常分为液相法和气相法两大类。

目前广泛采用的流程为悬浮液相加氢法（IFP法），在镍催化剂的存在下，生产高纯度的环己烷，其工艺流程如图8-13所示。

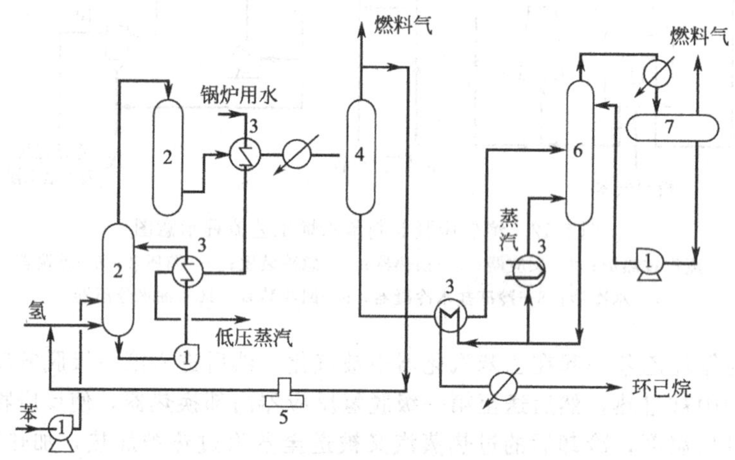

图8-13 IFP液相苯加氢工艺流程示意

1—泵；2—反应器；3—换热器；4—分离塔；5—压缩机；6—稳定塔；7—气液分离器

苯与氢在2.5～3.0MPa操作压力下不经预热直接进入到有220℃催化剂悬浮液的反应器中进行反应，生成环己烷。反应过程放出的热由催化剂悬浮液与水之间在加压下进行热交换而排除。为了实现这种换热，催化剂悬浮液用一台循环泵打循环，经过外部换热器后返回反应器，并副产低压蒸汽。

生成的环己烷呈气态与惰性气体和稍微过量的氢气一同从反应器中排出，然后混合气体进入装有催化剂的固定床反应器，使其中未反应的苯完成最后的加氢作用。由于加氢过程是在严格控制的恒温下进行的，副反应甚少发生，因此得到的环己烷产物几乎不含苯。

从第二个反应器出来的反应气体，经与冷却水换热并冷凝后进分离塔，分出的溶解气体，由氢气及少量惰性气体组成，一部分放空，其余部分经压缩后返回反应系统循环使用。

分离塔底部出来的液体产物经换热后进入稳定塔，在此分出的气体送至气液分离器，液体返回稳定塔作回流，气体作燃料用。稳定塔中的釜液，一部分循环回到稳定塔，其余部分与分离塔釜液换热后，引出塔外作为环己烷产品。

8.3.3　环己醇（酮）、己二酸及尼龙 66

环己烷下游产品主要有环己醇、环己酮、己二酸及其己内酰胺、己二胺，可制取尼龙 6 和尼龙 66。

(1) 环己烷氧化生产环己醇（酮）

环己烷先经空气液相氧化生成环己基过氧化氢，再将氧化液浓缩，在钴盐等催化剂存在下，进行分解可得到环己醇/环己酮的混合物

$$2\,C_6H_{12} + O_2 \xrightarrow{\text{钴盐}} C_6H_{11}OH + C_6H_{10}O \qquad (8\text{-}5)$$

世界上绝大部分环己醇和环己酮采用环己烷部分氧化法制备，工业上环己烷液相氧化包括催化氧化和无催化氧化的路线。

工业上环己烷氧化主要采用催化法，而其中钴盐催化法最普遍，其催化氧化法的优点：反应条件温和，温度低，压力低，停留时间短，对设备要求也不严格。但钴盐法最大的难题是反应过程中设备和管道壁结渣。

由于环己醇和环己酮的反应活性比环己烷高，在反应条件下易深度氧化，所以在传统环己烷液相氧化法（包括无催化和钴盐催化）中，为了获得较高的选择性（80%），一般环己烷的转化率都不高（<5%），大量未反应环己烷需要通过蒸馏的方法分离出来再重新氧化，整个过程循环能耗很高，始终都被认为是非理想的工艺。

(2) 己二酸

在制备己二酸时，通常不将环己烷直接氧化成己二酸，而是将环己烷先氧化成环己醇/环己酮的混合物，然后再氧化成己二酸。

醇酮混合物在 Cu^{2+}、V^{5+} 催化剂存在下，用 50%～60%硝酸进行氧化主要生成己二酸：

$$C_6H_{11}OH + C_6H_{10}O \xrightarrow[CuSO_4,\,NH_4VO_3]{HNO_3} \begin{array}{l} CH_2CH_2COOH \\ | \\ CH_2CH_2COOH \end{array} \qquad (8\text{-}6)$$

己二酸理论收率约 94%，只副产很少的戊二酸、丁二酸，氧化选择性好。该法的优点是选择性好、收率高、质量好，优于己二酸的其他生产方法。

如果用硝酸使环己烷直接开环氧化制己二酸，不仅比环己醇/环己酮氧化法要多消耗硝酸，而且氧化的选择性差，己二酸收率低，过度氧化副反应多。而用空气使环己烷直接开环氧化制己二酸选择性差、收率低，过度氧化副反应多。

日本已经成功开发的苯选择性加氢制环己烯，环己烯进行水合得环己醇，再经氧化生产己二酸的合成路线成为比苯的完全加氢得环己烷、再氧化得环己醇/环己酮混合物，再氧化得己二酸的合成路线更为先进的生产方法。

(3) 尼龙 66 和尼龙 6

尼龙 66 主要用于汽车、机械工业、电子电器、精密仪器等领域。从最终用途看，汽车行业消耗的尼龙 66 占第一位，电子电器占第二位。大约有 88%的尼龙 66 通过注射成型加工成各种制件，约 12%的尼龙 66 则通过挤出、吹塑等成型加工成相应的制品。

尼龙 66 为聚己二酰己二胺，工业简称 PA-66，由己二酸和己二胺通过缩聚反应制得。分子式 $\left[NH(CH_2)_6NHCO(CH_2)_4CO\right]_n$，常制成圆柱状粒料，作塑料用的聚酰胺相对分子质量一般为 1.5 万～2 万。各种聚酰胺的共同特点是耐燃，抗张强度高（达 104kPa），耐磨，电绝缘性好。

另一种常见的尼龙是尼龙 6，也称聚己内酰胺。尼龙 66 与尼龙 6 的结构有细微差别，但是两种材料的性能基本相同。

己二酸和己二胺发生缩聚反应即可得到尼龙 66。工业上为了己二酸和己二胺以等物质的量比进行反应，一般先制成尼龙 66 的盐后再进行缩聚反应，反应式如下：

$$HOOC(CH_2)_4COOH + H_2N(CH_2)_6NH_2 \xrightarrow[\text{缩聚}]{\text{成盐}} \left[-NH-CO(CH_2)_4CO-NH(CH_2)_6NH- \right]_n \quad (8\text{-}7)$$

在水脱出的同时伴随着酰胺键的生成，形成线型高分子。所以体系内水的扩散速度决定了反应速率，因此在短时间内高效率地将水排出反应体系是尼龙 66 制备工艺的关键所在。上述缩聚过程既可以连续进行，也可以间歇进行。

在缩聚过程中，同时存在着大分子水解、胺解（胺过量时）、酸解（酸过量时）和高温裂解等使尼龙 66 的相对分子质量降低的副反应。

8.3.4 对苯二甲酸

（1）性质和用途

对苯二甲酸（terephthalic acid，简称 TA）又称 1,4－苯二甲酸、松油苯二甲酸。是产量最大的二元羧酸。对苯二甲酸为白色结晶或粉末状固体。分子式 $C_8H_6O_4$，结构式

$$HOOC-C_6H_4-COOH$$

相对分子质量 166.13，相对密度 1.51。在 300℃以上升华，自燃温度 680℃。低毒，易燃。不溶于水、氯仿、乙醚、醋酸，微溶于乙醇。能溶于碱溶液、热浓硫酸、吡啶、二甲基甲酰胺、二甲亚砜。

对苯二甲酸及其酯主要用于生产聚酯树脂，进而加工成纤维和薄膜。聚酯纤维与聚酰胺和丙烯腈纤维均为主要的合成纤维品种。对苯二甲酸和它的酯也是涂料、染料、添加剂工业的有机中间体。

（2）工业生产方法

目前，生产对苯二甲酸主要是对二甲苯的液相空气高温氧化法，该法以醋酸为溶剂，在催化剂（如醋酸钴、NaBr、CBr_4）作用下，在 224℃、2.25MPa 反应条件下，对二甲苯经液相空气氧化一步生成对苯二甲酸，主反应为

$$CH_3-C_6H_4-CH_3 + 3O_2 \longrightarrow HOOC-C_6H_4-COOH + 2H_2O \quad (8\text{-}8)$$

图 8-14 给出了阿莫科公司液相空气氧化法过程的流程。我国的扬子、仪征、燕山、金山等石化企业都引进了阿莫科公司的技术。对二甲苯、反应物、溶剂和催化剂连续加入反应器，氧化温度为 175～230℃，压力为 1.5～3.5MPa。为了减少副产物生成，空气加入量要超出化学计量。反应热通过醋酸的蒸发移走，冷凝后的醋酸再返回反应器。反应器中停留时间依工艺条件不同在 30min～3h 之间。反应混合物进入一个降压容器，用结晶法回收对苯二甲酸，用精馏法精制母液。

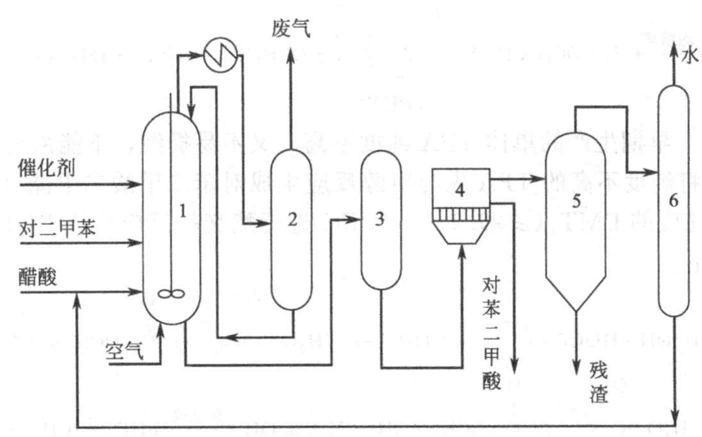

图 8-14　阿莫科公司液相空气氧化法制备对苯二甲酸的过程

1—反应器；2—气液分离器；3—结晶器；4—固液分离器；5—蒸发器；6—醋酸回收塔

当用溴化物作为催化剂时，由于溴化物具有强腐蚀性，只能采用昂贵的反应器材质如耐盐酸的镍合金（Hastelloy）。

粗对苯二甲酸（CTA）含多种副产物，如果生产聚酯，会在后续缩聚中降低聚合度以及影响产品的色泽，因此需要将粗对苯二甲酸进行精制。精制对苯二甲酸的关键步骤是催化加氢。利用贵金属（如钯）催化剂，液相加氢除去引起变色的杂质，而后经结晶将产品提纯，得到高纯度的对苯二甲酸（PTA）。

8.3.5　聚酯

涤纶又称聚酯纤维（PET）。涤纶的品种很多，但目前主要品种是聚对苯二甲酸乙二酯纤维，它是由对苯二甲酸或对苯二甲酸二甲酯和乙二醇缩聚制得。

（1）聚酯纤维的性质和用途

聚酯纤维（涤纶）是合成纤维中最具代表性的品种，世界聚酯纤维的需求占合成纤维总量的 60%以上，我国则高于 70%。

聚酯纤维具有下列优异性能：①弹性好；②强度大；③吸水性小；④耐热性好。

聚酯纤维的缺点是染色性能和吸湿性能差，需用高温、高压染色，设备复杂，成本也高，加工时易产生静电。目前正在研究与其他组分共聚、与其他聚合物共熔纺丝和纺制复合纤维或异性纤维等方法来进一步改善其性能。

基于聚酯纤维的特点，可作为纺织材料。可用作纯织物，或与羊毛、棉花等纤维混纺，大量应用于衣着织物。在工业上，可作为电绝缘材料、运输带、绳索、渔网、轮胎帘子线、人造血管等。

（2）聚酯的生产方法

聚酯可由对苯二甲酸（TPA）或对苯二甲酸甲酯和乙二醇（EG）缩聚反应而成。生产方法主要有 3 种。

① 直缩法　先直接酯化再缩聚，故称为直缩法。即对苯二甲酸与乙二醇直接酯化生成对苯二甲酸乙二酯（BHET），再由对苯二甲酸乙二酯经均缩聚反应得聚酯纤维，其反应如下

$$\underset{(EG)}{2HOCH_2CH_2OH} + \underset{(TPA)}{HOOC\text{—}C_6H_4\text{—}COOH} \xrightarrow{\text{酯化}} \underset{(BHET)}{HOCH_2CH_2O\text{—}\overset{\overset{\large O}{\|}}{C}\text{—}C_6H_4\text{—}\overset{\overset{\large O}{\|}}{C}\text{—}OCH_2CH_2OH} + 2H_2O \quad (8\text{-}9)$$

$$nBHET \xrightarrow{均缩聚} H\!\left[OCH_2CH_2O-\overset{O}{\overset{\|}{C}}-C_6H_4-\overset{O}{\overset{\|}{C}}\right]\!OCH_2CH_2OH+(n-1)HOCH_2CH_2OH$$

(PET) (8-10)

② 酯交换法 早期生产的单体TPA纯度不高，又不易提纯，不能由直缩法制得质量合格的PET，因而将纯度不高的TPA先与甲醇反应生成对苯二甲酸二甲酯（DMT），后者较易提纯。再由高纯度的DMT（≥99.9%）与EG进行酯交换反应生成BHET，随后缩聚成PET，其反应如下

$$2CH_3OH+HOOC-C_6H_4-COOH \longrightarrow CH_3O-\overset{O}{\overset{\|}{C}}-C_6H_4-\overset{O}{\overset{\|}{C}}-OCH_3+2H_2O \quad (8\text{-}11)$$

$$\underset{(DMT)}{CH_3O-\overset{O}{\overset{\|}{C}}-C_6H_4-\overset{O}{\overset{\|}{C}}-OCH_3}+\underset{(EG)}{2HOCH_2CH_2OH} \xrightarrow{酯交换} BHET+2CH_3OH \quad (8\text{-}12)$$

③ 环氧乙烷加成法 由环氧乙烷（EO）与对苯二甲酸（TPA）直接加成得对苯二甲酸乙二酯（BHET），再进行缩聚。这个方法称为环氧乙烷法，反应步骤如下

$$PTA+2EO \longrightarrow (加成) \longrightarrow BHET \longrightarrow (缩聚) \longrightarrow PET \quad (8\text{-}13)$$

此法省去由环氧乙烷制取乙二醇这个步骤，故成本低，而反应又快，优于直缩法。但因环氧乙烷易于开环生成聚醚，且又易分解，同时环氧乙烷在常温下为气体，运输及储存都较困难，故此法尚未大规模采用。

思考题

8-1 芳烃中的BTX是什么意思？它们有何用途？

8-2 芳烃的主要来源有哪些？

8-3 简述催化重整制芳烃的生产工艺步骤，各步的主要目的是什么？

8-4 裂解汽油加氢制芳烃的工艺分几种？各有何特点？

8-5 芳烃转化的意义是什么？

8-6 芳烃分离有哪几种主要方法？

8-7 以苯为原料生产尼龙主要需要哪些生产过程？

8-8 以二甲苯为原料生产聚酯主要需要哪些生产过程？

第9章 高分子化工概述

Chapter 9

高分子化学与材料是研究高分子化合物合成、反应与应用的一门科学，涉及天然高分子和合成高分子。天然高分子存在于绵、麻、毛、丝、角、革、胶等天然材料中，以及动植物机体的细胞中，其基本物质统称为生物高分子。合成高分子包括通用高分子（常用的塑料、合成纤维、合成橡胶、涂料、黏合剂等）；特殊高分子（具有耐高温、高强度、高模量等特性的高分子）；功能高分子（具有光、电、磁等物理特性的高分子）；仿生高分子（具有模拟生物生理特性的高分子）以及各种无机高分子、复合高分子和高分子复合材料等。

9.1 高分子材料及分类

高分子是分子量很大的分子，通常指分子量大于 10^4，链的长度在 $10^2\sim10^4$nm，甚至更大的分子。根据 IUPAC（国际纯粹与应用化学联合会）的规定，高聚物指由组成该大分子的重复单元（通称为单体）连接而成；高分子泛指那些分子量很大（大于 10^4）的分子，不管组成结构单元的复杂程度和排列是否有序。

高分子材料不仅指合成的材料，还包括这些物质在成型加工中，经处理变成另一种具有独特性能的材料，如复合材料等。基质为合成高分子的或天然高分子的，也称高分子材料。

9.1.1 聚合物的基本概念

(1) 命名

聚合物和以聚合物为基础组分的高分子材料有三组独立的名称：化学名称、商品名称或专利商标名称及习惯名称。

1973 年，IUPAC 提出以结构为基础的系统命名法，首先确定重复结构单元，再排好次级单元的顺序，然后给重复单元命名，并在重复单元前冠以“聚”。

由两种或两种以上的单体经加聚反应而得到的共聚物，如丙烯腈-苯乙烯共聚物，可称腈苯共聚物；又如丙烯腈-丁二烯-苯乙烯三元共聚物，称为腈丁苯共聚物。许多合成橡胶是共聚物，常从共聚单体中各取一字，后附“橡胶”二字来命名，如丁(二烯)苯(乙烯)橡胶、乙(烯)丙(烯)橡胶等。由两种单体如苯酚和甲醛、尿素和甲醛、甘油和邻苯二甲酸酐缩合而得到的高分子缩聚物，分别称为酚醛树脂、脲醛树脂和醇酸树脂，即在原料简称之后加上“树脂”二字。此外“树脂”二字习惯上也泛指在化工厂合成出来的未经成型加工的任何高分子化合物，如聚乙烯树脂、聚氯乙烯树脂等。重要的杂链聚合物，如环氧树脂、聚酯、聚酰胺和聚氨酯等，这些名称都代表一类聚合物，具体品种应有更详细的名称，例如己二胺和己二酸的反应产物称为聚己二酰己二胺。

习惯名称是沿用已久的习惯叫法。例如聚己二酰己二胺这样的命名似嫌冗长，习惯上称为尼龙 66，尼龙代表聚酰胺一大类，尼龙后第一个数字表示己二胺的碳原子数，第二个数字表示己二酸的碳原子数；而聚对苯二甲酸乙二（醇）酯，大家习惯称为涤纶，是聚酯类中常用的一种。我国习惯以“纶”字作为合成纤维商品的后缀字，如锦纶（尼龙6）、维尼纶（聚乙烯醇缩甲醛）、腈纶（聚丙烯腈）、氯纶（聚氯乙烯）、丙纶（聚丙烯）等。

商品名称或专利商标名称是由材料制造商命名的，突出所指的是商品或品种。像这样的材料很少是纯聚合物的，常常是指某个基本聚合物和添加剂的配方，很多商品名称是按商号章程设计的。

由于高分子各类产品已普遍使用，因此有许多习惯名称或商品名称，它们的化学名称的标准缩写也因其简便而日益广泛地采用。现举主要的通用高分子的名称列于表 9-1。

表 9-1 一些高聚物的习惯名称或商品名称

种类	化学名称	习惯名称或商品名称	简写符号
塑料	聚乙烯	聚乙烯	PE
	聚丙烯	聚丙烯	PP
	聚氯乙烯	聚氯乙烯	PVC
	聚苯乙烯	聚苯乙烯	PS
	丙烯腈-丁二烯-苯乙烯共聚物	腈丁苯共聚物	ABS
合成纤维	聚对苯二甲酸乙二(醇)酯	涤纶	PETP
	聚己二酰己二胺	尼龙 66	PA
	聚丙烯腈	腈纶	PAN
	聚乙烯醇缩甲醛	维纶	PVA
合成橡胶	丁二烯-苯乙烯共聚物	丁苯橡胶	SBR
	顺聚丁二烯	顺丁橡胶	BR
	顺聚异戊二烯	异戊橡胶	IR
	乙烯-丙烯共聚物	乙丙橡胶	EPR

(2) 有关高分子合成中的基本概念

① 单体 通常将生成高分子的那些低分子原料称为单体，或在高分子中形成结构单元的分子叫单体。如生成聚四氟乙烯$\left[CF_2-CF_2 \right]_n$，它的单体是$CF_2-CF_2$，尼龙 66 的单体为己二酸$HOOC(CH_2)_4COOH$和己二胺$H_2N(CH_2)_6NH_2$。

② 聚合度 聚合度常用符号DP表示，如聚四氟乙烯$\left[CF_2-CF_2 \right]_n$的$DP=n$。在两种以上单体合成的聚合体中，聚合度$DP$与重复单元数$n$的关系较复杂，在尼龙 66$\left[CO(CH_2)_4CO-NH(CH_2)_6NH \right]_n$中的$DP=2n$。

③ 均聚物 均聚物指由同一种单体形成的高分子，其结构单元是均一的物质。

④ 共聚物 共聚物指由两种或更多种的单体形成的高分子，其结构单元有若干物质。

⑤ 分子量及分子量分布 高分子中每一个链的长短都不一样，也即分子量大小不一，这种情况称为分子量的多分散性，常用平均分子量和分子量分布来表征高分子的这种性质。

9.1.2 聚合物的分类

高聚物的种类很多，而且新品种还在不断涌现，为了研究方便起见，需要加以分类使之系统化。目前分类方法很多，但比较重要的是按高分子主链结构进行分类和按高聚物的工艺性能进行分类。兹将各种分类说明如下。

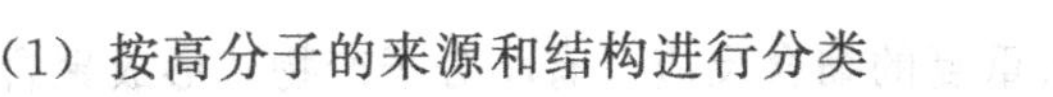

(1) 按高分子的来源和结构进行分类

又可按来源、组成元素和分子主链结构分类，见图 9-1。

① 按来源分
- 天然高聚物，如天然橡胶
- 合成高聚物
  - 加聚物：聚乙烯，聚氯乙烯
  - 缩聚物：酚醛树脂，尼龙 66

② 按组成元素分
- 无机高聚物：聚二硫化硅，聚二氟磷氮 $\left[\begin{array}{c}F\\ |\\ P{=}N\\ |\\ F\end{array}\right]_n$
- 有机高聚物：聚乙烯，纤维素
- 元素有机高聚物：硅橡胶，钛环氧树脂

③ 按高分子主链结构分
- 碳链聚合物（均链高聚物）
- 杂链聚合物

图 9-1 近来源和分子结构的高分子分类

大分子主链完全由碳原子构成的聚合物，称为碳链聚合物。绝大部分橡胶、聚烯烃和其他乙烯类聚合物均属此类。杂链聚合物，其大分子主链除了碳原子外，还含有其他元素的原子（如氧、氮、硅、硫等)。天然高分子物如蛋白质、纤维素等，合成高分子物如聚酰胺、聚酯、有机硅聚合物等都是杂链聚合物。

(2) 按高聚物的工艺性能分类

可分为橡胶、塑料和纤维三大类，见图 9-2。

橡胶
- 天然橡胶
- 合成橡胶：丁苯橡胶，氯丁橡胶，乙丙橡胶

塑料
- 热塑性塑料：聚乙烯，聚氯乙烯，聚酰胺
- 热固性塑料：酚醛塑料，环氧塑料
- 工程塑料：聚砜

纤维
- 天然纤维：纤维素，蛋白质
- 化学纤维：
  - 合成纤维：尼龙，涤纶
  - 人造纤维：人造棉，人造丝，人造毛

图 9-2 按高分子的工艺性能分类

9.2 聚合反应类型及生产过程

9.2.1 聚合反应类型

由单体转变成为聚合物的反应称为聚合反应。根据反应机理，将聚合反应分成连锁聚合反应（加聚反应）和逐步聚合反应（缩聚反应）两大类。

(1) 加聚反应

单体或单体间反应只生成一种高分子化合物的反应叫做加成聚合反应，简称为加聚反应。加聚反应绝大多数是由烯类单体出发，通过连锁加成作用而生成高聚物的。加聚反应有一个突出的特点，即在低转化率和在聚合过程中经常存在大量单体的情况下，也能在顷刻之间形成高分子量的聚合物。

(2) 缩聚反应

缩聚反应（逐步缩合反应）在高分子合成工业中占有重要地位，人们所熟悉的一些聚合物，如酚醛树脂、聚酯树脂、氨基树脂、尼龙（聚酰胺）以及涤纶（聚酯）等都是通过缩聚

反应合成的。顾名思义，缩聚反应是由多次重复的缩合反应（有小分子产物）形成聚合物的过程，这类反应没有特定的反应活性中心，每个单体分子的官能团都有相同的反应能力，所以在反应初期形成二聚体、三聚体和其他低聚物。随着反应时间的延长，分子量逐步增大。增长过程中每一步产物都能独立存在，在任何时候都可以终止反应，在任何时候又可以使其继续以同样的活性进行反应。显然这是连锁聚合反应的增长过程所没有的特征。

9.2.2 聚合生产过程

（1）聚合物生产的主要步骤

合成高分子材料的生产过程主要包括原料准备、单体聚合反应、聚合物分离及洗涤和干燥等工序。

（2）聚合方法

① 本体聚合　不加其他介质，只有单体本身在引发剂或催化剂、光、热、辐射的作用下进行的聚合称为本体聚合。在本体聚合体系中，除了单体和引发剂外，有时可能加有少量的色料、增塑剂、润滑剂、分子量调节剂等助剂。

乙烯、丙烯、丙烯腈等聚合，通常采用本体聚合，丁纳橡胶的合成是阴离子本体聚合的典型例子，聚酯、聚酰胺的生产是熔融本体缩聚的例子。

本体聚合的优点是产品纯净，尤其可以制得透明制品，适用于制板材和型材，所用设备也较简单。

② 溶液聚合　单体和催化剂溶于适当溶剂中的聚合称为溶液聚合。它对热和黏度的控制比本体聚合容易，不易产生局部过热。此外，引发剂分散容易均匀，不易被聚合物所包裹；引发效率较高，这是溶液聚合的优点。当聚合物应用于黏结剂、涂料和浸渍剂、合成纤维纺丝液等（不必脱除溶剂），一般选用溶液聚合。

③ 悬浮聚合　悬浮聚合是利用机械搅拌使单体以小液滴状态悬浮在水中进行的聚合，选择的引发剂（油性引发剂）要能溶于单体。一个小液滴就相当于本体聚合的一个单元，从单体液滴转变成聚合物固体粒子，中间一定经过聚合物单体黏性粒子阶段。为了防止粒子相互黏结在一起，体系中需另加分散剂，以便在粒子表面形成保护膜。因此悬浮聚合体系一般由单体、引发剂、水、分散剂四个基本组分组成，得到的最终聚合物是呈圆珠状或珍珠状的颗粒，直径通常约为50～2000μm。颗粒大小视搅拌强度和分散剂性质、用量而定。聚合物颗粒经洗涤、分离、干燥即得粒状或粉状树脂产品。

由于悬浮聚合兼有本体聚合和溶液聚合的优点，而缺点较少，因此在工业上得到广泛的应用。80%～85%的聚氯乙烯、全部苯乙烯型离子交换树脂母体、很大一部分聚苯乙烯、聚甲基丙烯酸甲酯等都采用悬浮法生产。悬浮聚合一般采用间歇操作，在搅拌釜中进行。

④ 乳液聚合　单体在水介质中由乳化剂分散成乳液状态进行的聚合称为乳液聚合。乳液聚合最简单的配方由单体、水、水溶性引发剂、乳化剂四个组分组成。

乳液聚合物粒子直径约为0.05～0.15μm，比悬浮聚合常见粒子50～2000μm要小得多。

丁苯橡胶、丁腈橡胶等聚合物要求分子量高，产量又大，工业上宜采用连续法生产，少量杂质对通用橡胶制品质量并无显著影响，因此这类聚合物常选用乳液聚合法生产。生产人造革用的糊状聚氯乙烯树脂也采用乳液法，产量约占聚氯乙烯树脂总产量的15%～20%。直接应用乳胶的场合，如水乳漆、黏合剂、纸张皮革织物处理剂以及乳液泡沫橡胶，更宜采用乳液聚合。此外，甲基丙烯酸甲酯、聚醋酸乙烯酯、聚四氟乙烯等也有采用乳液法生产的。

9.3 典型聚合物的生产

9.3.1 聚乙烯的生产

(1) 聚乙烯的性质和用途

聚乙烯简称 PE，是乙烯经聚合制得的一种热塑性树脂。聚乙烯无臭，无毒，手感似蜡，具有优良的耐低温性能（最低使用温度可达－100～－70℃），化学稳定性好，能耐大多数酸碱的侵蚀（不耐具有氧化性质的酸），常温下不溶于一般溶剂；吸水性小，电绝缘性能优良；但聚乙烯对于环境应力（化学与机械作用）很敏感，耐热老化性差。聚乙烯的性质因品种而异，主要取决于分子结构和密度，采用不同的生产方法可得不同密度（0.91～0.96g/cm^3）的产物。

聚乙烯可用一般热塑性塑料的成型方法加工。聚乙烯用途十分广泛，主要用于制造薄膜、容器、管道、单丝、电线电缆、日用品等，并可作为电视、雷达等的高频绝缘材料。

(2) 聚乙烯的分类与牌号

PE 有多种分类方法，按密度可分为高密度聚乙烯、低密度聚乙烯和线型低密度聚乙烯。

高密度聚乙烯是不透明的白色粉末，造粒后为乳白色颗粒。由于高密度聚乙烯是在低压和催化剂存在下定向聚合而成的，分子为线型结构，很少支化现象，是较典型的密度高的结晶高聚物，又称低压聚乙烯。力学性能均优于低密度聚乙烯，熔点比低密度聚乙烯高，其脆化温度比低密度聚乙烯低。

低密度聚乙烯是无色、半透明颗粒。由于低密度聚乙烯是在高压和引发剂存在下通过自由基机理聚合而成的，分子中有长支链，分子间排列不紧密，密度低，又称高压聚乙烯。

线型低密度聚乙烯的分子中一般只有短支链存在，力学性能介于高密度聚乙烯和低密度聚乙烯两者之间，熔点比普通低密度聚乙烯高 15℃，耐低温性能也比低密度聚乙烯好，耐环境应力开裂性比普通低密度聚乙烯高数 10 倍。

按分子量可分为低分子量聚乙烯（重均分子量＜100)、普通分子量聚乙烯（重均分子量 100～1000）和超高分子量聚乙烯（重均分子量＞1000)。

工业上为了简化测定聚乙烯分子量的方法，而采用熔体指数（*MI*）来相对地表示相应的分子量（见表 9-2）及流动性。熔体指数仅表示相应的熔体黏度，相对地表示了平均分子量，但不能表示聚乙烯的分子量分布。而分子量分布对于聚乙烯的性能也有显著影响。因此，密度和熔体指数都相同的聚乙烯由于生产条件不同，其性能和用途可能不同。

表 9-2　低密度聚乙烯熔体指数与数均分子量对照表

熔体指数	数均分子量	熔体指数	数均分子量	熔体指数	数均分子量
20.9	24000	1.80	32000	0.05	53000
6.40	28000	0.25	48000	0.01	76000

熔体指数的含义是，在标准的塑性计中加热到一定温度（一般为 190℃），使聚乙烯树脂熔融后，承受一定的负荷（一般为 2160g）在 10min 内经过规定的孔径（2.09mm）挤压出来的树脂克数。在相同的条件下，熔体黏度越大，被挤压出来的树脂越少。因此聚乙烯的熔体指数越小，其分子量越高。

目前我国生产的低密度聚乙烯树脂的熔体指数分别为 0.3，0.4，0.5，0.7，2.0，2.5，5.0，7.0，20 等。

(3) 聚乙烯生产技术

① 低密度聚乙烯(LDPE) 在高压条件下，乙烯由过氧化物或微量氧引发，经自由基聚合反应生成密度为0.910～0.930g/cm^3 的低密度聚乙烯(LDPE)。

乙烯高压聚合生产流程如图9-3所示。该流程适用于釜式聚合反应器或管式聚合反应器，虚线部分为管式聚合反应器。

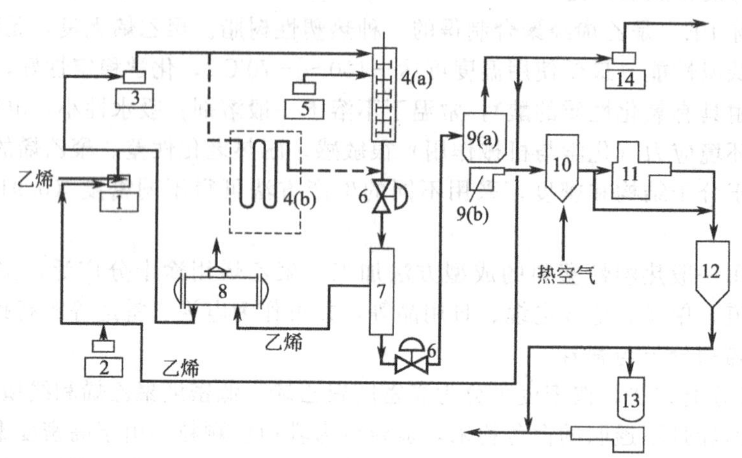

图9-3 乙烯高压聚合生产流程

1—一次压缩机；2—分子量调节剂泵；3—二次高压压缩机；4(a)—釜式聚合反应器；4(b)—管式聚合反应器；5—催化剂泵；6—减压阀；7—高压分离器；8—废热锅炉；9(a)—低压分离器；9(b)—挤出切粒机；10—干燥器；11—密炼机；12—混合机；13—混合物造粒机；14—压缩机

压力为3.0～3.3MPa的精制新鲜乙烯进入一次压缩机的中段经压缩至25MPa。来自低压分离器的循环乙烯，压力<0.1MPa，与分子量调节剂混合后进入二次压缩机。二次压缩机的最高压力因聚合设备的要求而不同。管式反应器要求最高压力达300MPa或更高，釜式反应器要求最高压力为250MPa。经二次压缩达到反应压力的乙烯经冷却后进入聚合反应器。引发剂则用高压泵送入乙烯进料口，或直接注入聚合设备。反应物料经适当冷却后进入高压分离器，减压至25MPa。未反应的乙烯与聚乙烯分离并经冷却脱去蜡状低聚物以后，回到二次压缩机吸入口，经加压后循环使用。聚乙烯则进入低压分离器，减压到0.1MPa以下，使残存的乙烯进一步分离循环使用。聚乙烯树脂在低压分离器中与抗氧化剂等添加剂混合后经挤出切粒，得到粒状聚乙烯，被水流送往脱水振动筛，与大部分水分离后，进入离心干燥器，以脱除表面附着的水分，然后再经振动筛分去不合格的粒料后，成品用气流输送至计量设备计量，混合后为一次成品。然后再次进行挤出、切粒、离心干燥，得到二次成品。

工业上常用的过氧化物引发剂为：过氧化二叔丁基，过氧化十二烷酰，过氧化苯甲酸叔丁酯，过氧化3,5,5-三甲基己酰等。此外尚有过氧化碳酸二丁酯、过氧化辛酰等。

② 线型低密度聚乙烯(LLDPE) 线型低密度聚乙烯(LLDPE)分子结构的特点是仅含有由α-烯烃共聚单体引入分子中的短支链。LLDPE分子中短支链的长度与数目取决于α-烯烃共聚单体的分子量及其用量。常用的α-烯烃共聚单体为1-丁烯、1-己烯或1-辛烯。

所用催化剂体系主要为Ziegler催化剂($TiCl_4+R_3Al$)；其次为Phillips催化剂(CrO_3/SiO_2)。由于所用催化剂效率甚高，不需要与LLDPE进行分离。由于低压下生产低密度PE可减少基建投资和运行成本，所以LLDPE的产量近年来迅速上升。

工业生产中，通常采用有机溶剂淤浆聚合法、溶液聚合法或无溶剂的低压气相聚合法进行乙烯聚合，聚合反应压力明显低于LDPE的生产。典型的聚合反应条件见表9-3。单程转化率较低，经数次循环以达到要求。

表 9-3 LLDPE 主要生产条件

聚合方法	反应温度/℃	反应压力/MPa	反应时间
淤浆法	55～70	1.5～2.9	1～2h
溶液法	250	8	数分钟
气相法	85～20	2	—

淤浆法根据所用反应器类型和反应介质种类的不同，又分为环式反应器、轻介质法；环式反应器、重介质法；釜式反应器、重介质法；液体沸腾法等。

环式反应器轻介质法流程见图 9-4。新鲜的乙烯和共聚单体经干燥与精制后会同循环的异丁烷和催化剂浆液进入双环反应器，乙烯聚合生成颗粒悬浮于反应介质中，在反应器底部沉降增浓，浆液含固量达 50%～60%时进入闪蒸器。闪蒸出来的异丁烷和未反应的单体进入溶剂回收系统，经分离、精制后循环使用。聚乙烯则通过净化干燥器得到成品或添加必要助剂后经选粒得到聚乙烯塑料粒子。

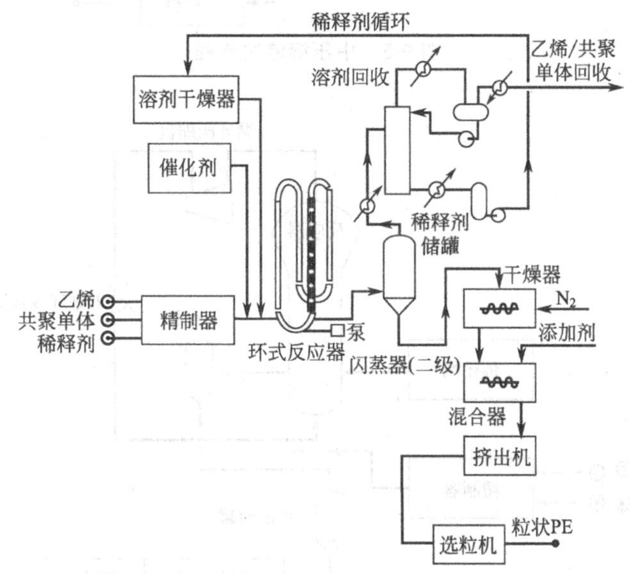

图 9-4 低压淤浆法（环式反应器）流程

溶液聚合法中乙烯在烃类溶剂中于高于聚乙烯的熔融温度下进行聚合。溶液法分为三种类型：中压法，低压法，低压冷却法。

中压法流程见图 9-5。乙烯和共聚单体经精制后溶解于环己烷中，加压、加热到反应温度送入第一级反应器，乙烯在压力为 10MPa 和约 200℃条件下聚合。催化剂溶液则加热到与进料相等温度送入聚合釜，聚乙烯溶液由第一级反应器进入管式反应器，进一步聚合达到聚合物浓度约为 10%。出口处注入螯合剂以络合未反应的催化剂，并进一步加热使催化剂脱活。残存的催化剂经吸附脱除。

热的聚乙烯溶液降压到 0.655MPa 进行闪蒸，以脱除未反应单体和 90%的溶剂。含有约 65%聚乙烯的浓溶液进一步在 0.207MPa 压力下闪蒸。熔融的聚合物送入挤出机进行造粒使溶剂质量分数低于 5×10^{-4}。

低压气相聚合法流程见图 9-6。

精制的乙烯和共聚单体连续送入流动床反应器，同时直接加入催化剂。反应温度低于

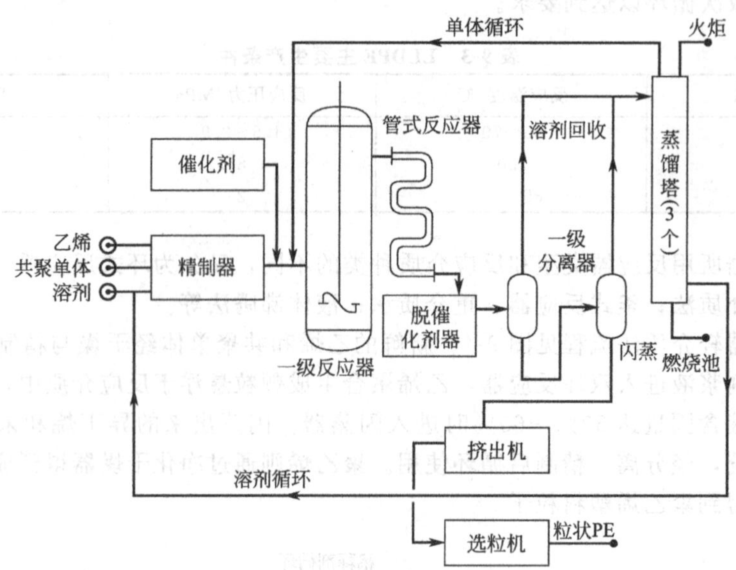

图 9-5 中压溶液法流程

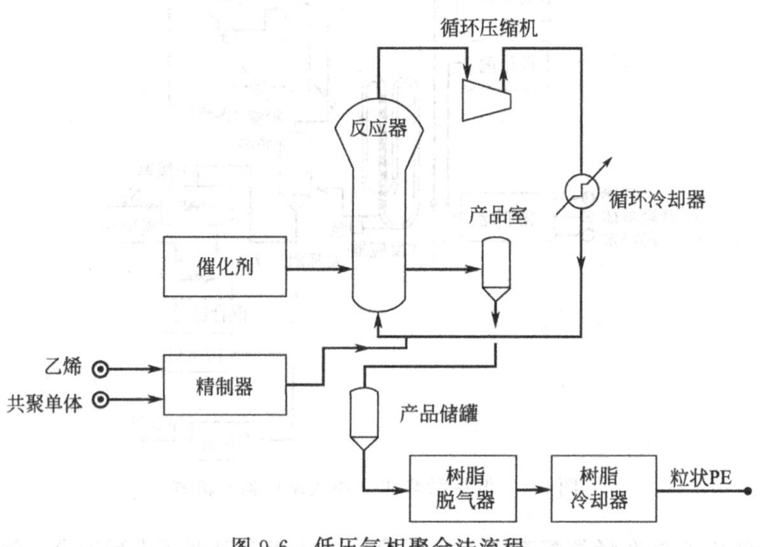

图 9-6 低压气相聚合法流程

100℃，压力低于 2MPa。用压缩机进行气流循环，以保证物料处于沸腾流动状态，并移除反应热。气流经冷却器冷却后再进入反应器。反应生成的固体颗粒状聚乙烯经减压阀流出，脱除残存单体后，添加所需助剂后造粒得到商品聚乙烯。

9.3.2 聚丙烯的生产

(1) 聚丙烯的性质和用途

聚丙烯简称 PP，工业聚丙烯通常含丙烯与少量乙烯的共聚物，为半透明无色固体，无臭无毒，熔点高达 167℃，密度为 0.90g/cm^3，是最轻的通用塑料。聚丙烯树脂具有韧性好、密度小、拉伸强度高、热变形温度高、生产成本低、价格竞争力强等优点。此外，填充助剂后，其注塑性、拉伸定向等机械强度性能可得到提高。

聚丙烯的品种除均聚物聚丙烯外，还有共聚、增强和共混等多种类型。以前工业聚丙烯有熔体指数为0.2～20的不同牌号，它们大体上表示不同的分子量。随着添加多种抗氧剂、光稳定剂和填料生产熔体指数为30～150的高流动性产品的新技术的诞生，聚丙烯树脂的新品种层出不穷，其优良的性价比使其在纺织、薄膜、地毯等市场形成较大优势。

按加工方式分，聚丙烯主要有3类：注射成型制品、挤出制品和热成型制品。聚丙烯产品以注射成型制品最多，制品有周转箱、容器、手提箱、汽车部件、家用电器部件、医疗器械、仪表盘和家具等。挤出制品有聚丙烯纤维、聚丙烯薄膜等，其中双向拉伸薄膜是重要的包装用高分子材料。挤出制成的薄膜再经牵伸切割为扁丝，可制编织袋或作捆扎材料。近年来，防湿、隔气和可蒸煮的聚丙烯复合薄膜发展很快，已广泛用于食品和饮料软包装。聚丙烯管道很适宜于输送热水、工业废水和化学品。聚丙烯薄片经热成型加工制成薄壁制品，可用作一次性使用的食品容器。

(2) 聚丙烯的生产技术

① 生产方法　聚丙烯的生产方法主要有淤浆法、液相本体法和气相本体法。

在稀释剂（如己烷）中聚合的方法称淤浆法，是最早工业化、也是迄今产量最大的方法。在70℃和3MPa的条件下，在液体丙烯中聚合的方法称液相本体法。在气态丙烯中聚合的方法称气相本体法。

后两种方法不使用稀释剂，流程短，能耗低，逐渐凭借其高性能、低成本的明显优势将淤浆法技术淘汰。另一方面，共聚物的研制成功大大改进了聚丙烯的低温耐冲击性、热性能及柔软性，开辟了新的市场；复配和共混形式也使聚丙烯覆盖更宽的应用领域。聚丙烯正进入第二轮成长生命周期，并且有快速发展的趋势。

聚丙烯主要使用的是Ziegler-Natta催化剂，目前第三代催化剂以氯化镁为载体、三氯化钛为主组分、添加酯类等多种组分制成，助催化剂用$Al(C_2H_5)_3$。现在催化剂效率已高达1g钛聚合聚丙烯1000kg以上，而且没有副产物，故净化工序可全部省去，建厂投资降低30%，生产中蒸汽消耗降低85%，电耗降低15%。

② 液相本体法工艺　液相本体法聚丙烯生产工艺——间歇式单釜操作工艺，采用氢调节产品分子量，生产工艺流程见图9-7。

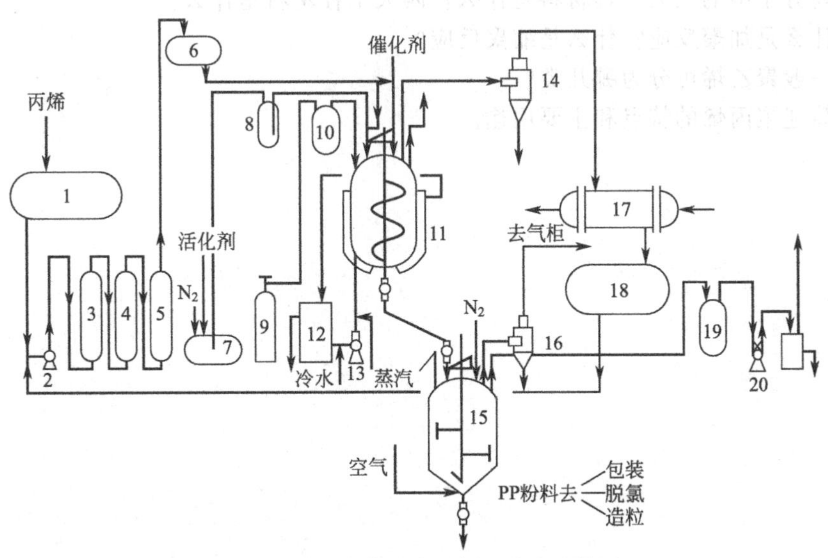

图9-7　液相本体法聚丙烯工艺流程简图

1—丙烯罐；2—丙烯泵；3—干燥塔；4—脱氧塔；5—干燥塔；6—精丙烯计量罐；7—活化剂罐；8—活化剂计量罐；9—氢气钢瓶；10—氢气计量罐；11—聚合釜；12—热水罐；13—热水泵；14—分离器；15—闪蒸去活釜；16—分离器；17—丙烯冷凝器；18—丙烯回收罐；19—真空缓冲罐；20—真空泵

从气体分离工段送来的粗丙烯经过精制系统的氧化铝干燥塔3、镍催化剂脱氧塔4、分子筛干燥塔5脱水脱氧后，送入精丙烯计量罐6。精丙烯经计量进入聚合釜11并将活化剂二乙基氯化铝（液相）、催化剂三氯化钛（固体粉末）和分子量调节剂氢气，按一定比例一次性加入聚合釜中。物料加完后，向夹套内通热水，将聚合釜内物料加热，使液相丙烯在75℃、3.5MPa下进行液相本体聚合反应。反应生成的聚丙烯以颗粒态悬浮在液相丙烯中。随着反应时间的延长，液相丙烯中聚丙烯颗粒的浓度逐渐增加，液相丙烯则逐渐减少。每釜聚合反应时间约3～6h。反应结束后，将未反应的高压丙烯气体用冷却水或冷冻盐水冷凝回收循环使用。釜内聚丙烯借回收丙烯后剩余的压力喷入闪蒸去活釜15。闪蒸逸出的气体（丙烯和少量丙烷等），经旋风分离器和袋式过滤器与夹带出来的聚丙烯粉末分离后，送至气柜回收。通 N_2 将有机气体置换后，再通入空气使催化剂脱活，得到聚丙烯粉料产品。当需要低氯含量的产品时，将聚丙烯送脱氯工序进行脱氯。需要制成粒料时，将聚丙烯粉料送造粒工序。

当所用催化剂活性不高时，则所得聚丙烯残存的氯离子较多，必须进行脱氯处理。因为氯离子的存在可影响聚丙烯树脂的稳定性而加速老化甚至分解；还可能对聚丙烯的加工设备产生腐蚀作用。因此，聚丙烯中氯离子质量分数应低于 5×10^{-5}。

液相本体法聚丙烯的主要特点为工艺流程简单，采用单釜间歇操作原料适应性强，可以用炼油厂生产的丙烯为原料进行生产；动力消耗和生产成本低；装置投资省见效快，经济效益好；三废少，环境污染小；产品可满足中、低档制品需要。

缺点是目前还未普遍采用高效载体催化剂，装置规模小，单线生产能力低，自动化水平低；产品质量与大型装置的产品有差距，牌号少，应用范围窄，难以用来生产高档制品如丙纶纤维。

思考题

9-1 高分子中的三大工程材料是什么？四大工程塑料是什么？

9-2 什么是加聚反应？什么是缩聚反应？

9-3 一般聚乙烯可分为哪几类？

9-4 简述聚丙烯的特点和主要用途。

第 4 篇

其他化工生产过程

在化学工业的范围中，如果着眼于化工的中间品或最终产品，则通常可分为无机化工、基本有机化工（石油化工、煤化工、天然气化工）、高分子化工、精细化工及生物化工，它们分别生产无机物、基本有机化工原料、聚合物、精细化学品和生物化学品。

第 3 篇介绍了石油化工和高分子化工，本篇主要对精细化工、无机化工、煤化工加以简单的介绍。

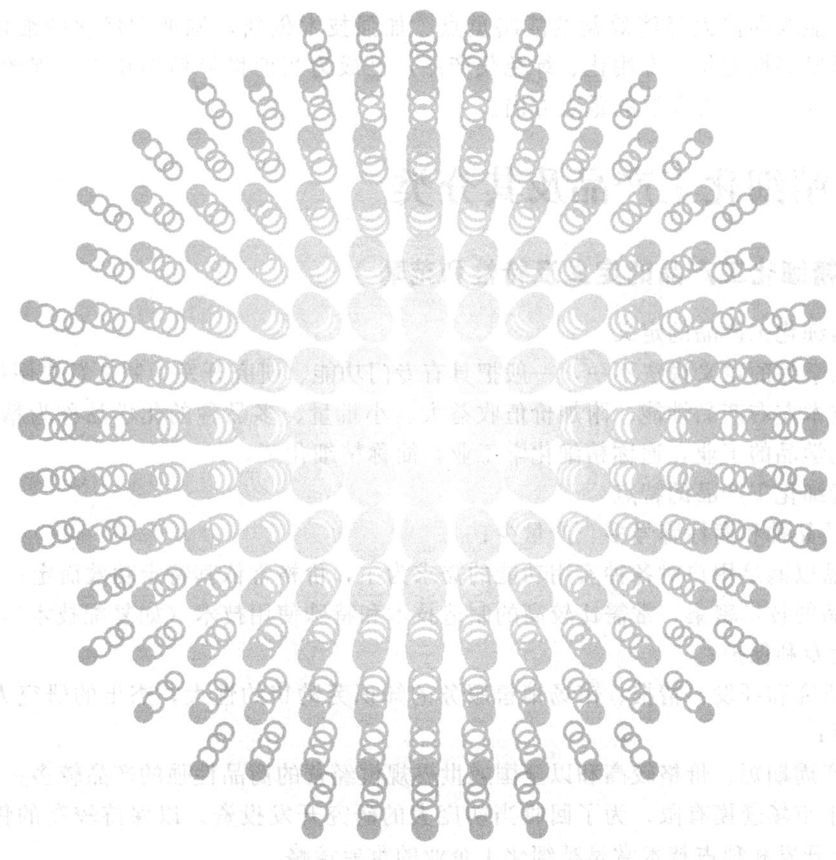

第10章 精细化工概述

Chapter 10

精细化工是当今化学工业中最具活力的新兴领域之一，是新材料的重要组成部分。精细化工产品种类多、附加值高、用途广、产业关联度大，直接服务于国民经济的诸多行业和高新技术产业的各个领域。

20 世纪 90 年代以来，世界高度发达的石油化工向深加工发展和高新技术的蓬勃兴起，世界精细化工得到前所未有的快速发展，其增长速度明显高于整个化学工业的发展。近几年，精细化学品和专用化学品销售年均增长率在 6%左右，高于化学工业 2～3 个百分点。目前，世界精细化学品市场规模已达到 7000 亿美元/年，品种已超过 10 万种。进入 21 世纪，精细化工功率（精细化工产值占化工总产值的比例）已经是衡量一个国家和地区化学工业技术水平的重要标志，所以大力发展精细化工已成为世界各国调整化学工业结构、提升化学工业产业能级和扩大经济效益的战略重点。加强技术创新，调整和优化精细化工产品结构，重点开发高性能化、专用化、绿色化产品，已成为当前世界精细化工发展的重要特征，也是今后世界精细化工发展的重点方向。

10.1　精细化工产品及其分类

10.1.1　精细化工产品的定义及特性和范畴

（1）精细化工产品的定义

精细化学品的定义说法不一，一般把具有专门功能、研究开发、制造及应用技术密集度高、配方技术左右产品性能、附加价值收益大、小批量、多品种的化学品称为精细化学品。生产精细化学品的工业，通称精细化学工业，简称精细化工。

（2）精细化工产品的特点

① 产品品种和商标牌号多、产量少；

② 产品以满足用户对各种实用功能的需求为主，价格常依其特定功效而定；

③ 产品的技术密集，常需比较高的制造技术和特殊使用技术（如复配技术），其独到的技术需借助专利保护；

④ 其研究和开发、情报、市场销售服务的知识劳动集约性大，杰出的研究人才是企业重要的资源；

⑤ 生产周期短、价格较高和以全国或世界规模经营的商品性强的产品较多；

⑥ 由于市场规模有限，为了回收当初庞大的研究开发投资，以保持较高的售价和保密性强，独立开发和独占技术常是精细化工企业的重要策略。

据调查，世界化工产品产量中 85%是有机化学品，而有机化学品的 3/4 是由石油衍生的石化产品。因此，国外的化学工业经常是石化工业的同义字。所以，这里介绍的精细化学品重点为与石油化工有关的精细化工产品。

(3) 精细化工的经济特性

通常精细化工产品的投资为传统的化学品投资的 1/3～1/2，能耗是传统化工产品的 1/2，而其附加价值则比传统化工产品的高 2 倍以上。当前，世界石化工业发展的基本动向是发展精细化工，使产品结构精细化，尤其是发达国家已经或正在实现向精细石油化工的战略转移，目前美国、日本及欧洲先进国家的精细化工率均超过 60%。

10.1.2　精细化工产品的发展现状和范畴

(1) 我国精细化工发展现状

据统计，2009 年我国化工产品精细化工率已达到 50%，精细化工门类已达 25 个，品种达 3 万多种，精细化学品生产能力近 1350 万吨/年，年产值超过 1000 亿元。近年来，我国的染料产量已跃居世界首位，约占世界染料产量的 60%。目前不仅是世界第一染料生产大国，而且是世界第一染料出口大国，染料出口量居世界第一，约占世界染料贸易量的 25%，已成为世界染料生产、贸易的中心。涂料已成为世界第二大涂料生产国。农药产量居世界第二位。柠檬酸的年出口量已接近 40 万吨，约占全球总消费量的 1/3；维生素 C 的出口量已突破 5 万吨，占全球总消费量的 50%以上。

尽管我国目前精细化工产品种类和质量都与发达国家存在一些差距，甚至许多重要品种仍然依赖进口，但是近二十年来，我国精细化工取得了巨大进步，已形成较为完善的工业体系，国际市场对我国精细化学品依赖性越来越强，我国已成为世界精细化工产品的生产、消费和贸易大国。

(2) 我国精细化工的范畴

精细化工产品门类很多，与精细化学品分类有类比性。根据我国化工部的暂行规定，区分为 11 类，具体分类如下：农药；染料；涂料（包括油漆和油墨）；颜料；溶剂和高纯物；信息用化学品（指能接受电磁波的化学品）；食品和饲料添加剂；黏合剂；催化剂和各种助剂；化工系统生产的化学药品和日用化学品；高分子聚合物中的功能高分子材料。

10.2　传统精细化工产品

10.2.1　石油添加剂

石油和油品的生产不仅要用到大宗的通用化学品，还需要多种多样的功能化学品。这些功能化学品部分用于原油生产、提高采油率、便利输送；部分对改进油品性能、节能和减少环境污染起着重要作用，它们都可归属于精细化学品的添加剂类，被泛称为石油添加剂。

因为石油添加剂涉及面很广，各方面所用添加剂的名称不同，基本品种也多近似。例如油田所用添加剂有泥浆失水添加剂、分散剂、增黏剂和缓蚀剂；炼油厂加工用缓蚀剂、抗静电剂、稳定剂、破乳剂和流动改进剂，以及种类繁多的油品添加剂。与采油、输油和油品生产应用有关的添加剂，在一定程度上有其共性，限于篇幅，本章只重点介绍油品添加剂和原油添加剂。

(1) 油品添加剂

习惯上，油品添加剂按应用场合分为两部分：调入燃料的添加剂称为燃料添加剂；用于润滑油生产的添加剂称之为润滑油添加剂。两者总产量中的分配比例大约为 (1∶9)～(1∶10)。

后来，根据添加剂技术的发展，把多种添加剂复合在一起，更好地改善一种油品的各种性能，即所谓复合配方技术。在市场上出现了另一部分预先把多种添加剂混合在一起的商品，称之为复合添加剂。复合添加剂多半是用于调和具有优异性能的润滑油。

① 润滑油添加剂　由于内燃机油在润滑油中占的比例较大，使用的添加剂数量大、品种多。据粗略统计，内燃机油中使用的添加剂量占添加剂总量的75%～80%以上。内燃机油所用的添加剂中，用量最高的前4种添加剂依次是清净分散剂、黏度添加剂、抗氧抗腐剂和降凝剂。

② 燃料添加剂　燃料添加剂是应用较早的石油油品添加剂，例如，四乙基铅抗爆剂在1921年发现，在20～30年代已成为生产汽油的重要组分；2,6-二叔丁基对甲酚抗氧剂，也是应用较早的品种。

过去，燃料油各方面的使用性能在很大程度上可依靠石油加工技术的进步来改善。例如，通过催化重整、催化裂化、烷基化、异构化等二次加工，制得汽油的辛烷值都比直馏油的要高。近年来，随着内燃机等机械工业的技术进步，环境保护法规要求的提高，以及原油来源的变化，制得的石油燃料的使用性能暴露出来的问题越来越多。这样，仅靠石油加工技术进步已不能解决问题。使燃料添加剂的开发研究在燃料油生产的地位日趋重要，也越来越受到人们的重视。燃料添加剂的种类很多。

(2) 原油添加剂

原油添加剂或称油田助剂，是指在石油勘探、钻采、集输炼制等过程中使用的化工产品和天然化学物质。

现代石油工业的发展，离不开门类齐全、性能优良、供应充足的油田化学品工业的支持。随着工业技术的发展，油田助剂用量越来越大。

油田化工产品种类繁多，主要有原油流动改进剂、处理剂（对原油进行预处理，达到净化油的要求)、强化采油剂（提高采油率)。

10.2.2 表面活性剂

表面活性剂工业是20世纪30年代发展起来的一门新型化学工业，随着石油化学工业的发展，发达国家表面活性剂的产量逐年迅速增长，已成为国民经济的基础工业之一。目前，世界上表面活性剂有5000多个品种，商品牌号达万种以上。

(1) 表面活性剂的定义

习惯上，只把那些溶入少量就能显著降低溶液表面张力并改变体系界面状态的物质称为表面活性剂。当然，不能只从降低表面张力的角度来定义表面活性剂，因为在实际使用时，有时并不要求降低表面张力。那些具有改变表面润湿、乳化、破乳、起泡、消泡、分散、絮凝等多方面作用的物质，也称为表面活性剂。所以应该认为，凡是加入少量能使其溶液体系的界面状态发生明显变化的物质，称为表面活性物质。

(2) 表面活性剂的作用

表面活性剂具有界面吸附、定向排列和生成胶束等基本性质，因而产生下述几个物理作用：①润湿作用和渗透作用；②乳化作用、扩散作用和增溶作用；③发泡作用和消泡作用；④洗涤作用。

(3) 表面活性剂的分类

表面活性剂最主要的分类方法是按其在水溶液中能否离解成离子和离子所带电荷的性质分类的。一般分为阴离子型表面活性剂、阳离子型表面活性剂、两性离子表面活性剂和非离子型表面活性剂。阴离子型表面活性剂溶于水时，与亲油基相连的亲水基是阴离子，是起活性作用的部分。

10.2.3　塑料、橡胶助剂

塑料、橡胶助剂是指橡胶、塑料成型加工和使用过程中能改进制品质量并构成其组分的辅助化学品。

(1) 塑料助剂

塑料的主要成分是高分子树脂，含量为 40%～100%，它基本上决定塑料的主要性能。由于树脂本身存在着各种缺陷，如耐热性差、易热降解、有的加工性能差等，通过向其中添加助剂可改善其性能，达到实用、耐久、增强等目的，所以塑料助剂是塑料不可缺少的成分。塑料助剂中最重要的应是增塑剂和稳定剂两大类。

① 增塑剂　凡添加到聚合物体系中能使聚合物玻璃化温度降低，塑性增加，使之易于加工的物质均可以称为增塑剂。它们通常是高沸点、较难挥发的液体或低熔点的固体，一般不与聚合物发生化学反应。

增塑剂的主要作用是削弱聚合物分子间作用力，从而增加聚合物分子链的移动性，降低聚合物分子链的结晶性，也就是增加了聚合物的塑性。表现为聚合物的硬度、模量、软化温度和脆化温度下降，而伸长率、曲挠性和柔韧性提高。

因此，增塑剂应具有的主要特性是相容性，也称可混用性。在树脂成型过程中，树脂与增塑剂的相容性是基本条件。一般地说，增塑剂的分子结构与树脂结构类似时，两者的相容性较好。增塑剂选择要考虑的因素还有许多，如挥发性、耐水性、耐油性、耐热性、耐光性、低温柔韧性（增塑剂的耐寒性）、毒性、非燃性、臭味、颜色、防污染性等。电线、电缆用的薄膜、软管等塑料要求高电绝缘性，因此这类制品在选用增塑剂配伍时也要注意电性能。并非每种塑料都要加增塑剂，如聚乙烯、聚丙烯这两大类通用塑料就不必加增塑剂就能制造薄膜。可是有些树脂如不加一定量的增塑剂就不能制得软质制品，如聚氯乙烯、纤维素塑料、聚乙烯醇缩丁醛、聚苯乙烯、有机玻璃等。大约有 80%～90%的增塑剂消耗于聚氯乙烯的软制品。

② 稳定剂　塑料在成型加工、储存和使用过程中，因各种因素导致其结构变化、性能变坏，逐渐失去使用价值的现象统称塑料老化。

引起老化的外在因素是光、氧、热、电场、辐射、应力等物理因素；溶剂或化学介质侵蚀等化学因素；霉菌、虫咬等生物因素；内在因素是分子结构和所加添加剂的作用等影响。其中以光、氧、热三者影响最甚。而抑制或延缓其影响的最主要方式是添加光、氧、热稳定剂及抗氧剂。

(2) 橡胶助剂

橡胶是具有高弹性能的高聚物。和塑料一样，橡胶在成型加工过程中和使用中，也会受到外界光、热、空气、臭氧和机械作用等影响，产生降解和交联反应。降解反应可使橡胶产生发黏现象，交联反应则使橡胶发脆、变硬从而丧失其原有的物理机械性能。为了抑制橡胶的降解和交联反应，必须添加防老剂、抗氧剂、抗静电剂、金属钝化剂等。

此外，为了改善橡胶的加工性能，提高制品质量，降低生产成本，还需要添加补强剂、填充剂、软化剂、防焦剂、塑解剂、增黏剂、脱模剂等，所有以上助剂总称为橡胶助剂。橡胶助剂种类很多，作用也很复杂，用于轮胎加工的占 2/3，其次用于工业制品、胶鞋、乳胶、泡沫体、电线等制品。目前在国际上使用的品种总共有三千多种，主要是硫化促进剂和防老剂。

① 硫化剂和硫化促进剂　硫化剂能使橡胶分子链起适度交联反应，降低生胶的可塑性，增强弹性和强度，它分无机和有机两大类。实际生产中最常用的为硫磺，也可用其他含硫或

不含硫的化合物，如一氯化硫、过氧化苯甲酰、多硫聚合物、苯醌化合物、二硫化吗啡啉等。硫化促进剂（简称促进剂）分有无机促进剂和有机促进剂两大类。眼下无机促进剂中只有氧化镁、氧化铅和氧化锌少量使用外，其他如氧化钙、碳酸盐等只能充作助促进剂（硫化活性剂）。大量使用的是有机促进剂，类型繁多。

② 防老剂　一般防老剂分为天然防老剂、物理防老剂和化学防老剂。按其功能分为抗氧剂、抗臭剂和铜盐抑制剂。按效果又可分为变色和不变色，沾污和不沾污，耐热或耐曲挠老化，以及防止龟裂等不同用途的防老剂。天然防老剂存在于天然橡胶中防止生胶老化的物质，可能为酚类或芳香胺类，还有的可能是含氮有机酸类。物理防老剂系指涂布于橡胶制品表面，隔离其与氧－臭氧的接触，保护橡胶物理性质不易老化的防老剂，如石蜡、地蜡、蜜蜡等，适用于静态条件下使用的橡胶制品。有的着色剂能吸收一定频率的光波，起着物理防老剂的作用。

10.2.4 染料

(1) 染料的定义及特性

染料是能将纤维或其他被染物染成其他颜色的有机化合物。染料分子中常含有发色团（如偶氮基、硝基、羰基等）和助色团（如氨基、羟基、甲基、磺酸基等），当光线射入后发生选择性吸收，并发射一定波长的光线，从而显示出颜色。有些基团还能与纤维起到化学结合的作用，增加染料与纤维的结合能力。

(2) 染料的分类

按染料性质及应用方法，可将染料分为：分散染料；酸性染料；直接染料；还原染料；冰染染料；活性染料；可溶性还原染料；酞菁染料；氧化染料；缩聚染料；硫化还原染料；硫化染料；酸性媒介及酸性含媒染料；碱性及阳离子染料。

(3) 禁用染料

作为染料中间体的芳胺，已被一些国家的政府机构列为可疑致癌物，其中联苯胺的乙萘胺已被确认为是对人类最具烈性的致癌物。禁用染料还包括过敏性染料、直接致癌染料和急性毒性染料，另外还包括含铅、锑、铬、钴、铜、镍、汞等重金属超过限量指标，甲醛含量超过限量指标，有机农药超过限量指标的染料，以及含有环境激素、含有产生环境污染的化学物质、含有变异性化学物质、含有持久性有机污染物的染料等。

(4) 环保型染料

环保型染料应包括 10 个方面的内容：①不含在特定条件下会裂解释放出 22 种致癌芳香胺的偶氮染料，无论这些致癌芳香胺游离于染料中或由染料裂解所产生；②不是过敏性染料；③不是致癌性染料；④不是急性毒性染料；⑤可萃取重金属的含量在限制值以下；⑥不含环境激素；⑦不含会产生环境污染的化学物质；⑧不含变异性化合物和持久性有机污染物；⑨甲醛含量在规定的限值以下；⑩不含被限制农药的品种且总量在规定的限值以下。

从严格意义上讲，能满足上面要求的染料应该称为环保型染料，真正的环保染料除满足上面要求外，还应该在生产过程中对环境友好，不要产生“三废”，即使产生少量的“三废”，也可以通过常规的方法处理而达到国家和地方的环保和生态要求。

10.2.5 涂料

(1) 定义

涂料涂于物体表面能形成牢固附着的连续固态薄膜具有保护装饰或特殊性能（如绝缘、防腐、标志等）的一类液体或固体材料之总称。

早期大多以植物油或天然漆为主要原料，故有“油漆”之称，现在合成树脂已大部或全部取代了植物油和大漆，故称之为“涂料”更确切。

（2）涂料的分类

涂料的分类方法很多，通常有以下几种分类方法：

① 按涂料的形态可分为水性涂料、溶剂性涂料、粉末涂料、高固体分涂料等；

② 按施工方法可分为刷涂涂料、喷涂涂料、辊涂涂料、浸涂涂料、电泳涂料等；

③ 按施工工序可分为底漆、中涂漆（二道底漆）、面漆、罩光漆等；

④ 按功能可分为装饰涂料、防腐涂料、导电涂料、防锈涂料、耐高温涂料、示温涂料、隔热涂料等。

⑤ 按用途可分为建筑涂料、罐头涂料、汽车涂料、飞机涂料、家电涂料、木器涂料、桥梁涂料、塑料涂料、纸张涂料等。

10.2.6　香料及香精

（1）定义

香料是能够散发香味的挥发性物质。香精是由几种香料按一定的香型调制而成的香料混合物。

（2）分类

香料包括天然香料和合成香料。天然香料广泛分布于植物中，如香花、香叶、香木中，称为植物香料。香料也存在于动物的腺囊中，如麝香、灵猫香、龙涎香、海狸香，称为动物香料。

香料按化学结构、官能团的特征又可分为：醇类香料；羟酸类香料；酯类香料；醛类香料；酮类香料；酚类和醚类香料；麝香类香料、烃类等。

（3）植物性天然香料的提取方法

植物性天然香料的提取方法主要有四种：①蒸馏法，适用于提取精油；②萃取法，适用于提取浸膏，酊剂，油树脂，净油；③压榨法，适用于提取精油；④吸收法，适用于提取香脂。

10.2.7　黏合剂

（1）黏合剂及其组成

黏合剂又称胶黏剂。凡能使物体的一个表面与另一物体的表面相黏合的物质，总称黏合剂。实践证明，黏合剂是一类混合物，其体系一般由下列几个组分所组成。

① 基料，又称黏料，系黏合剂的主要成分，也是决定黏合剂性能的主要物料；

② 固化剂，又称硬化剂、熟化剂。在黏合过程中，视其所起的作用，又可称交链剂、催化剂或活化剂。其基本功能是使基料从液态热塑性状态转变成坚韧的固态或热固性状态。

其他还有填料、溶剂或稀释剂和其他改性添加剂。还有用于提高难黏或不黏的两个表面间黏合能力的化学品偶联剂。

黏合剂的组成实质上是黏合剂的配方问题，与所需黏合的材料、工作环境、性能要求等多种因素有关。每种特定的黏合剂组成（配方）都具有其特有的性能，只有对每一个组分进行严格的选择，才能符合应用的要求。

（2）黏合剂分类

黏合剂分为无机黏合剂和有机黏合剂两大类。有机黏合剂又分为天然黏合剂和合成高分子黏合剂。

① 无机黏合剂　通常分成水性系、胶泥系、金属焊剂和玻璃泥子四类。

② 天然黏合剂　包括植物性淀粉、糊精、大豆蛋白胶、天然橡胶和天然树胶等，以及动物性骨胶、皮胶和鱼胶等。

③ 合成高分子黏合剂　一般分为热塑性树脂黏合剂、热固性树脂黏合剂和合成橡胶黏合剂三类，是当前应用范围最广、产量最大的黏合剂。

(3) 各类高分子黏合剂的用途与性能

各类合成高分子黏合剂的用途和性能参见表 10-1～表 10-3。

表 10-1　主要热塑性树脂黏合剂的用途和性能

黏合剂	形态(溶剂)	用　途	优　点	缺　点
醋酸乙烯系	乳胶(水)、液体(醇)	木器、纸制品、书籍、无纺布、植绒、发泡聚乙烯	黏结速度快、无色、初期黏度高	耐碱性和耐热性较低、有蠕变性
乙烯醋酸乙烯系	乳胶(水)、固体	聚氯乙烯板、纸制品包装、簿册贴边	蠕变性低、黏结速度快、适用范围广	不适用于低温下的快速黏合
聚乙烯醇	液体(水)	纸制品	价廉、干燥快、挠曲性好	
聚乙烯醇缩醛	薄膜	金属结构、安全玻璃	无色透明、有弹性、耐久性良好	剥离强度低
丙烯酸系	乳胶、液体	压敏制品、无纺布、粘接布、植绒聚氯乙烯板	无色、耐久性高、挠曲性好	略有臭味
氯乙烯系	液体(呋喃)	硬质聚乙烯板及管	速干性	溶剂有着火危险
聚酰胺系	固体、薄膜	金属结构、蜂窝结构	剥离强度高	耐热耐水性低
2-氰基丙烯酸酯	液体	电气电子部件、机械部件	快速粘接、适用范围广	耐久性较差

就黏合剂的使用量而言，现时仍以脲醛树脂、三聚氰胺树脂和酚醛树脂三类黏合剂为主，约占黏合剂总量的70%以上，其次是醋酸乙烯乳液黏合剂。这些黏合剂的近期发展趋向基本上仍以改性为主，尚无新的突破。就增长速度而言，近些年急剧增长的有丙烯酸酯黏合剂、2-氰基丙烯酸酯黏合剂、厌氧黏合剂、环氧树脂黏合剂、密封材料、压敏胶带和热熔胶等。

表 10-2　主要热固性树脂黏合剂的用途和性能

黏　合　剂	形态(溶剂)	用　途	优　点	缺　点
苯酚系	液体(水)、液体(醇)	合板、砂纸砂布	耐热性好、室外耐久性好	有色、热压温度高、有脆性
间苯二酚系	液体(水)	层压材料	室温固化、室外耐久性高	有色、价格高
脲系	液体(水)	胶合板、木器	适于木器、点焊	易污染、易老化
三聚氰胺系	液体(水)、粉末	胶合板	无色、耐水性好、加热黏结速度快	室温下固化慢、储存期短
环氧树脂系	液体(无)	金属、塑料、橡胶、水泥材料	室温固化、无溶剂、收缩率低	剥离强度较低
不饱和树脂系	液体	水泥材料各种结合件	室温固化、无溶剂	与空气的接触面难固化
聚氨酯系	液体(醋酸酯)	橡胶、塑料、金属材料	室温固化适用于硬软质材料、耐低温	受湿气影响
聚芳香烃系	薄膜	高温金属结构	能耐 500℃	固化困难

表 10-3　合成橡胶黏合剂的用途和性质

黏合剂	状态(溶剂)	用途	优点	缺点
氯丁橡胶系	液体(用苯)	建筑、家具	不需加压黏合、适用范围广	耐热性不高,溶剂有着火危险
丁腈橡胶系	液体(甲乙酮)、乳胶(水)、薄膜	软质聚乙烯、无纺布、金属结构	耐油、耐溶剂性高	有色
丁苯橡胶系	乳胶(水)	可广泛使用	弹性高	

10.2.8　水处理剂

我国水资源总量约 2.8 万亿立方米，居世界第六位。但按人均占有量计算，仅为 $2300m^3$/人，为世界人均占有量的 1/4，居世界第 108 位，水资源很不富裕。据粗略统计，工业用水量约为实际供水量的 10%左右，在工业用水中，冷却水的用量居首位，一般占 60%以上。这样，为节约冷却用水，工业上大量采用冷却水循环工艺。为了减轻循环冷却水系统腐蚀、结垢、菌藻和黏泥的危害，需要加入一些化学处理剂，即所谓的水处理剂，习惯上也称为水质稳定剂。所以水处理剂是一个很广义的名词，凡是工业用水、农业用水和生活用水中涉及的化学品均可纳入这个范畴，本文只涉及冷却水化学处理剂。

水质稳定剂的主要品种可分为缓蚀剂、阻垢分散剂和杀生剂（杀菌灭藻剂）三大类。

(1) 缓蚀剂

缓蚀剂是一种化学药剂，它能有效地抑制冷却水系统中电化学腐蚀反应的进行。当腐蚀介质为冷却水时，应用的缓蚀剂可称为冷却水系统缓蚀剂，以区别酸洗缓蚀剂、工艺缓蚀剂、油气井缓蚀剂等。由于缓蚀剂的应用具有效果好、用量少、使用方便等特点，因而近年来得到迅速发展，成为保护金属和抑制腐蚀的一项重要技术，并在石油、化工、机械、电力、冶金、交通等许多工业部门应用。

在整个水处理化学品中，缓蚀剂所占的份额最大，经过半个世纪的研究开发，主要形成了无机缓蚀剂（磷酸盐、锌盐、亚硝酸盐、钼酸盐、钨酸盐、铬酸盐等）和有机缓蚀剂（有机膦酸盐类、有机羧酸类及含磷共聚物类等）。由于自身缺陷的存在，水处理缓蚀剂从最初的铬酸盐、聚磷酸盐到有机膦酸盐；从高磷、含金属的配方到低磷、全有机配方；从单一配方到复合配方，显示出水处理缓蚀剂正朝着多品种、高效率、低毒性等方向发展。

(2) 阻垢剂

除了缓蚀，冷却水处理的另一课题是阻垢分散，包括阻止和分散碳酸盐垢和其他各种无机盐垢及腐蚀产物、悬浮物等污垢的沉积，能起这种作用的药剂均可列入阻垢分散剂。水质稳定所用的阻垢剂主要有淀粉、单宁、磺化木质素等天然化合物，含磷有机化合物、聚磷酸盐、水溶性聚合物[包括聚丙烯酸、聚马来酸、丙烯酸/马来酸共聚物、丙烯酸/丙烯酸羟烷基酯共聚物、马来酸/磺化苯乙烯共聚物、丙烯酸/2-丙烯酰胺基-2-甲基丙基磺酸共聚物(AA/AMPS)、丙烯酸/3-烯丙醇基-2-羟基丙基磺酸（AA/HAPS)、新型丙烯酸基三元共聚物等]。

(3) 杀生剂

杀生剂（又名杀菌灭藻剂）是水质稳定剂中另一类重要药剂，它能有效地杀灭和抑制冷却水系统中主要的三种微生物，即细菌、藻类和真菌的繁殖。

一些循环冷却水系统中，特别在磷系配方中，微生物的危害比较突出。微生物在管壁上的生长和繁殖，使水质恶化，也大大增加了水流的阻力，引起管道的堵塞，还严重地降低了热交换器的传热效率，甚至造成危险的孔蚀，以致使管道穿孔，设备报废，发生停产检修等等事故，藻类在凉水塔和凉水池等部位大量的繁殖，也常造成配水板堵塞，甚至造成填料架被压垮的事故。因此微生物所引起的腐蚀、黏泥、结垢和堵塞是十分普遍又非常严重的问题。为了控制微生物生长及造成的危害，就必须投加杀菌灭藻剂、污泥剥离剂等等。多数这些药剂虽然具有强烈的杀生作用，但它们对人和哺乳动物，特别是对水生生物，如鱼类等，往往也有很大的毒性。在当今环境污染控制日益严格的情况下，许多杀菌剂的使用受到限制。

使用杀生剂，还必须考虑在循环冷却水中运行以及与其他水处理剂能共存而不影响药效，此外，还必须考虑长期使用后是否可能使菌藻产生抗药性等问题。因此，选用何种杀生剂最为有效，是个很值得研究的问题。

10.2.9 农药

(1) 重要作用

根据联合国粮农组织（FAO）统计资料表明，全世界由于使用农药防治病虫害挽回的农产品的损失占世界粮食总产量的30%左右。我国粮食作物由于使用化学农药，每年挽回的粮食损失占总产量的7%左右，对我国这样一个在世界上人口最多、人均耕地最少的人口大国，农药对缓解人口与粮食的矛盾中发挥了重要作用。

(2) 分类

按来源不同，分为矿物源农药（无机化合物）、生物源农药（天然有机物、抗生素、微生物）及化学合成农药三大类。

常用农药按用途分类可分为：①杀虫剂；②杀螨剂；③杀菌剂；④除草剂；⑤植物生长调节剂；⑥杀线虫剂；⑦杀鼠剂。

10.3 精细化工产品生产特点

10.3.1 生产方式的特点

(1) 小批量、多品种

产量小，大多以间歇方式生产。但很多产品的生产过程流程长，单元反应多，原料复杂，中间过程控制要求严格，技术保密性强，专利垄断性强等方面，对技术研发要求较高。

(2) 复配在精细化工中占很大比例

复配是指两种或两种以上物质通过恰当比例，按照一定的方式去混合，而获得一种新产品的技术或过程。复配是一种“配方”设计，是将几种化学品按一定比例、顺序加在一起，提高和增加某些化学产品的性能，其过程中的化学反应很少。复配的设备极其简单，但“配方”的技术含量很高。

(3) 生产流程多样化

针对同一产品，不同的厂家拥有不同的生产技术，这些技术各具特色，具有鲜明的自主知识产权的特征。从原料，到反应原理，再到工艺过程的组合均不相同。

10.3.2 生产设备的特点

生产装置规模小、功能全，多以间歇釜式反应器（见图10-1）、精馏塔等化工设备为主。精细化工生产设备具有“轻、薄、短、小”的特点。从生产过程看，产品生产从单一产品、单一流程、单元操作装置的生产方法，一方面向具有多功能的生产装置（一机多能，多功能化）发展；另一方面向所谓的柔性生产系统（FMS，flexible manufacture system）发展，即具有相近的工艺流程的同一类型品种，使用同一套设备生产。

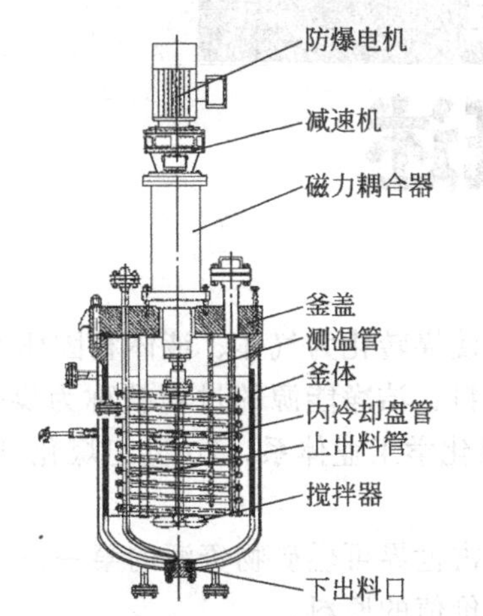

图 10-1　间歇釜式反应器结构示意图

思考题

10-1　什么是精细化工？什么是精细化功率？

10-2　精细化工产品的特点有哪些？

10-3　传统精细化工产品主要有哪些？

10-4　简述精细化工的生产特点。

第11章 煤化工概述

Chapter 11

以煤为原料，经化学加工使煤转化为气体、液体和固体产品或半产品，而后进一步经过化学加工转化成化学产品、材料、洁净能源的过程被称为煤化工。煤化工发展于18世纪后半叶，19世纪形成了完整的煤化学工业体系，20世纪煤化学工业成为化学工业的重要组成部分。

世界煤的资源十分丰富，占世界可燃矿物资源的第一位。煤的综合利用为化工、能源和冶金等行业提供了丰富的、有价值的原料。

11.1 煤的化学组成和煤的化工利用

11.1.1 煤的化学成分

煤是由高等植物经过漫长地质年代的生物化学、物理化学和地球化学作用转变而成的固体有机可燃矿产。植物成煤的煤化序列经历泥炭（腐泥）→褐煤→烟煤→无烟煤几个阶段，成煤植物中所有组分都参与了煤的形成过程，其中主要是纤维素和木质素。

煤是复杂化合物的混合物，一般由有机物质和矿物质所组成，有机质是煤中的主要成分，它决定煤的性质。成煤植物的所有组分均参与了煤的形成，其中主要有纤维素和木质素。煤的主要成分为碳、氢、氧，其中也包含少量的氮和硫。碳含量随煤化度的增高而增大，年轻褐煤碳含量约为70%左右，而无烟煤则大于92%；与之相应的氧含量由30%左右降到2%左右，氢含量由8%左右降到4%左右。氮和硫的含量与煤化度关系不大，氢含量为0.5%～2%，硫含量为0.5%～3%。

煤的大分子模型（C约82%）如图11-1所示。

可以看出，煤中有机质主要由五种元素组成，以碳、氢、氧为主，它们的总和占煤中有机质的95%以上，其次是氮和硫。

氮是由成煤植物中的蛋白质转化而来，煤中的氮一般认为以有机氮的形态存在，其中有一些是杂环型，以蛋白质氮形态存在的氮仅在泥炭和褐煤中发现，烟煤、无烟煤中几乎没有。煤中的含氮量不高，通常为1%～2%。煤中的氮在燃烧时转化成NO_x，在煤热解时一部分转变成N_2、NH_3、HCN及有机氮化物，其余则残留在焦炭中。煤直接液化时转化成液态有机氮化物。

硫是煤中的有害元素，不同产地的煤的硫含量差别很大（0.1%～10%）。煤中所含硫有四种主要形式，这就是硫酸盐、硫铁矿、有机硫和元素硫，其中硫铁矿中的硫多以结核状或团块状形态存在于煤中，故一般可用洗煤法脱除。含硫高的煤在储存堆放时易自燃。燃烧时生成二氧化硫引起腐蚀和污染，气化时生成H_2S引起腐蚀和催化剂中毒，焦化时约有一半的硫进入焦炭使炼铁质量下降，使生铁发脆。

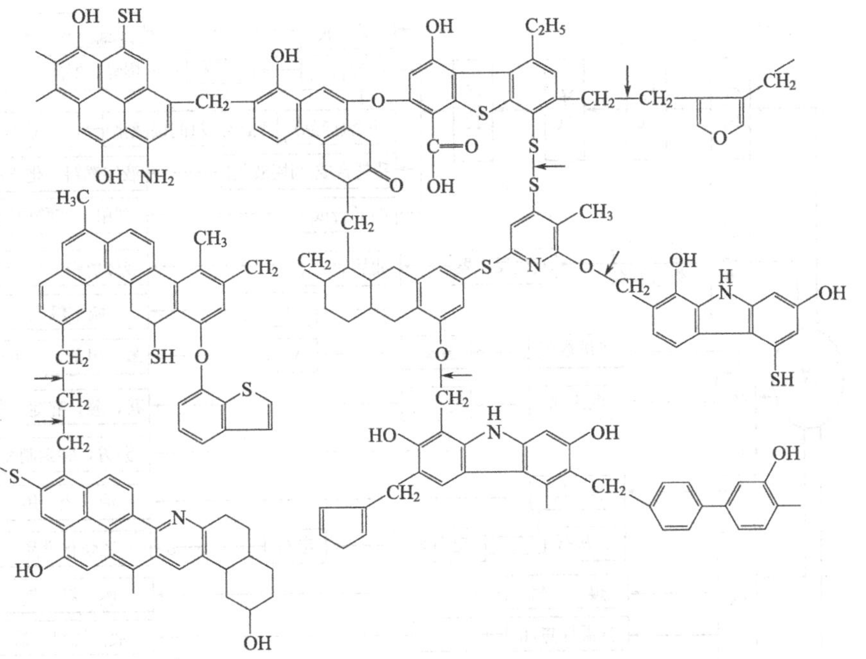

图 11-1 煤的大分子模型

煤中除含有由 C、H、O、N、S 这五种主要元素组成的物质外，还含有许多无机物质，一般都归入煤的“矿物质”。它们或以明显矿物形式存在，或以有机金属化合物或螯合物形式存在。按其在煤中含量的不同可以分为三类：常量元素（>0.5%，包括铝、硅、钙和铁）；少量元素（0.02%～0.5%，通常包括钾、镁、钠和钛，有时还包括磷、钡、锶、硼、砷、氯、锗等）和微量元素。

11.1.2 煤的化工利用

石油和天然气资源十分有限，而煤是自然界蕴藏量很丰富的资源，到目前为止世界上已探测的煤炭资源与石油相比要丰富得多，煤储量要比石油储量大十几倍。煤作为能源直接燃烧获得洁净方便的能源（如电能和热能）是最简单的煤利用方法，但却是一种最浪费和效率最低的原料利用方式。随着世界经济的增长和人民生活水平的提高，石油供求矛盾日益突出。20 世纪 70 年代末开始至今，出现了两次大的石油危机，加之石油价格大起大落，严重危及各国经济、能源和安全。因此，调整能源结构、开辟多种能源利用渠道，合理开发利用煤炭资源已成为有识之士的共识。煤的化工利用途径如图 11-2 所示。

煤化学组成中许多可能被利用的化合物被直接烧掉，同时带来严重的 SO_x、NO_x 和粉尘污染。因此要求把煤转化成更加符合生态要求和更为方便的形式来利用。

煤化工主要通过煤干馏、煤气化和煤液化等方法将煤转化为各类化工产品、材料和能源。煤的另外一个利用途径是煤经电石路线再分解得到乙炔，从而可得到乙炔下游系列产品。

用煤炼焦时，副产约 3% 的煤焦油，煤焦油富含苯、甲苯、萘等有用芳烃，将这些芳烃提取出来，为染料生产提供了充足原料。随后，人们用焦炭和石灰石熔炼出电石（CaC_2），电石与水反应轻而易举地制得乙炔，利用乙炔的特有活性可制得氯乙烯、醋酸乙烯、氯丁二烯、三氯乙烯、丙烯腈、乙醛、异戊二烯等有机原料，再由此衍生最终产品，这是传统煤化工最灿烂的历史阶段。

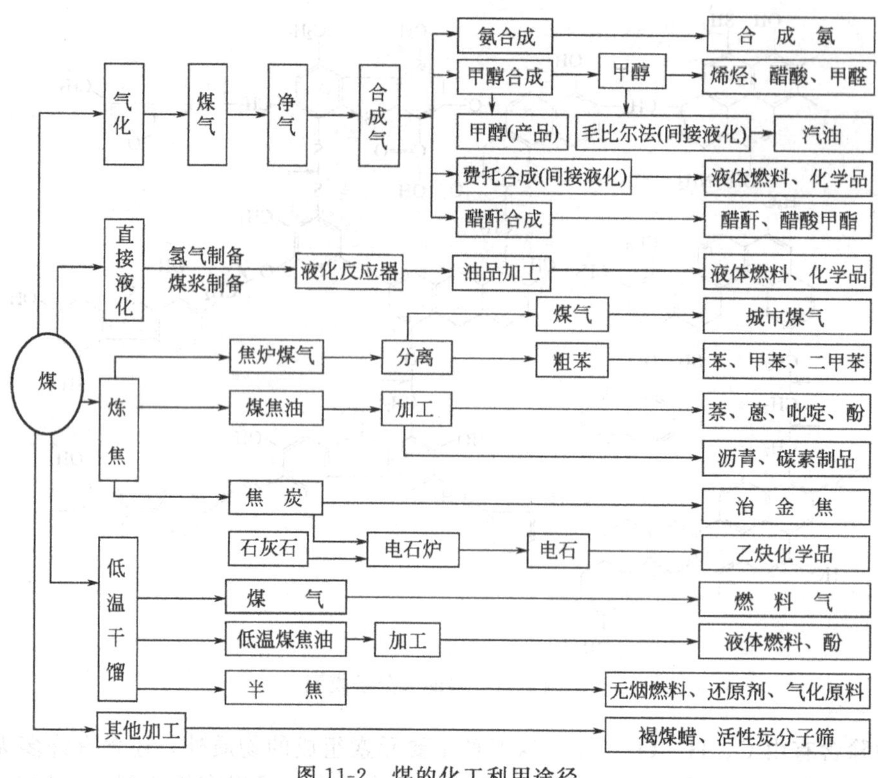

图 11-2 煤的化工利用途径

11.2 传统煤化工

传统煤化工主要包括三个途径：①煤的干馏；②煤的气化制合成气；③煤经电石路线得到乙炔及下游产品。

11.2.1 煤的干馏

煤干馏（coal carbonization）是指在隔绝空气条件下加热煤，使其分解形成气态（煤气）、液态（煤焦油、粗苯）和固态（半焦或焦炭）产物的过程。按加热的终点温度的不同，可分为三种：900～1100℃为高温干馏或高温炼焦，一般简称炼焦；700～900℃为中温干馏；500～600℃为低温干馏。

（1）高温干馏（炼焦或焦化）

主要用于生产煤气和高炉炼铁用的无烟燃料半焦。炼焦时副产的煤气和化学产品，特别是芳香族化合物，在化学工业也有广泛用途。

因为煤干馏可获得固体焦炭、液体焦油和煤气等，所以也可以把煤干馏看做是部分液化和部分汽化过程，并兼得主要产品焦炭。焦炭是冶金工业的重要原料和燃料，短期内还找不到替代它的工艺；焦油是多环芳烃的来源，用途很广；焦化煤气热值较高，是优质燃料；炼焦生产技术成熟，投资少，成本低。其缺点是生产条件差，设备庞大，单元设备生产能力小。固体焦炭是主要产品，焦炭销路是煤焦化生产的前提条件。

煤干馏所得化学品种类很多，除了焦炭产品是炼铁的主要原料，煤干馏化学品中许多芳香族化合物几乎全有，主要成分为苯、甲苯、二甲苯、酚、萘、蒽和沥青等，它们都是农业需要的化学肥料和农药、合成纤维和塑料、炸药以及医药等的重要原材料。

图 11-3 为炼焦化学品的回收流程示意。气体产物经洗涤、冷却等处理后分别得到煤焦油、氨、粗苯和焦炉煤气。各产物的产率大约为：焦 70%～78%，焦炉煤气 15%～19%，煤焦油 3%～4.5%，粗苯 0.8%～1.4%，氨 0.5%～0.35%。

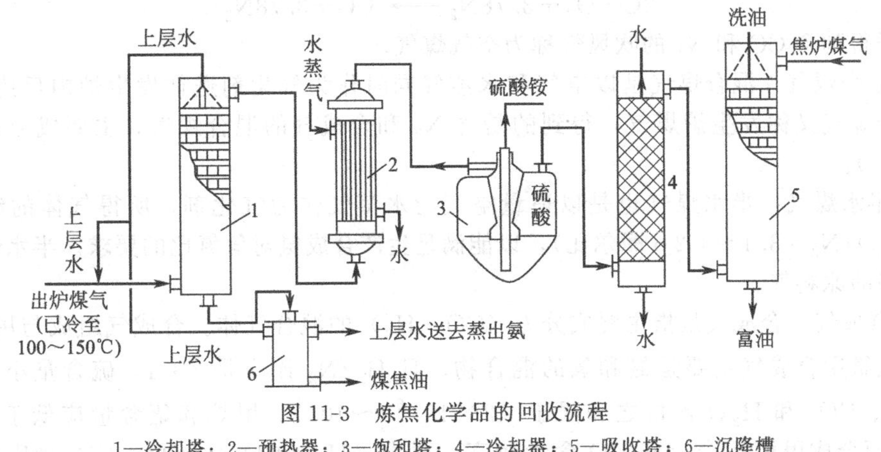

图 11-3　炼焦化学品的回收流程

1—冷却塔；2—预热器；3—饱和塔；4—冷却器；5—吸收塔；6—沉降槽

（2）低温干馏（炼焦或焦化）

低温干馏适用于褐煤、高挥发分烟煤等可生成较多焦油和煤气的煤种。煤的低温干馏是在较低终温下进行的干馏过程，产生结构疏松的半焦、低温焦油和煤气等产物。由于终温较低，分解产物的二次热解少，故产生的焦油中除含较多的酚类外，烷烃和环烷烃含量较多而芳烃含量很少，是人造石油的重要来源之一。半焦可经气化制合成气。

11.2.2　煤的气化

煤的气化（coal gasification）在煤化工中占有重要地位。煤气化是指在高温（900～1300℃）常压或加压条件下使煤、焦炭或半焦等固体燃料与气化剂反应，转化成主要含有 H_2、CO 等可燃气体的过程。生成的气体组成随固体燃料性质、气化剂种类、气化方法、气化条件的不同而有差别。气化剂主要是水蒸气、空气或氧气。利用煤的干馏来制取化工原料只能利用煤中一部分有机物质，而煤的气化则可利用煤中几乎全部含碳、氢的物质。

（1）煤气的用途

在各种煤转化技术中，煤的气化是最有应用前景的技术之一，这不仅因为煤气化技术相对较为成熟，而且煤转化为煤气之后，通过成熟的气体净化技术处理，对环境污染可减少到最低程度，例如煤气化联合循环发电，就是一种高效、低污染的发电新技术。

由煤气化炉产生的热煤气经过冷却除尘得到粗煤气，其中主要含有 CO、CO_2、H_2、N_2、CH_4 和水蒸气中的几种。气化煤气可用作城市煤气、工业燃气、化工原料气（又称合成气）和工业还原气。

（2）煤气的分类

① 水煤气　水煤气是用焦炭交替吹送空气（提供热量升温）与水蒸气发生反应的产物。实质上水煤气系以水蒸气为气化剂，得到的是主要含 CO 和 H_2 的煤气。碳和水蒸气的反应为

$$C+H_2O \longrightarrow CO+H_2 \tag{11-1}$$

水煤气主要成分为氢气和一氧化碳，两者含量之和可达到 85%左右，可作为合成气

$(CO+H_2)$。与发生炉煤气相比，含氮气很少，发热量高。燃烧时呈蓝色火焰，所以又称蓝水煤气。

② 空气煤气　空气煤气是以空气为气化剂，根据空气中 O_2 和 N_2 的比例，碳和空气的反应可写成

$$2C+O_2+3.78N_2 \longrightarrow 2CO+3.78N_2 \tag{11-2}$$

这样得到含 CO 和 N_2 的吹风气称为空气煤气。

③ 混合煤气　混合煤气是以空气和水蒸气同时作为气化剂送往发生炉内反应的产物，所以混合煤气又称发生炉煤气，得到的是含 N_2 和合成气的混合煤气，主要成分是合成气 $(CO+H_2)$。

④ 半水煤气　半水煤气也是以适量空气与水蒸气作为气化剂，所得气体的组成符合 $(CO+H_2)/N_2=3.1\sim3.2$（摩尔比），以能满足生产合成氨对氢氮比的要求。半水煤气是合成氨合格的原料气。

⑤ 合成气　合成气是指主要成分为 $(CO+H_2)$ 的混合气体。合成气组成与用途有关，例如合成氨用合成气主要是氮和氢的混合物，且 H_2/N_2 比应是 3∶1，硫含量小于 10^{-6}，O_2、CO、CO_2 和 H_2O 含量之和限于 $(2\times10^{-6})\sim10^{-5}$，甲烷和氩含量应低于 0.8%～1.2%。而合成甲醇用合成气 CO 含量较高，要求 $(H_2+CO_2)/(CO+CO_2)$ 比介于 2～2.2，合成气中硫含量应当低，要求小于 0.1×10^{-6}。

⑥ 还原气　还原气与合成气相似，由于用于铁矿石还原是在常压下进行，因此还原气生产也是常压法。还原气中氧化物 H_2O、CO_2 含量应当少，当用煤、油、天然气生产气体时，可以把 CO_2 洗去。

（3）煤气化方法

由于原料煤性质不同，需要不同的气化方法，根据原料在气化炉中的状态反应器类型分为固定床（由于在气化过程中煤层连续向下移动又称移动床）、流化床（沸腾床）、气流床和熔融床。其中熔融床还处于中试阶段。前三种气化炉构造示意图见图 11-4。

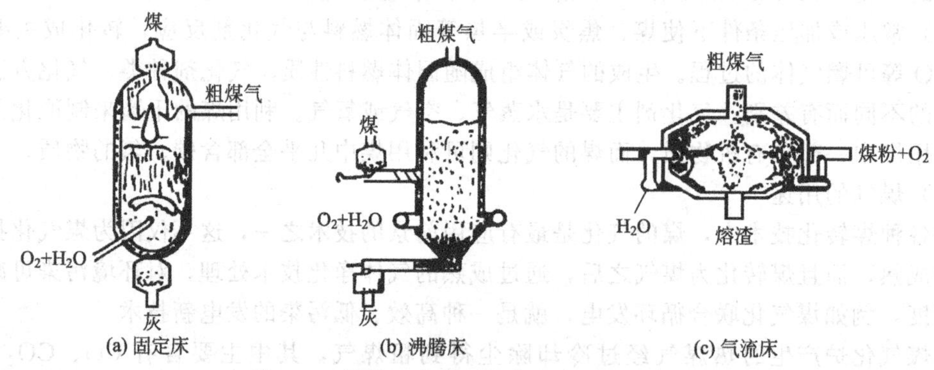

图 11-4　煤的三种主要气化方法过程示意图

① 固定床气化法　煤的固定床气化是以块煤为原料，煤由气化炉顶加入，气化剂由炉底送入。气化剂与煤逆流接触，气化反应进行得比较完全，灰渣中残炭少。产物气体的显热中的相当一部分供给煤气化前的干燥和干馏，煤气出口温度低，灰渣的显热又预热了入炉的气化剂，因此气化效率高。这是一种理想的完全气化方式。

当使用含挥发分原料时，固定床气化煤气中含有焦油和酚，导致煤气净化和废水处理复杂化。这是制约固定床气化技术应用的主要原因之一。

② 沸腾床气化法　沸腾床气化又称流化床气化。采用 5～10mm 的小颗粒煤作为气化原

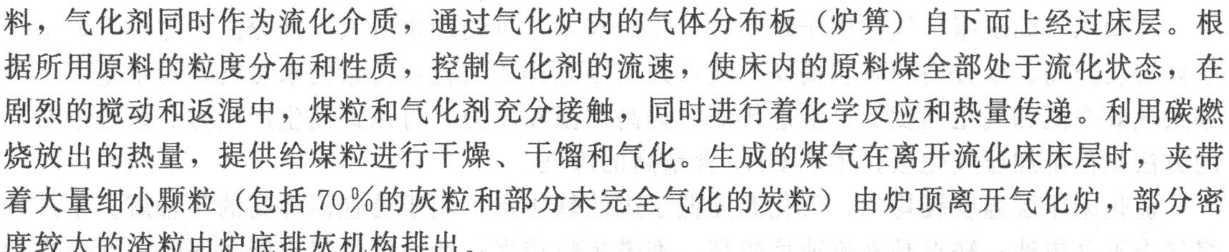

料，气化剂同时作为流化介质，通过气化炉内的气体分布板（炉箅）自下而上经过床层。根据所用原料的粒度分布和性质，控制气化剂的流速，使床内的原料煤全部处于流化状态，在剧烈的搅动和返混中，煤粒和气化剂充分接触，同时进行着化学反应和热量传递。利用碳燃烧放出的热量，提供给煤粒进行干燥、干馏和气化。生成的煤气在离开流化床床层时，夹带着大量细小颗粒（包括 70％的灰粒和部分未完全气化的炭粒）由炉顶离开气化炉，部分密度较大的渣粒由炉底排灰机构排出。

③ 气流床气化法　所谓气流床，就是气化剂（水蒸气与氧）将煤粉或煤浆夹带入气化炉进行并流气化。气流床气化原理是煤粉或煤浆并流被气化剂夹带通过特殊的喷嘴进入反应器，瞬时着火，形成火焰，温度高达 2000℃。粉煤和气化剂在火焰中作并流流动，粉煤在几秒钟内完成燃烧和气化。在高温下，所有的干馏产物都被分解，只含有很少量的 CH_4（0.02％），而且煤颗粒各自被气流隔开，单独地裂解、膨胀、软化、烧尽直至形成熔渣，煤中灰分以熔渣形式排出炉外。

④ 熔融床气化法　熔融床气化又分熔渣床、熔盐床和熔铁床三种，是指煤在高温熔融态的熔渣流及其上部空间中进行的气化。熔融床本身作为气化的热载体，兼有供热蓄热和催化气化的功能。

(4) 煤气化工艺

① 鲁奇煤加压气化　移动床（固定床）加压气化的最成熟和最具代表性的炉型是鲁奇炉（Lurgi)。鲁奇炉采用氧气-水蒸气或空气-水蒸气为气化剂，在 2.0～3.0MPa 的压力和 900～1100℃温度条件下进行连续气化。

鲁奇煤加压气化克服了常压移动床气化炉生产的煤气热值低、煤气中 CO 含量高、气化强度低、生产能力有限以及煤气不宜远距离输送的问题。

② 温克勒煤气化法　气化过程的气化压力到 1MPa，这不但降低了合成气再压缩的能量，而且提高了生产能力。气化强度增加大约与压力的平方根成正比。加压下可改善流化状态，床层带出物量也大为减少。加压也有利于甲烷生成，减少氧耗。

提高气化温度，有利于二氧化碳还原和水蒸气分解，提高了氢和一氧化碳浓度，从而提高碳转化率和煤气产率。

③ 考伯斯-托茨克气化　考伯斯-托茨克（Koppers-Totzelt）气化是煤与氧气和水蒸气常压气化，采用细粉煤与气化剂并流的气流床气化工业生产方法。

进料煤中有 70％粒度小于 75μm，煤中大部分灰分在火焰区被熔化，以熔渣形式进入熔渣激冷槽呈粒状，由出灰机移走，其余灰分被气体带走。炉上部的废热锅炉回收出炉热煤气（1400～1500℃）的显热，煤气先在辐射段被冷却至 1100℃以下，然后在上部对流段冷却至低于 300℃，废热锅炉产生 10MPa 高压水蒸气。

这种高温并流气化有利于制取合成气，所有煤的有机质全转化成热力学稳定化合物，如 CO_2、CO、H_2、H_2O，因此煤气冷却时无焦油、油类、苯、酚等冷凝物析出，煤气净化简单，废水处理容易。

④ 德士古气化　德士古（Texaco）气化是水煤浆进料的加压煤气化工艺，生成熔融灰渣，以液态排出。该法对原料煤种限定较少，可以处理所有烟煤，煤灰分可达 28％。由于高温气化反应，无焦油和烃生成，煤气净化简单。高压生产合成气，后续加工经济，液态排渣，气化反应完全，碳转化率可达 95％～99％，气化效率 76％。由于煤浆含水高，热效率不高，如果煤含量由 70％增至 80％，热效率可由 76％提高到约 79％。

在煤气化发展过程中，由于原料煤性质不同，形成了不同的气化方法，以反应器型式分，有固定床式、流化床式和气流床式等。煤气化不同的工艺技术特征归纳如下。

移动床（固定床）气化用于块状煤气化的技术，可处理水分大、灰分高的劣质煤，适用于处理灰分高、水分高的块状褐煤；缺点是当固态排渣时耗用过量的水蒸气，污水量大，并导致热效率低和气化强度低；液态排渣时提高炉温和压力，可以提高生产能力。该法最常用的方法是鲁奇加压气化法，生产 CH_4 含量高的煤气。

流化床床层温度较均匀，气化温度低于煤的软化点，用于处理活性高的年轻煤。生产的煤气中不含焦油；缺点是气流速度较高，携带焦粒较多；活性低的煤碳转化率低；活性高的褐煤生成的煤气中甲烷含量增加；按炉身单位容积计的气化强度不高；煤的预处理、进料、焦粉回收、循环系统较复杂庞大。煤气中粉尘含量高，后处理系统磨损和腐蚀较重；高温高压炉（如 HTW）上述缺点有所改善。沸腾床法常用的是温克勒气化法，高温温克勒（HTW）气化法适合于合成气生产。

气流床气化典型的是粉煤高温常压液态排渣 K-T 气化法以及水煤浆连续加料高温高压液态排渣 Texaco 法，优点是煤种限制少，温度高、碳的转化率高，单炉生产能力大，煤气中不含焦油，污水问题小等；缺点是除尘系统庞大，废热回收系统昂贵，煤处理系统庞大，耗电大。Texaco 炉适合生产合成气。

综上所述，三种气化方法均有各自的优缺点。工业实践证明，它们有各自比较适应的经济规模。移动床气化可应用于较小的容量规模，气流床气化较适用于大规模生产，流化床气化则介乎中间。气流床对煤种适应性强，清洁、高效，代表着当今技术发展潮流。

11.2.3 合成气制甲醇

(1) 甲醇的性质和用途

分子式 CH_4O，相对分子质量 32.04，相对密度 d_4^{20} 0.791。甲醇为无色透明液体。熔点 −97.6℃，沸点 64.8℃。纯甲醇是无色、易流动、易挥发的可燃液体，带有与乙醇相似的气味。

甲醇是最重要的工业合成原料之一，是三大合成材料及农药、医药和染料的原料，大量用于生产甲醛和对苯二甲酸二甲酯。甲醇法合成醋酸的产量已占整个醋酸产量的 50%。甲醇经醚化生成的甲基叔丁基醚已成为当前高辛烷值汽油的主要添加剂。甲醇脱水生产二甲醚（DME）是很好的汽柴油替代品。目前用甲醇为原料制汽油（MTG 技术）、低碳烯烃（MTO 技术）、芳烃（MTA 技术）、乙二醇（羰基氧化）等已经成为新煤化工的代表，成为串联煤化工与石油化工重要的中间化工产品，前途十分广阔。用甲醇还可以合成人造蛋白即 SCP，以代替粮食作为禽畜的饲料。

(2) 甲醇的合成

① 合成反应条件　先将煤或天然气转化成 H_2 和 CO 合成气，再由合成气合成为甲醇，这是一个可逆反应

$$CO+2H_2 \rightleftharpoons CH_3OH(g) \tag{11-3}$$

反应目前采用铜系催化剂 $CuO\text{-}ZnO\text{-}Al_2O_3$，但铜系催化剂对硫和氯特别敏感，因此要求原料气中基本不含硫和氯。反应操作压力 5～10MPa，反应温度 230～290℃，氢气与一氧化碳的摩尔比为 (2.2∶1)～(3.0∶1)，并加有少量惰性气体，空速为 $10000h^{-1}$ 左右 [$Nm^3/(m^3$ 催化剂 · h)]。

② 生产工艺流程　煤制甲醇典型工艺路线框图见图 11-5。

根据所用催化剂的不同，可分为高压、中压和低压合成三种方法。其中低压法技术经济指标先进，现在世界各国合成甲醇已广泛采用低压合成法，低压法合成甲醇工艺流程如图 11-6 所示。合成甲醇工艺包括合成气的压缩、合成、精制等工序。

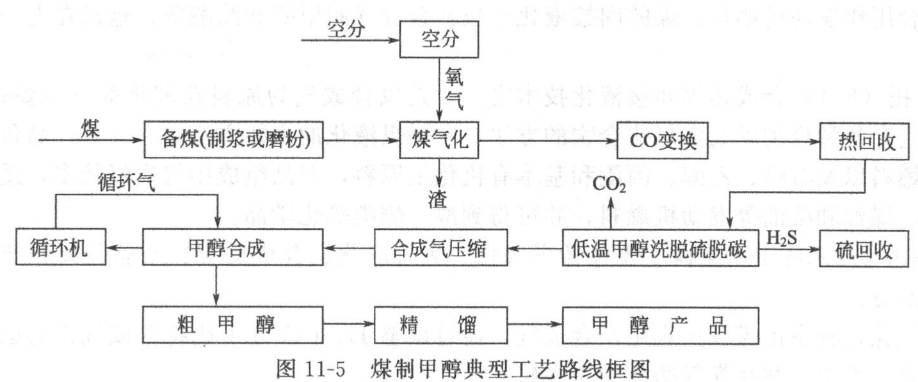

图 11-5 煤制甲醇典型工艺路线框图

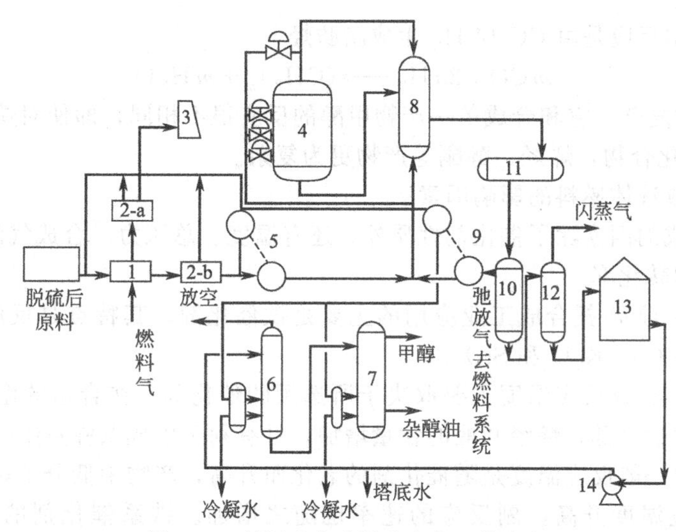

图 11-6 低压法合成甲醇生产工艺流程

1—加压蒸汽转化炉；2-a，2-b—热交换器；3—烟囱；4—合成塔；5—合成气压缩机；6—第一蒸馏塔；7—第二蒸馏塔；8—热交换器；9—循环机；10—分离器；11—水冷凝器；12—闪蒸塔；13—粗甲醇罐；14—泵

合成气经加氢脱除硫化物后与蒸汽混合，预热进入加压蒸汽转化炉。在 800～850℃进行烃类蒸气转化反应，产生合成气。合成气经换热、冷却和压缩进入合成塔，进行合成反应。从反应器出来的气体中含 6%～8%的甲醇，经换热器换热后进入水冷器，使产物甲醇冷凝，然后将液态的甲醇在气液分离器中分离，得到粗甲醇。排出气体中含有大量未反应的 H_2 和 CO，部分排出系统作燃料，大部分经循环气压缩机压缩后与新鲜合成气混合再进入反应器。粗甲醇入闪蒸罐闪蒸出溶解的气体后还含有两类杂质，可用两个塔精制。

11.2.4 间接液化合成燃料油（费-托法）

世界煤炭资源远比石油丰富，利用液化技术将煤转化为发动机燃料和化工原料的工艺有战略意义。煤液化（coal liquefaction）是指煤经化学加工转化为液体燃料的过程。煤液化可分为直接液化和间接液化两大类过程。

煤气化生成合成气（$CO+H_2$），再由合成气合成液体燃料或化学产品，称为煤的间接液化。煤间接液化主要有两个工艺路线：一个是合成气费-托合成（Fischer-Tropsch），另一个是合成气-甲醇-汽油（MTG）的 Mobil 工艺。费-托合成所产液体产品主要是脂肪族化合物，适合用作发动机燃料。煤的间接液化还包括合成气制甲醇和醋酸等，这已在上一节中做了介绍。

费-托（F-T）合成是煤间接液化技术之一，是以合成气为原料在催化剂（主要是铁系）作用下生产各种烃类以及含氧化合物的方法，它是煤液化的主要方法之一。其产品包括气体和液体燃料以及石蜡、乙醇、丙酮和基本有机化工原料，产品组成中轻质烃较多，适宜于生产汽油、煤油和柴油等发动机燃料，并可得到醇、酮类等化学品。

费-托合成总的工艺流程主要包括煤气化、煤气净化、合成反应、产品分离和产品精制改质等部分。

在气化过程中由煤或焦炭生产合成气，通过调整 H_2/CO 分子比将合成气作为原料。在煤气净化过程中，并在煤气净化中脱去硫。

（1）化学反应

费-托合成基本反应是由 CO 加 H_2 生成脂肪烃

$$mCO+2nH_2 \longrightarrow (CH_2)_n+mH_2O \tag{11-4}$$

F-T 反应非常复杂，它和合成单一产物甲醇的反应很不相同，即使对烷烃来说，其产品也包括 C_1～C_5 的化合物，烯烃、醇酮等产物更为复杂。

（2）费-托合成液体燃料的影响因素

影响费-托合成的因素除了催化剂性质外，还有温度、总压力、合成气的 H_2/CO 比、空速、循环比和单程转化率。

① 催化剂　目前费-托合成工业应用的主要是铁催化剂，其特点是反应温度相对较高，使用的助催化剂有 Cu、K_2O 和 SiO_2。

② 反应温度　合成反应温度主要取决于所选用的催化剂。在合适的温度范围内，随温度升高，饱和烃含量降低，烯烃和醛的含量增加，且有利于生成低沸点组分。

在生产过程中一般反应温度是随催化剂的老化而升高，产物中低分子烃随之增多，高分子烃减少。但反应温度升高，副反应的速率也随之增加。铁系催化剂的反应温度范围为200～350℃。

③ 反应压力　压力增加，产物中重组分和含氧物增多。压力增加反应速率加快，但压力太高，CO 可能与主催化剂金属铁生成易挥发的羰基铁［$Fe(CO)_5$］，使催化剂的活性降低，寿命缩短，生产中采用 1～3MPa。

④ 原料气组成　（$CO+H_2$）体积分数越高，反应速率越快，转化率增加；放热量增多，易造成床层温度过高；一般控制在 80%～85%。

H_2/CO 比提高，生成轻质产品的选择性提高，不饱和化合物减少，C_3 和较高烃减少。合成气中的氢气与一氧化碳的摩尔比要求在 1.5～2.5，H_2/CO 的标准值为 1.85。

⑤ 空速　在适宜的空速下合成，油的收率高；空速增加，通常转化率降低，产物变轻，并有利于烯烃的生成。

（3）反应器类型

工业上采用的反应器有固定床管式反应器、气流床反应器和浆态床反应器。以生产柴油为主，宜采用固定床反应器；以生产汽油为主，则用气流床反应器较好。近年来正在开发的浆态反应器，则适宜于直接利用德士古煤气化炉或鲁奇熔渣气化炉生产的氢气与一氧化碳之摩尔比为 0.58～0.7 的合成气。

费-托合成是强的放热反应，反应器中大的温度梯度可造成反应选择性差，从而生成甲烷和在催化剂上析出碳。所以反应器设计的重点是如何移除大量的反应热而使反应的选择性最佳、催化剂使用寿命最长、生产最为经济。

① 固定床反应器（Arge 反应器） Arge 反应器的结构示意见图 11-7。为了保持反应温度恒定，Arge 反应器夹套中的水面高度必须保持恒定以移走反应热。管式反应器采用较低的反应温度和活化沉淀铁催化剂，产品在室温下呈液态和固态。反应过程不析出碳。反应器尺寸较小，操作简便。由于反应热靠管子的径向传热导出，故管子直径的放大受到限制。

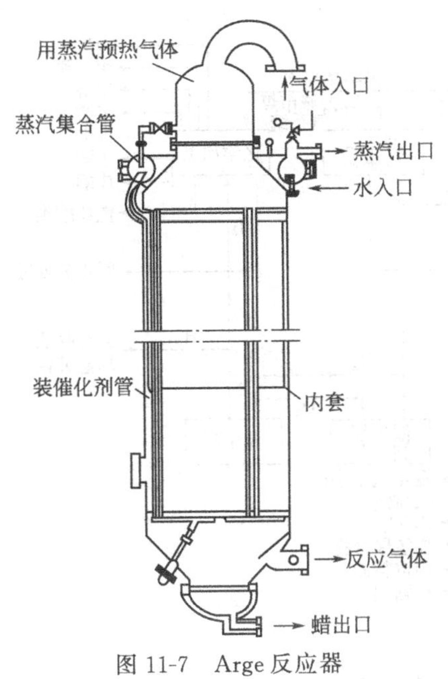

图 11-7 Arge 反应器

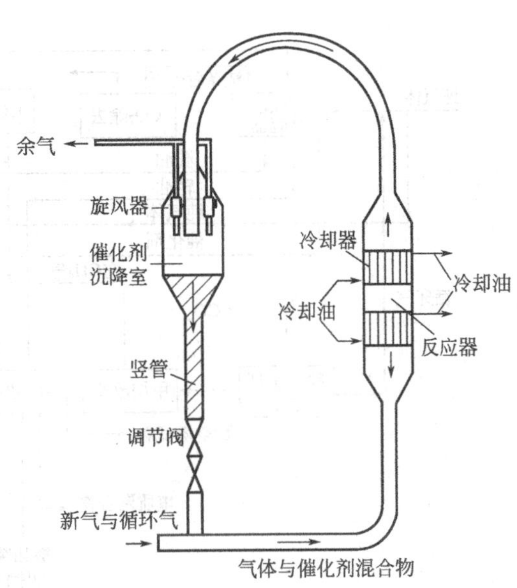

图 11-8 Synthol 反应器

② 气流床反应器（Synthol 反应器） 此种反应器使用熔铁粉末催化剂，催化剂悬浮在反应气流中，并被气流夹带至沉降器。沉降室内有两个旋风分离器，分离产品气中催化剂细粉部分。催化剂循环量经调节阀控制进入合成气流，再进入反应器。气流床中反应热的外传效率高，控制温度好，催化剂可连续再生，单元设备生产能力大，结构比较简单。Synthol 反应器的结构示意见图 11-8。

③ 浆态床反应器（液相悬浮鼓泡床） 浆态床如同鼓泡的液体床（见图 11-9）。在浆态床反应器中，床内为高温液体（如熔蜡），催化剂微粒悬浮其中，合成原料气以鼓泡形式通过，呈气、液、固三相的流化床。与气流床相比，浆态床的操作条件和产品分布的弹性大，阻力大，传递速率小。

浆态床反应器有利于大型化，因此生产能力最大。液相悬浮鼓泡床产生的反应热由高压水蒸发移出，合成低分子产物由气相获得，高沸点产物由液相分离出来。与气流床比较，浆态床反应温度较低，从而改善了蜡产率。浆态床的操作条件和产品分布的弹性大，适合于生产化学产品。

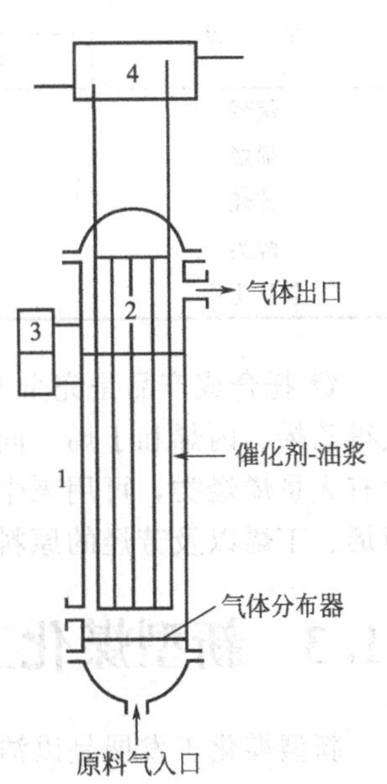

图 11-9 浆态床反应器
1—泡沫塔式反应器；2—冷却管；3—液面控制器；4—蒸汽收集器

(4) 生产工艺

现代费-托合成工艺选用了现代炼油技术，例如聚合、加氢、异构化、选择裂解等工艺，以便生产高级动力燃料油。

费-托合成工艺流程示意如图 11-10 所示。反应器为 Arge

反应器，壳径约3m，内部安装有2in（1in=0.0254m）管约2000根，管内充填颗粒状的沉淀铁催化剂，催化剂层高约13m，壳内通热水，调节水蒸气压力可以调节热水的温度，也可以控制反应温度。条件为反应压力约2.5MPa，平均温度为232℃。生产的动力燃料符合商品质量要求，不需要掺混天然原油精炼产品，汽油辛烷值可达85～88，柴油十六烷值为47～65。F-T合成产品分布见表11-1。

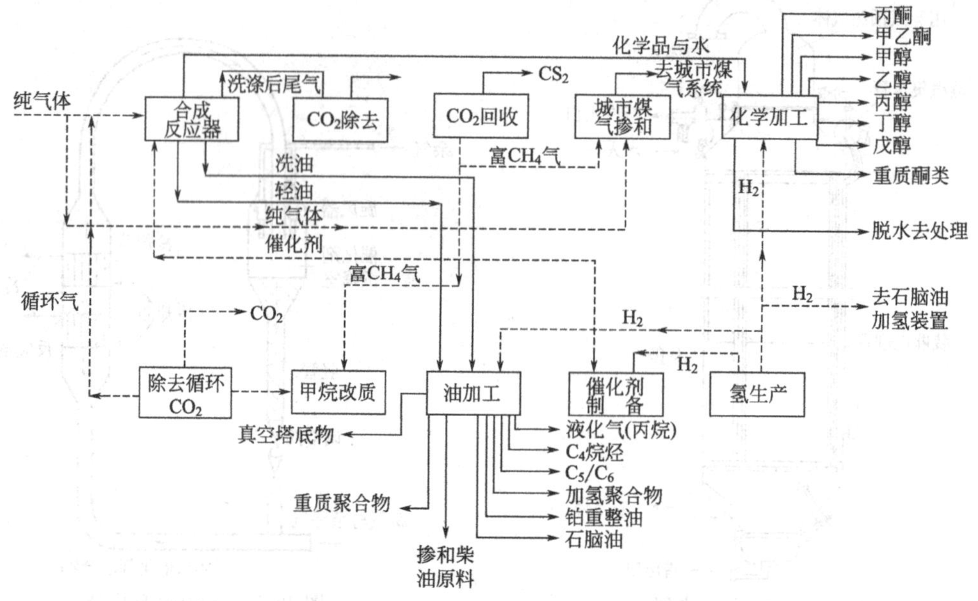

图11-10 费-托合成工艺流程

表11-1 Arge与Synthol法产品族组成 单位：%

组分	Arge		Synthol	
	C_5～C_{12}	C_{13}～C_{18}	C_5～C_{10}	C_{11}～C_{14}
烷烃	53	65	13	15
烯烃	40	28	70	60
芳烃	0	0	5	15
醇类	6	6	6	5
羰基化物	1	1	6	5

费-托合成产品是完全无硫的，可以用作石油化学合成的优质原料。Synthol法可以直接获得乙烯、丙烯和丁烯，同时产生的乙烷和丙烷也能进一步裂解成乙烯和丙烯。液态产品中含有大量烯烃类，可用来生产低级醇和洗涤剂。加氢后的石脑油馏分可作为热裂解制乙烯、丙烯、丁烯以及芳烃的原料。

11.3 新型煤化工技术简介

新型煤化工发展是以洁净能源和化学品为目标产品，应用煤转化高新技术，建成未来新型煤炭-能源化联合产业，包括煤制油、煤制天然气、煤制烯烃等工艺，被视为潜力巨大的新兴产业而受到极大追捧。新型煤化工技术是旨在减少污染和提高效率的煤炭加工、燃烧、转化和污染控制等一系列新技术的总称，它是将煤进行最大限度潜能的利用且将煤释放的污染控制在最低水平，达到煤的高效、洁净利用的技术。

目前，新型煤化工技术主要包括：

① 煤的直接液化技术，生产汽油、柴油等液体燃料及其他化工产品；

② MTO/MTP 技术，利用煤气化得到的合成气为原料制甲醇，再利用甲醇制低碳烯烃的技术；

③ 制乙二醇技术，利用煤气化得到的 CO 气相氧化偶联得到草酸二甲酯，草酸二甲酯再加氢制乙二醇；

④ 煤制人工天然气技术。

11.3.1 煤的直接液化

煤的直接液化是在高压（10～30MPa）、高温（425～470℃）下，经催化剂作用加氢使煤转化为液态烃，所以又称为煤的加氢液化。液化产物可进一步加工成各种液体燃料。煤在重油的悬浮液中液化，这样有 60%～70%的煤转变成重质油，然后再把这些重油放入加氢裂解装置中通入氢气，在高压下裂解反应成汽油。

(1) 技术关键

① 原料要求　直接液化使用的原料煤要求低灰、磨细、干燥的褐煤，以及高挥发分的长焰煤和不枯煤。由于煤种限制非常严格，能用于直接加氢液化的煤种不多，因此该法应和煤的间接液化法配合使用。

② 转化过程　固态煤和液态的石油虽然主要是由碳和氢组成，但在结构、组成和性质上有很大差异，除了煤所含杂质量比石油高外，石油的氢碳原子比高于煤，原油为 1.76，而煤只有 0.3～0.7。另外石油的主要成分是低分子化合物，而煤的主要成分是高分子聚合物。因此要把煤转化为油，需加氢、裂解和脱灰。

③ 供氢溶剂　反应中需要的氢主要来源于溶解于溶剂中的氢以及化学反应生成的氢（如 $CO+H_2O \longrightarrow CO_2+H_2$），所以溶剂的供氢能力对液化有重要影响。

溶剂对煤液化也有较大影响，由于溶剂的存在，便于氢的传递，供氢溶剂的存在则可提高煤液化率。工业生产采用液化产物馏分油作为循环溶剂，循环溶剂应具有如下性质：含供氢体化合物高，最好是氢化芳烃；极性化合物含量少；有足够高的沸点和黏度，沸点范围为 200～460℃。

④ 高效催化剂　采用工业加氢及加氢裂解通常使用的催化剂，主要组成为 Ni-Mo/Al_2O_3 或 Co-Mo/Al_2O_3，但成分略有调整。也有采用低廉的微粉合成硫化铁或天然硫铁矿等铁基催化剂的。

(2) 产物的分离

煤加氢液化产物组成十分复杂，包括气、液、固三相的混合物。可以根据产物在不同溶剂中溶解度的不同，对液固部分进行抽提分离。例如用苯抽提，得到的苯不溶物再用吡啶或四氢呋喃抽提，除去不溶的残渣（未转化的煤、矿物质和外加催化剂），可溶物为前沥青烯（重质煤液化产物），其平均分子量约 1000，杂原子含量较高。

煤液化气体有 H_2O、H_2S、NH_3、CO_2 和 CO、C_1～C_4 等。用蒸馏法分离得到轻质油品，其中沸点＜200℃部分为轻油或石脑油，沸点 200～325℃部分为中油。轻油中含有较多的酚，轻油的中性油中苯族烃含量较高，经重整可比原油中石脑油得到更多的苯类，中油中含有较多的萘系和蒽系化合物，另外还含有较多的酚类与喹啉类化合物。

就固液分离而言，多数用蒸馏方式，有的也采用超临界萃取方法。残渣用于气化制氢。

(3) 生产工艺

① 德国直接液化新技术（New IG）　IG 法煤直接液化是采用两段加氢法。第一阶段为

液相加氢，第二阶段则是以第一阶段加氢产物为原料进行中间产物的催化气相加氢制得汽油产品。由于加氢工艺分别在液相和气相两段进行，都可以独立地控制在最佳条件下进行催化反应。工艺简化流程见图 11-11。

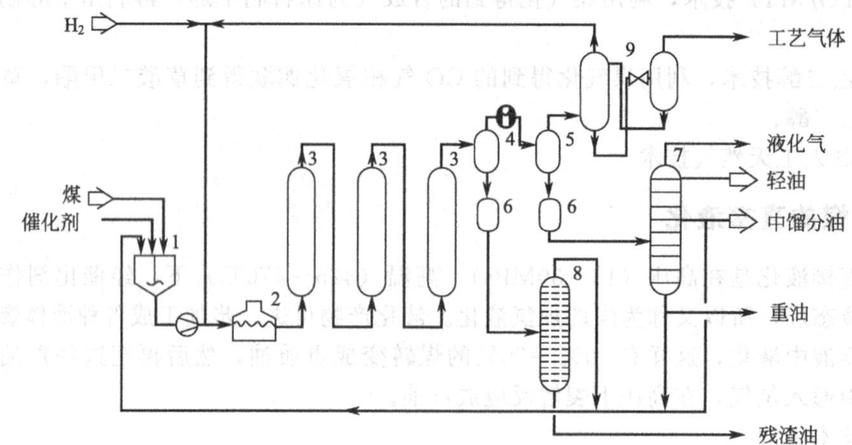

图 11-11 鲁尔/威巴石油公司液化装置工艺流程

1—混合器；2—预加热炉；3—加氢反应器；4—热分离器；5—冷分离器；6—闪蒸罐；7—常压蒸馏；8—减压蒸馏；9—气体洗涤塔

磨细的煤和铁催化剂与过程自产油按一定比例混合，加入氢气后，在管式炉中加热，在一台大容积的加氢反应器或三台串联反应器中，于压力 30MPa 和温度 485℃下进行加氢裂化。反应产物在热分离器中分离为塔顶产物和塔底产物。塔底产物（包括所有固体物——未转化煤、灰和催化剂以及高沸点组分）进入减压塔蒸馏。减压塔顶产物用作过程循环油，塔底残渣油送德士古气化炉气化生产氢气。热分离器的顶部产物进一步在冷分离器分成气体和液体，气体经油洗净化后返回液相加氢，而液体烃通过常压蒸馏分为轻油（<185℃）、中馏分油（185～325℃）和高沸点塔底产物。

② 德国煤加氢液化与加氢精制一体化联合工艺 IGOR　IGOR 工艺是德国在 IG 工艺基础上提出的两段液化法，如图 11-12 所示。

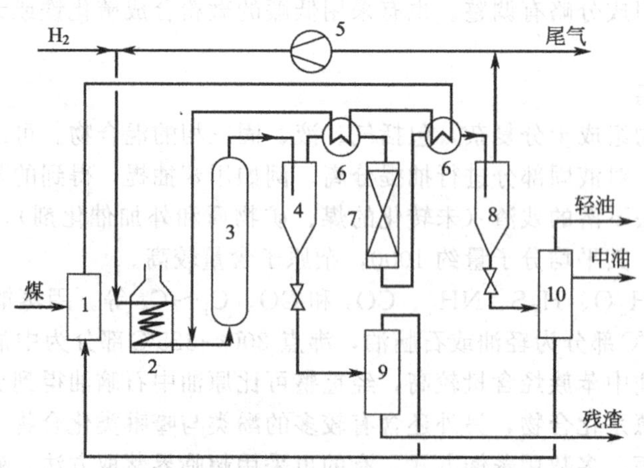

图 11-12 德国 IGOR 煤液化工艺流程

1—煤浆配制；2—加热炉；3—反应器；4—高温分离器；5—循环压缩机；6—煤浆换热器；7—二次加氢反应器；8—低温分离器；9—减压蒸馏；10—常压蒸馏

在高温分离器和低温分离器之间，增加了一个固定床加氢反应器，把一段加氢液化和二段液化油加氢组合在一起，使液化油产率增加了 10%左右。工艺主要包括煤浆制备、液化反应、两段催化加氢、液化产物分离和常减压蒸馏工艺过程。

该工艺的特点是原料煤经该工艺过程液化后，可直接得到加氢裂解及催化重整工艺处理的合格原料油，从而改变了以往煤加氢液化制备的合成原油还需再单独进行加氢精制工艺处理的传统煤液化模式。德国 IGOR 煤液化工艺可得到杂原子含量极低的精制燃料油，其油品是无色透明状物质。

③ 日本 NEDOL 煤液化技术　该工艺由煤前处理单元（煤浆制备）、液化反应单元、液化油蒸馏单元及循环溶剂加氢单元 4 个主要单元组成，NEDOL 煤液化中试装置工艺流程见图 11-13。

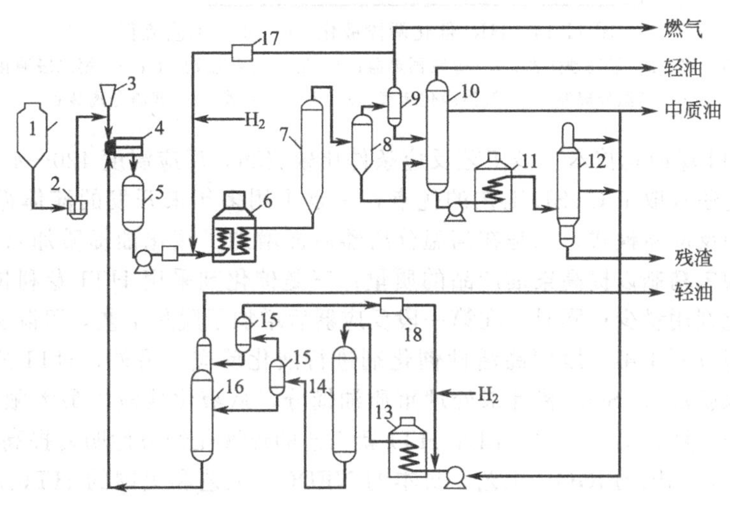

图 11-13　NEDOL 煤液化工艺流程

1—原料煤储槽；2—粉碎机；3—催化剂储槽；4—煤浆混合器；5—煤浆储槽；6—煤浆预热器；7—液化反应器；8—高温分离器；9—低温分离器；10—常压蒸馏塔；11—常压塔底重油预热器；12—真空闪蒸塔；13—循环油预热器；14—固定床加氢反应器；15—分离器；16—汽提塔；17,18—循环氢气压缩机

NEDOL 煤液化工艺属于一段煤液化反应过程，它吸收了美国 EDS 工艺与德国新工艺的技术经验。所产液化油的质量高于美国 EDS 工艺，但 NEDOL 煤液化工艺流程较为复杂。NEDOL 煤液化工艺的主要产品有轻油（沸点<220℃）、中质油（沸程 220～350℃）和重质油（沸程 350～538℃），液化油含有较多的杂原子，还需加氢提质才能获得合格产品。

④ 美国 HRI 的氢-煤（H-Coal）法和催化两段液化（CTSL）法　H-Coal 法是由石油重油催化加氢的 H-Oil 法演变而来的。该法是催化加氢液化法，可以用褐煤、次烟煤或烟煤为原料，生产燃料油或合成原油。使用该法应将煤粉碎至小于 60 目，干燥，用液化循环油作溶剂制成煤浆，煤浆与氢气混合后经预热进入流化床反应器进行煤裂化催化加氢液化反应。床内装有颗粒状 $Co\text{-}Mo/Al_2O_3$ 催化剂，反应温度 450℃，压力 16～19MPa。反应器底部设有高温油循环泵，使循环油向上流动以保证催化剂处于流化状态。由于催化剂的密度比煤高，催化剂可保留在反应器内，而未反应的粉煤随液体从反应器排出。反应产物的分离方法与 New IG 相近。

催化两段液化（CTSL）工艺的煤液化油收率高达 77.9%，成本比一段煤液化工艺降低 17%，使煤液化工艺的技术性和经济性都有明显提高和改善。

工艺的第一段和第二段反应器都装有高活性的加氢和加氢裂解催化剂，使用的工业加氢及加氢裂解催化剂是 Co-Mo/Al_2O_3 或 Ni-Mo/Al_2O_3。CTSL 液化工艺流程见图 11-14。

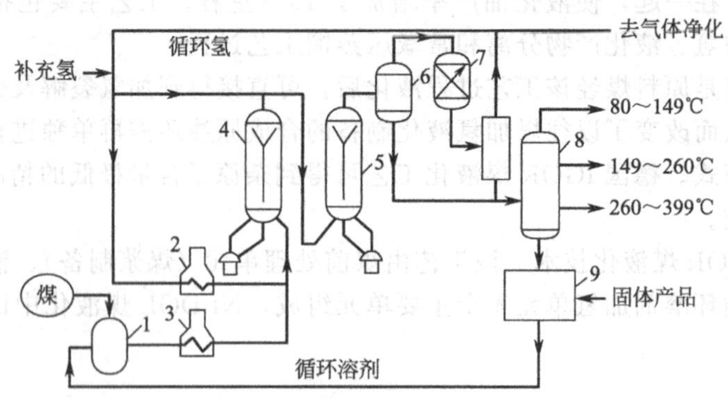

图 11-14 HRI 催化两段液化（CTSL）工艺流程

1—煤浆混合罐；2—氢气预热器；3—煤浆预热器；4—第一段液化反应器；5—第二段液化反应器；6—高温分离器；7—气体净化装置；8—常压蒸馏塔；9—残渣分离装置

⑤ 美国 HTI 煤液化技术　该工艺反应条件比较缓和，反应温度 420～450℃，反应压力 17MPa。该工艺还吸取了 CTSL 工艺的优点，一是采用多年来开发的液体循环沸腾床反应器，达到全返混反应器模式；二是在高温分离器后面增加了液化油提质加氢固定床反应器，对液化油进行加氢精制以提高柴油产品的质量；三是催化剂采用 HTI 专利技术制备的铁系胶状高活性催化剂用量少；同时，在第一段反应器后增加了脱灰工艺，可除去未反应的残煤和矿物质，从而有利于第二段用高活性催化剂进行液化反应。另外，HTI 公司固液分离采用临界溶剂萃取脱灰（CSD）装置来处理重质油馏分，从液化残渣中最大限度回收重质油，从而大幅度提高了液化油回收率。因此 HTI 新工艺的煤液化经济性明显提高。

上述工艺中，德国的 IGOR 工艺、日本的 NEDOL 工艺和美国的 HTI 工艺被认为是相对成熟的 3 种典型的煤直接液化工艺。

11.3.2 甲醇制低碳烯烃技术

煤制甲醇再制烯烃技术的开发是基于我国的资源和产业现状，以现实的需求为出发点而做出的选择。我国现有的烯烃等低碳烯烃的生产技术基本以石油为原料，其生产消耗了大量石油。然而，我国石油资源匮乏，目前已探明的石油储量仅占全球的 1.2%，消费量却占世界的 9.7%，已成为全球第二大石油消费国和进口国。为了改变和缓解这种局面，我国近年来重点发展甲醇制烯烃技术以替代石油作为原料生产烯烃。

甲醇制烯烃（MTO）技术最早由美国 Mobil 公司于 20 世纪 80 年代提出，国际上一些著名的石油和化学公司如埃克森美孚（Exxon-Mobil）、巴斯夫（BASF）、环球石油（UOP）和海德鲁（Hydro）都投入大量资金和人员进行了多年的研究。1995 年，UOP 与挪威 Hydro 公司合作建成一套 0.75t/d 甲醇加工能力的示范装置，甲醇转化率接近 100%，乙烯和丙烯的碳基质量收率达到 80%，从而揭开了工业试验的序幕。

(1) 反应机理

不论是 MTO（生产混合低碳烯烃）技术还是 MTP（生产丙烯）技术，都是在催化剂作用下甲醇先脱水生成二甲醚（DME），然后 DME 与原料甲醇的平衡混合物脱水继续转化为以乙烯、丙烯为主的低碳烯烃，少量 C_1～C_5 的低碳烯烃进一步反应生成分子量不同的饱和烃、芳烃、C_6^+ 烯烃及焦炭。反应方程式如下

$$2CH_3OH \longrightarrow CH_3OCH_3(DME) + H_2O \tag{11-5}$$

$$nCH_3OCH_3 \longrightarrow 2C_nH_{2n} + nH_2O \quad n=2\sim8 \tag{11-6}$$

(2) 生产工艺

① MTP 技术　德国 Lurgi 公司开发的甲醇制丙烯（MTP）工艺，利用固定床甲醇生产丙烯，催化剂采用 Snd-Chemie 开发的改性 ZSM-5 催化剂，其特点是甲醇经 2 个连续的固定床反应器，甲醇在第 1 个反应器中首先转化为二甲醚，在第 2 个反应器中转化为丙烯。

② DMTO 技术　DMTO 是中国科学院大连化学物理研究所（大连化物所）开发的具有自主知识产权的甲醇制取低碳烯烃技术。前部分使甲醇转化为低碳烯烃，总体流程与催化裂化装置相似，包括反应再生、急冷分馏、气体压缩、烟气能量利用和回收、反应取热和再生取热等部分。后部系统为烯烃的精制分离部分，与管式裂解炉工艺的精制分离部分相似。简易的工艺流程见图 11-15。

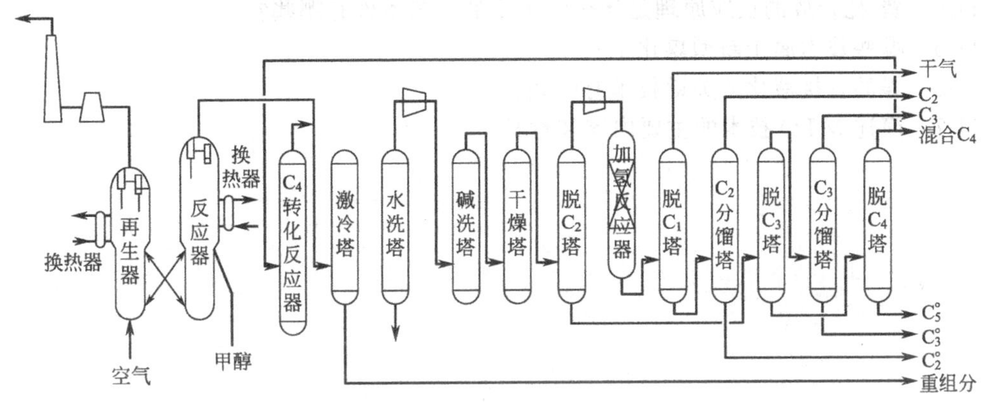

图 11-15　DMTO 工艺流程示意图

其特点是将甲醇转化与其产物中的 C_4 以上组分再转化进行耦合（2 个反应采用同一种催化剂）。使热量利用更合理，烯烃收率更高，其甲醇转化率达 99.97%，双烯（乙烯丙烯）选择性为 85.68%。

11.3.3　甲醇制乙二醇技术

煤制乙二醇技术，即以煤基合成气中的 CO 和 H_2 为原料制备乙二醇，具有成本低、能耗低、水耗低、污染小等优点，已成为煤化工领域的研究热点和关注焦点。

合成气制乙二醇的关键技术之一是催化剂的选择、设计和制备。近年来我国上海石化院，集中研究合成气制乙二醇的催化剂技术，重点是 CO 偶联制草酸二甲酯及草酸二甲酯催化加氢合成乙二醇的催化剂研制及工业放大生产；大型装置工艺及设备的研究开发，重点是反应器的开发；产品精制技术的开发，及系统物料安全的控制技术研究等，具体反应如下：

CO 催化偶联合成草酸酯的反应

$$2CO + 2ROH + \frac{1}{2}O_2 \longrightarrow (COOR)_2 + H_2O \tag{11-7}$$

草酸酯加氢制乙二醇

$$(COOR)_2 + H_2 \longrightarrow (CH_2OH)_2 + 2ROH \tag{11-8}$$

2010 年金煤集团已经成功完成了 10000t/y 的中试工作。中试装置以合成气为原料，经过氧化脱氢、氧化酯化、CO 偶联、草酸二甲酯加氢等工艺单元生产乙二醇产品。中试研究结果表明，对于 CO 偶联反应，在压力 0～0.5MPa、温度 120～160℃、体积空速 1000～3000h^{-1} 条件下草酸二甲酯收率较高，催化剂寿命在 3 年以上；对于草酸二甲酯加氢制乙二醇反应，在反应温度为200～240℃、反应压力为2.8～3.5MPa、草酸二甲酯空速为0.3～0.5h^{-1}、氢酯比为80～120的条件下，草酸二甲酯转化率≥98%，乙二醇选择性≥90%，催化剂寿命预期1年以上。通过高性能偶联、加氢催化剂的开发，结合产品精制工艺，产品完全达到聚酯级质量要求，为大型乙二醇装置开发积累了数据，提供了有力的技术支撑。

思考题

11-1 煤的利用主要分几部分？各自的主要产品是什么？

11-2 煤气化的主要产品有哪些？主要用途是什么？

11-3 简述低压法合成甲醇的工艺路线。

11-4 费-托合成的反应原理是什么？主要的工艺条件有哪些？

11-5 哪些技术属于新型煤化工？

11-6 煤的直接液化的关键技术有哪些？

11-7 简述MTO技术的主要内容和意义。

第12章 Chapter 12

典型无机化工产品的生产过程

无机化工是无机化学工业的简称，无机化学工业是以天然资源和工业副产物为原料生产硫酸、硝酸、盐酸、磷酸等无机酸，纯碱、烧碱、合成氨、化肥以及无机盐等化工产品的工业。广义上也包括无机非金属材料和精细无机化学品，如陶瓷、无机颜料等的生产。

无机化学工业是发展最早的化工部门，在推动化工技术的发展上做出过重要的贡献。例如在过去，曾以硫酸产量的多少为标志，衡量一个国家化学工业的发达程度，后来则让位于乙烯的生产能力，当前则要看化工产品的精细化率。

12.1 概述

12.1.1 无机化工的特点

① 无机化工发展历史长，为化工单元操作的形成和发展奠定了基础，对人类生存和科技发展具有积极的推动作用和影响。例如：合成氨生产过程需在高压、高温以及有催化剂存在的条件下进行，它不仅促进了这些领域的技术发展，也推动了原料气制造、气体净化、催化剂研制等方面的技术进步，而且对于催化技术在其他领域的发展也起了推动作用，为其他化工行业，尤其是现在热门的石油化工行业提供了很好的借鉴。

② 无机化工产品是重要的、用途广泛的基本化工原料，与其他化工产品比较，产量大，通用性强。

③ 与有机化工产品相比，除无机盐品种繁多外，其余品种相对较少，生产过程相对简单。

④ 新型无机化工产品不断出现，技术含量高，逐渐形成新的无机化工材料产业。如锂离子电池材料等。

12.1.2 无机化工的原料

无机化学工业的原料大致可分为五大类：空气、水、化学矿物、化石燃料（煤、石油、天然气等）及生物质资源。

很多工业部门的副产物和废物，也是无机化工的原料，例如：钢铁工业中炼焦生产过程的焦炉煤气，其中所含的氨可用硫酸加以回收制成硫酸铵，黄铜矿、方铅矿、闪锌矿的冶炼废气中的二氧化硫可用来生产硫酸等。

12.1.3 主要的无机化工产品和用途

(1) 酸、碱（三酸、两碱）

三酸是指硫酸（H_2SO_4）、硝酸（HNO_3）、盐酸（HCl）；两碱是指烧碱（氢氧化钠，

NaOH)、纯碱（碳酸钠，Na_2CO_3）。

① 硫酸　硫酸素有“工业之母”之称，在国民经济各部门有着广泛用途，诸如，石油精制，金属材料的酸洗，铜、铝、锌等有色金属的提炼，纺织品的漂白、印染，毛皮的鞣制，淀粉的生产，除草剂、炸药等的制造都需要大量的硫酸。尤其是现代尖端科学技术领域，从铀矿中提取纯铀。作为火箭高能燃料的氧化剂，耐高温轻质钛合金和高温涂料的制造等，都离不开硫酸或发烟硫酸。

就化学工业本身而言，如化学肥料和酸类的制造，各种无机盐的生产，多种工业气体的干燥等都要使用很多硫酸；在有机化工领域，染料中间体、塑料、药品、橡胶、人造纤维、合成洗涤剂、蓄电池等的生产也都要以硫酸作原料。据统计，化学工业本身使用的硫酸量为最大，占总产量的70%～80%，其中，化学肥料所用量占1/3～2/3。

② 硝酸　硝酸是基本化学工业重要的产品之一，产量在各类酸中仅次于硫酸，主要用于制造肥料，如硝酸铵、硝酸钾等。用硝酸分解磷灰石可制得高浓度的氮磷复合肥。

浓硝酸最主要用于国防工业，是生产三硝基甲苯（TNT）、硝化纤维、硝化甘油的主要原料。硝酸广泛用于有机合成工业，用硝酸将苯硝化并经还原制得苯胺，硝酸氧化苯制造邻苯二甲酸，均可用于染料生产。

③ 盐酸　盐酸是重要的无机化工原料，广泛用于染料、医药、食品、印染、皮革、冶金等行业。随着有机合成工业的发展，盐酸（包括氯化氢）的用途更广泛。

④ 纯碱　纯碱主要用于生产各种玻璃；制取各种钠盐和金属碳酸盐等化学品；用于造纸、肥皂和洗涤剂、染料、陶瓷、冶金、食品工业和日常生活。

⑤ 烧碱　烧碱是一种基本的无机化工产品，广泛应用于造纸、纺织、印染、搪瓷、医药、染料、农药、制革、石油精炼、动植物油脂加工、橡胶、轻工等工业部门；也用于氧化铝的提取和金属制品加工。

(2) 合成氨和化肥（氮肥、磷肥、钾肥）

① 氨　氨是一种含氮化合物，是化学工业中产量最大的产品之一。氨的用途很广，除氨本身可用作化肥外，还可以加工成各种氮肥和含氮复合肥料，如氨与二氧化碳合成尿素，与多种无机酸反应制得硫酸铵、硝酸铵、磷酸铵等。氨还可以用来制造硝酸、纯碱、氨基塑料、聚酰胺纤维、丁腈橡胶、磺胺类药物及其他含氮的无机和有机化合物。在国防和尖端科学部门，用氨来制造硝化甘油、硝化纤维、三硝基甲苯（TNT）、三硝基苯酚等炸药及导弹推进剂和氧化剂等。氨还是常用的冷冻剂之一。

② 化肥　用化学和（或）物理方法制成的含有一种或几种农作物生长需要的营养元素的肥料称为化学肥料，简称化肥。化肥是提高作物单位面积产量的重要措施，也是农业生产最基础而且是最重要的物质投入。据联合国粮农组织（UAO）统计，化肥在对农作物增产的总份额中约占40%～60%。中国能以占世界7%的耕地养活了占世界22%的人口，可以说化肥起到举足轻重的作用。

只含有一种可标明含量的营养元素的化肥称为单元肥料，如氮肥、磷肥、钾肥以及次要常量元素肥料和微量元素肥料。含有氮、磷、钾三种营养元素中的两种或三种且可标明其含量的化肥，称为复合肥料或混合肥料。磷肥、氮肥、钾肥是植物需求量较大的化学肥料。

(3) 无机盐产品

无机盐系指由金属离子或铵离子与酸根阴离子组成的物质。无机盐工业的范围至今没有统一的概念。在我国，绝大多数无机化工产品都属无机盐工业范畴。

(4) 无机非金属材料（先进陶瓷、碳材料、人造金刚石等）

近年来出现了材料三大领域的提法，即把材料划分为金属材料、无机非金属材料和有机高分子材料。较早的无机非金属材料主要有水泥、玻璃和陶瓷，后来又出现了耐火材料。因为它们的成分中均含有二氧化硅这种化合物，所以又称为硅酸盐材料（它们是由二氧化硅和金属氧化物组成的化合物）。随着近代工业和科学技术的进步，使得无机材料的家族越来越庞大。如光学玻璃、工业陶瓷、石棉、石膏、云母、铸石、金刚石、石墨材料，不仅是建筑、化工、机械、冶金、电力、燃料、轻工业等工业部门不可缺少的材料，而且在国防工业和尖端技术中也有它们的重要地位。目前，这种材料发展很快，原来的硅酸盐材料已不能满足要求，一些新型无机材料成分里，不一定含有二氧化硅，这类材料称为新型无机材料。

本章只简单介绍合成氨、硫酸、纯碱和烧碱的生产方法。

12.2　合成氨的生产

地壳中氮的质量分数只有 0.0046%，而在空气中体积比却高达 78%，即每 $100m^2$ 土地的上空约有 10^6kg 的氮，这是巨大的氮资源。生物可以很好地高效自我固氮，而目前人工固氮的最好方法就是合成氨。

合成氨是指由氮和氢在高温高压和催化剂存在下直接合成的氨。哈伯（Frite Haber）在实验室开发了锇系催化剂的高温高压合成氨工艺，伯希（Bosch）则将合成氨的工艺工业化，并使用了价格低廉的铁系催化剂。1913 年德国巴登苯胺和纯碱制造公司（BASF）建立第一套合成氨生产装置。Haber 和 Bosch 也因他们在合成氨的研究和工业化方面的杰出贡献，分别于 1918 年和 1931 年获得诺贝尔化学奖。

12.2.1　合成氨的主要生产过程

合成氨的生产主要分以下三个步骤。

（1）制气

空气中含有大量的氮气，目前利用深冷压缩的方法可分离出高纯度的氮气。氢气则是以煤或原油、天然气为原料制备，这部分是合成氨制气部分的重点。

（2）原料气的净化

制得的氢气中含有一些杂质：CO、CO_2、S 等，对后续合成氨有害，需要将其浓度脱除到 10^{-6} 级。

（3）压缩和合成

合成氨需要高温、高压，净化后的合成气原料气必须经过压缩到 15～30MPa、加热至 450℃左右，在催化剂的作用下才能顺利地在合成塔内反应生成氨。

整个过程的工艺流程框图见图 12-1。

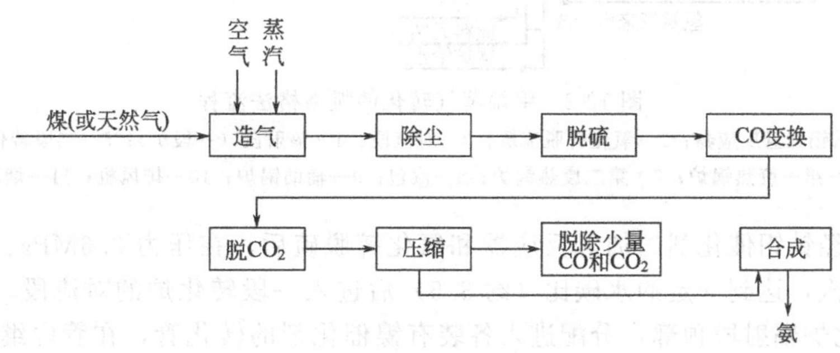

图 12-1　合成氨生产工艺流程框图

12.2.2 制氢气

合成氨的生产需要高纯氢气。氢气的主要来源有：气态烃类转化、固体燃料气化和重质烃类转化。其中以天然气为原料的气态烃类转化过程经济效益最高，因此目前天然气及石脑油等轻质烃类是烃类蒸气转化法中的主要原料。

(1) 主要化学反应

气态烃原料是各种烃的混合物，主要成分为甲烷（CH_4），此外还有一些其他烷烃和少量烯烃。当与蒸气作用时，可以同时进行若干反应。在烃类蒸气转化过程中，各种烃类与水蒸气反应都要经历甲烷蒸气转化阶段。因此，气态烃的蒸气转化可用甲烷蒸气转化表述，主反应有

$$CH_4 + H_2O \longrightarrow CO + 3H_2 \tag{12-1}$$

$$CO + H_2O \longrightarrow CO_2 + H_2 \tag{12-2}$$

(2) 工艺条件

以烃为原料蒸气转化法制取合成氨原料气时，工业上大多采用二段转化流程。转化过程的分段：一是为了解决反应钢管的耐高温问题；二是为了加入适量的氮气以得到氢气/氮气比约为 3 的合格原料气。

实际生产装置的操作压力已为 3.5～5.0MPa；一段转化炉反应温度为 850～860℃，二段转化炉为 1000℃以上；为了提高甲烷的转化率和避免析碳，可以控制水碳比在 2.5～3.5。

(3) 烃类蒸气转化的工艺流程

从烃类制取合成氨原料气，目前采用的蒸气转化法有美国凯洛格（Kellogg）法、丹麦托普索法、英国帝国化学工业公司（ICI）法等。图 12-2 是凯洛格法甲烷（天然气）蒸气转化的工艺流程。

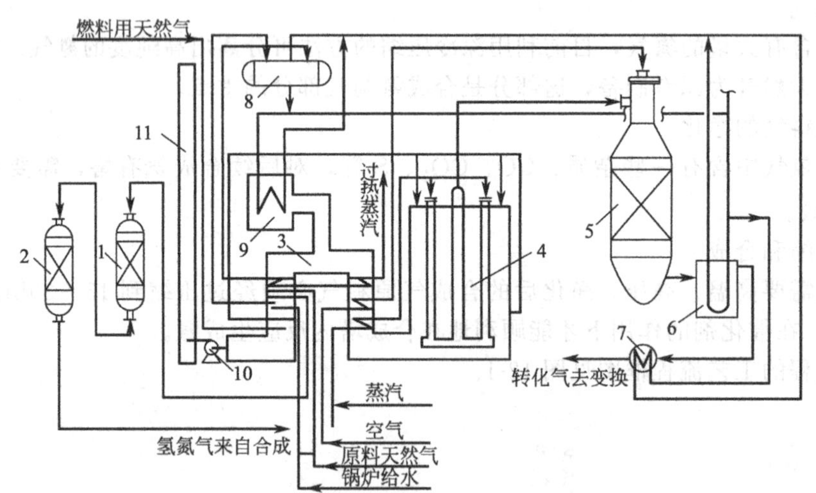

图 12-2 甲烷蒸气转化的凯洛格法流程

1—钴钼加氢反应器；2—氧化锌脱硫罐；3—对流段；4—辐射段（一段炉）；5—二段转化炉；6—第一废热锅炉；7—第二废热锅炉；8—汽包；9—辅助锅炉；10—排风机；11—烟囱

将天然气经钴钼催化剂的加氢反应器和氧化锌脱硫后，在压力 3.6MPa、温度 380℃左右配入中压蒸汽，达到一定的水碳比（约 3.5）后进入一段转化炉的对流段，预热到 500～520℃送到转化炉辐射段顶部，分配进入各装有镍催化剂的转化管，在管内继续被管外燃料气加热进行转化反应。离开转化管底部的转化气温度为 800～820℃，压力为 3.0MPa，甲烷

含量约为 9.5%，汇合于集气管后再沿着集气管中间的上升管上升，继续吸收一些热量，使温度升到 850～860℃，送往二段转化炉。

工艺空气经压缩机加压到 3.3～3.5MPa，也配入少量水蒸气，经过一段炉对流段预热到 450℃左右，进入二段炉顶部与一段转化气汇合并燃烧，使温度升至 1200℃左右，再通过催化剂床层继续反应并吸收热量，出二段转化炉的气体温度约为 1000℃，压力 3.0MPa，残余甲烷含量在 0.3%左右。

12.2.3　原料气的净化

(1) 原料气的脱硫

硫化物对各种催化剂具有强烈的中毒作用，同时还会腐蚀设备和管道。为防止后续工艺的催化剂中毒，在以烃类为原料的蒸气转化法中，要求烃原料中总硫含量必须控制在质量分数 5×10^{-7} 以下。

脱硫方法很多，主要可分为干法脱硫和湿法脱硫。干法脱硫一般适用于含硫量较少的情况，湿法脱硫一般适用于含硫量较大的场合。

① 干法脱硫　原料气中硫化物的形态可分为无机硫（H_2S）和有机硫。有机硫包括二硫化碳（CS_2）、硫氧化碳（COS）、硫醇（R—SH，R 代表烃基）、硫醚（R—S—R′）和噻吩（C_4H_4S）等。干法脱硫指采用固体吸收剂或吸附剂以脱除硫化氢或有机硫。

干法脱硫分三类：一是活性炭吸附法，可脱除硫醇等有机硫化物和少量的硫化氢；二是接触反应法，可用氧化锌、氧化铁、氧化锰等进行接触反应脱除无机硫和有机硫；三是转化法，即利用钴钼或镍钼催化剂加氢转化，使有机硫全部转化为硫化氢，然后再用其他脱硫剂（如氧化锌）将生成的硫化氢脱除。

② 湿法脱硫　采用溶液吸收硫化物的脱硫方法通称为湿法脱硫，适用于含大量硫化氢气体的脱除。湿法脱硫方法众多，可分为化学吸收法、物理吸收法和物理-化学吸收法三类。

化学吸收法是以弱碱性吸收剂吸收原料气中的硫化氢，吸收液（富液）在温度升高和压强降低时分解而释放出硫化氢，解吸的吸收液（贫液）循环使用，常用的方法有氨水催化法、改良蒽醌二磺酸法（ADA 法）及有机胺法。

物理吸收法是用溶剂选择性地溶解原料气中的硫化氢，吸收液在压强降低时释放出硫化氢，溶剂可再循环利用，如低温甲醇洗涤法、碳酸丙烯酯法和聚乙二醇二甲醚法等。

(2) 一氧化碳变换

工业中 CO 很难除去，需要将将原料气中的 CO 变成 CO_2，转换过程同时产生 H_2，H_2 是合成氨需要的最重要成分。CO、CO_2 对氨的合成有害，后面工序还需将其除去。一氧化碳变换反应如下

$$CO+H_2O(g)\longrightarrow CO_2+H_2 \tag{12-3}$$

(3) 二氧化碳的脱除

脱除气体中 CO_2 的过程又称作“脱碳”。工业上常用的脱碳方法为溶液吸收法。该法可分为两大类：一类是循环吸收过程，即吸收 CO_2 后在再生塔解吸出纯态 CO_2，供尿素生产用；另一类是将吸收 CO_2 的过程与生产产品同时进行，例如碳酸氢铵、联碱和联脲等产品的生产过程。

目前合成氨厂普遍采用的本菲尔法即二乙醇胺热钾碱法，反应式如下

$$CO_2+K_2CO_3+H_2O\longrightarrow 2KHCO_3 \tag{12-4}$$

为了提高反应速率和增加碳酸氢钾的溶解度，常采用较高温度（105～130℃），所以称为热钾碱法。碳酸钾中加入某些活化剂后，改变了反应机理，使反应速率大大增加。如：加

入二乙醇胺（DEA）后，反应速率增加约1000倍。

12.2.4 氨的合成

氨合成反应是在高压和催化剂存在下的气－固催化反应过程，也是整个合成氨流程中的核心部分。

（1）氨合成反应机理

氨合成反应式为

$$\frac{1}{2}N_2+\frac{3}{2}H_2 \rightleftharpoons NH_3 \tag{12-5}$$

工业上为了有较快的反应速率，应在催化剂的活性温度（400～450℃）以上进行反应。为了有较高的平衡氨含量，必须在高压下进行氨的合成。

由于反应过程中转化率较低，反应后气体中氨含量不高，一般只有10%～20%，故采用分离氨后的氮氢气体循环的回路流程。

（2）氨合成催化剂

对氨合成具有催化活性的金属很多，其中以铁为主体并添加促进剂的催化剂价廉易得，活性良好，使用寿命长，在工业上得到了广泛的应用。

（3）工艺条件的选择

氨合成的工艺条件一般包括压力、温度、空速、氢氮比和初始氨含量等。工艺条件的选择，一方面应尽量满足反应本身的要求，同时考虑实际可能的条件使单位产品的总能耗最低，做到长周期、安全、稳定的运转，达到良好的技术经济指标。

① 压力　从化学平衡和反应速率的角度来看，较高的操作压力是有利的。但压力的高低直接影响到设备的投资、制造和合成氨功耗的大小。随着合成氨工艺的改进，合成压力已经可降低至10～15MPa。

② 温度　氨合成反应温度决定于所使用的催化剂及合成塔的结构，合成反应温度一般控制在400～500℃，到生产后期，催化剂活性已经下降，操作温度应相应地提高。

③ 空间速度　提高空间速度虽然增加催化剂的生产强度（指单位时间、单位体积催化剂上生成氨的量），但将导致出塔气体中氨含量的下降。

一般地讲，氨合成操作压力高，反应速率快，空速可高一些；反之可低一些。例如，30MPa的中压法合成氨空速在20000～30000h^{-1}之间；15MPa的轴向冷激式合成塔，其空速为10000h^{-1}。

④ 合成塔进口气体组成　合成塔进口气体组成包括氢氮比、惰性气体含量等。一般最适宜氢氮比通常在2.5～2.9。

惰性气的主要成分是甲烷、氩气，如果没有惰性气，合成反应速率会快得多，反应热也会增多，反应温度控制困难。但惰性气体的存在，无论从化学平衡、反应动力学还是动力消耗方面，都是不利的。

（4）氨的分离

即使在100MPa的压力下合成氨，合成塔出口气体的氨含量也只能达到25%左右。因此必须将生成的氨分离出来，将未反应的氢气、氮气送回系统循环利用。

目前，工业生产中主要为冷凝法分离氨。冷凝法分离氨是利用氨气在高压下易于液化的原理进行的。

（5）氨合成塔

氨合成塔是整个合成氨生产工艺中最主要的设备，它必须适应过程在接近最适宜温度下的操作，力求小的系统阻力降以减少循环气的压缩功耗，结构上应简单可靠，满足合成反应高温高压操作的需要。

(6) 氨合成工艺流程

氨合成工艺流程有多种，但都包含以下几个基本步骤：①通过压缩机将净化的合成气压缩到合成所需的压力；②净化的原料气升温合成氨；③冷却冷冻系统分离出口气体中的氨，未转化的氢气、氮气用循环压缩机升压后返回合成系统；④弛放部分循环气使惰性气体含量在规定值以下。

图 12-3 是一种节能型的凯洛格法氨合成工艺流程。

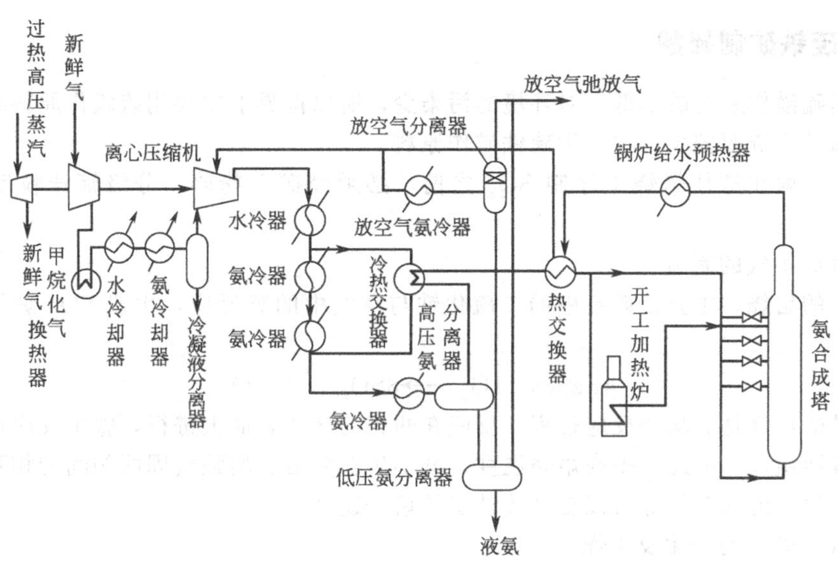

图 12-3　节能型凯洛格法氨合成工艺流程

12.3　硫酸的生产

工业上的硫酸是指三氧化硫与水以任意比例溶合的溶液。如果三氧化硫与水的摩尔比小于 1，则形成硫酸水溶液；若其摩尔比等于 1，则是 100% 的纯硫酸；若其摩尔比大于 1，称之为发烟硫酸（质量分数可大于 100%）。换言之，凡溶有游离三氧化硫的纯硫酸都称为发烟硫酸。发烟硫酸浓度通常有三种表示方法：以发烟硫酸中含有游离的三氧化硫质量分数表示；以发烟硫酸中所含的总三氧化硫质量分数表示；以发烟硫酸总硫酸的质量分数表示。

12.3.1　硫酸的生产方法

目前硫酸的工业生产，主要采用的是接触法。接触法硫酸生产过程分三步，即从含硫原料制造 SO_2 气体、SO_2 氧化为 SO_3、SO_3 与水结合生成硫酸。接触法的特点是 SO_2 的氧化是在固体催化剂存在下用空气中的氧氧化成 SO_3（见图 12-4）。

接触法不仅可制得任意浓度的硫酸，而且可制得无水 SO_3 及不同浓度的发烟硫酸。该法操作简单、稳定，热能利用率高。

目前，生产硫酸的原料主要有硫铁矿、硫磺、含 SO_2 冶炼气及其他含硫原料。

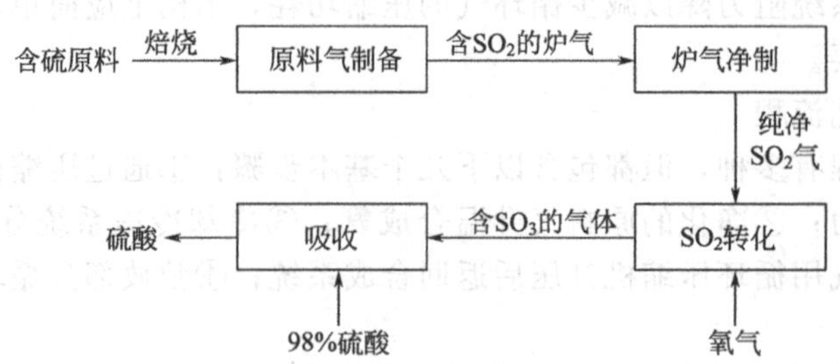

图 12-4 接触法生产硫酸的工艺流程框图

12.3.2 硫铁矿制硫酸

因为用硫磺作原料成本低，对环境的污染少，所以世界上主要用硫磺作原料制硫酸。我国由于硫磺矿产资源较少，主要用硫铁矿作原料。

硫铁矿一般在送往焙烧工序制 SO_2 之前，必须经矿石粉碎、分级筛选粒度和配矿等处理。

(1) SO_2 炉气的制造

硫铁矿的焙烧，主要是矿石中的二硫化铁与空气中的氧反应，生成 SO_2 炉气。焙烧反应如下

$$4FeS_2+11O_2 \longrightarrow 8SO_2+2Fe_2O_3 \tag{12-6}$$

硫铁矿的焙烧是非均相反应过程。反应在两相的接触表面上进行，整个反应过程由一系列反应步骤所组成。因此，提高焙烧温度、减小矿石粒度、增强气固两相间的相互运动以及提高入炉空气中的氧含量等可以提高硫铁矿的焙烧速度。

(2) SO_2 炉气的净化及干燥

硫铁矿焙烧得到的炉气除含有 SO_2 外，还含有 SO_3、水分、三氧化二砷、二氧化硒、氟化氢及矿尘等。炉气中的矿尘不仅会堵塞设备与管道，而且会造成后工序催化剂失活。砷和硒则是催化剂的毒物；炉气中的水分及 SO_3 极易形成酸雾，不仅对设备产生严重腐蚀，而且很难被吸收除去。因此，在炉气送去转化之前，必须先对炉气进行净化：①采用电除尘器清除矿尘；②在 50℃以下，用水或稀硫酸洗涤清除砷和硒；③用电除雾器清除 SO_3 形成的酸雾；④利用浓硫酸脱水对炉气进行干燥。

(3) SO_2 的催化氧化

SO_2 在钒催化剂（主要为 V_2O_5）作用下氧化生成 SO_3

$$SO_2+0.5O_2 \longrightarrow SO_3 \tag{12-7}$$

由于该反应为放热反应，必须及时地从反应系统中移走反应热。为此，生产中 SO_2 转化多为分段进行，在每段间采用不同的冷却形式。为有效地移去多段转化器每一段产生的热量，在段间多采用间接换热和冷激式两种冷却方式，如图 12-5 所示。

(4) SO_3 吸收工艺条件

SO_2 经催化氧化后转化为 SO_3，用浓度为 98%的硫酸水溶液吸收转化气中的 SO_3，可制得硫酸和发烟硫酸。在实际生产中，一般用大量的循环酸来吸收 SO_3，目的是要将硫酸生成热引出系统。吸收酸的浓度在循环中不断增大，需要用稀酸或水稀释，与此同时不断取出产品硫酸。生产发烟硫酸和浓硫酸的吸收流程见图 12-6。

(5) 尾气的处理

对尾气中的 SO_2 及 SO_3 必须加以回收，以减少环境污染，降低硫酸生产的消耗定额。

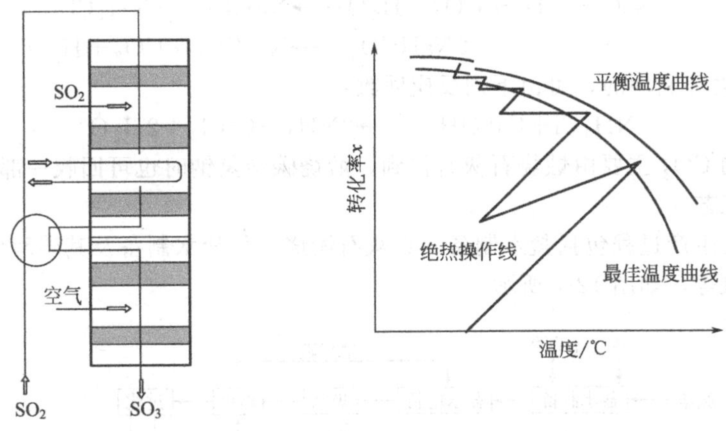

图 12-5　多段反应段间冷却和 t-x 图

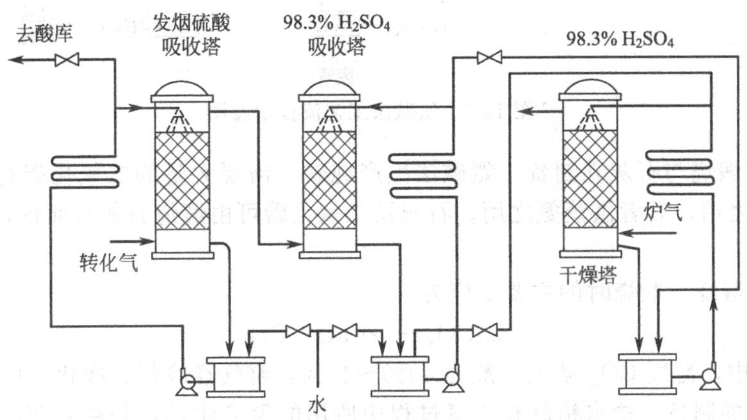

图 12-6　生产发烟硫酸和浓硫酸的吸收流程

目前国内硫酸大部分采用氨-酸法处理尾气，即可用氨水吸收尾气中的 SO_2，使其生成亚硫酸铵［$(NH_4)_2SO_3$］，然后再用硫酸处理，便生成 SO_2 和硫酸铵［$(NH_4)_2SO_4$］，其反应为

$$SO_2+2NH_3+H_2O \longrightarrow (NH_4)_2SO_3 \tag{12-8}$$

$$(NH_4)_2SO_3+H_2SO_4 \longrightarrow (NH_4)_2SO_4+SO_2+H_2O \tag{12-9}$$

分解出来的高浓度 SO_2 气体，用硫酸干燥后得到纯 SO_2 气体，可返回作为原料，工业上也可单独加工成液体 SO_2 产品。

12.4　纯碱的生产

12.4.1　氨碱法生产纯碱

1861 年，比利时人索尔维（E・Solvay）发明了以食盐、氨、二氧化碳为原料制 Na_2CO_3 的方法，该法实现了连续化生产，食盐利用率得到提高，使纯碱价格大大降低，并且产品质量纯净，故被称为纯碱。

（1）生产原理

先以 NaCl、NH_3、CO_2 为原料制得碳酸氢钠（$NaHCO_3$），再煅烧分解 $NaHCO_3$ 可得纯碱（Na_2CO_3），反应方程式如下

$$NaCl+NH_3+CO_2+H_2O \longrightarrow NaHCO_3+NH_4Cl \quad (12\text{-}10)$$

$$2NaHCO_3 \longrightarrow Na_2CO_3+CO_2+H_2O \quad (12\text{-}11)$$

NH_3 是要循环利用的，可由下列反应回收：

$$NH_4Cl+Ca(OH)_2 \longrightarrow 2NH_3+CaCl_2+2H_2O \quad (12\text{-}12)$$

反应需要的 CO_2 主要由煅烧石灰石得到，煅烧碳酸氢钠时也可回收一部分。

(2) 生产工艺

氨碱法主要生产过程包括盐水制备、石灰石煅烧、氨盐水制备及其碳酸化、重碱的分离及煅烧、氨回收等，如图 12-7 所示。

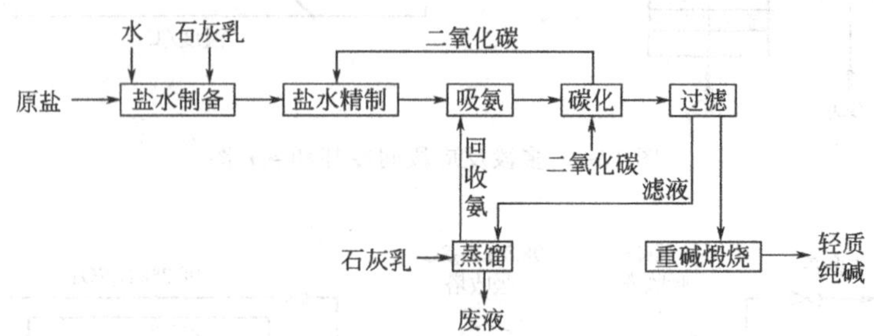

图 12-7 氨碱法工艺流程示意图

① 石灰石煅烧与石灰乳制备　氨碱法生产纯碱，需要大量的二氧化碳和石灰乳，前者供氨盐水碳化之用，后者供蒸氨之用。石灰及二氧化碳可由煅烧石灰石而得，生石灰经消化即得石灰乳。

a. 石灰石煅烧　煅烧时的主要反应为

$$CaCO_3 \longrightarrow CaO+CO_2 \quad (12\text{-}13)$$

实际生产中，窑气 CO_2 浓度一般为 40%～43%，窑气经冷却、净化、压缩后备用。

b. 石灰乳的制备　盐水精制和蒸氨过程中所用的氢氧化钙，是由石灰石煅烧形成的生石灰加水消化而得，其反应式如下

$$CaO+H_2O \longrightarrow Ca(OH)_2 \quad (12\text{-}14)$$

② 饱和食盐水的精制　由原盐在化盐桶中所制得的盐水称为粗盐水，其中含有钙盐和镁盐等杂质，能和 NH_3 及 CO_2 作用生成沉淀，不仅会使设备和管道结垢甚至堵塞，同时还会造成氨及食盐的损失。在碳化之前若不将这些杂质除去，便会影响纯碱的质量。因此，粗盐水必须经过精制才能用于制碱。

目前，工业中主要采用在粗盐水中加入石灰乳除去镁离子，利用碳酸化塔后的尾气（其中含氨及二氧化碳）除去钙离子。

③ 精盐水的吸氨　精盐水的吸氨操作称为氨化，目的是制备符合碳酸化过程所需浓度的氨盐水，以利于吸收 CO_2，同时起到最后除去盐水中钙、镁等杂质的把关作用。

④ 氨盐水的碳酸化（碳化）　氨盐水的碳酸化是氨碱法制纯碱的一个重要工序。它同时伴有吸收、结晶和传热等单元操作，各单元操作相互关系密切且互为影响。显然碳酸化的目的是为了获得适合于质量要求的碳酸氢钠结晶。此工艺过程，首先要求碳酸氢钠的产率要高，即氯化钠和氨的利用率要高；其次要求碳酸氢钠的结晶质量要好，结晶颗粒尽量大，以利于过滤分离。而降低碳酸氢钠粗成品的含水量，又有利于重碱的煅烧。

⑤ 重碱的过滤　碳化后的液体中含有 45%～50%（体积）的固相 $NaHCO_3$，需通过过滤设备将 $NaHCO_3$（俗称重碱）结晶浆与母液分离，分离后所得的湿重碱再送往煅烧炉以制取纯碱。重碱过滤分离设备有转鼓式真空过滤机和筛网式离心机。

⑥ 重碱的煅烧　由过滤后所得的湿重碱经过煅烧即得成品纯碱。同时回收二氧化碳，供氨盐水碳酸化用。重碱煅烧后，可以得到高浓度的二氧化碳气，称为“炉气”。目前我国生产厂的炉气中二氧化碳含量一般在 90%左右。重碱煅烧设备分为外热式回转煅烧炉、内热式蒸气煅烧炉和沸腾煅烧炉。

⑦ 氨的回收（蒸氨）　过滤母液含有可直接蒸出的“游离氨”，以及需加石灰乳（或其他碱类物质）使之反应才能蒸出的结合氨（亦称固定氨）。为了减少灰乳的损失，可先将过滤母液中的游离氨和二氧化碳蒸出，然后再加石灰乳，分解其中的结合氨，使其变成游离氨而蒸出。

12.4.2　联合法（联碱法）生产纯碱

(1) 联碱法生产纯碱的优缺点

氨碱法是目前工业生产纯碱的主要方法之一。其特点是原料廉价易得，氨可以循环使用，损失较少；适用于大规模生产，易于机械化和自动化。但该法原料利用率低，尤其 NaCl 的利用率不高。氯离子则完全没有被利用，氯化钠的利用率也只有 28%左右。蒸氨过程中，消耗大量的蒸汽和石灰，还要排出大量的废液和废渣，严重污染环境。因而厂址受到限制，这也是氨碱法生产的致命弱点。

我国著名化学家侯德榜教授对联合制碱技术进行了系统的研究，1942 年提出了比较完整的联合制碱工艺流程。以食盐、氨及合成氨工业副产的二氧化碳为原料，同时生产纯碱及氯化铵，即联合法生产纯碱与氯化铵，简称“联合制碱”或称“联碱”。工艺流程见图 12-8。

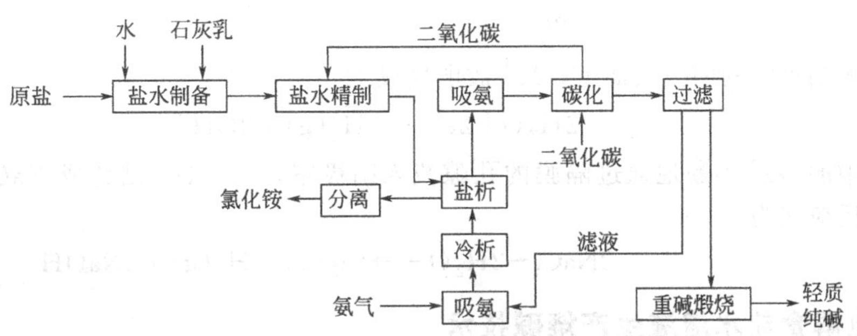

图 12-8　联碱法工艺流程示意图

联合制碱法与氨碱法相比，原料利用率高，其中氯化钠的利用率可达 90%以上；不需要石灰石及焦炭，节约了原料，使纯碱和氯化铵的产品成本降低；无需蒸氨塔、石灰窑、化灰机等笨重设备，缩短了流程，节省了投资；尤其是生产中无大量废液、废渣排出，厂址不受限制，但联碱法对设备腐蚀较严重，且副产氯化铵的销售有限。

(2) 联碱法生产过程

联合法纯碱生产过程中盐水精制、氨盐水制备、过滤、碳酸化和煅烧等工艺与氨碱法基本相同。由于采用合成氨工业产品氨及副产的二氧化碳为原料，又联产氯化铵，所以省去了石灰石煅烧、消化和蒸氨过程。

(3) 联碱法副产氯化铵生产过程

氨碱法利用石灰乳与重碱滤液作用，回收氨气，而联碱法将重碱过滤母液吸氨成为氨母液，并使之降温冷析和加入氯化钠盐析出氯化铵结晶，这是联碱法较氨碱法的主要不同之处。它不仅生产氯化铵产品，而且获得了符合制碱要求的母液。

12.5 烧碱的生产

烧碱即氢氧化钠，由于腐蚀性极强亦称苛性钠，其生产原料为氯化钠，所以又称氯碱。烧碱也是重要的化学化工原料，工业品有液体和固体，其中液体为不同含量的氢氧化钠水溶液；固体白色不透明，常制成片、棒、粒状，或熔融态以铁桶包装。

烧碱的工业制法主要都是采用电解食盐水的方法，阴阳两极间用隔膜将溶液分开。依据隔膜的种类不同，可分为隔膜法和离子交换膜法（离子膜法）。离子膜法实质也是一种隔膜法，用有选择性的离子交换膜来分隔阳极和阴极。这种离子交换膜是一种半透膜，只允许钠离子和水通过。

12.5.1 电解食盐水溶液的基本原理

电解过程为电能转化为化学能的过程。当以直流电通过熔融态电解质或电解质水溶液时，产生离子的迁移和放电现象，会在电极上析出物质。

电解过程中，电极上所生成的物质的质量与通过电解质的电量成正比，即与电流强度及通电时间成正比。将等量的直流电流通过电解质时，在电极上析出物质的量与电解质的当量成正比。

在电解过程中，饱和精制盐水进入阳极室，去离子水加入阴极室调节烧碱溶液浓度。在电解槽阳极室的食盐水溶液中，主要含有 Na^+、Cl^-、H^+ 和 OH^-。当通入直流电时，Na^+ 和 H^+ 向着阴极移动，Cl^- 和 OH^- 向着阳极移动。在阳极表面上，Cl^- 先放电生成 Cl_2

$$2Cl^- - 2e^- \longrightarrow Cl_2(g) \tag{12-15}$$

在电解槽阴极室的阴极表面上，H^+ 放电生成 H_2

$$2H_2O + 2e^- \longrightarrow H_2(g) + 2OH^- \tag{12-16}$$

阳极液中的 Na^+ 不断地通过隔膜的孔隙流入阴极室，与 OH^- 结合成 NaOH 溶液。电解食盐水总反应式为

$$2NaCl + 2H_2O \longrightarrow Cl_2(g) + H_2(g) + 2NaOH \tag{12-17}$$

12.5.2 电解食盐水溶液生产烧碱技术

电解饱和食盐水溶液生产烧碱的三种工艺都包括食盐水精制、食盐水电解和产品精制三个部分。隔膜法与离子膜法的原料和产品相同，主要差别在于食盐水电解过程。

(1) 饱和食盐水的精制

盐水的质量对隔膜和离子交换膜的寿命、槽电压和电流效率都有重要的影响。盐水中的 Ca^{2+}、Mg^{2+} 和其他重金属离子以及阴极室反渗透过来的 OH^- 结合成难溶的氢氧化物会沉积在膜内，使膜电阻增加，槽电压上升；还会使膜的性能发生不可逆恶化而缩短膜的使用寿命。SO_4^{2-} 和其他离子（如 Ba^{2+} 等）生成难溶的硫酸盐沉积在膜内，也使槽电压上升，电流效率下降。

食盐水的精制在纯碱生产章节已经详细介绍了。一次精制食盐水可用于隔膜法电解。由于离子膜娇嫩，所以用于离子膜法电解的盐水，纯度远远高于隔膜法，需在原来一次精制的基础上，再进行第二次精制。

(2) 电解过程

工业生产中多以石墨为阳极（或金属阳极），铁为阴极。隔膜法电解和离子交换膜电解在阳极上和阴极上所发生的反应与一般隔膜法电解相同。明显区别是隔膜法电解槽采

用的隔膜是石棉隔膜，而离子交换膜电解槽采用的隔膜是离子交换膜。在离子交换膜法电解槽中，由一种具有选择透过性能的阳离子交换膜将阳极室和阴极室隔开，该膜只允许阳离子（Na^+）通过进入阴极室，而阴离子（Cl^-）则不能通过（见图 12-9）。离子膜法烧碱较传统的隔膜法，具有能耗低、产品质量高、占地面积小、生产能力大及能适应电流昼夜变化波动等优点。

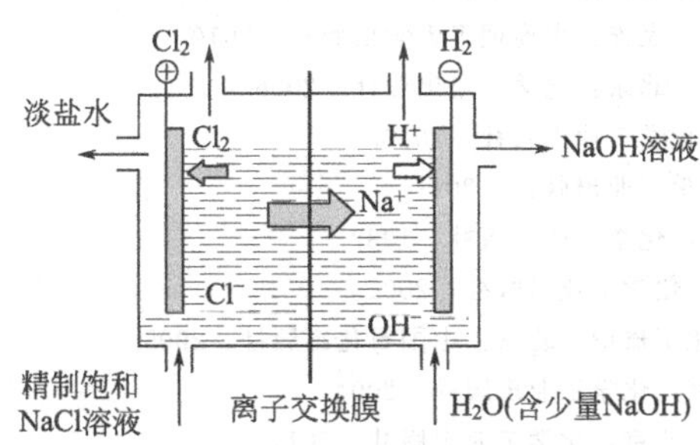

图 12-9　离子膜法生产烧碱的工作原理图

（3）电解液的精制

① 电解液的蒸发　由隔膜电解槽阴极室流出的电解液含有 NaOH 10%～12%、NaCl 16%～18%、SO_4^{2-} 0.1%～0.6%。为得到符合商品规格的烧碱（NaOH≥30%，NaCl≤4.7%），还必须将电解液进行蒸发。

电解液蒸发的主要目的是将含 NaOH 10%～12%的电解液浓缩，使之符合一定规格的商品液碱。通过电解液浓缩，还可以将其中氯化钠结晶分离出来，以提高碱液的纯度。并将分离得到的盐制成盐水，返回盐水精制工序使用。

电解液蒸发过程中，NaCl 在 NaOH 水溶液中的溶解度随 NaOH 含量的增加而明显减小，随温度的升高而稍有增大。碱溶液始终是一种被 NaCl 所饱和的水溶液。因而随着烧碱浓度的提高，NaCl 便不断地从电解液中结晶出来，从而提高了碱液的纯度。

② 固碱的制造　从蒸发工序来的液碱浓度一般不大于 50%，其用途有限，且不便作长途运输和储存，故常将一部分液碱制成固体烧碱。生产方法有间歇锅式蒸煮法和连续膜式蒸发法。

间歇锅式蒸煮法制固碱采用铸铁锅以直接明火加热，生产过程分为蒸发、熔融和澄清，整个生产过程都在熬碱锅中进行。液碱被加热至沸腾时水分不断蒸发，随着碱液纯度的提高，沸点也相应升高。熔融碱的温度降至 330℃时，即用碱泵注入铁桶包装，待自然冷却后即为成品固碱。

连续膜式蒸发法制固碱根据薄膜蒸发的原理，采用升、降膜蒸发器，分别用蒸汽和熔融盐加热，将 45%的液碱浓缩为熔融碱，经冷却制得固碱。

思考题

12-1　无机化工生产的特点有哪些？

12-2　无机化工产品中的“三酸两碱”指的是什么？各有什么主要的用途？

12-3　简述合成氨的工艺流程。

12-4　简述浓硫酸生产的工艺流程。

12-5　简述氨碱法生产纯碱的工艺流程，并说明氨碱法与联碱法生产纯碱各自的优缺点。

12-6　用于烧碱生产的原盐为什么要经过二次精制？

参考文献

[1] 周长丽等．化工单元操作．北京：化学工业出版社，2010.

[2] 姚玉英．化工原理（上册）（修订版）．天津：天津科技出版社，2005.

[3] 姚玉英．化工原理（下册）（修订版）．天津：天津科技出版社，2005.

[4] 王志魁．化工原理．第 4 版．北京：化学工业出版社，2010.

[5] 李凤华等．化工原理．第 2 版．大连：大连理工大学出版社，2010.

[6] 王奇．化工生产基础．第 2 版．北京：化学工业出版社，2006.

[7] 张传梅等．化工基础．北京：化学工业出版社，2010.

[8] 潘家祯．管路手册．北京：化学工业出版社，2011.

[9] 黄世桥．化工用离心泵．北京：化学工业出版社，1982.

[10] 时均等．膜技术手册．北京：化学工业出版社，2001.

[11] 邬国英，李为民主编．石油化工概论．北京：中国石化出版社，2005.

[12] 李淑芬．现代化工导论．北京：化学工业出版社，2004.

[13] 冷士良，张旭光．化工基础．北京：化学工业出版社，2011.

[14] 沈发治．化工基础概论．北京：化学工业出版社，2010.

[15] 戴猷元．化工概论．北京：化学工业出版社，2010.

[16] 卞进发，彭德厚．化工工艺概论．北京：化学工业出版社，2010.

[17] 张四方，李改仙．化工基础．北京：中国石化出版社，2011.

[18] 魏寿彭，丁巨元．石油化工概论．北京：化学工业出版社，2011.

[19] 徐绍平，殷德宏．化工工艺学．大连：大连理工出版社，2004.

[20] 张近．化工基础．北京：高等教育出版社，2002.

[21] 李健秀，王文涛．化工概论．北京：化学工业出版社，2005.

[22] 陈炳和．化学反应过程与设备．北京：化学工业出版社，2003.

[23] 陈甘棠．化学反应工程．北京：化学工业出版社，2002.

[24] 郑广俭，张志华．无机化工生产技术．北京：化学工业出版社，2010.

[25] 张连瑞．无机化工生产工艺．北京：高等教育出版社，2009.

[26] 曹发海．碳一化工主要产品生产技术．北京：化学工业出版社，2004.

[27] 刘德峥．精细化工生产工艺．北京：化学工业出版社，2008.

[28] 赵德仁．高聚物合成工艺学．北京：化学工业出版社，2011.

[29] 戴厚良．我国石油化工行业发展面临的机遇、挑战及其技术进步战略．石油炼制与化工，2012，43（9）：1-4.

[30] 孔德金，杨为民．芳烃生产技术进展．化工进展，2011，（1）：16-21.

[31] 陈曼桥，孟凡东．催化裂化新工艺技术的研究与开发．现代化工，2011，（4）：67-71.

[32] 张晖．我国催化裂化工艺技术发展与趋势．中国石油和化工标准与质量，2012，（7）：15-16.

[33] 胡德铭．国外催化重整工艺技术进步．炼油技术与工程，2012，（4）：1-4.

[34] 张世方．催化重整工艺技术发展．中外能源，2012，（6）：60-65.

[35] 张永梅，张囡．乙烯生产技术及应用．当代化工，2011，（8）：841-844.

[36] 张甫，易金华．我国混合碳四的化工利用现状及发展前景．化工生产与技术，2011，（4）：46-48.

[37] 孙宇，郑岩．延迟焦化在炼油工业中的技术优势及进展．石化技术与应用，2012，（3）：260-265.

[38] 钱伯章．精对苯二甲酸的技术进展及市场分析．聚酯工业，2012，（1）：5-8.

[39] 王海蕾，刘昱．环氧乙烷生产技术进展．化工科技，2012，（3）：67-71.